中文版 AutoCAD 2021

凤凰高新教育 ◎ 编著

2021

完全自学教程

北京大学出版社

PEKING UNIVERSITY PRESS

内 容 提 要

《中文版AutoCAD 2021完全自学教程》是一本系统讲解AutoCAD 2021软件的自学宝典。本书以"完全精通AutoCAD 2021"为出发点,以"用好AutoCAD"为目标来安排内容。全书共4篇24章,详细讲解了AutoCAD 2021软件的基本操作、AutoCAD制图规范及室内装饰设计、建筑设计、机械设计、园林景观设计、电气设计、三维产品设计等常见领域的实战应用。

第1篇主要针对初学者,讲解了AutoCAD 2021软件的基础操作;第2篇是学习AutoCAD 2021的重点,包括图形创建与编辑、二维绘图命令的编辑和应用、夹点的编辑和应用等知识;第3篇三维绘图功能是AutoCAD 2021图形绘制的进阶功能,包括二维实体建模、三维曲面建模等;第4篇主要讲解AutoCAD 2021图形绘制与设计的实战技能。

全书内容系统、全面,通俗易懂,实例题材丰富,操作步骤清晰、准确,非常适合从事室内设计、装饰设计、建筑设计、机械设计、园林景观设计、电气设计的广大初、中级人员学习使用,也可以作为相关院校、计算机培训班的教材参考书。

图书在版编目(CIP)数据

中文版AutoCAD 2021完全自学教程 / 凤凰高新教育编著. —北京:北京人学出版社,2021.11
ISBN 978–7–301–32472–1

Ⅰ.①中… Ⅱ.①凤… Ⅲ.①AutoCAD软件 – 教材 Ⅳ.①TP391.72

中国版本图书馆CIP数据核字(2021)第182440号

书　　　名	中文版AutoCAD 2021完全自学教程
	ZHONGWENBAN AutoCAD 2021 WANQUAN ZIXUE JIAOCHENG
著作责任者	凤凰高新教育　编著
责 任 编 辑	张云静　杨　爽
标 准 书 号	ISBN 978–7–301–32472–1
出 版 发 行	北京大学出版社
地　　　址	北京市海淀区成府路205 号　100871
网　　　址	http://www.pup.cn　　新浪微博:@ 北京大学出版社
电 子 信 箱	pup7@pup.cn
电　　　话	邮购部010–62752015　发行部010–62750672　编辑部010–62580653
印 刷 者	北京宏伟双华印刷有限公司
经 销 者	新华书店
	889毫米×1194毫米　16开本　31印张　982千字
	2021年11月第1版　2021年11月第1次印刷
印　　　数	1–3000册
定　　　价	129.00 元

前　言

匠心打造，AutoCAD 全能宝典

- 想学习 AutoCAD 的零基础读者
- 有一定的 AutoCAD 基础，但不能熟练应用的设计爱好者
- 缺少 AutoCAD 行业经验和实战经验的读者
- 想提高 AutoCAD 设计水平的读者

本书特色

AutoCAD 2021 是由 Autodesk 公司推出的最新版本的图形设计软件，它被广泛应用于室内设计、建筑设计、机械设计、水电气设计、园林景观设计等众多领域，发挥着不可替代的重要作用。经过多年的发展，其功能也越来越强大。本书以目前最新的 AutoCAD 2021 版本为蓝本进行讲解。

（1）内容全面，注重学习规律

本书是市场上内容最全面的图书之一，全书 4 篇，分为 24 章。前 3 篇讲解了 AutoCAD 工具命令的使用方法，第 4 篇通过具体的案例讲解 AutoCAD 2021 的实战应用，旨在提高读者对 AutoCAD 2021 的综合应用能力。为了便于读者学习，书中还标出了 AutoCAD 2021 的"新功能"及"重点"知识。

（2）案例丰富，实操性强

全书涉及 73 个"知识实战案例"，15 个"过关练习"，42 个"妙招技法"，17 个"大型综合实战案例"。读者在学习中，结合书中案例同步练习，既能学会软件操作方法，又能掌握 AutoCAD 的实战技能。

（3）任务驱动＋图解操作，一看即懂、一学就会

为了让读者更好地学习和理解，本书采用"任务驱动＋图解操作"的写作方式，将知识点融入案例中进行讲解。分解操作步骤，便于读者学习掌握。只要按照书中讲述的步骤操作，就可以得到与书中相同的效果。为了解决读者在自学过程中可能遇到的问题，书中设有"技术看板"栏目，解释操作过程中可能会遇到的一些疑难问题；同时还添设了"技能拓展"栏目，使读者可以通过其他方法来解决同样的问题，从而达到举一反三的目的。

（4）扫二维码看视频，学习更轻松

本书配有同步讲解视频，如同老师在身边手把手进行教学，使学习更轻松。

除了本书，你还可以获得什么

本书还赠送相关学习资源，内容丰富、实用，包括同步学习文件、PPT 课件、设计资源、电子书、视频教程等，让读者花一本书的钱，得到超值的学习套餐。内容包括以下几个方面。

（1）**同步素材与结果文件**。提供全书所有案例的同步素材文件及结果文件，以便读者学习和参考。

① 素材文件。本书所有章节实例的素材文件，全部收录在"\ 素材文件 \ 第 * 章 \"文件夹中。读者在学习时，可以参考图书讲解内容，打开对应的素材文件进行同步操作练习。

② 结果文件。本书所有章节实例的最终效果文件，全部收录在"\ 结果文件 \ 第 * 章 \"文件夹中。读者在学习时，可以打开结果文件，查看其实例效果，为自己在学习中的练习操作提供帮助。

（2）**同步视频讲解**。提供与书中内容同步的视频教程，方便读者学习。

（3）**精美的 PPT 课件**。提供与书中内容同步的 PPT 教学课件，非常方便老师教学使用。

（4）**8 本与设计相关的电子书**。赠送如下电子书，让读者快速掌握 CAD 图形绘制和设计要领，成为设计界的精英。

① 室内设计行业常识速查手册

② 建筑设计行业常识速查手册

③ 园林景观设计行业常识速查手册

④ 电气电路设计行业常识速查手册

⑤ 机械设计行业常识速查手册

⑥ 产品设计行业常识速查手册

⑦《中文版 AutoCAD 建筑制图基础教程》

⑧《中文版 AutoCAD 机械制图基础教程》

温馨提示：以上资源，可用微信扫描下方二维码关注微信公众号，并输入 77 页资源提取码获取下载地址及密码。另外，在微信公众号中，还为读者提供了丰富的图文教程和视频教程，可随时随地给自己充电。

资源下载

官方微信公众号

创作者说

本书由凤凰高新教育策划并组织编写。本书案例由经验丰富的设计师提供，全书内容由 AutoCAD 教育专家编写，并由有 18 年一线教育和设计经验的江奇志副教授审阅，对于他们的辛勤付出，表示衷心的感谢！同时，由于计算机技术发展非常迅速，书中若有疏漏和不足之处，敬请广大读者及专家指正。

若您在学习过程中产生疑问或有任何建议，可以通过电子信箱与我们联系。

读者电子信箱：2751801073@qq.com

编　者

目　录

第2篇 二维绘图篇

熟练掌握 AutoCAD 二维图形绘制的基本操作，才能在以后的制图过程中提高工作效率，掌握二维绘图技巧是精通 AutoCAD 的关键，可以轻松实现各类图形的绘制。本篇将介绍 AutoCAD 的二维绘图基本知识和功能应用，为读者后期的学习打下良好的基础。

第3篇 三维绘图篇

AutoCAD 提供了不同视角和显示图形的设置工具，可以在不同的坐标系之间切换，方便绘制和编辑三维图形。使用三维绘图功能，可以直观地表现出物体的实际形状，本章将介绍 AutoCAD 中三维绘图的一些基本知识和基本功能应用，为读者后期三维制图的学习打下良好的基础。

第4篇 实战应用篇

在前面章节中，读者系统地学习了 AutoCAD 辅助设计的模块功能、工具及命令应用。本篇主要结合 AutoCAD 的常见应用领域，举例讲解相关行业辅助设计的实战应用，巩固并强化 AutoCAD 软件的综合应用能力。

第1篇

AutoCAD 是美国 Autodesk 公司开发的一款绘图软件，是目前市场上使用率非常高的计算机辅助绘图和设计软件，广泛应用于机械、建筑、室内设计等领域，可以轻松实现各类图形的绘制。本篇将介绍 AutoCAD 的一些基本知识和基本功能，为读者后期的学习打下良好的基础。

第1章 认识 AutoCAD 2021 及其功能应用

➡ AutoCAD 2021 主要在哪些方面进行了增强？
➡ AutoCAD 的应用领域有哪些？
➡ AutoCAD 的安装需求有哪些？

本章主要讲解 AutoCAD 2021 的入门知识，学完这一章，就能获得上述问题的答案，并学会在计算机上安装和使用 AutoCAD 2021。

1.1 AutoCAD 2021 软件介绍

本节主要对 AutoCAD 2021 的起源和发展进行简单介绍，使读者在学习软件前能了解一些 AutoCAD 的基础知识。下面介绍相关内容。

1.1.1 初识 AutoCAD

CAD 是 Computer Aided Design 的缩写，译为"计算机辅助设计"，前面加上 Autodesk 公司的简写 "Auto"，即指 Autodesk 公司出品的计算机辅助设计软件，可以快速完成图形的绘制。

1. 起源

CAD 是一种交互式绘图系统，诞生于 20 世纪 60 年代，利用计算机硬件系统和软件系统中强大的计算功能与高效灵活的图形处理能力，帮助设计人员进行设计，达到缩短设计时间、提高设计质量、降低成本的目的。在当时，由于硬件设施昂贵，这种系统的应用并不广

泛。到了 20 世纪七八十年代，随着计算机的发展与普及，CAD 技术才得以迅速发展，出现了专门从事 CAD 系统开发的公司。

第一个在 DOS 操作系统下运行的 CAD 软件于 1982 年问世，由 Autodesk 公司开发。当时其他绘图软件只能运行在高端工作站甚至大型计算机上，因此作为第一个能在

桌面计算机上运行的绘图软件，其意义非凡。

2．AutoCAD 的优点

AutoCAD 的成功得益于其著名的开放式架构——终端用户可以非常灵活地使用纯文本（ASCII）格式的源代码及编程语言（如 AutoLISP 和 Visual Basic for Applications）对软件进行自定义。

AutoCAD 作为灵活的绘图软件被应用于诸多领域，也支持除英语之外的其他语言，这使 AutoCAD 在世界各地都很受欢迎。如今，AutoCAD 已在超过 150 个国家和地区的各个领域广泛应用。

通过在高端技术领域不断突破革新，Autodesk 公司使 AutoCAD 拥有了诸多独一无二的功能和特性，包括三维曲面、实体模型和可视化界面、访问外部数据库、智能标注、其他格式文件的导入与导出，以及 Internet 支持等。

AutoCAD 的通用性比较强，而且操作简单，易学易用，用户群体非常庞大。AutoCAD 除主要应用于包括建筑工程与结构、机械制造、地理信息系统、测绘与土木工程、设施管理、电气/电子、多媒体等领域外，还可应用于服装业中的服装制版和标识制作等。在追求精确尺寸且操作简单的辅助设计软件中，AutoCAD 是当之无愧的领头羊。

此软件适用领域极广，从 AutoCAD 2000 开始，该系统逐渐增添了许多强大的功能，如 AutoCAD 设计中心（ADC）、多文档设计环境（MDE）、Internet 驱动、新的对象捕捉功能、增强的标注功能、参数功能，以及局部打开和局部加载功能，从而使 AutoCAD 系统更加强大和完善。

1.1.2　AutoCAD 的版本演化

随着技术的不断发展，AutoCAD 的版本也在不断更新，最早期的 AutoCAD 版本为 1.0，当时没有菜单，命令只能通过死记硬背来执行，命令的执行方式类似 DOS 命令。

其后依次推出了 AutoCAD 1.1、1.2、1.3 和 1.4 版本，逐渐增加了尺寸标注和图形输出等功能。

1984 年，AutoCAD 发行了 2.0 版本，从这个版本开始，AutoCAD 的绘图能力有了大幅度提升，同时改善了兼容性，能够在更多种类的硬件上运行。2.N 版本时代从 1984 年开始，至 1986 年一共发行了 5 个版本，依次为 2.0、2.17、2.18、2.5 和 2.6。

1987 年后，AutoCAD 结束了 N.N 的版本号形式，改为 RN 的形式，从 R9.0 至 R14.0 一共发行了 6 个版本，这期间 AutoCAD 的功能已经基本齐全，能够适应多种操作环境，并实现了与 Internet 网络连接和中文操作，工具条使操作更方便、更快捷。

1999 年，Autodesk 公司发布了 AutoCAD 2000，其后直至 AutoCAD 2021，Autodesk 公司的开发团队一直在不断完善软件的各种功能，目的是使用户可以更方便地体验人机对话，更便捷地实现与其他软件的衔接。

1.2　AutoCAD 的应用领域

AutoCAD 的应用领域十分广泛，如室内设计、建筑设计、机械及模具制造、电子及电气、航空航天、石油及化工、地质勘测、园林景观设计等领域，是目前世界上使用最为广泛的计算机绘图软件之一。下面简单介绍一下 AutoCAD 在不同领域的应用。

1.2.1　在室内设计中的应用

在室内设计中，图样是表达设计师设计理念的重要工具，也是室内装饰施工的必要依据。AutoCAD 是绘制室内设计图的最佳选择，绘制出的图纸如图 1-1 所示。

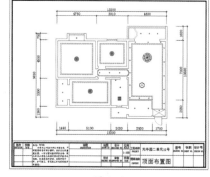

图 1-1

1.2.2　在建筑设计中的应用

建筑为人们提供了各种各样的活动场所，是人类通过物质或技术手段建造起来，力求满足自身活动需求的空间环境。AutoCAD 绘制的建筑图纸如图 1-2 所示。

图 1-2

1.2.3 在园林景观设计中的应用

园林景观设计涵盖的内容十分广泛，如主体的位置和朝向、周围的道路交通、园林绿化及地貌等。AutoCAD 绘制的园林景观设计图如图 1-3 所示。

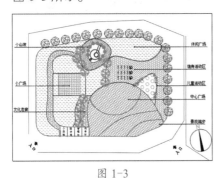

图 1-3

1.2.4 在机械设计中的应用

机械设计是根据使用要求对机械的工作原理、结构、运动方式、力和能量的传递方式、各个零件的材料和形状尺寸、润滑方法等进行构思、分析和计算，并将其转化为具体的描述以作为制造依据的工作过程。AutoCAD 绘制的机械设计图如图 1-4 所示。

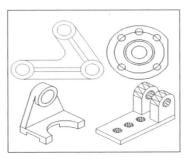

图 1-4

1.2.5 在产品设计中的应用

使用 AutoCAD 也可以设计形状更为复杂的产品，绘制的产品设计图如图 1-5 所示。

图 1-5

1.2.6 在电气电路设计中的应用

AutoCAD 也可以应用在电子及电气领域。AutoCAD 绘制的电气电路图如图 1-6 所示。

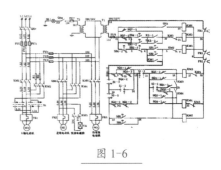

图 1-6

1.2.7 在服装设计中的应用

使用 AutoCAD 软件可以绘制服装的图样，绘制的服装设计图如图 1-7 所示。

图 1-7

1.3 AutoCAD 2021 的安装与卸载

要使用 AutoCAD 2021，必须先安装该软件。如果不需要再使用该软件，可将其卸载。本节主要介绍 AutoCAD 2021安装与卸载过程中的知识。

1.3.1 安装 AutoCAD 2021 的软件、硬件需求

安装 AutoCAD 2021，系统需带有更新 KB4019990 的 Microsoft® Windows®7 SP1（仅 64 位）；支持带有更新 KB2919355 的 Microsoft Windows 8.1（仅 64 位）；支持 Microsoft Windows 10（仅 64 位）（1803 版或更高版本）。

1. 系统要求

遵循 Autodesk 的产品支持生命周期策略的 64 位操作系统。

2. 硬件要求

处理器基本要求：2.5~2.9 GHz

的处理器。

内存基本要求：8 GB RAM，建议使用 16 GB RAM。

显示器分辨率：1920×1080 真彩色的传统显示器，在 Windows 10 64 位系统（带显示卡）上，支持高达 3840×2160 的分辨率。

显卡基本要求：1 GB GPU，具有 29 GB/s 带宽，与 DirectX 11 兼容。建议使用 4 GB GPU，具有 106 GB/s 带宽，与 DirectX 11 兼容。

磁盘空间要求：7.0 GB。

3. 网络要求

通过部署向导进行部署。许可服务器及运行依赖网络许可的应用程序的所有工作站都必须运行 TCP/IP 协议，可以接受 Microsoft® 或 Novell TCP/IP 协议堆栈。工作站上的主登录可以是 NetWare 或 Windows。除了应用程序支持的操作系统外，许可服务器还将在 Windows Server 2012 R2、Windows Server 2016 和 Windows Server 2019 各版本操作系统运行。

★重点 1.3.2　实战：安装 AutoCAD 2021

实例门类	软件功能

Autodesk 公司推出的 AutoCAD 2021 是目前最新版本的软件，本节主要介绍 AutoCAD 2021 的安装方法，具体操作方法如下。

Step01　下载 AutoCAD 后，双击 AutoCAD 2021 安装程序，如图 1-8 所示。

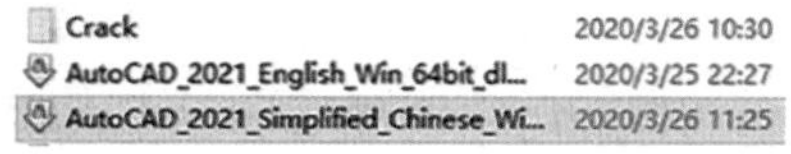

图 1-8

Step02　❶ 在【解压到】对话框单击【更改】按钮，❷ 设置文件夹位置，❸ 单击【确定】按钮，如图 1-9 所示。

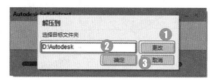

图 1-9

Step03　开始解压，如图 1-10 所示。

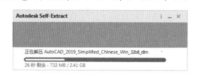

图 1-10

Step04　程序自动进入安装界面，单击【安装】按钮，如图 1-11 所示。

图 1-11

Step05　开始安装，显示安装进度，效果如图 1-12 所示。

图 1-12

Step06　安装完成，如图 1-13 所示。

图 1-13

Step07　进入 AutoCAD 2021 程序界面，如图 1-14 所示。

图 1-14

★重点 1.3.3　实战：卸载 AutoCAD 2021

实例门类	软件功能

如果不再使用 AutoCAD 2021，可将其卸载，具体操作方法如下。

Step01　❶ 双击"此电脑"图标，❷ 单击【计算机】选项卡，❸ 单击【卸载或更改程序】选项，如图 1-15 所示。

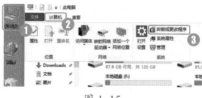

图 1-15

Step02　选择要删除的软件。❶ 单击【Autodesk AutoCAD 2021-简体中文（Simplified Chinese）】软件，❷ 单击【卸载】按钮，如图 1-16 所示。

图 1-16

Step03 即可将 AutoCAD 2021 卸载。

1.3.4 启动 AutoCAD 2021

安装完 AutoCAD 2021 后，在 Windows 操作窗口的桌面上会出现一个快捷图标，通过该图标可以启动 AutoCAD 2021，具体操作方法如下。

Step01 双击 AutoCAD 2021 的快捷图标，即可快速启动软件，如图 1-17 所示。

图 1-17

技能拓展——启动 AutoCAD

除双击快捷图标外，启动 AutoCAD 2021 还有多种方法，具体如下。

- 右击快捷图标，在弹出的菜单中单击【打开】选项即可启动 AutoCAD 2021。
- 在【开始】菜单中也可以找到相应的启动项来启动软件。
- 双击已存盘的".dwg"格式文件，可启动 AutoCAD 2021，其文件图标为 。

Step02 启动完成后的界面如图 1-18 所示，单击【开始绘制】按钮。

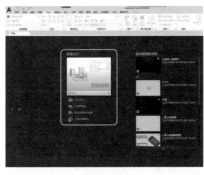

图 1-18

技术看板

每次启动 AutoCAD 2021 都会弹出【开始】界面，该界面集中了软件的基本功能，可通过该界面快速完成操作，并帮助用户了解新增功能和一些入门知识。

Step03 进入程序界面，如图 1-19 所示。

图 1-19

技术看板

启动完成后，可以通过标题栏切换文件和【开始】界面。

1.3.5 退出 AutoCAD 2021

使用 AutoCAD 2021 后，退出软件的具体操作方法如下。

单击软件界面右上角的【关闭】按钮即可退出，如图 1-20 所示。

图 1-20

本章小结

本章介绍了 AutoCAD 的起源、发展和优点，AutoCAD 2021 对系统的要求，启动和退出 AutoCAD 2021 的方法，以及 AutoCAD 的一些使用技巧。本章的内容是绘制图形必须掌握的基础知识，要求绘图者对这些知识必须有一定了解，并能够快速筛选出最符合自己的工作习惯的操作方式，以提高工作效率。

第 2 章

AutoCAD 2021 入门

- ➡【开始】面板的功能和作用是什么?
- ➡ AutoCAD 2021 的工作界面是如何构成的?
- ➡ AutoCAD 2021 有哪些新增功能?
- ➡ AutoCAD 2021 中的文件如何管理?
- ➡ AutoCAD 2021 如何执行相关命令?

对 AutoCAD 2021 初学者来说,掌握 AutoCAD 的基本操作是学好软件的前提,只有掌握这些基本操作,才能为后续学习打好基础。

2.1 熟悉【开始】面板

在 AutoCAD 2021 中,【开始】面板作为一个独立的选项卡,一直存在于标题栏的左上角,可在各个文件和【开始】面板中方便地进行切换。下面介绍【开始】面板。

★重点 2.1.1 快速入门

【快速入门】中包含【开始绘制】和【样板】两个部分,主要用于快速新建 CAD 文件。

1. 开始绘制

在【开始】面板中,使用【开始绘制】按钮可以快速新建一个空白的 CAD 文件,如图 2-1 所示。

图 2-1

单击【开始绘制】按钮即可新建一个空白文件,如图 2-2 所示。

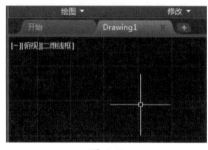

图 2-2

2. 样板

样板是包括一些图形设置和常用对象(如标题块和文本)的特殊文件。样板文件的扩展名是 .dwt。AutoCAD 2021 中有众多样板可供用户使用,用户也可以自定义样板,还可以创建自己的样板,具体操作方法如下。

Step 01 在【开始】面板中单击【样板】下拉按钮,如图 2-3 所示。

Step 02 单击选择任意一个样板,就可基于该样板来创建新图形文件,如单击【acadiso3D.dwt】,如图 2-4 所示。

图 2-3

图 2-4

Step03 单击带样板的空白文件，即可新建一个3D样板的空白文件，如图2-5所示。

图 2-5

⚙ 技能拓展——套用样板文件

当以样板为基础绘制新图形时，这个新图形就会自动套用样板中所包含的设置和对象。这样可以省去每次绘制新图形时都要进行的烦琐设置和基本对象的绘制工作。

2.1.2　打开文件

通常为完成某个图形的绘制或需要对其进行修改，都需要打开已有的图形文件。通过文件名，或者通过查看图形文件的缩略图或预览图都可以找到已有的图形文件。打开文件的具体操作方法如下。

Step01 在【开始】面板中单击【打开文件】命令，如图2-6所示。

图 2-6

Step02 选择图形文件并打开。❶ 在【选择文件】对话框【查找范围】后的下拉列表中选择文件所在的位置，❷ 单击要打开的图形文件，如

【电主轴套尺寸图】；❸ 单击【打开】按钮，如图2-7所示。

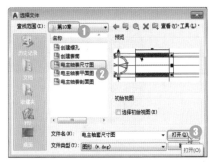

图 2-7

📚 技术看板

在【选择文件】对话框中可进行如下操作。

● 双击图形文件可直接将其打开。
● 单击【查看】选项，可在下拉列表中选择不同的方式查看图形文件。
● 右击对话框，能够打开有更多选项的快捷菜单。
● 慢速双击图形文件的名称可以对其进行重命名（不要快速双击，快速双击会将其打开）。

Step03 即可打开已选择的图形文件【电主轴套尺寸图】，如图2-8所示。

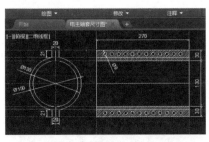

图 2-8

📚 技术看板

除了通过【打开文件】按钮或按【Ctrl+O】组合键打开图形文件外，还可以用以下方式打开图形文件。

● 快速双击要打开的图形文件。

● 右击图形文件，在弹出的菜单中单击【打开】按钮。
● 在【开始】面板的【最近使用文档】区域单击图形文件名称。
● 单击界面左上角的【菜单浏览器】按钮 **A**，在命令菜单中选择【打开文件】。

2.1.3　打开图纸集

CAD提供了"模型"和"布局"两种绘图空间，一个"模型"可以对应多个"布局"。"布局"空间主要设置打印效果或批量输出。进入"布局"空间后，状态栏会显示"图纸"，表示目前在图纸空间。

图纸集是一个有序命名集合，图纸来自几个图形文件，可以将图纸集作为一个单元进行管理、传递、发布和归档。在【开始】面板中单击【打开图纸集】按钮，即可打开【打开图纸集】对话框。选中图纸集并单击【打开】按钮即可将其打开。

⚙ 技能拓展——创建图纸集

创建【图纸集】的方法如下。
● 依次单击【视图】选项卡→【选项板】面板→【图纸集管理器】。
● 在图纸集管理器的【图纸列表】选项卡中，右击图纸集节点（位于列表的顶部）或现有子集，单击【新建子集】。
● 在【子集特性】对话框中的【子集名称】下，输入新子集名称，单击【确定】按钮，可将新子集拖动到图纸列表的任何位置，或拖动到其他子集下。

若要删除子集，要先删除或重新定位它包含的图纸，然后右击子集并选择【删除子集】。

2.1.4 联机获取更多样板

通过【联机获取更多样板】选项，可在网络允许的情况下，在互联网中下载更多图形样板文件，具体操作方法如下。

Step01 单击【开始】面板中的【联机获取更多样板】按钮，如图 2-9 所示。

图 2-9

Step02 打开 AutoCAD 2021 的网页联机页面，单击需要下载的内容，如图 2-10 所示。

图 2-10

Step03 打开【新建下载任务】对话框。❶ 设置存储位置，❷ 单击【下载】按钮，如图 2-11 所示。

图 2-11

Step04 完成下载后，在选定的保存位置会显示文件图标和名称，双击该文件，如图 2-12 所示。

acad-Named_Plot_Styles

图 2-12

Step05 打开文件，效果如图 2-13 所示。

图 2-13

2.1.5 了解样例图形

样例图形包含不同图层上的各种对象，了解样例图形的具体操作方法如下。

Step01 在【开始】面板中单击【了解样例图形】按钮，如图 2-14 所示。

图 2-14

Step02 打开【选择文件】对话框，❶ 在【查找范围】下拉列表中选择文件所在的位置，❷ 单击选中要打开的图形文件，如【Tower】，❸ 单击【打开】按钮，如图 2-15 所示。

图 2-15

Step03 打开文件，效果如图 2-16 所示。

图 2-16

2.1.6 最近使用的文档

在【最近使用的文档】列表可查看最近使用的文件。在默认情况下，最近使用的文件将显示在【最近使用的文档】列表顶部。单击文件名右侧的图钉按钮，可使文件保持在列表中，具体操作方法如下。

Step01 在【最近使用的文档】区域，默认显示文档的缩略图和文件名，如图 2-17 所示。

Step02 单击【缩略图】按钮，仅显示缩略图，如图 2-18 所示。

图 2-17

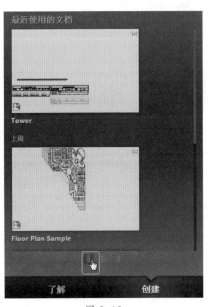

图 2-18

Step03 拖动右侧垂直滚动条，即可浏览缩略图，如图 2-19 所示。

图 2-19

Step04 单击【名称】按钮，区域内仅显示文件名，如图 2-20 所示。

图 2-20

Step05 单击文件名右侧图钉按钮，即可锁定该文件，如图 2-21 所示。

图 2-21

2.2　认识 AutoCAD 2021 的工作界面

工作界面主要指快速访问工具栏、功能区选项卡和面板、工具选项板、工具栏和下拉菜单的显示内容。AutoCAD 程序中，工作界面的显示内容主要由工作空间决定。工作空间内单个区域的内容显示也可以通过该区域的相应命令来调整，但仅能调整相应区域，不能调整全部工作界面。

2.2.1　【开始】界面

【开始】界面是从 AutoCAD 2014 开始出现的功能，当时为【欢迎】界面。AutoCAD 2021 将【开始】界面作为基础界面，一直停靠在文档标题栏的左侧，可随时在各文档和【开始】界面之间进行切换。

【开始】界面中包括快速入门、最近使用的文档和连接 3 个部分。

1. 快速入门

快速入门包括新建文件、打开文件、打开图纸集、联机获取更多样板、了解样例图形等内容。

2. 最近使用的文档

AutoCAD 2021 程序使用过的文档，都会根据设置以列表或缩略图的形式显示在该区域，方便用户查看和使用。

3. 连接

连接区域主要包括【登录】和【发送反馈】两个部分，【登录】后可以使用 AutoCAD 的更多联机资源，【发送反馈】是将意见和建议反馈给 AutoCAD。

★新功能★重点 2.2.2 应用程序

应用程序是指在程序界面左上角以 AutoCAD 标志定义的按钮，单击该按钮打开下拉菜单，其中包含【新建】【打开】【保存】【打印】【关闭】等常用命令，也包括搜索栏和文档列表区域。AutoCAD 2021 的应用程序图标进行了更新，如图 2-22 所示。

图 2-22

使用【菜单浏览器】菜单的具体操作方法如下。

➡ 单击【菜单浏览器】按钮，打开下拉菜单，可操作常用命令。

➡ 单击【排序方式】下拉按钮 ，在菜单中选择文档排序方式；单击下拉按钮 ，在菜单中选择图标的大小，如图 2-23 所示。

图 2-23

2.2.3 快速访问工具栏

快速访问工具栏的主要作用是"快速访问"，也就是为了方便用户快速使用这些工具而设置的工具栏。默认的快速访问工具栏如图 2-24 所示。用户可以自定义该工具栏，如将某个工具添加进来或者将某个工具删除等。

图 2-24

技术看板

单击快速访问工具栏右侧的【展开】按钮，在显示的"自定义快速访问工具栏"菜单里，单击要显示的工具，出现 后此工具即会显示；反之，单击 则取消显示。

2.2.4 标题栏

标题栏主要显示软件的名称和版本号，以及当前编辑文件的名称，

如图 2-25 所示。

图 2-25

技术看板

AutoCAD 2021 程序默认的图形文件名是 Autodesk AutoCAD 2021 Drawing1.dwg，若打开的是已保存的图形文件，则显示具体文件名。

2.2.5 功能区

AutoCAD 2021 功能区位于标题栏下方，由多个选项卡组成，每个选项卡中都由相应的命令组成一个功能面板；功能面板上的每个图标都形象地代表一个命令，用户单击图标按钮，即可执行该命令，具体操作方法如下。

Step01 AutoCAD 2021 程序默认显示【默认】选项卡下的功能面板，如图 2-26 所示。

图 2-26

Step02 单击其他选项卡，即可进入相应功能区，如单击【注释】标签，可进入注释功能区，如图 2-27 所示。

图 2-27

Step03 单击【插入】选项卡，在功能面板单击【创建块】下拉按钮，在菜单中单击即可激活该命令，如

图 2-28 所示。

图 2-28

2.2.6 绘图区

绘图区是绘制和编辑图形及创建文字和表格的区域。绘图区包括控件按钮、坐标系图标、十字光标、导航面板等元素，如图 2-29 所示。

图 2-29

2.2.7 命令窗口

绘图区下方的命令窗口是AutoCAD 交流命令参数的窗口，也叫命令提示窗口。命令窗口分为命令历史区和命令输入与提示区两部分，其中命令历史区显示使用过的命令，命令输入与提示区是用户对AutoCAD 发出命令与参数要求的地方。使用命令窗口的具体操作方法如下。

Step01 显示命令窗口。❶【命令历史区】显示已经用过的命令，❷【命令输入与提示区】可输入命令和参数。启动程序后，命令窗口默认命

令行显示为"命令："，表示可输入命令，如图 2-30 所示。

图 2-30

技术看板

在命令窗口中，左侧区域的【自定义】按钮🔧可以设置【自动完成项目】，也可以打开【选项】面板；命令输入与提示区最左端显示的是【最近使用的命令】按钮▣▾，保存了最近使用的命令。

Step02 ❶ 在命令窗口输入命令，如【直线】命令 L，❷ 弹出 AutoCAD中第一个字母为 L 的所有命令的提示框，如图 2-31 所示。

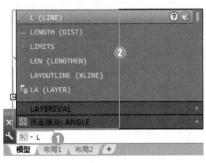

图 2-31

Step03 输入命令后按【空格】键确认，命令输入行会显示操作提示，如图 2-32 所示。

图 2-32

Step04 ❶ 根据操作提示操作，命令历史区显示历史命令，❷ 命令输入行显示新的提示，如图 2-33所示。

图 2-33

技术看板

在 AutoCAD 中,【Enter】键、【空格】键、鼠标左键都可确认执行命令。除文字输入等特殊情况外，常使用【空格】键代替【Enter】键确认命令。

命令行中"[ ]"的内容表示各种可选项，各选项之间用"/"隔开；<>号中的值为程序默认数值或此命令上一次执行的数值。

2.2.8 状态栏

工作界面最下方是状态栏，显示 AutoCAD 绘图状态属性。状态栏的左侧显示了模型布局选项卡，如图 2-34 所示。

模型　布局1　布局2　+

图 2-34

状态栏中间显示辅助绘图工具的快捷按钮，如图 2-35 所示。

图 2-35

右侧显示综合工具区域，如图2-36 所示。

图 2-36

技术看板

在窗口底部的状态栏中，绘图模式状态由相应的按钮来切换，如果单击第一次打开，那么单击第二次关闭；反之，如果单击第一次关闭，那么单击第二次打开。

★ 重点 2.2.9　坐标系统

二维坐标系统通过在图纸上绘制坐标（X轴和Y轴）来绘制图形，在二维坐标系中，X轴的箭头指向X轴的正方向，也就是说，顺着箭头方向前进，则X轴坐标值增加；Y轴的箭头指向Y轴的正方向。

1. 坐标系统

利用二维坐标系统，屏幕上的每一个二维点都可以使用X和Y坐标值来指定，我们称之为笛卡尔坐标系。通用的表示方法是先写出X轴坐标值，然后是逗号（没有空格），接着是Y轴坐标值。在默认情况下，X轴和Y轴交点的坐标是（0,0）。位于X轴左侧和Y轴下方的点的坐标值为负。

在 AutoCAD 2021 中绘图时，默认使用的单位是毫米（mm），例如从点（3,0）到点（6,0）的直线的长度是 3 毫米。绘图时还可以任意指定其他单位，可以是厘米、米、千米。在后文中，如无特殊说明，则单位都为毫米，不再另行标注。

在对一张图纸进行设置时，就需要指定显示的单位，如在表示非整数的时候使用小数点或分数。不过在实际的应用中，只有用打印机和绘图仪出图的时候才需要指定每个单位表示的具体长度。

为确保图纸准确，应该使用全尺寸进行绘制。例如，要绘制一间长度为 12 米的工厂平面图，那么在绘制的时候就可以直接画一条同等长度的直线，在需要查看具体细节时可以将视图放大，如果要查看整个平面图，缩小视图就可以了。只有在实际的纸张上打印时，才需

要指定以多大的比例打印图形。用户坐标系（UCS）图标是默认的用于二维绘图的坐标系，如图 2-37 所示。

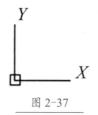

图 2-37

含有Z轴的坐标系用于三维建模，如图 2-38 所示。

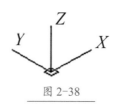

图 2-38

技术看板

指定某个对象的位置的一个最基本的方法，是使用键盘输入它的坐标值，可以输入几种类型的坐标值。如果需要重复输入近期输入过的坐标值，可以使用【最近的输入】功能。

2. 笛卡儿坐标系

笛卡儿坐标系又称直角坐标系，由一个原点坐标（0,0）和通过原点的、相互垂直的坐标轴构成，如图 2-39 所示。

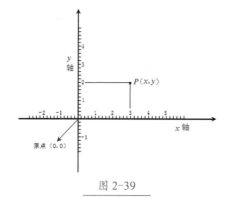

图 2-39

其中，水平方向的坐标轴为X轴，以向右为其正方向；垂直方向的坐标轴为Y轴，以向上为其正方向。平面上任何一点P都可以由X轴和Y轴的坐标来定义，即用一对坐标值（X,Y）来定义一个点。例如，某点的直角坐标为（3,2）。

技术看板

AutoCAD 只能识别英文标点符号，所以在输入坐标的时候，中间的逗号必须使用英文标点，其他涉及标点符号的输入也是如此。

3. 极坐标系

极坐标系由一个极点和一根极轴构成，极轴的方向为水平向右，如图 2-40 所示。

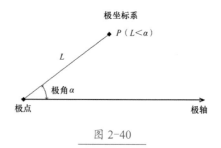

图 2-40

平面上任何一点P都可以由该点到极点的连线长度L（>0）和连线与极轴的夹角a（极角，逆时针方向为正）来定义，即用一对坐标值（L<a）来定义一个点，其中"<"表示角度。

例如，某点的极坐标为（5<30），表示该点距离极点的长度为 5，与极轴的夹角为 30°。

4. 绝对坐标与相对坐标

绝对坐标是指点在X轴和Y轴方向上的绝对位移，在笛卡尔坐标系小节中讲的点P（3,2），以及在极坐标系中举的例子，这些都是绝

对坐标。

相对坐标是指某个点相对于上一点的绝对位移值，用"@"来标识。例如，某一直线的起点坐标为（5,5），终点坐标为（8,10），则终点相对于起点在 X 轴方向上移动了 3 个距离、在 Y 轴方向上移动了 5 个距离，此时终点的相对坐标为（@3,5）。

相对坐标和绝对坐标的差别如下。

以点（10,20）为起点绘制直线，如果输入绝对坐标（5,5），那么绘制出的是 A 直线；如果输入相对坐标（@5,5），那么绘制出的是 B 直线，如图 2-41 所示。

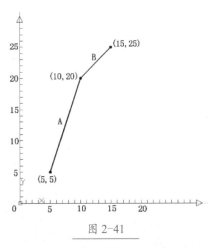

图 2-41

如果是极坐标，同样以点（10,20）为起点绘制直线，此时输入绝对坐标（10<30），那么绘制出的是 A 直线；如果输入相对坐标（@10<30），那么绘制出的是 B 直线，如图 2-42 所示。

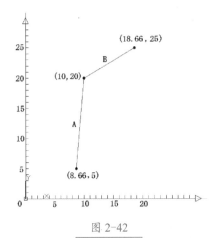

图 2-42

技术看板

输入坐标还有一种比较便捷的方式，就是直接输入长度数值。在【正交】模式或【极轴追踪】模式下，这种方法最为实用。

5. 绘制一条与水平方向有角度的直线

在实际操作中，经常需要绘制有角度的直线，具体操作方法如下。

Step01 在 AutoCAD 2021 中新建一个图形文件，❶在【绘图】工具栏中单击【直线】命令按钮，❷在绘图区单击指定起点，❸输入长度值 50，按【空格】键两次，结束【直线】命令，如图 2-43 所示。

图 2-43

Step02 指定线段起点。按【空格】键激活【直线】命令，单击直线左端点，指定为下一条直线的起点，如图 2-44 所示。

图 2-44

Step03 输入直线的长度值。输入下一点的坐标，如（50<35），按【空格】键确定，如图 2-45 所示。

图 2-45

Step04 完成有角度直线的绘制，如图 2-46 所示。

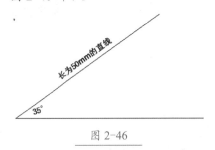

图 2-46

2.3 AutoCAD 2021 新增功能

AutoCAD 2021 的新增功能主要指几个工具功能的增强，如修剪和延伸、修订云线、打断单点处对象、快速测量、外部参照、"块"选项板增强等。

★新功能 2.3.1 简化的"修剪和延伸"选项

在 AutoCAD 2021 的修剪和延伸命令里新增"快速"模式，默认情况下，会选择所有潜在边界，而不必先为"修剪"和"延伸"命令选择边界。

Step01 输入【TR】命令后按【Enter】键，如图 2-47 所示。

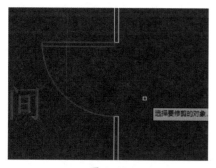

图 2-47

Step02 直接拖动鼠标左键选择要修剪的位置即可，如图 2-48 所示；且最后一段线也可修剪，而不像以前的版本只能用【删除】命令删除。

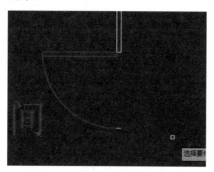

图 2-48

★新功能 2.3.2 修订云线增强功能

AutoCAD 2021 中的修订云线现在包括其近似弧弦长（即每个圆弧段端点之间的距离）的单个值。可以在"特性"选项中通过快捷菜单，或使用新的 REVCLOUDPROPERTIES 命令更改选定的修订云线对象的弧弦长。

Step01 输入【TR】命令后按【Enter】键，如图 2-49 所示。

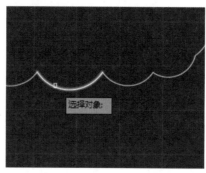

图 2-49

Step02 输入【REVCLOUDPROPERTIES】命令后按【Enter】键，选择【弧长】选项，如图 2-50 所示。

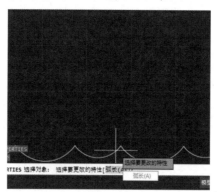

图 2-50

Step03 输入新的弧长 100 并确认，新的云线弧长效果如图 2-51 所示。

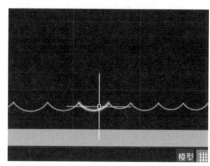

图 2-51

★新功能 2.3.3 打断单点处对象

使用新的 BREAKATPOINT 命令，可以在指定点处将直线、圆弧或开放多段线直接分割为两个对象。

Step01 绘制一个圆弧，输入【BREAKATPOINT】命令并按【Enter】键确认，如图 2-52 所示。

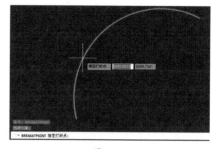

图 2-52

Step02 单击圆弧，选中其中一段弧，发现该圆弧已经被打断成为两个对象，如图 2-53 所示。

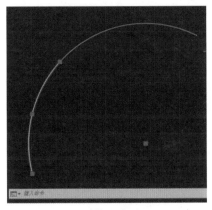

图 2-53

★新功能 2.3.4 快速测量

在图形的平面图中，MEASUR-EGEOM（MEA）命令的"快速"选项现在支持测量由几何对象包围的空间内的面积和周长。在闭合区域内单击会以绿色高亮显示，并在"命令"窗口和动态工具提示中以当前单位格式显示计算的值。按住Shift 键并单击以选中多个区域，可以计算累计面积和周长，同时还包括封闭孤岛的周长。

Step(01) 输入【MEA】命令并按【Enter】键，将光标指向一个图形就会测量出图形的宽度、高度、圆角半径等数据，如图 2-54 所示。

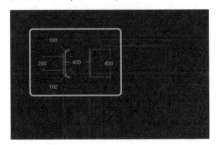

图 2-54

Step(02) 单击封闭图形，就会测量出其周长和面积，如图 2-55 所示。

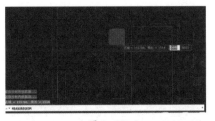

图 2-55

Step(03) 按住【Shift】键单击多个封闭图形，则测量出所选图形的累计面积和累计周长，如图 2-56 所示。

图 2-56

★新功能 2.3.5 外部参照比较

AutoCAD 2021 在 AutoCAD 2020 DWG 比较功能的基础上，增加了外部参照比较功能，把变化的部分高亮显示出来。

Step(01) 打开素材文件\第 2 章\南楼小餐厅，如图 2-57 所示。

图 2-57

Step(02) 输入【外部参照】命令 XR，在弹出的【外部参照】管理器中单击【附着 DWG】按钮，再选择素材文件\第 2 章\餐桌，如图 2-58 所示。

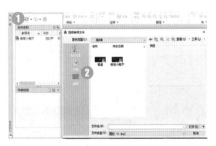

图 2-58

Step(03) 在弹出的对话框中全部保持默认设置，然后单击【确定】按钮，如图 2-59 所示。

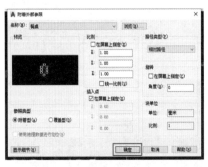

图 2-59

Step(04) 指定插入位置，并用 CO 命令复制一个图形，效果如图 2-60 所示。

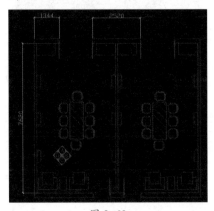

图 2-60

Step(05) 打开素材文件\第 2 章\餐桌 .dwg，选中右排椅子，单击【对象颜色】下拉菜单，将椅子的颜色改为红色，如图 2-61 所示。

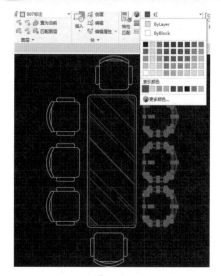

图 2-61

Step06 输入【删除】命令 E，选中下方的椅子，按【空格】键确认删除，如图 2-62 所示。

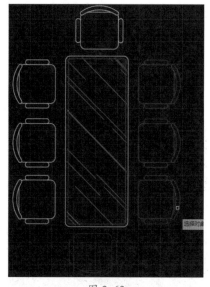

图 2-62

Step07 输入【圆】命令 C，绘制两个同心圆，按【Ctrl+S】组合键保存文件，如图 2-63 所示。

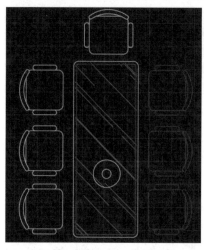

图 2-63

Step08 切换到餐厅文件，发现右下角多了"外部参照已修改"的提示，如图 2-64 所示。

图 2-64

Step09 单击"重载餐桌-by Administrator"链接，结果的颜色与 DWG 比较功能中的类似——红色代表老版参照中才有的内容，绿色代表新版参照中才有的内容，灰色是没有变化的部分，显示为略暗的是没有被比较的部分。效果如图 2-65 所示（可见改变颜色不算更改）。

Step10 在视图上方有个"外部参照比较"工具条，单击💡按钮可开关比较显示；单击设置按钮⚙可进行设置，如图 2-66 所示。

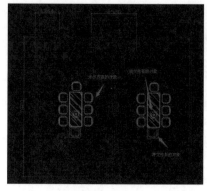

图 2-65

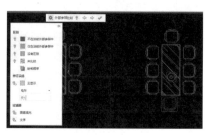

图 2-66

Step11 单击⇦或⇨按钮，可以将更改对象逐个最大化显示，效果如图 2-67 所示。单击✔按钮，则退出外部参照比较。

图 2-67

★新功能 2.3.6 增强"块"选项板功能

AutoCAD 2021 的"块"选项板已得到增强，可更加方便地访问"块"。

Step01 打开【视图】选项卡，单击块图标🗂，就会弹出"块"选项板，如图 2-68 所示，可以将【库】【最近使用】或【当前图形】中需要的"块"快速拖入文件中。

图 2-68

Step⑫ 可以根据自己的需要设置文件夹位置，输入【选项】命令 OP，单击【文件】选项卡下【块最近的文件夹位置】就可以更改，如图 2-69 所示。

图 2-69

2.4 图形文件的管理

AutoCAD 图形文件的管理操作，包括新建图形文件、打开图形文件、保存图形文件，以及退出图形文件等。

★重点 2.4.1 新建图形文件

【新建图形文件】即新建一个程序默认的样板文件。以样板为基础绘制新图形时，该新图形会自动套用样板中所包含的设置和对象。通过使用样板可以省去每次绘制新图形时都要进行的烦琐设置和基本对象的绘制工作。新建图形文件的具体操作方法如下。

Step① 在【快速访问工具栏】中单击【新建】按钮□，如图 2-70 所示。

图 2-70

Step⑫ ❶ 在打开的【选择样板】对话框中单击需要的样板，如【acadiso】，❷ 单击【打开】按钮，如图 2-71 所示。

图 2-71

Step⑬ 即可新建图形文件 Drawing1，如图 2-72 所示。

图 2-72

技术看板

新建图形文件的其他方法如下。

● 单击【菜单浏览器】按钮 ▲，依次单击【新建】【图形】命令。

● 执行新建命令【NEW】。

● 按快捷键【Ctrl+N】。

● 在【开始】界面的【快速入门】区域，单击【开始绘制】按钮。

第 1 篇

第 2 篇

第 3 篇

第 4 篇

2.4.2 打开图形文件

如果计算机中已经存在创建好的 AutoCAD 图形文件，可以通过打开命令打开这些图形文件，具体操作方法如下。

Step01 在【快速访问工具栏】中单击【打开】按钮 📂，如图 2-73 所示。

图 2-73

Step02 打开【选择文件】对话框，❶ 在【查找范围】栏指定存储路径，❷ 单击选择图形文件，如 2-3-2，然后，单击【打开】按钮，如图 2-74 所示。

图 2-74

Step03 在对话框中右击，或单击【查看】选项，能够打开带有更多选项的快捷菜单，如图 2-75 所示。

图 2-75

Step04 打开名为【2-3-2】的图形文件，如图 2-76 所示。

图 2-76

🔧 技术看板

打开文件的其他方法如下。
- 按【Ctrl+O】组合键打开文件。
- 快速双击该图形文件名称。
- 在命令提示行输入【Open】后按【Enter】键。
- 在【最近使用的文档】中，单击最近使用过的图形文件名称。

2.4.3 保存图形文件

无论是想将现有图形文件进行存储，还是只是想制作一个图形的副本，都需要保存图形文件。在绘图过程中，养成每隔 10~15 分钟保存一次的习惯，可避免因死机或停电等意外状况而造成数据丢失，具体操作方法如下。

Step01 在【快速访问工具栏】中单击【保存】按钮 💾，如图 2-77 所示。

图 2-77

Step02 打开【图形另存为】对话框，如图 2-78 所示。

图 2-78

Step03 ❶ 在【保存于】后指定存储路径，❷ 输入文件名，如 2-4-3，❸ 单击【文件类型】下拉按钮，❹ 选择【AutoCAD 2013/LT2013 图形（*.dwg）】，❺ 单击【保存】按钮，如图 2-79 所示。

图 2-79

🔧 技术看板

保存文件时可设置为较低的版本，如 AutoCAD 2013，方便文件在低版本软件中打开。

保存文件的其他方法如下。
- 按快捷键【Ctrl+S】保存。
- 在命令提示行输入 Save 后按【Enter】键保存。
- 单击【菜单浏览器】按钮 📇，单击【保存】命令保存。

Step**04** 文件【2-4-3.dwg】保存成功，效果如图2-80所示。

图 2-80

★重点 2.4.4 另存为图形文件

图形文件保存后又重新打开做了改动，而修改前和修改后的文件都需要保存，此时用【另存为】命令圆重新存储修改后的文件。具体操作方法如下。

Step**01** 在【快速访问工具栏】单击【另存为】按钮圆，如图2-81所示。

图 2-81

Step**02** 打开【图形另存为】对话框，如图2-82所示。

图 2-82

Step**03** ❶ 在【保存于】后指定存储路径，❷ 输入新的文件名，如2-4-4，❸ 单击【保存】按钮，如图2-83所示。

图 2-83

Step**04** 程序文件名即显示为【2-4-4】，如图2-84所示。

图 2-84

2.4.5 退出图形文件

退出当前的 AutoCAD 图形文件与退出 AutoCAD 系统是不同的，退出图形文件不会退出 AutoCAD 系统，而退出 AutoCAD 系统会自动退出当前文件，具体操作方法如下。

Step**01** 单击标签文件名的【关闭】按钮⊠，如图2-85所示。

图 2-85

Step**02** 确认保存。如果用户没有对当前退出的图形文件进行保存操作，系统会提示是否要将更改的图形文件进行保存。单击【是】按钮，系统将保存当前图形文件并退出图形文件；单击【否】按钮，系统将直接退出当前文件；单击【取消】按钮，系统将不退出当前图形文件，如图2-86所示。

图 2-86

技术看板

在当前文件可操作的状态下，按下快捷键【Ctrl+Q】或【Alt+F4】，即可退出当前图形文件。

2.5 命令执行与命令常用操作

AutoCAD 使用命令绘制图纸非常方便快捷，下面讲解对命令进行的常用操作。

2.5.1 命令的激活方式

在 AutoCAD 中，有多种方式激活命令，可根据具体情况选择合适的命令激活方式。

1. 快捷键

直接在命令行输入相应命令，按【空格】键或【Enter】键即可，具体操作方法如下。

Step01 输入【直线】命令 L，按【空格】键确定，如图 2-87 所示。

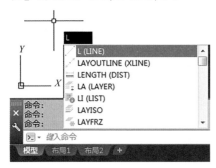

图 2-87

Step02 单击指定直线的第一个点，如图 2-88 所示。

图 2-88

Step03 输入数值，如 100，按【空格】键确定，如图 2-89 所示。

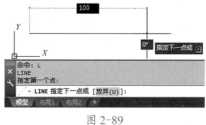

图 2-89

Step04 再次按【空格】键，即可结束直线命令，如图 2-90 所示。

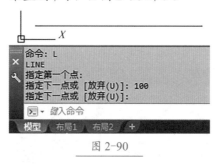

图 2-90

Step05 此时再次按下【空格】键，可重复执行上次的直线命令，如图 2-91 所示。

图 2-91

Step06 程序提示指定下一点，向上移动鼠标输入数值，如 50，按【空格】键确定，指定直线长度，如图 2-92 所示。

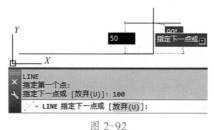

图 2-92

Step07 此时按【空格】键即可退出直线命令，如图 2-93 所示。

图 2-93

2. 图标

通过单击选项卡中各面板的图标激活相应命令，这种方法适用于 AutoCAD 初学者，具体操作方法如下。

Step01 在功能区的面板中单击命令按钮，如【圆】命令按钮，如图 2-94 所示。

图 2-94

Step02 在绘图区单击指定圆心，如图 2-95 所示。

图 2-95

Step03 输入圆的半径值，如 100，如图 2-96 所示。

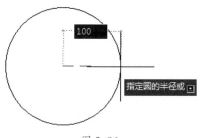

图 2-96

Step04 按【空格】键确定，完成圆的绘制，效果如图 2-97 所示。

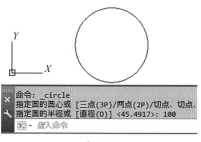

图 2-97

3. 菜单

使用菜单激活命令的具体操作方法如下。

Step01 ❶ 单击展开按钮，❷ 单击【显示菜单栏】选项，如图 2-98 所示。

图 2-98

Step02 ❶ 单击菜单命令，如绘图，❷ 单击【射线】即可激活射线命令，如图 2-99 所示。

图 2-99

Step03 在绘图区单击指定射线起点，移动鼠标单击指定通过点，按【空格】键结束射线命令，如图 2-100 所示。

图 2-100

4. 鼠标

鼠标可控制光标的位置，左键单击可选择图形对象、图标或菜单命令，右键可执行一些常规命令，具体操作方法如下。

Step01 右击绘图区空白处，在弹出的快捷菜单中单击【最近的输入】下拉命令，单击列表中的【CIRCLE】命令，如图 2-101 所示。

图 2-101

Step02 单击绘图区空白处指定圆心，

如图 2-102 所示。

图 2-102

Step03 移动十字光标，输入圆的半径20，按【空格】键，如图 2-103 所示。

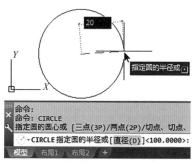

图 2-103

Step04 右击绘图区空白处，在弹出的快捷菜单中单击【平移】命令，如图 2-104 所示。

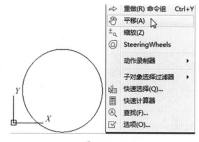

图 2-104

Step05 即可平移图形，如图 2-105 所示。

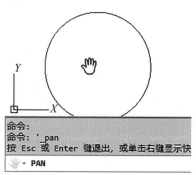

图 2-105

Step**06** 右击绘图区，选择【退出】命令，即可退出平移图形命令，如图 2-106 所示。

图 2-106

2.5.2 命令的其他操作

除了激活命令、执行命令之外，还有其它操作，具体如下。

1. 撤销命令

绘图过程中若想退回一步或者多步，可以通过放弃命令（命令为【U】，快捷键为【Ctrl+Z】）撤销上一步操作，单击【放弃】按钮撤销上一步操作的具体操作方法如下。

Step**01** 单击【放弃】按钮，如图 2-107 所示。

图 2-107

Step**02** 命令窗口显示要放弃的操作，如图 2-108 所示。

图 2-108

2. 重做命令

放弃某个命令后，如果要恢复这个命令，可以使用【重做】命令（快捷键为【Ctrl+Y】），具体操作方法如下。

Step**01** 单击【重做】按钮，如图 2-109 所示。

图 2-109

Step**02** 上一步放弃的操作完成重做，如图 2-110 所示。

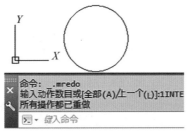

图 2-110

3. 终止和重复命令

在执行命令过程中，如果觉得不需要执行该操作，此时可以按【ESC】键终止该命令，或者单击鼠标右键，从弹出的快捷菜单中选择"取消"命令从而终止命令。重复命令是指执行了一个命令后，在没有进行任何其他操作的前提下再次执行该命令时，不需要重新输入该命令，直接按【Enter】键或【空格】键即可重复执行该命令。终止命令和重复命令的具体操作方法如下。

Step**01** 执行圆命令，程序提示指定圆的半径，如图 2-111 所示。

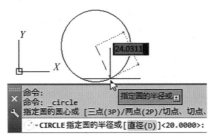

图 2-111

Step**02** 按下【Esc】键，终止正在执行的命令，如图 2-112 所示。

图 2-112

Step**03** 按下【空格】键，即可重复执行圆命令，如图 2-113 所示。

图 2-113

4. 透明命令

在绘图过程中经常会使用一种透明命令，即在执行某一个命令的过程中，插入并执行第二个命令，完成该命令后继续执行原命令的相关操作，整个过程原命令都是执行状态。插入透明命令一般是为了修改图形设置或打开辅助绘图工具，具体操作方法如下。

Step**01** 执行多边形命令，程序提示指定圆的半径，如图 2-114 所示。

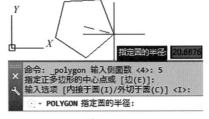

图 2-114

Step**02** 按下【F8】键打开【正交】命令，如图 2-115 所示。

Step**03** 继续输入圆的半径值，如 50，如图 2-116 所示。

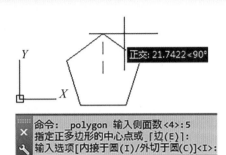

图 2-115

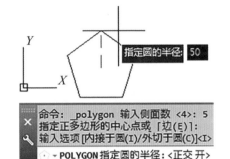

图 2-116

技术看板

在实际绘图中，使用鼠标执行的透明命令以移动命令和缩放命令为主。使用鼠标执行透明命令，能更快捷地实现第一命令和透明命令的相互转换。

妙招技法

通过对前面知识的学习，相信读者已经掌握了 AutoCAD 2021 的入门知识，下面结合本章内容，给大家介绍一些实用技巧。

技巧 01 如何修复图形文件

在程序或系统出现故障后，重新打开程序软件，可以修复被中途打断的图形文件，具体操作方法如下。

Step 01 正在进行图形操作时，如果程序意外关闭，重新打开程序，在【开始】界面左上角会显示【图形修复管理器】面板，如图 2-117 所示。

图 2-117

Step 02 【备份文件】下将列出可以修复的所有图形。❶ 在【备份文件】下单击【Tower.dwg】，❷ 单击文件名即可恢复文件，如图 2-118 所示。

图 2-118

Step 03 ❶ 在【预览】框中，可预览要修复的图形文件内容，❷ 确认后单击关闭按钮，如图 2-119 所示。

图 2-119

技巧 02 如何移动命令窗口

在 AutoCAD 2021 中，用户可以根据需要更改命令窗口的位置，具体操作方法如下。

Step 01 单击【命令窗口】前灰色区域的空白处，如图 2-120 所示。

图 2-120

Step 02 显示简化的命令窗口，效果如图 2-121 所示。

图 2-121

Step 03 按住鼠标拖动命令窗口，如图 2-122 所示。

图 2-122

Step 04 将命令窗口拖动到状态栏上边框时松开鼠标，如图 2-123 所示。

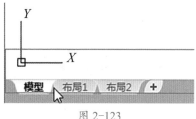

图 2-123

Step 05 命令窗口即可还原，如图 2-124 所示。

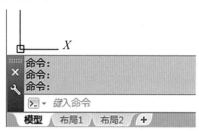

图 2-124

技巧 03　如何使用【重生成】命令删除绘图区不需要的对象

当文件中出现多个杂乱图形，或者图形出现失真现象时，如本来是一个圆，显示的却是一个多边形，此时使用【重生成】命令 RE，图形就会正常显示。清除图形中不需要的对象的具体操作过程如下。

Step 01 输入【重生成】命令 RE，按【空格】键确定，如图 2-125 所示。

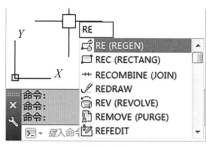

图 2-125

Step 02 当前文件会重生成模型，如图 2-126 所示。

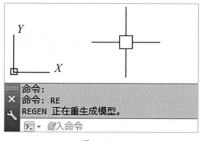

图 2-126

技术看板

在 AutoCAD 中执行命令时，程序默认在没有选中对象的前提下，右击鼠标、按【Enter】键或按【空格】键会重复执行上一次的命令；若要激活执行过的命令，可以按键盘方向键中向上的箭头，在命令窗口看到刚执行过的命令后按【Enter】键或【空格】键即可；按【Esc】键可以取消正在执行或正准备执行的命令，或取消选中对象的选中状态。

过关练习 —— 绘制指定坐标的图形

如果要精确定位某个对象的位置，一般以某个坐标系为参照，使用坐标进行画图。

结果文件	结果文件 \ 第 2 章 \ 指定坐标 .dwg

坐标是 AutoCAD 学习中的重点，也是难点，掌握了使用坐标绘制图形的方法，就能在 AutoCAD 中绘制三维图形，具体操作方法如下。

Step 01 新建图形文件，在【绘图】面板单击【直线】命令按钮，在绘图区单击指定第一个点，如图 2-127 所示。

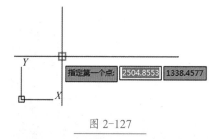

图 2-127

技术看板

默认情况下，坐标系为世界坐标系（WCS），这是 CAD 基本的坐标系统。

Step 02 右移鼠标，输入第二个点到第一个点的距离，如 40，按【空格】键确定，再次按【空格】键结束直线命令，如图 2-128 所示。

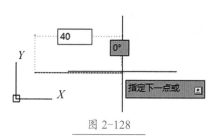

图 2-128

技术看板

在绘图过程中，世界坐标系的原点和坐标轴方向不会改变。

如果重设了坐标系原点并调整了坐标系的其他设置，坐标系将变为用户坐标系，默认情况下两个坐标系重合。

Step03 按【空格】键激活【直线】命令，单击直线左端点将其设置为第一个点，如图 2-129 所示。

图 2-129

Step04 输入下一点的坐标值（40< 25），按【空格】键确定，再次按【空格】键结束直线命令，如图 2-130 所示。

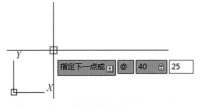

图 2-130

技术看板

极坐标是由一个极点和一根极轴构成，输入格式为（线长<该斜线与 X 正轴夹角）。

Step05 按【空格】键激活【直线】命令，单击直线左端点将其设置为第一个点，如图 2-131 所示。

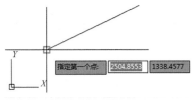

图 2-131

Step06 输入下一点的坐标值（60< 60），按【空格】键确定，再次按【空格】键结束直线命令，如图 2-132 所示。

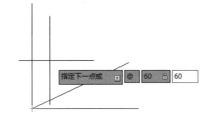

图 2-132

Step07 按【空格】键激活【直线】命令，单击直线左端点将其设置为第一个点，如图 2-133 所示。

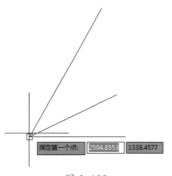

图 2-133

Step08 输入下一点的坐标值（20< -60），按【空格】键确定，再次按【空格】键结束直线命令，如图 2-134 所示。

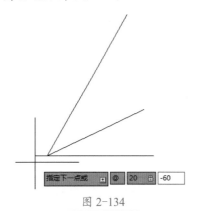

图 2-134

Step09 按【空格】键激活【直线】命令，单击直线端点将其设置为第一个点，如图 2-135 所示。

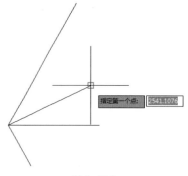

图 2-135

Step10 输入下一点坐标值（20< -60），按【空格】键确定，再次按【空格】键结束直线命令，如图 2-136 所示。

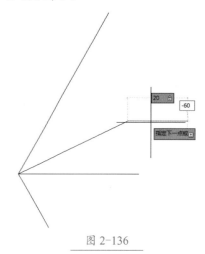

图 2-136

Step11 按【空格】键激活【直线】命令，单击直线端点将其设置为第一个点，如图 2-137 所示。

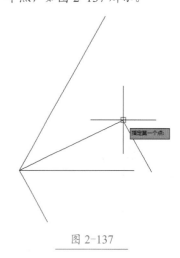

图 2-137

Step⑫ 输入下一点坐标值（20< 60），按【空格】键确定，再次按【空格】键结束直线命令，如图 2-138 所示。

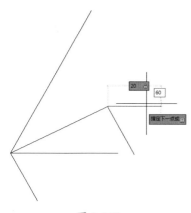

图 2-138

Step⑬ 按【空格】键激活【直线】命令，单击直线端点将其设置为第一个点，如图 2-139 所示。

Step⑭ 输入下一点坐标值（24< 135），按【空格】键确定，再次按【空格】键结束直线命令，如图 2-140 所示。

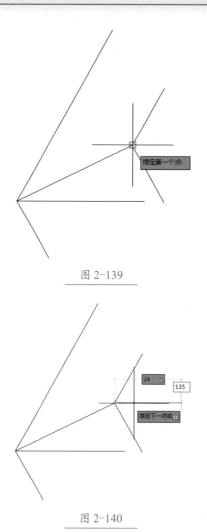

图 2-139

图 2-140

Step⑮ 图形绘制效果如图 2-141 所示。

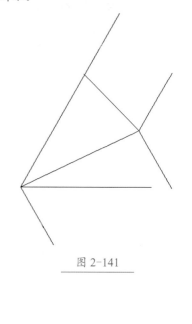

图 2-141

本章小结

通过对本章知识的学习，相信读者已经掌握了 AutoCAD 2021 的入门知识。本章主要介绍软件的基础操作，其中，图形文件的管理、执行命令的方式等都是程序设定的，掌握了这些方法后，可以极大地提高绘图效率。

第3章 AutoCAD 2021 绘图设置

➥ AutoCAD 2021 的操作界面如何设置?

➥ AutoCAD 2021 的系统选项如何设置?

➥ AutoCAD 2021 的绘图环境如何设置?

➥ AutoCAD 2021 中如何进行辅助模式设置?

➥ AutoCAD 2021 中如何进行视图控制?

➥ AutoCAD 2021 的常用工具选项板有哪些?

➥ AutoCAD 2021 中如何选择对象?

绘图设置是指设置绘图的操作界面、系统选项、绘图环境、辅助模式、视图控制等内容。本章将介绍这些内容的设置方法,大多数设置可以保存在一个样板中,这样无须在每次绘制新图形时再重新进行设置。

3.1 设置操作界面

在 AutoCAD 2021 中,绘图主要通过操作界面来进行,操作界面程序有默认的设置,用户也可以根据自己的需求和喜好设置操作界面。下面介绍相关的设置方法。

★重点 3.1.1 设置工作空间

工作空间是由菜单、工具栏、选项板和功能区控制面板组成的集合,在 AutoCAD 2021 里有草图与注释、三维基础、三维建模 3 种工作空间模式,用户可根据需要选择不同的工作空间。单击工作空间右侧展开按钮,可实现工作空间的切换,具体操作方法如下。

Step01 程序默认的工作空间是【草图与注释】,❶ 单击工作空间,❷ 在下拉菜单中单击【三维基础】选项,如图 3-1 所示。

图 3-1

技术看板

此空间自动显示功能区,即由常用工具组成的选项板,需要执行命令时,单击相应命令按钮即可。

Step02【三维基础】工作空间可方便地绘制、修改基础三维图形,操作时单击相应的命令按钮即可,如图 3-2 所示。

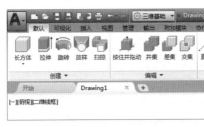

图 3-2

Step03 ❶ 单击工作空间按钮,❷ 单击【三维建模】选项,界面会显示【三维建模】工作空间,如图 3-3 所示。

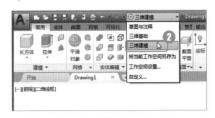

图 3-3

3.1.2 设置界面颜色

首次启动 AutoCAD 2021 时,界面的颜色为深蓝色。用户可以根据自己的喜好和习惯来设置界面的颜色,具体操作方法如下。

Step01 ❶ 单击标题栏左侧的【应用程序】按钮 Ａ,❷ 单击【选项】按钮,如图 3-4 所示。

图 3-4

Step02 打开【选项】对话框，❶ 单击【显示】选项卡，❷ 单击【颜色】按钮，如图 3-5 所示。

图 3-5

Step03 ❶ 单击【颜色】下拉按钮，❷ 单击【白】选项，❸ 单击【应用并关闭】按钮，如图 3-6 所示。

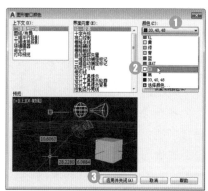

图 3-6

Step04 返回【选项】对话框，❶ 单击【显示】选项卡，❷ 设置配色方案为【明】，如图 3-7 所示，即可更改界面颜色。

图 3-7

3.1.3　设置菜单栏

自 AutoCAD 2013 取消了【AutoCAD 经典】工作空间后，需要使用菜单命令时，就要手动设置显示或隐藏菜单栏，具体操作方法如下。

Step01 单击【自定义快速访问工具栏】按钮▼，单击【显示菜单栏】按钮，如图 3-8 所示。

图 3-8

Step02 界面顶部此时会显示菜单栏，如图 3-9 所示。

图 3-9

Step03 若需要关闭菜单栏，❶ 单击【自定义快速访问工具栏】按钮▼，

❷ 单击【隐藏菜单栏】按钮，如图 3-10 所示。

图 3-10

Step04 菜单栏即被隐藏，如图 3-11 所示。

图 3-11

3.1.4　设置功能区选项卡

如果需要对操作界面进行调整，可以设置功能区选项卡显示或隐藏，以及选项卡的状态，具体操作方法如下。

Step01 打开程序后默认显示功能区选项卡，单击【设置选项卡】后的下拉按钮▣，打开快捷菜单，如图 3-12 所示。

图 3-12

Step02 单击【最小化为选项卡】选项，功能区仅显示选项卡名称，如图 3-13 所示。

图 3-13

Step03 单击【最小化为面板标题】选项，功能区显示选项卡和面板标题，如图 3-14 所示。

图 3-14

Step04 单击【最小化为面板按钮】选项，功能区显示选项卡名称和面板按钮，如图 3-15 所示。

图 3-15

Step05 单击【设置选项卡】按钮，可以恢复功能区选项卡的默认显示方式，如图 3-16 所示。

图 3-16

Step06 ① 右击功能区面板的灰色空白区域，② 选择【显示选项卡】展开命令，③ 打开显示选项卡菜单，根据需要设置显示内容，如图 3-17 所示。

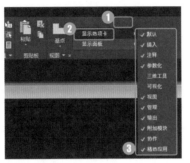

图 3-17

Step07 ① 右击功能区面板的灰色空白区域，② 选择【显示选项卡】展开命令，③ 打开选项卡菜单，单击选项卡名称即可设置需要显示的内容，如图 3-18 所示。

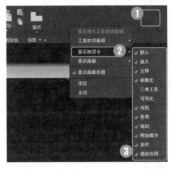

图 3-18

Step08 ① 右击功能区面板的灰色空白区域，② 选择【显示面板】展开命令，③ 打开面板菜单，单击面板名称即可显示或者取消显示相应内容，如图 3-19 所示。

图 3-19

3.2 系统选项设置

AutoCAD 系统选项设置主要用于设置十字光标的显示、文件的打开与保存、用户系统配置、绘图、选择集等内容，这些可以使用户操作更为便捷。

3.2.1 实战：设置十字光标的显示

实例门类	软件功能

在 AutoCAD 中，十字光标的大小是按屏幕大小的百分比确定的。用户可以根据自己的操作习惯调整十字光标的大小，合理设置光标显示的样式可以提高绘图效率，具体操作方法如下。

Step01 ① 单击命令窗口左下角的【自定义】按钮，② 在快捷菜单中单击【选项】命令，如图 3-20 所示。

图 3-20

Step 02 打开【选项】对话框，❶ 单击【显示】选项卡，❷ 单击【颜色】按钮，打开【图形窗口颜色】对话框，❸ 设置【颜色】为【白】，如图 3-21 所示。

图 3-21

Step 03 ❶ 拖动【十字光标大小】区域中的滑块，调整光标大小为 20，❷ 单击【确定】按钮，如图 3-22 所示。

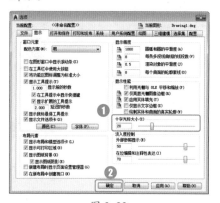

图 3-22

Step 04 十字光标设置完成，效果如图 3-23 所示。

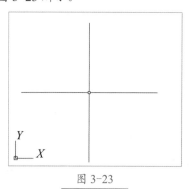

图 3-23

技术看板

AutoCAD 在绘图过程中有以下几种光标样式。

┼ □ ⊕ I

各样式的含义如下。

如果系统提示指定点的位置，光标显示为十字光标。

当系统提示选择对象时，光标将变为一个拾取框小方形。

未执行命令时，光标显示为一个十字光标和拾取框光标的组合。

如果系统提示输入文字，光标显示为竖线。

★重点 3.2.2 文件的打开与保存设置

AutoCAD 广泛应用于各个行业，不同行业使用的版本也有区别。为了使自己的图形文件能更加方便地在更多版本的软件中打开，可以在程序中预先对文件的打开和保存进行设置，具体操作方法如下。

Step 01 ❶ 单击【应用程序】按钮 A⁻，❷ 单击【选项】按钮，如图 3-24 所示。

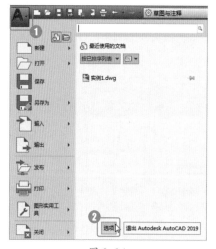

图 3-24

Step 02 打开【选项】对话框，❶ 单击【打开和保存】选项卡，❷ 单击【另存为】下拉按钮，❸ 选择【AutoCAD 2013/LT2013 图形（*.dwg）】版本，❹ 单击【确定】按钮，如图 3-25 所示。

图 3-25

3.2.3 用户系统配置

在【选项】对话框的【用户系统配置】选项卡，可以进行插入比例、超链接、关联标注、块编辑器设置、线宽设置、默认比例列表等内容的设置，如图 3-26 所示。

图 3-26

3.2.4 绘图设置

绘图设置主要包括自动捕捉标记大小和靶框大小，具体设置方法如下。

Step01 ❶ 单击【自定义】按钮❸，❷ 单击【选项】命令，如图 3-27 所示。

图 3-27

Step02 打开【选项】对话框，❶ 单击【绘图】选项卡，❷ 拖动【自动捕捉标记大小】区域中的滑块来调整捕捉标记的大小，如图 3-28 所示。

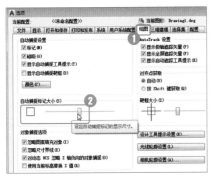

图 3-28

Step03 ❶ 拖动【靶框大小】区域中的滑块来调整靶框的大小，❷ 单击【确定】按钮，如图 3-29 所示。

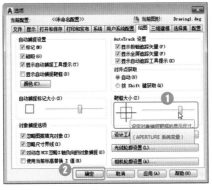

图 3-29

3.2.5　选择集设置

在选择集中，可以设置拾取框大小、夹点尺寸等内容，具体操作方法如下。

Step01 ❶ 在【选项】对话框中单击【选择集】选项卡，❷ 拖动【拾取框大小】区域中的滑块，调整拾取框的大小，如图 3-30 所示。

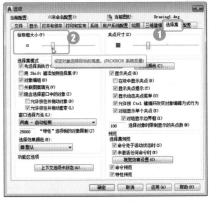

图 3-30

Step02 在【选择集】选项卡中，❶ 拖动【夹点尺寸】区域中的滑块来调整夹点的大小，❷ 单击【确定】按钮，如图 3-31 所示。

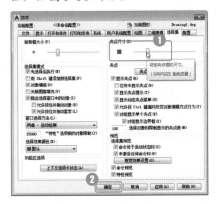

图 3-31

3.3　设置绘图环境

一般情况下，用户是在默认的系统环境中工作，有时为了提高绘图效率，可以在绘图前进行环境设置，包括绘图单位、绘图界限、比例、动态输入等设置。

3.3.1　设置绘图单位

不同行业使用 AutoCAD 绘制图形的单位不一样。AutoCAD 使用的图形单位包括毫米、厘米等十几种，用户可以根据具体工作需要设置单位类型和数据精度，具体操作方法如下。

Step01 在命令输入行输入【图形单位】的简化命令 UN，按【空格】键确定，如图 3-32 所示。

图 3-32

Step**02** 打开【图形单位】对话框，**❶** 在【长度】设置区设置类型为【小数】，精度为【0】，**❷** 在【角度】设置区设置类型为【十进制度数】，精度为【0】，**❸** 设置【插入时的缩放单位】为毫米，**❹** 单击【确定】按钮，完成【图形单位】的设置，如图 3-33 所示。

图 3-33

图 3-34

技术看板

AutoCAD 会自动将度量值四舍五入为最接近预先设置的精度值。假设将【精度】设置为 0.00，此时如果想绘制一条 3.25 个单位长度的直线，但是在输入坐标值时，在末尾多输入一个 4，这时直线长度实际上是 3.254，但这条直线的长度仍显示为 3.25，这就很难发现错误。因此，应该将精度值设置得比实际需要的高一些。

3.3.2 设置绘图界限

绘图界限主要指图幅的大小，并控制图幅内栅格的显示或隐藏，具体操作方法如下。

Step**01** 输入【图形界限】命令 LIMITS，按【空格】键两次指定图形界限的左下角点，如图 3-34 所示。

Step**02** **❶** 输入新图形界限右上角坐标（210,297），按【空格】键确定，**❷** 单击【图形栅格】按钮，**❸** 单击【网格设置】命令，如图 3-35 所示。

图 3-35

Step**03** 打开【草图设置】对话框，**❶** 根据需要设置内容，**❷** 设置完成后单击【确定】按钮，如图 3-36 所示。

图 3-36

Step**04** 绘图区显示了设置图形界限后的效果，如图 3-37 所示。

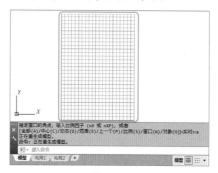

图 3-37

3.3.3 设置比例

在 AutoCAD 中绘图需要考虑比例问题，为了将图形打印到一张标准的图纸上，在绘图阶段就需要将图幅设置得与标准图纸成一定比例，如图 3-38 所示。

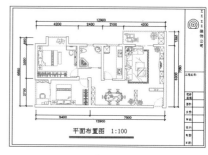

图 3-38

虽然在打印时才指定比例，但是在绘图时就需要考虑出图时使用的比例。在地理信息系统（GIS）中绘制图纸的比例与绘制房屋图纸的比例是不同的，而机械制图的比例又是与其他任何图纸都不相同的。在机械制图中，如果绘制了一个非常小的物体，就必须放大它（在出图时将图形放大）。

在绘图开始时就确定比例的一个重要原因是确保图形中的注释或标注文字打印出来后也能够看清楚，绘图比例如图 3-39 所示，不同比例的效果如图 3-40 所示。

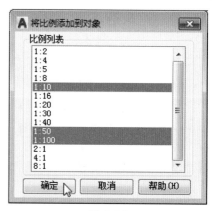

图 3-39

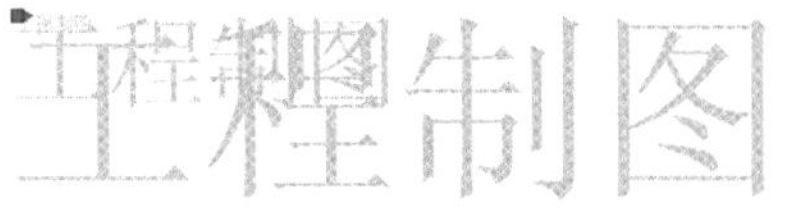

工程制图

图 3-40

应用比例确保图纸中的文字即使对图形进行缩放也是清晰的。同时，比例缩放还会对包括点线或虚线在内的线型产生影响，如图 3-41 所示。

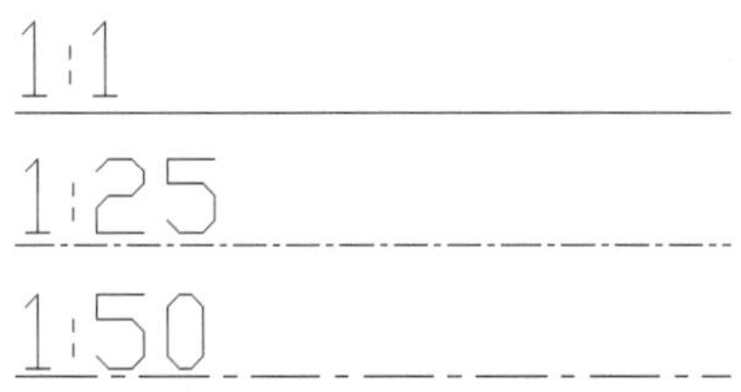

1:1

1:25

1:50

图 3-41

3.3.4　动态输入设置

激活【动态输入】时，鼠标指针右下角会出现一个工具提示，鼠标指针移动时，动态显示相关信息。设置【动态输入】的具体操作方法如下。

Step 01 ❶ 单击界面右下角的【自定义】按钮，❷ 单击【动态输入】命令激活动态输入命令，如图 3-42 所示。

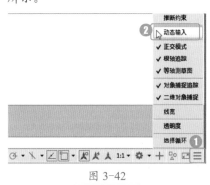

图 3-42

Step 02 ❶ 在状态栏显示【动态输入】命令按钮，❷ 此时执行命令时，鼠标指针右下角会显示一个工具提示，如图 3-43 所示。

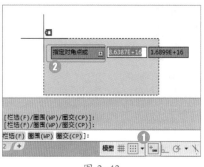

图 3-43

Step 03 ❶ 单击状态栏【动态输入】命令按钮，取消动态输入，❷ 此时执行命令时，鼠标指针右下角不显示工具提示，如图 3-44 所示。

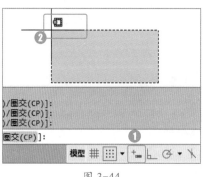

图 3-44

3.4　辅助功能设置

AutoCAD 辅助功能可以帮助用户提高工作效率和绘图的准确性。辅助功能包括捕捉、极轴追踪、对象捕捉、特性面板、正交模式和等轴测模式。

3.4.1　捕捉

【捕捉模式】是设定捕捉的类型，这里讲的【捕捉模式】主要指【栅格捕捉】和【矩形捕捉】，是对图纸上的网点进行捕捉。【捕捉模式】主要设置【捕捉打开】和【捕捉关闭】，具体操作方法如下。

Step 01 ❶ 单击【捕捉模式】按钮，❷ 单击【捕捉设置】命令，如图 3-45 所示。

图 3-45

Step 02 打开【草图设置】对话框，❶ 单击【启用捕捉】复选框（快捷键为 F9），❷ 单击【确定】按钮，如图 3-46 所示。

图 3-46

Step03 单击【显示图形栅格】按钮 ▦（快捷键为 F7），此时绘图界面显示图形栅格，如图 3-47 所示。

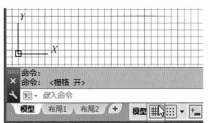

图 3-47

Step04 再次单击该按钮取消显示图形栅格，如图 3-48 所示。

图 3-48

3.4.2　极轴追踪

　　启用极轴追踪功能，光标将按指定角度进行移动，具体操作方法如下。

Step01 在执行命令的过程中，❶ 单击【极轴追踪】下拉按钮 ⊄▾，❷ 选择【90，180，270，360】选项，如图 3-49 所示。

图 3-49

Step02 设置完成后单击【极轴追踪】命令按钮 ⊄（快捷键为 F10），打开极轴追踪命令，如图 3-50 所示。

图 3-50

Step03 此时绘制图形，会显示极轴追踪效果，如图 3-51 所示。

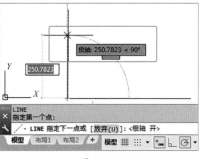

图 3-51

Step04 ❶ 再次单击【极轴追踪】命令按钮 ⊄，关闭极轴追踪命令，❷ 绘图时不显示极轴追踪，如图 3-52 所示。

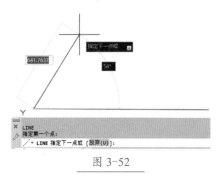

图 3-52

3.4.3　实战：对象捕捉

实例门类	软件功能

　　【对象捕捉】主要起精准定位的作用，绘制图形时根据设置的物体特征点进行捕捉，如端点、圆心、中点、垂足等。在实际绘图时，如果打开【对象捕捉】，依然捕捉不到需要的点，可以对【对象捕捉】进行相关设置，具体操作方法如下。

Step01 在没有打开【对象捕捉】的情况下，绘制图形时不能捕捉对象的点，如图 3-53 所示。

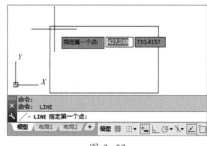

图 3-53

Step02 单击【对象捕捉】按钮 ▭，打开【对象捕捉】（快捷键为 F3），如图 3-54 所示。

图 3-54

Step03 此时绘制图形即可捕捉对象端点，如图 3-55 所示。

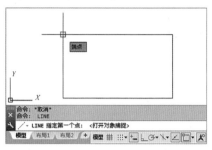

图 3-55

Step04 但此时只能捕捉对象端点，捕捉不到中点，如图 3-56 所示。

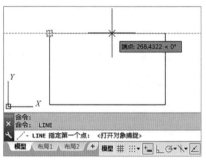

图 3-56

Step05 ❶ 单击【对象捕捉】按钮后的下拉按钮，❷ 单击【对象捕捉设置】命令，如图 3-57 所示。

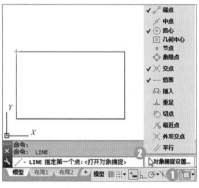

图 3-57

Step06 打开【草图设置】对话框，默认对象捕捉设置如图 3-58 所示。

Step07 单击【全部选择】按钮，如图 3-59 所示。

图 3-58

图 3-59

Step08 ❶ 依次单击需要取消捕捉的端点选项，❷ 单击【确定】按钮，如图 3-60 所示。

图 3-60

Step09 此时绘制图形，即可捕捉对象中点，效果如图 3-61 所示。

图 3-61

Step10 捕捉对象的中心点，效果如图 3-62 所示。

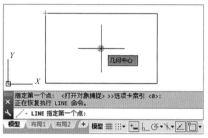

图 3-62

3.4.4 实战：【特性】面板

实例门类	软件功能

【特性】面板是指控制现有对象的【特性】面板。选择多个对象时，仅显示所有选定对象的共有【特性】面板；未选定任何对象时，仅显示常规【特性】面板的当前设置。【特性】面板可以编辑对象特性，具体操作方法如下。

1. 先设置对象【特性】再执行操作

Step01 单击【特性】下拉按钮，打开【特性】面板选择需要修改的对象，如图 3-63 所示。

图 3-63

Step02 ❶ 单击【线宽】下拉按钮，❷ 单击【0.30毫米】选项，如图 3-64 所示。

图 3-64

Step 03 单击【线宽】下拉按钮，单击【线宽设置】选项，如图 3-65 所示。

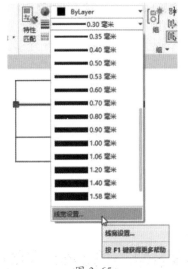

图 3-65

Step 04 打开【线宽设置】对话框，勾选【显示线宽】复选框，单击【确定】按钮，如图 3-66 所示。

图 3-66

Step 05 设置线宽后的线条效果如图 3-67 所示。

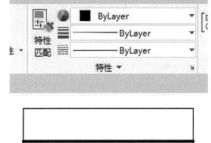

图 3-67

2. 先选择对象再设置特性

Step 01 ❶ 选中需要更改线宽的线条，❷ 单击【线宽】下拉按钮，❸ 单击【线宽设置】选项，如图 3-68 所示。

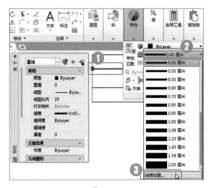

图 3-68

Step 02 打开【线宽设置】对话框，❶ 勾选【显示线宽】复选框，❷ 单击【确定】按钮，如图 3-69 所示。

图 3-69

Step 03 设置线宽后的线条效果如图 3-70 所示。

图 3-70

Step 04 ❶ 单击选中需要更改颜色的线条，❷ 单击【颜色】下拉按钮，❸ 单击【绿】选项，即可更改线条颜色，如图 3-71 所示。

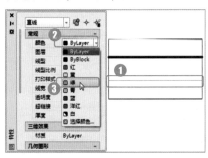

图 3-71

3.4.5 实战：正交模式

实例门类	软件功能

【正交】模式里的正交可以将光标限制在水平或垂直方向上移动，也就是绘制的都是水平或垂直的对象，便于精确地创建和修改对象，使用【正交模式】的具体操作方法如下。

Step 01【正交】模式关闭的情况下，绘制直线时的效果如图 3-72 所示。

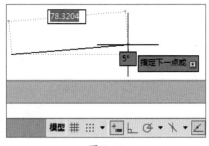

图 3-72

Step⓶ 单击【正交模式】按钮，如图 3-73 所示。

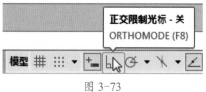

图 3-73

Step⓷ 打开【正交模式】，即可绘制直线，如图 3-74 所示。

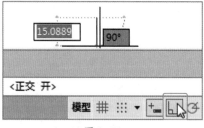

图 3-74

Step⓸ 此时绘制的线段都是水平线段或垂直线段，如图 3-75 所示。

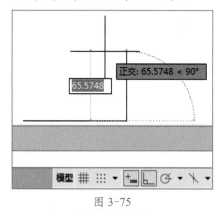

图 3-75

技术看板

位于 0°、90°、180°、270° 的 4 条线，称为正交线，如下图所示。

绘图时，使用【正交】模式可将光标限制在水平或垂直轴向上，同时也限制在当前的栅格旋转角度内。在操作中可以在键盘上按【F8】键打开【正交】模式，再次按此键即关闭【正交】模式。

3.4.6　等轴测模式

轴测图是采用特定的投射方向，将空间中的物体按平行投影的方法投影后，在投影面上得到的投影图。轴测轴和轴测面的构成如图 3-76 所示。

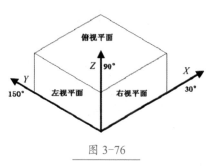

图 3-76

在绘制轴测图时，选择 3 个轴测平面中的任意一个都将导致【正交】和十字光标沿相应的轴测轴对齐，按快捷键【Ctrl+E】或【F5】可以循环切换各轴测平面。

技术看板

在轴测投影中，坐标轴的轴测投影称为"轴测轴"，他们之间的夹角称为"轴间角"。在等轴测图中，3 个轴向的缩放比例相等，并且 3 个轴测轴与水平方向所成的角度分别为 30°、90° 和 150°。在 3 个轴测轴中，每两个轴测轴可定义一个"轴测面"，具体如下。

● 右视平面：右视图，由 X 轴和 Z 轴定义；
● 左视平面：左视图，由 Y 轴和 Z 轴定义；
● 俯视平面：俯视图，由 X 轴和 Y 轴定义。

设置等轴测模式之后，原来的十字光标将随当前所处的不同轴测面而变成夹角各异的交叉线，如 3-77 所示。

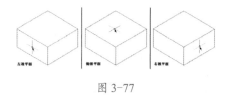

图 3-77

技术看板

因为采用了平行投影的方法，所以形成的轴测图有以下两个特点。

（1）若两直线在空间相互平行，则他们的轴测投影仍相互平行。

（2）两平行线段的轴测投影长度与空间实际长度的比值相等。

3.5　视图控制

在绘图的过程中，为了更准确地绘制和查看图形，图形的真实尺寸要保持不变，这就需要对视图进行控制。

3.5.1 实战：视图缩放

实例门类	软件功能

在 CAD 中可以对视图进行放大和缩小操作。在对图形进行缩放后，图形实际尺寸没有改变，只是图形在屏幕上显示的大小发生了变化。在执行缩放命令过程中，可随时按【空格】键或【Esc】键退出平移或缩放命令，具体操作方法如下。

Step01 打开"素材文件\第 3 章\餐桌.dwg"，❶按下【Z】键，并按【空格】键两次，❷十字光标显示为放大镜的形状，如图 3-78 所示。

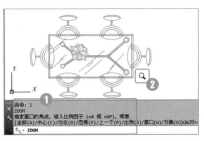

图 3-78

Step02 按住鼠标左键不放向上移动，可以放大视图，效果如图 3-79 所示。

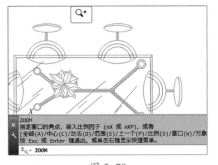

图 3-79

Step03 按住鼠标左键不放向下移动，可以缩小视图，效果如图 3-80 所示。

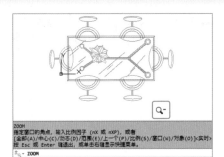

图 3-80

Step04 鼠标滚轮上下滚动可任意缩放视图，如图 3-81 所示。

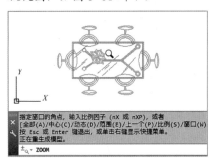

图 3-81

技能拓展——使用【中键】技巧

用鼠标控制视图缩放，能极大地提高绘图速度，不过也有一些细节需要注意，如用滚轮快速缩放时，鼠标的指针在哪里，视图就以指针为中心向四周缩放；用双击滚轮的方式使全图显示时，一定要快速地连续按两次滚轮。

3.5.2 实战：视图平移

实例门类	软件功能

视图平移是指在视图的显示比例不变的情况下，查看图形中任意部分的细节情况，而不会更改图形中的对象位置或比例，具体操作方法如下。

Step01 打开"素材文件\第 3 章\餐桌.dwg"，鼠标指针默认显示为十字光标，如图 3-82 所示。

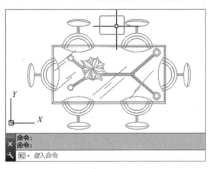

图 3-82

Step02 按住鼠标中键不放，十字光标变为🖐状态，如图 3-83 所示。

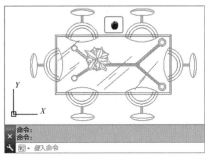

图 3-83

Step03 此时拖动鼠标即可进行视图平移，以观察图形其他部分，如图 3-84 所示。

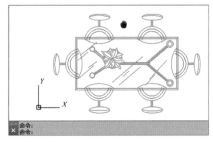

图 3-84

技术看板

视图平移使用非常广泛，操作时可将视图平移作为透明命令辅助绘图，即用鼠标快速操作。按住鼠标中键不放，鼠标指针状态更改，将鼠标前后左右移动实现视图平移，释放鼠标中键可以退出【实时平移】模式。

Step 04 ❶ 右击绘图区打开快捷菜单，❷ 单击【平移】命令，如图 3-85 所示。

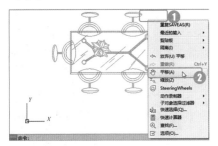

图 3-85

Step 05 此时十字光标变为 状态，如图 3-86 所示。

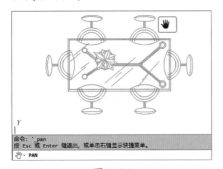

图 3-86

Step 06 拖动鼠标即可进行视图平移，观察图形其余部分，如图 3-87 所示。

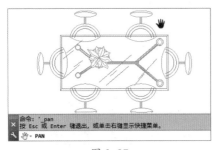

图 3-87

Step 07 ❶ 右击绘图区打开快捷菜单，❷ 单击【退出】命令可退出视图平移命令，如图 3-88 所示。

Step 08 退出平移命令后页面效果如图 3-89 所示。

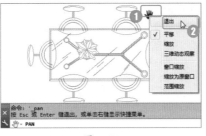

图 3-88

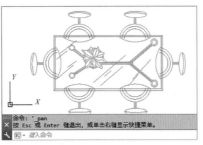

图 3-89

3.5.3 实战：视口设置

实例门类	软件功能

在使用 AutoCAD 绘图时，为了方便观看和编辑，往往需要放大局部显示细节，但同时又要看整体效果。如果要同时满足这两个需求，可以对视口进行设置，具体操作方法如下。

Step 01 设置视口。❶ 单击【视图】选项卡，❷ 单击【视口配置】下拉按钮，❸ 单击【三个：右】选项，如图 3-90 所示。

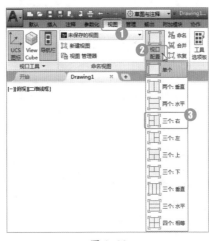

图 3-90

技术看板

如果要观察具有立体感的三维模型，用户可以使用系统提供的西南、西北、东南和东北 4 个等轴测视图，使观察效果更好。

在默认状态下，三维绘图命令绘制的三维图形都是俯视的平面图，但是用户可以使用系统提供的俯视、仰视、前视、后视、左视和右视 6 个正交视图分别从对象的上、下、前、后、左、右 6 个方位进行观察。

Step 02 当前界面显示为 3 个视口，如图 3-91 所示。

图 3-91

Step 03 单击左上角的视图窗口，❶ 单击【视口控件】按钮，❷ 单击【最大化视口】选项，如图 3-92 所示。

图 3-92

技术看板

在绘制三维图形时，通过切换视图可以从不同角度观察三维模型，但是使用起来并不方便。用户可以根据需要新建多个视口来观察三维模型，以提高绘图效率。

Step 04 所选视口显示为最大化视口，效果如图 3-93 所示。

图 3-93

Step 05 设置视图选项。❶ 单击【视图控件】按钮，❷ 单击【透视】选项，如图 3-94 所示。

图 3-94

Step 06 设置视觉样式。选择界面左下角视口，❶ 单击【视觉样式控件】按钮【二维线框】，❷ 单击【真实】选

项，更改图形对象的显示效果，如图 3-95 所示。

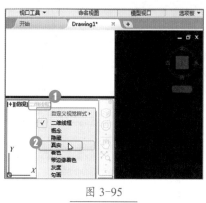

图 3-95

3.6 工具选项板

　　AutoCAD 的工具选项板有类似 Windows 资源管理器的界面，可管理图块、外部参照、光栅图像，以及来自其他源文件或应用程序的内容，可以将位于本地计算机、局域网或互联网上的图块、图层、外部参照和用户自定义的图形内容复制并粘贴到当前绘图区。

3.6.1 新建选项板

　　AutoCAD 中的工具选项板是【工具选项板】窗口中选项卡形式的区域，新建选项板的具体操作方法如下。

Step 01 ❶ 单击【视图】选项卡，❷ 单击【工具选项板】按钮，如图 3-96 所示。

图 3-96

Step 02 打开【工具选项板 – 所有选项板】，单击【特性】按钮，如图 3-97 所示。

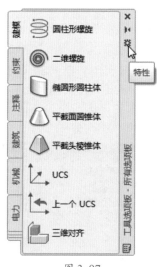

图 3-97

Step 03 单击【新建选项板】命令新建选项板，如图 3-98 所示。

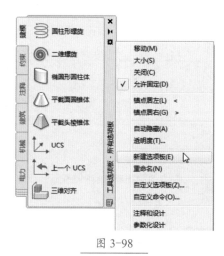

图 3-98

Step 04 ❶ 单击【新建】选项卡，❷ 单击【重命名选项板】按钮，如图 3-99 所示。

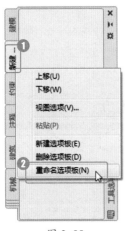

图 3-99

Step**05** 输入新名称"常用块"完成重命名，如图 3-100 所示。

图 3-100

3.6.2 向工具选项板添加内容

【工具选项板】窗口包括机械、建筑、注释、约束等选项板。当需要向图形中添加块或图案填充等图形资源时，可将其直接拖到当前图形中，具体操作方法如下。

Step**01** 打开图块，将鼠标指针移动到图块上，按住鼠标左键不放，如图 3-101 所示。

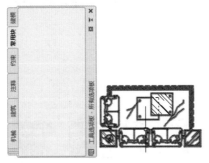

图 3-101

Step**02** 将图块拖动到【常用块】面板中，如图 3-102 所示。

图 3-102

Step**03** 此时即可向新建选项板中添加内容，如图 3-103 所示。

图 3-103

3.7 选择对象

在使用 AutoCAD 绘图时，若要对图形对象进行操作就必须先选中对象。如果在操作中没有选择对象，而是先输入了编辑命令，程序会提示用户选择对象。

3.7.1 选择单个对象

单个对象的选择是指每次只选择一个对象，这是最基本、最简单的选择，如图 3-104 所示。

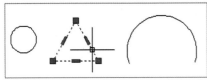

图 3-104

技术看板

单击选择对象，所选对象变为虚线显示，并且出现端点；在所选对象的范围内单击，不会选中其他对象。

3.7.2 实战：选择多个对象

实例门类	软件功能

在实际绘图过程中，常常需要选择多个对象一起进行操作，具体操作方法如下。

Step**01** 打开"素材文件 \ 第 3 章 \3-7-2.dwg"，单击即可选择对象，如图 3-105 所示。

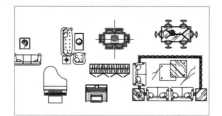

图 3-105

Step02 再次单击其他图形，可在保持原对象被选中的情况下选中新对象，如图 3-106 所示。

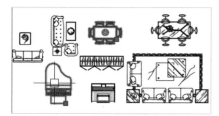

图 3-106

Step03 ❶ 在对象左侧空白处单击，向右下角移动十字光标，❷ 确定对象的每一个部分都在选框内时单击，如图 3-107 所示。

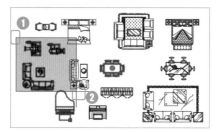

图 3-107

Step04 每个部分都包含在选框内的对象将被选中，如图 3-108 所示。

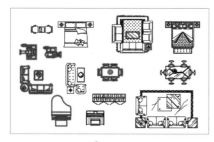

图 3-108

Step05 继续框选对象。❶ 单击对象右侧空白处，向左移动十字光标，❷ 被选对象的某部分在选框内即可被选中，如图 3-109 所示。

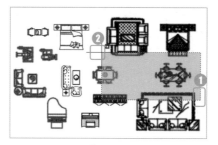

图 3-109

Step06 只要是与这个选框有接触的对象，都会被选中，如图 3-110 所示。

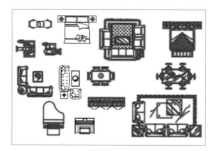

图 3-110

技术看板

在实际绘图时，会频繁运用窗口选择和窗交选择，要记住二者的区别：窗口选择是从左至右拉动选框，只有所有部分都包含在选框内的对象才会被选中；窗交选择是从右至左拉动选框，对象有任何部分与这个选框接触都会被选中。

3.7.3 实战：全部选中

实例门类	软件功能

在实际操作中，如果要选中当前文件中的所有图形对象，具体操作方法如下。

Step01 打开"素材文件 \ 第 3 章 \3-7-2.dwg"，❶ 输入字母【Z】后按【空格】键，❷ 输入字母【A】即可显示全部图形，如图 3-111 所示。

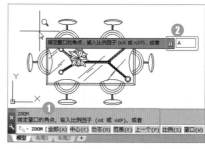

图 3-111

Step02 按【空格】键确定，文件里所有对象都会显示在当前屏幕上，如图 3-112 所示。

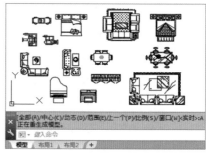

图 3-112

Step03 ❶ 右击对象右侧空白处，❷ 向左移动十字光标框选对象并单击，如图 3-113 所示。

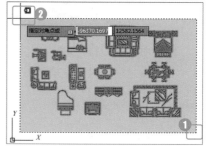

图 3-113

Step04 当前文件里的所有对象都被选中，如图 3-114 所示。

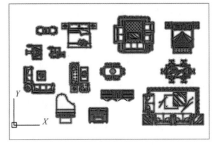

图 3-114

妙招技法

通过对前面知识的学习，相信读者已经掌握了 AutoCAD 2021 操作界面、系统选项、绘图环境、辅助模式、视图控制、工具选项板、选择对象的相关知识。下面结合本章内容，给大家介绍一些实用技巧。

技巧01 如何为对象添加注释比例

如果希望一个对象具有多个比例，可以为其添加注释比例，具体操作方法如下。

Step01 输入并执行【文字样式】命令 ST，如图 3-115 所示。

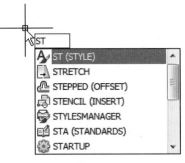

图 3-115

Step02 按【回车键】确定，打开【文字样式】对话框，❶ 勾选【注释性】复选框，❷ 设置【图纸文字高度】为 50，❸ 单击【应用】按钮后单击【关闭】按钮，如图 3-116 所示。

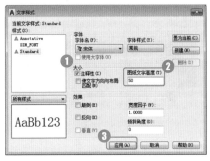

图 3-116

Step03 单击【多行文字】命令按钮，如图 3-117 所示。

图 3-117

Step04 创建文本框。在绘图区单击指定第一个角点，拖动并单击指定对角点，如图 3-118 所示。

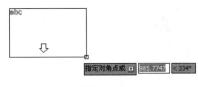

图 3-118

Step05 输入文字。❶ 单击【文字编辑器】选项栏，❷ 在下方的文本框中输入文字，如"工程制图"，单击选项栏中的【确定】按钮，如图 3-119 所示。

图 3-119

Step06 单击选择文字对象，如图 3-120 所示。

图 3-120

Step07 ❶ 右击文字对象，❷ 在弹出的菜单中单击【注释性对象比例】命令，❸ 单击【添加 / 删除比例】命令，如图 3-121 所示。

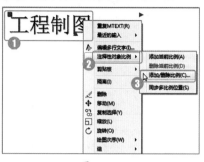

图 3-121

Step⑧ 打开【注释对象比例】对话框，单击【添加】按钮，如图 3-122 所示。

图 3-122

Step⑨ ❶ 单击选择需要的比例，❷ 按住【Ctrl】键，依次在需要的比例上单击可选择多个比例值，❸ 单击【确定】按钮，如图 3-123 所示。

图 3-123

Step⑩ 在【注释对象比例】对话框中可显示添加的比例，单击【确定】按钮完成比例添加。再次单击绘图区中的文字对象，效果如图 3-124 所示。

图 3-124

技巧 02 如何调整命令窗口

当需要查看多个命令步骤时，可以调整命令窗口大小，以适应当前的需要，具体操作方法如下。

Step① 将鼠标指针移动到命令窗口的上方时，指针显示为，如图 3-125 所示。

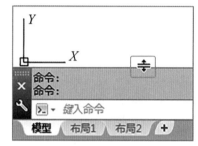

图 3-125

Step② 按住鼠标左键不放并向上拖动，如图 3-126 所示。

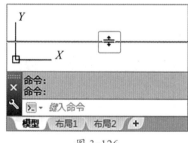

图 3-126

Step③ 拖动至适当位置释放鼠标，即可放大命令窗口，效果如图 3-127 所示。

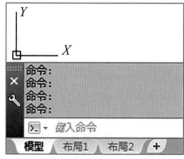

图 3-127

技巧 03 设置角度的度量方法与方向

与度量单位一样，在不同的专业领域和工作环境中，用来表示角度的方法也是不同的。按照惯例，角度都是按逆时针方向递增的，以向右的方向为 0 度，向右的方向也称为东方。在 AutoCAD 中，可以根据需要设置角度的度量方法与方向，具体操作方法如下。

Step① ❶ 绘制一个矩形，❷ 输入【图形单位】命令 UN，按【空格】键打开【图形单位】对话框，单击【方向】按钮，打开【方向控制】对话框，如图 3-128 所示。

图 3-128

Step② ❶ 单击【其他】单选项，❷ 单击【角度】按钮，如图 3-129 所示。

图 3-129

Step③ 单击指定拾取角度的第一点，如图 3-130 所示。

Step④ 移动鼠标指针，单击指定角度的第二点，如图 3-131 所示。

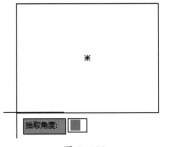

图 3-130

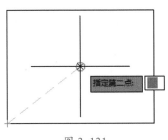

图 3-131

Step05 此时【方向控制】对话框会显示角度值，如图 3-132 所示。

图 3-132

过关练习——绘制台灯俯视图

本例通过捕捉图心和象限点的方法来绘制台灯俯视图。

结果文件	结果文件＼第3章＼台灯俯视图 .dwg

通过绘制交叉线和同心圆，可以绘制出台灯俯视图，具体操作方法如下。

Step01 ❶ 新建图形文件【台灯俯视图】，❷ 单击【圆】命令按钮 ⊘，❸ 在绘图区单击指定圆心，如图 3-133 所示。

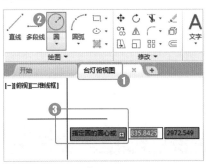

图 3-133

Step02 输入圆的半径值，如 150，按【空格】键确定，如图 3-134 所示。

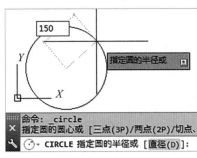

图 3-134

Step03 按【空格】键激活【圆】命令，按【F3】键打开【对象捕捉】模式，鼠标指针指向已绘制的圆，即可捕捉此圆的圆心。单击指定此捕捉点为绘制的下一个圆的圆心，如图 3-135 所示。

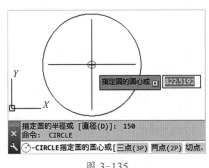

图 3-135

Step04 输入圆的半径值，如 100，按【空格】键确定，如图 3-136 所示。

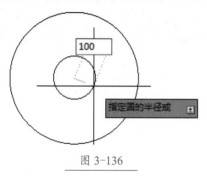

图 3-136

Step05 按【空格】键激活【圆】命令，以相同的圆心绘制半径为 30 的圆，如图 3-137 所示。

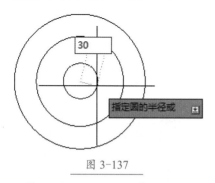

图 3-137

Step06 完成圆的绘制，单击【直线】命令按钮，如图 3-138 所示。

图 3-138

Step07 鼠标指针指向半径为 100 的圆

的左端，捕捉此圆的象限点并将其指定为直线起点，如图 3-139 所示。

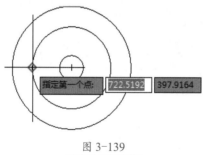

图 3-139

Step08 右移鼠标指针至此圆右侧，捕捉其右端象限点并将其指定为直线终点，按【空格】键结束【直线】命令，如图 3-140 所示。

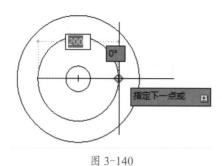

图 3-140

Step09 按【空格】键激活直线命令，鼠标指针移动至半径为 100 的圆上方，捕捉其上端象限点并将其指定为直线起点，如图 3-141 所示。

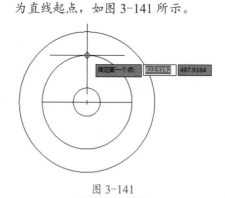

图 3-141

Step10 下移鼠标指针至此圆下端象限点并将其指定为直线终点，按【空格】键结束【直线】命令，如图 3-142 所示。

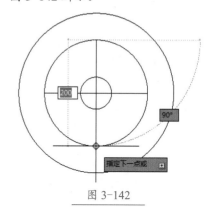

图 3-142

Step11 完成台灯俯视图的绘制，效果如图 3-143 所示。

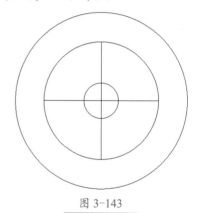

图 3-143

本章小结

通过对本章知识的学习，相信读者已经掌握了 AutoCAD 2021 绘图设置的知识。绘图环境是统一的，在制作设计图纸时，因为行业和设计师个人的绘图习惯不同，需要对绘图环境进行具体设置。

第2篇

二维绘图篇

熟练掌握 AutoCAD 二维图形绘制的基本操作，才能在以后的制图过程中提高工作效率，掌握二维绘图技巧是精通 AutoCAD 的关键，可以轻松实现各类图形的绘制。本篇将介绍 AutoCAD 的二维绘图基本知识和功能应用，为读者后期的学习打下良好的基础。

第4章 创建基本二维图形

➡ 如何在 AutoCAD 2021 中绘制点？
➡ 如何在 AutoCAD 2021 中绘制线？
➡ 如何在 AutoCAD 2021 中绘制曲线？

本章主要讲解创建二维图形的命令，包括点、线、矩形、多边形、圆、圆弧和圆环、椭圆和椭圆弧等常用二维图形绘制命令。学完这一章的内容，读者可以获得以上问题的答案。

4.1 绘制点

【点】是组成图形最基本的元素，除了可以作为图形的一部分，还可以作为绘制其他图形时的控制点和参考点；AutoCAD 2021 中的点主要包括定数等分点、定距等分点等。下面介绍点的相关知识。

4.1.1 实战：设置点的样式

实例门类	软件功能

在 AutoCAD 中，程序默认的点是没有长度和大小的，绘制时仅在绘图区显示一个小圆点，很难看见；为了确定其位置，可以根据需要设置不同样式的点，具体操作方法如下。

Step 01 执行【点样式】命令 PT，打开【点样式】对话框，如图 4-1 所示。

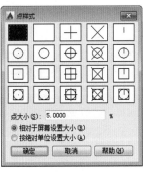

图 4-1

技术看板

AutoCAD 在【点样式】对话框中为用户提供了 20 种点样式，单击所需样式图标，即可将其设置为当前点样式。绘制点分为绘制单点和绘制多个点；在 AutoCAD【草图与注释】工作空间中，绘制单点可输入快捷命令【PO】，按【空格】键完成绘制；在【绘图】面板单击【多点】命令可绘制多点。

Step02 ❶ 单击需要的点样式，❷ 单击【确定】按钮，如图 4-2 所示。

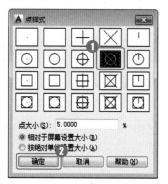

图 4-2

Step03 ❶ 执行【单点】命令 PO，❷ 在绘图区单击，即可绘制一个单点，如图 4-3 所示。

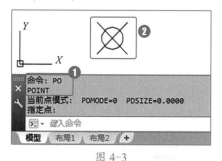

图 4-3

技术看板

【点大小】用于设置点的显示大小，既可以相对于屏幕设置点的大小，也可以设置点的绝对大小。

相对于屏幕设置大小：用于按屏幕尺寸的百分比设置点的显示大小，当进行显示比例的缩放时，点的大小不改变。

按绝对单位设置大小：按绝对单位设置点的大小，当进行显示比例的缩放时，点的大小随之改变。

4.1.2 实战：使用多点绘制沙发细节

实例门类	软件功能

在 AutoCAD 中，可用点（POINT）对象绘制一些细节，具体操作方法如下。

Step01 打开"素材文件\第 4 章\4-1-2.dwg"，如图 4-4 所示。

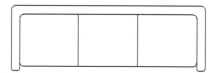

图 4-4

Step02 ❶ 单击【绘图】下拉按钮，单击【多点】命令按钮，如图 4-5 所示。

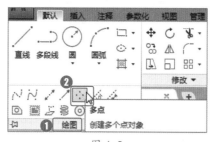

图 4-5

Step03 ❶ 单击在沙发图形左侧绘制 4 个点，如图 4-6 所示。

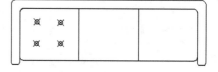

图 4-6

Step04 继续单击指定点，将沙发绘制完整，确定后按【空格】键结束多点命令，如图 4-7 所示。

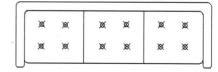

图 4-7

技术看板

在实际运用时，点标记默认显示为单点，可能会看不到。使用【点样式】对话框（命令为 DDPTYPE）可以更改点标记的样式。

4.1.3 绘制定数等分点

【定数等分】就是在对象上按指定数目等间距创建点或插入块，这个操作并不将对象实际等分为单独的对象，它仅仅是标明定数等分的位置，以便将对象作为几何参考点，具体操作方法如下。

Step01 ❶ 单击【直线】命令，❷ 绘制一条直线，❸ 单击【绘图】下拉按钮，❹ 单击【定数等分】命令按钮，如图 4-8 所示。

图 4-8

Step⑫ 单击选中直线作为要定数等分的对象，如图4-9所示。

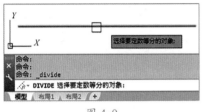

图 4-9

Step⑬ 输入等分的线段数目，如 5，如图4-10所示。

图 4-10

Step⑭ 按【空格】键确定，等分点会在直线上显示出来，如图4-11所示。

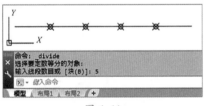

图 4-11

若不知道所选对象的长度值，程序会根据这个对象的长度将其均匀划分成指定的段数，所以在测量时，对象上点与点的距离会出现小数，这时就要进行相应的修改，尽量避免小数的出现。使用【定数等分】命令时应注意：输入的是等分数，而不是点的个数；每次只能对一个对象操作，而不能对一组对象操作。

4.1.4 绘制定距等分点

【定距等分】就是将对象按照指定的长度进行等分，或在对象上按照指定的距离创建点或插入块，绘制定距等分点的具体操作方法如下。

Step⑪ 绘制直线并执行【定距等分】命令。❶ 使用【直线】命令绘制一条直线，❷ 单击【绘图】下拉按钮，❸ 单击【定距等分】命令按钮 ，如图4-12所示。

图 4-12

Step⑫ 单击选中直线作为要定距等分的对象，如图4-13所示。

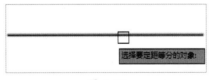

图 4-13

Step⑬ 输入等分的线段长度，如100，如图4-14所示。

图 4-14

Step⑭ 按【空格】键确定，等分点会在直线上显示，如图4-15所示。

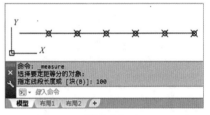

图 4-15

4.2 绘制线

使用 AutoCAD 绘制图形时，线是必须掌握的最基本的绘图元素之一。线是由点构成的，根据点的运动方向，线又有直线和曲线之分，本节主要讲解 AutoCAD 2021 中各类线的绘制方法及具体应用。

★重点 4.2.1 实战：使用直线绘制等腰三角形

实例门类	软件功能

AutoCAD 中的【直线】是指有起点、有终点、沿水平或垂直方向绘制的线条。一条直线绘制完成后，可以继续以该线段的终点为起点，再指定下一个终点，依此类推，即可绘制首尾相连的图形，具体操作如下。

Step01 ❶ 输入并执行【直线】命令L，❷ 输入起点坐标值（500,300），按【空格】键确定，如图 4-16 所示。

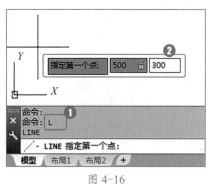

图 4-16

Step02 按【F8】键打开【正交】模式，右移鼠标，输入 500，按【空格】键确定，完成直线第二个点的指定，如图 4-17 所示。

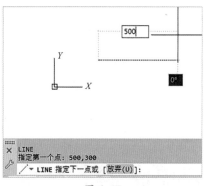

图 4-17

Step03 输入（500<45），按【空格】键确定，即可绘制一条长度为 500、与水平正方向呈 45° 夹角的斜线，

如图 4-18 所示。

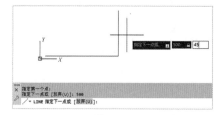

图 4-18

Step04 输入（500< -45），按【空格】键确定，绘制的线段如图 4-19 所示。

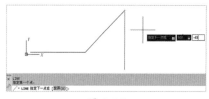

图 4-19

Step05 左移鼠标指针，单击指定直线下一点，如图 4-20 所示。

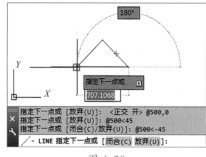

图 4-20

Step06 按【空格】键退出直线命令，绘制出的图形如图 4-21 所示。

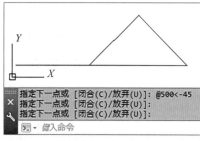

图 4-21

技术看板

在以输入坐标参数的方式确定点或线的位置时，一定要注意中间的逗号是小写的英文符号，其他输入状态输入的逗号程序不执行命令。

4.2.2 绘制射线

【射线】是指一端固定而另一端可无限延伸的直线，绘图时一般将射线作为辅助线使用，绘制射线的具体操作方法如下。

Step01 ❶ 单击【绘图】下拉按钮，❷ 单击【射线】命令按钮，如图 4-22 所示。

图 4-22

Step02 单击绘图区空白处，指定射线的起点，如图 4-23 所示。

图 4-23

Step03 光标向右移，单击指定射线的通过点，如图 4-24 所示。

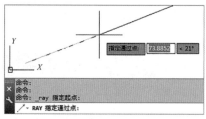

图 4-24

Step 04 继续移动光标，单击指定射线的另一个通过点，按【空格】键结束绘制射线命令，绘制结果如图4-25所示。

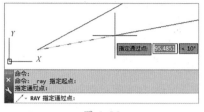

图4-25

4.2.3 绘制构造线

【构造线】就是两端都可以无限延伸的直线。在实际绘图时，构造线常用来做其他对象的参照。绘制构造线的具体操作方法如下。

Step 01 ❶ 单击【绘图】下拉按钮，❷ 单击【构造线】命令按钮，如图4-26所示。

图4-26

Step 02 ❶ 按【F8】键打开【正交】模式，❷ 在绘图区空白处单击指定起点，如图4-27所示。

图4-27

Step 03 在绘图区空白处单击指定构造线的通过点，如图4-28所示。

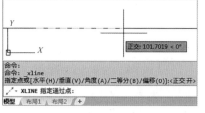

图4-28

Step 04 上移光标单击指定另一条构造线的通过点，按【空格】键结束构造线命令，绘制结果如图4-29所示。

图4-29

技术看板

构造线的快捷命令是【XL】，其无限延长的特性不会改变图形的总面积，对缩放或视点也没有影响，并被显示图形范围的命令所忽略。和其他对象一样，构造线也可以移动、旋转和复制。

水平构造线和垂直构造线是参照当前使用的坐标系来定义的，平行于X轴和Y轴，而非绝对的水平或者垂直，三维视图中的水平构造线和垂直构造线如下图所示。

4.2.4 绘制矩形

矩形包括正方形、长方形。矩形在计算机辅助设计制图中使用频

率很高，它能组成各种不同的图形，还可以通过设置倒角、圆角、宽度、厚度等参数，改变矩形的形状。用此命令，不仅可以绘制矩形，还可以绘制正方形，具体操作方法如下。

Step 01 单击【矩形】命令按钮，如图4-30所示。

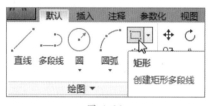

图4-30

Step 02 在绘图区单击指定起点，如图4-31所示。

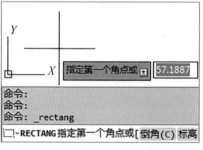

图4-31

Step 03 移动光标单击指定另一个角点，如图4-32所示。

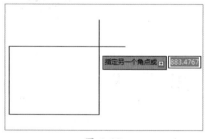

图4-32

Step 04 按【空格】键激活矩形命令，如图4-33所示。

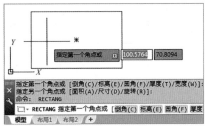

图 4-33

Step 05 单击指定起点，输入子命令尺寸【D】，按【空格】键确定，如图 4-34 所示。

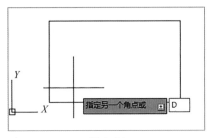

图 4-34

Step 06 输入矩形长度，如 300，按【空格】键确定；输入矩形宽度，如 100，按【空格】键确定。在绘图区任意空白处单击确定，如图 4-35 所示。

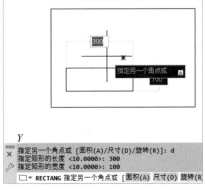

图 4-35

Step 07 按【空格】键激活矩形命令，单击指定起点，输入矩形尺寸，如【500,500】，如图 4-36 所示。

Step 08 在绘图区任意空白处单击确定，长宽相等的正方形即绘制完成，如图 4-37 所示。

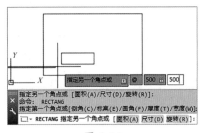

图 4-36

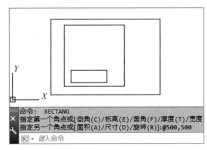

图 4-37

技术看板

使用子命令尺寸【D】绘制矩形时，要注意输入尺寸并按【空格】键后，矩形的位置并没有固定，必须再次单击才能确定其位置。输入数字确定矩形长宽时，输入矩形尺寸，如【500,500】，中间的逗号必须是小写英文状态。

4.2.5 绘制正多边形

多边形是指由 3 条及 3 条以上线条组成的封闭形状。在 AutoCAD 中，使用【多边形】命令 POL 可以创建具有 3~1024 条等长边的闭合图形，具体操作方法如下。

Step 01 ❶ 输入并执行【多边形】命令 POL，❷ 输入侧面数，如 6，按【空格】键确定，如图 4-38 所示。

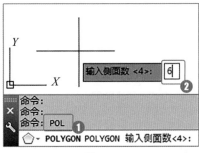

图 4-38

技术看板

程序默认正多边形侧面数为 4，即默认创建的是正方形。多边形最少由 3 条等长边组成，边数越多形状越接近圆。

Step 02 输入子命令【边】E 并按【空格】键确定，如图 4-39 所示。

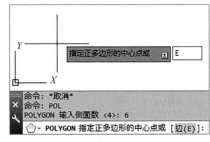

图 4-39

Step 03 单击指定边的第一个点，输入该点到边的第二个端点的距离，如 300，按【空格】键确定，如图 4-40 所示。

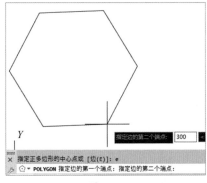

图 4-40

4.3 绘制曲线

AutoCAD 提供了许多绘制曲线对象的方法，本节介绍使用圆、圆弧、椭圆、椭圆弧和圆环等绘制曲线图形的方法。

★重点 4.3.1　实战：使用圆命令绘制密封圈俯视图

实例门类	软件功能

圆是绘图中很常见的一种图形对象。在机械制图领域，圆通常用来表示洞或车轮；在建筑制图中，圆又被用来表示门把手、垃圾篓或树木；而在电气和管道图纸中，圆可以表示各种符号。使用圆命令绘制密封圈俯视图的具体操作方法如下。

Step01 ❶ 打开"素材文件 \ 第 4 章 \ 4-3-1.dwg"，❷ 单击【圆】命令按钮⊙，❸ 单击直线中点将其指定为圆心，如图 4-41 所示。

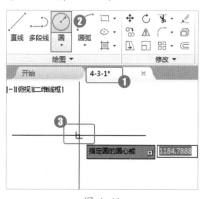

图 4-41

Step02 输入半径值 105，按【空格】键确定，如图 4-42 所示。

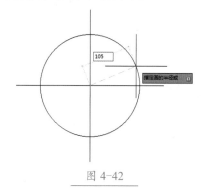

图 4-42

技术看板

在 AutoCAD 2021 中，除了用半径或直径画圆外，也可以用两点方式画圆，即指定两个端点以确定圆的大小。还可用三点方式画圆，用三点方式画圆的命令中，系统会指定第一点、第二点和第三点，根据提示完成圆的绘制即可。

Step03 按【空格】键激活【圆】命令，再绘制两个半径分别为 45 和 75 的同心圆，如图 4-43 所示。

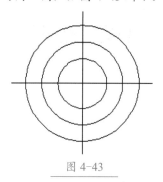

图 4-43

Step04 ❶ 单击【绘图】按钮，❷ 单击【定数等分】命令按钮，如图 4-44 所示。

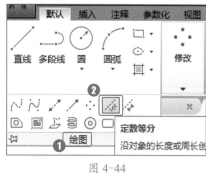

图 4-44

Step05 单击选择要定数等分的对象，如图 4-45 所示。

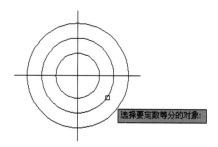

图 4-45

Step06 输入线段数目，如 6，按【空格】键确定，如图 4-46 所示。

图 4-46

Step07 按【空格】键激活【圆】命令，指定圆的圆心，绘制半径为 20 的圆，如图 4-47 所示。

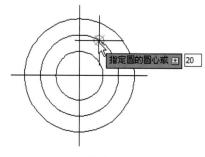

图 4-47

Step08 以每一个节点为圆心绘制半径为 20 的圆，最终效果如图 4-48 所示。

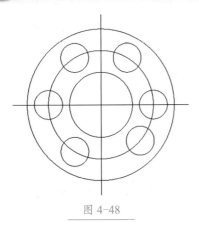

图 4-48

★ 重点 4.3.2 实战：使用圆弧命令绘制椅子背

实例门类	软件功能

圆弧是圆的一部分，也是最常用的基本图形元素之一。使用【圆弧】命令 ARC 可以绘制圆弧。AutoCAD 提供了多种绘制圆弧的方式，这些方式都可以通过【绘图】面板来执行，用户可以根据不同的已知条件来选择不同的绘制方式。使用圆弧命令绘制椅子背的具体操作方法如下。

Step01 ❶ 单击【圆弧】下拉按钮，❷ 单击【圆心、起点、角度】命令，如图 4-49 所示。

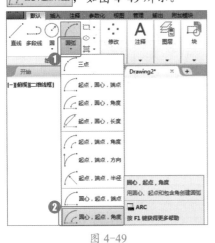

图 4-49

Step02 在绘图区单击指定圆弧圆心，按【F8】键打开【正交】模式，输入圆弧起点，按【空格】键确定，如图 4-50 所示。

图 4-50

Step03 输入圆弧角度，如 180，按【空格】键确定，如图 4-51 所示。

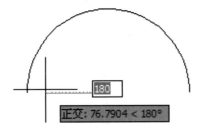

图 4-51

Step04 单击【圆弧】下拉按钮，单击【圆心、起点、角度】命令，单击已有圆心将其指定为新圆弧的圆心，右移鼠标指针输入半径，如 85，按【空格】键确定，如图 4-52 所示。

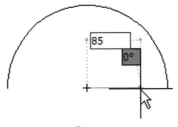

图 4-52

Step05 输入角度，如 180，按【空格】键确定，如图 4-53 所示。

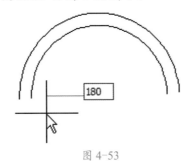

图 4-53

Step06 单击【直线】命令按钮，单击外圆弧左端点，将其指定为起点，向下移动鼠标指针，输入距离值，如 100，按【空格】键确定，如图 4-54 所示。

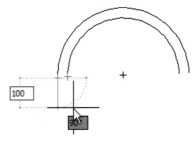

图 4-54

Step07 右移鼠标指针，输入距离值，如 200，按【空格】键确定，如图 4-55 所示。

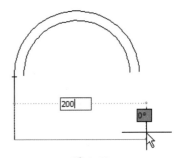

图 4-55

Step08 上移鼠标指针，单击外圆弧右端点将其指定为终点，按【空格】键结束直线命令，如图 4-56 所示。

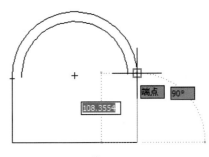

图 4-56

Step09 按【空格】键激活多段线命令，绘制内圆弧椅子部分，效果如图 4-57 所示。

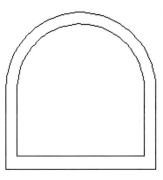

图 4-57

★重点 4.3.3 实战：使用椭圆命令绘制洗手池平面图

实例门类	软件功能

【椭圆】的大小是由定义其长度和宽度的两条轴决定的，较长的轴称为长轴，较短的轴称为短轴；长轴和短轴相等时即为圆。绘制洗手池平面图的具体操作方法如下。

Step01 单击【直线】命令按钮，单击指定直线起点，按【F8】键打开【正交】模式，输入长度值，如 480，按【空格】键两次结束【直线】命令，绘制出的直线如图 4-58 所示。

图 4-58

Step02 单击【圆弧】下拉按钮，

单击【起点、端点、角度】命令，单击指定圆弧起点，如图 4-59 所示。

图 4-59

Step03 右移鼠标指针单击指定圆弧端点，如图 4-60 所示。

图 4-60

Step04 输入圆弧角度，如 225，按【空格】键确定，如图 4-61 所示。

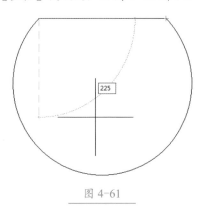

图 4-61

Step05 单击【直线】按钮，输入命令 FROM，按【空格】键确定。单击直线左端点将其指定为基点，如图 4-62 所示。

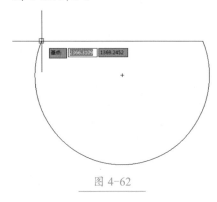

图 4-62

Step06 输入偏移值，如（@0,-50），按【空格】键确定，如图 4-63 所示。

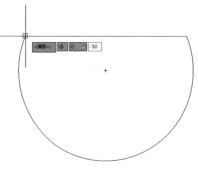

图 4-63

Step07 右移鼠标指针输入直线长度值，如 480，按【空格】键两次结束【直线】命令，如图 4-64 所示。

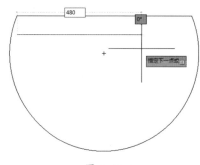

图 4-64

Step08 单击【圆弧】下拉按钮，单击【圆心、起点、端点】命令，鼠标指针指向圆弧，单击指定圆心为新圆弧的圆心，如图 4-65 所示。

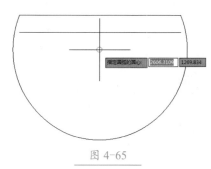

图 4-65

Step⑨ 单击指定新绘制直线的左端点为圆弧的起点，如图 4-66 所示。

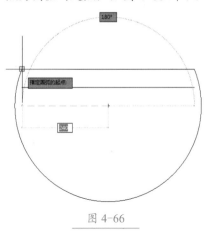

图 4-66

Step⑩ 单击指定直线的右端点为圆弧端点，即可完成圆弧的绘制，如图 4-67 所示。

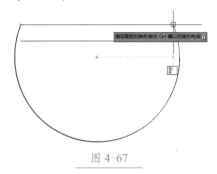

图 4-67

Step⑪ 单击【圆心】命令按钮 ⊙，如图 4-68 所示。

图 4-68

技术看板

绘制椭圆的快捷命令是【EL】，用【轴、端点】命令绘制椭圆，提示栏显示"指定轴的另一个端点"时，定义的是此轴的直径；显示"指定另一条半轴长度或 [旋转 (R)]"时定义的是此轴的半径；其他方法绘制椭圆时都是定义两轴的半径。

Step⑫ 单击圆心将其指定为椭圆的轴端点，如图 4-69 所示。

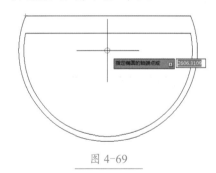

图 4-69

Step⑬ 下移鼠标指针，输入轴的另一个端点值，如 215，按【空格】键确定，如图 4-70 所示。

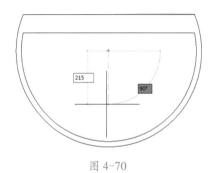

图 4-70

Step⑭ 右移鼠标指针，输入另一条轴长度值，如 165，按【空格】键确定，如图 4-71 所示。

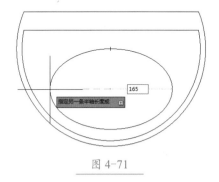

图 4-71

技术看板

系统变量 PELLIPSE 决定椭圆的类型，当该变量为 0（默认值）时，所绘制的椭圆是由 NURBS 曲线表示的椭圆；当该变量为 1 时，绘制的椭圆是由多段线近似表示的椭圆。

Step⑮ 单击【圆】命令按钮 ⊙，以洗手池的圆心为圆心，绘制半径为 15 的圆，如图 4-72 所示。

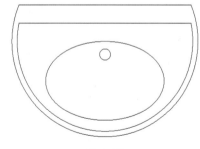

图 4-72

Step⑯ 以相同圆心绘制半径为 25 的圆，如图 4-73 所示。

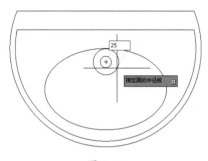

图 4-73

Step⑰ 在适当位置绘制两个半径为 20 的圆作为阀门，洗手池最终效果如图 4-74 所示。

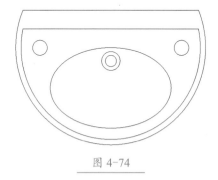

图 4-74

4.3.4 绘制椭圆弧

椭圆弧是椭圆的一部分，和椭圆的区别是，它的起点和终点没有闭合。在绘制椭圆弧的过程中，顺时针方向是图形要被删除的部分，逆时针方向是图形要保留的部分。绘制椭圆弧的具体操作方法如下。

Step01 ❶ 单击【圆心】下拉按钮，❷ 单击【椭圆弧】命令 椭圆弧，如图 4-75 所示。

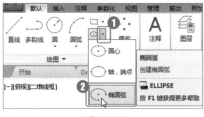

图 4-75

Step02 在绘图区单击指定椭圆弧的轴端点，如图 4-76 所示。

图 4-76

Step03 单击指定轴的另一个端点，如图 4-77 所示。

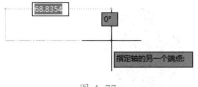

图 4-77

Step04 单击指定另一条半轴长度，如图 4-78 所示。

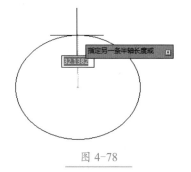

图 4-78

Step05 单击指定圆弧的起点角度，如图 4-79 所示。

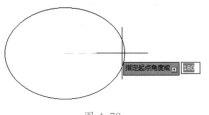

图 4-79

Step06 单击指定圆弧的端点角度，如图 4-80 所示，此时圆弧绘制完成。

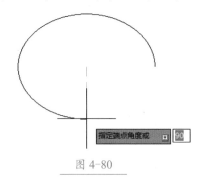

图 4-80

4.3.5 实战：使用圆环命令绘制垫片

实例门类	软件功能

圆环是带有宽度的闭合多段线，使用【圆环】命令 DONUT 可以绘制圆环。圆环经常用在电路图中，用于创建符号。使用圆环命令绘制垫片的具体操作方法如下。

Step01 ❶ 单击【绘图】下拉按钮，❷ 单击【圆环】命令按钮 ◎，如图 4-81 所示。

图 4-81

Step02 输入圆环内径值 10，按【空格】键确定，如图 4-82 所示。

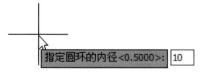

图 4-82

Step03 输入圆环外径值 40，如图 4-83 所示。

图 4-83

Step04 按【空格】键确定，然后单击指定圆环的中心点，如图 4-84 所示。

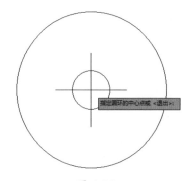

图 4-84

Step05 按【空格】键结束圆环命令，绘制出的垫片图形如图 4-85 所示。

图 4-85

妙招技法

通过对前面知识的学习，相信读者已经掌握了 AutoCAD 2021 中点、线、曲线的绘制和使用方法。下面结合本章内容，给大家介绍一些实用技巧。

技巧 01　用连续的方式画圆弧

用连续方式绘制圆弧，只需要激活命令后，指定圆弧的端点即可。若已存在圆弧，使用【继续】命令，系统会自动把上一个圆弧的端点当作新圆弧的起点开始绘制，具体操作方法如下。

Step 01 使用【圆弧】命令 ARC 绘制圆弧，❶ 单击【圆弧】下拉按钮，❷ 单击【连续】命令，如图 4-86 所示。

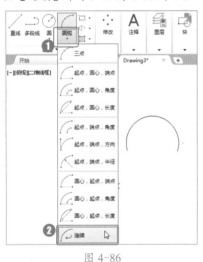

图 4-86

Step 02 单击指定圆弧的另一个端点，如图 4-87 所示。

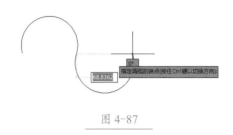

图 4-87

技巧 02　绘制实心圆

要创建圆环，必须指定它的内、外直径和圆心，当内径值为 0 时，即可绘制实心圆；通过指定不同的中心点，可以创建具有相同直径的多个圆环。绘制实心圆的具体操作过程如下。

Step 01 单击【绘制】面板，单击【圆环】命令按钮 ◉，输入圆环的内径值，如 0，按【空格】键确定，如图 4-88 所示。

图 4-88

Step 02 输入圆环的外径值，如 20，按【空格】键确定，如图 4-89 所示。

图 4-89

Step 03 单击指定圆环的中心点，按【空格】键可终止【圆环】命令，完成实心圆的绘制，效果如图 4-90所示。

图 4-90

过关练习 —— 绘制单人床

本实例主要讲解简易单人床平面图的绘制方法，其图纸必须讲清楚床体、床头柜及床上用品的特征和样式，注意绘制出床上用品的诸多小细节，具体操作方法如下。

结果文件	结果文件\第 4 章\单人床 .dwg

Step 01 新建图形文件，❶ 输入【矩形】命令 REC，按【空格】键确定；❷ 输入子命令【圆角】F，按【空格】键确定；❸ 输入圆角半径值 50，如图 4-91 所示。

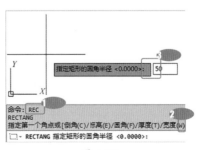

图 4-91

Step 02 按【空格】键确定，单击矩形指定起点，输入另一角点位置（2000，1200），按【空格】键确定，如图 4-92 所示。

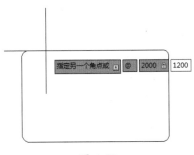

图 4-92

Step03 ❶ 输入【直线】命令 L，按【空格】键确定，❷ 单击指定直线起点，移动光标单击指定下一点，如图 4-93 所示。

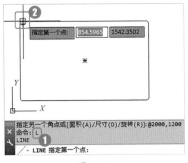

图 4-93

Step04 输入【矩形】命令 REC，按【空格】键确定，指定直线下方端点为第一角点，如图 4-94 所示。

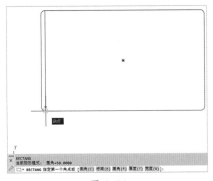

图 4-94

Step05 指定另一个角点（400，-400），如图 4-95 所示，绘制床头柜。

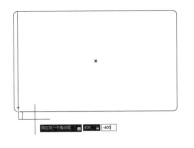

图 4-95

Step06 在床头绘制长为 1000、宽为 300 的矩形作为枕头，如图 4-96 所示。

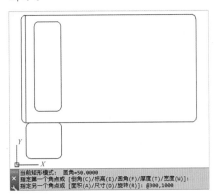

图 4-96

Step07 使用【直线】命令 L 挨着枕头绘制一条直线，按【空格】键激活直线命令，绘制另一条直线，如图 4-97 所示。

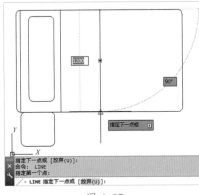

图 4-97

Step08 输入并执行【点样式】命令 PT，❶ 单击选择需要的点样式，❷ 单击【确定】按钮，如图 4-98 所示。

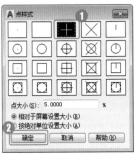

图 4-98

Step09 ❶ 输入【点】命令 PO，按【空格】键确定，❷ 单击指定点的位置，如图 4-99 所示。

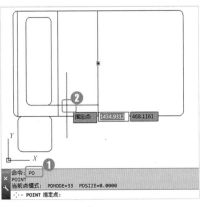

图 4-99

Step10 ❶ 单击【绘图】下拉按钮，❷ 单击【多点】命令按钮，如图 4-100 所示。

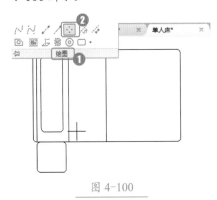

图 4-100

Step11 依次绘制点，如图 4-101 所示。

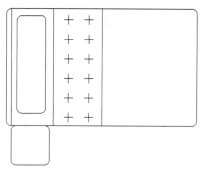

图 4-101

Step⑫ 使用【直线】命令绘制三条水平线；输入【圆】命令C，按【空格】键确定，在床头柜上单击指定圆心，如图 4-102 所示。

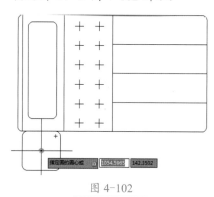

图 4-102

Step⑬ 绘制半径为 100 的圆，按【空格】键激活【圆】命令，以相同圆心再绘制一个半径为 150 的圆，如图 4-103 所示。

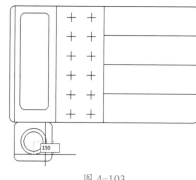

图 4-103

Step⑭ 使用【直线】命令绘制 2 条相交线，完成床头灯的绘制，最终效果如图 4-104 所示。

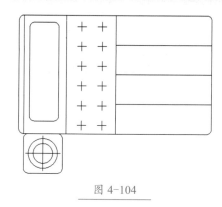

图 4-104

本章小结

通过对本章知识的学习，读者已经掌握了二维图形中的点、线、曲线的绘制和使用方法，这些内容是绘制 AutoCAD 二维图形的基础。通过使用各个命令，可以绘制出各种需要的图形。

第 5 章

二维图形基本编辑命令

- ➜ AutoCAD 如何改变对象位置？
- ➜ AutoCAD 如何创建对象副本？
- ➜ AutoCAD 如何更改对象的大小？
- ➜ AutoCAD 如何实现对象变形？

学完这一章的内容，读者可以通过编辑图形对象绘制更精准、更复杂的图形。本章将介绍改变对象的位置、创建对象副本、修剪对象、对象变形等内容。

5.1 改变对象位置

在使用 AutoCAD 绘制图形的过程中，常需要调整对象的位置，如果所绘制的图形不在需要的位置，可以通过移动或旋转对象来调整对象的位置和方向。

★重点 5.1.1 实战：移动对象绘制电阻加热器

移动对象是指将对象以指定的角度重新定位，对象的位置虽然发生了变化，但大小和方向不变；使用坐标、正交、对象捕捉等功能还可以精确移动对象。【移动】命令的快捷键为 M，通过移动对象绘制电阻加热器的具体操作方法如下。

Step01 打开"素材文件\第 5 章\5-1-1.dwg"，单击【移动】命令按钮 ✛，如图 5-1 所示。

图 5-1

Step02 单击选中要移动的对象，如图 5-2 所示。

图 5-2

Step03 按【空格】键确定，单击指定移动基点，如图 5-3 所示。

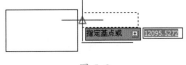

图 5-3

Step04 单击指定要移动到的第二个点，完成对象的移动，如图 5-4 所示。

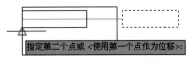

图 5-4

Step05 按【空格】键激活移动命令，单击选中要移动的对象，如图 5-5 所示。

图 5-5

Step06 单击指定对象移动基点，如图 5-6 所示。

图 5-6

Step07 输入移动至第二个点的距离，如 13，图 5-7 所示。

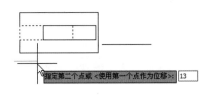

图 5-7

Step08 按【Enter】键确定，完成对象的移动，如图 5-8 所示。

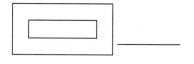

图 5-8

Step 09 按【空格】键激活移动命令，单击选中要移动的对象，如直线，按【空格】键确定；单击指定对象的移动基点，如图 5-9 所示。

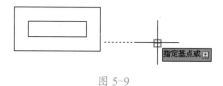

图 5-9

Step 10 单击指定要移动到的第二个点，如图 5-10 所示。

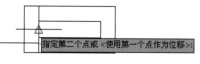

图 5-10

Step 11 最终效果如图 5-11 所示。

图 5-11

技术看板

使用【移动】命令 M 移动图形将改变图形的实际位置，使用【实时平移】命令 P 移动图形只能在视觉上调整图形的显示位置，并不能改变图形的实际位置。

★重点 5.1.2 实战：使用旋转命令绘制花池

实例门类	软件功能

【旋转对象】的快捷命令为 RO，可以将对象绕指定的基点旋转一定的角度，旋转时可使用十字

光标指定旋转角度，也可输入旋转角度数值进行旋转，具体操作方法如下。

Step 01 绘制圆及圆内部的椭圆，单击【旋转】命令按钮 ⟳，如图 5-12 所示。

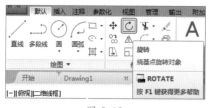

图 5-12

Step 02 单击选中要旋转的对象，如图 5-13 所示。

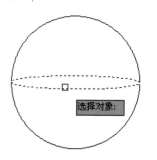

图 5-13

Step 03 按【空格】键确定，单击指定旋转基点，如图 5-14 所示。

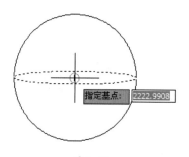

图 5-14

技术看板

在 AutoCAD 中，输入命令后，按【空格】键或【Enter】键，都可以执行该命令。

Step 04 输入子命令【复制】C，按【空格】键确定，如图 5-15 所示。

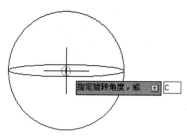

图 5-15

Step 05 上移鼠标指针单击指定旋转角度，如图 5-16 所示。

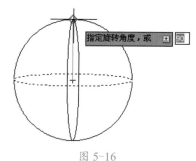

图 5-16

Step 06 按【空格】键激活旋转命令，从右向左框选需要旋转的对象，如图 5-17 所示。

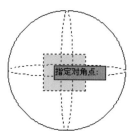

图 5-17

Step 07 单击指定对象旋转基点，如图 5-18 所示。

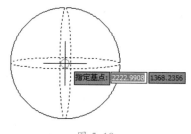

图 5-18

Step 08 输入并执行子命令 C 复制对象；输入旋转角度，如 45，如图 5-19 所示。

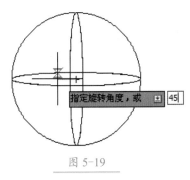

图 5-19

Step09 按【空格】键确定，完成所选对象组的旋转复制，最终效果如图 5-20 所示。

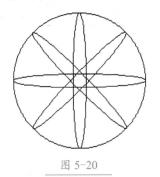

图 5-20

🎞 技术看板

旋转对象时，输入角度为正值时，对象按逆时针方向旋转；输入角度为负值时，对象按顺时针方向旋转。旋转对象须先指定基点，从基点开始，鼠标上下移动，被旋转对象以 90° 或 270° 的角度旋转；从基点开始，鼠标左右移动，被旋转对象以 0° 或 180° 的角度旋转；旋转度数随基点在对象的方向不同而变化。

5.1.3　对齐对象

使用【对齐】命令可在二维或三维空间使对象与其他对象对齐。要对齐某个对象，最多可以给对象添加 3 对源点和目标点。源点位于将要被对齐的对象上，目标点是该源点在对齐对象上相应的点。对齐对象的具体操作方法如下。

Step01 绘制两个矩形，单击【绘图】下拉按钮，单击【对齐】命令按钮（快捷命令为 AL），如图 5-21 所示。

图 5-21

Step02 单击选中要对齐的对象，按【空格】键确定，如图 5-22 所示。

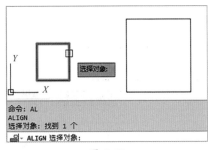

图 5-22

Step03 单击矩形右下角，将右下角的点指定为第一个对齐的源点，如图 5-23 所示。

Step04 单击指定第一个对齐的目标点，位置如图 5-24 所示。

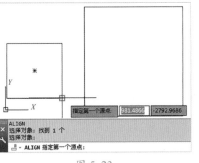

图 5-23

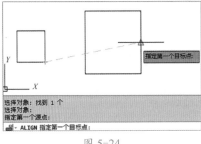

图 5-24

Step05 通过上步操作，对象已经以指定点对齐，效果如图 5-25 所示。

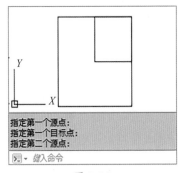

图 5-25

🎞 技术看板

指定两对源点和目标点一般用于二维图形；指定 3 对源点和目标点一般用于三维图形。

5.2　创建对象副本

在 AutoCAD 中，需要绘制两个或多个相同对象时，可以先绘制一个源对象，然后再根据源对象以指定的角度和方向创建此对象的副本，以提高绘图效率和绘图精度。

★重点 5.2.1 实战：使用复制命令创建几何图形

实例门类	软件功能

复制是很常用的二维图形编辑命令，在实际应用中，使用【复制】命令 CO，可以以指定的角度和方向创建源对象的副本，还可以使用坐标、栅格捕捉、对象捕捉和其他工具精确复制对象，复制几何图形的具体操作方法如下。

Step01 绘制一个矩形并将其选中，单击【复制】命令按钮，如图5-26所示。

图 5-26

Step02 在绘图区空白处单击指定复制基点，按【F8】键打开【正交】模式，左移鼠标单击指定复制到的第二点，完成矩形的复制，按【空格】键结束复制命令，如图5-27所示。

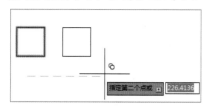

图 5-27

Step03 按【空格】键激活复制命令；单击选中右侧的矩形作为复制对象，如图5-28所示。

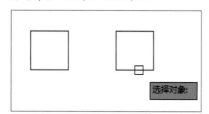

图 5-28

Step04 按【空格】键确定选中对象，单击指定复制基点，如图5-29所示。

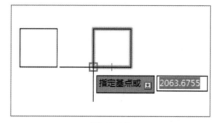

图 5-29

技术看板

激活复制命令、选择复制对象并指定基点、单击指定位置复制所选对象后，可继续单击复制多个所选对象，完成时按【空格】键可终止复制命令。复制命令只能在当前文件内复制对象，如果要在多个文件之间复制对象，需要使用【编辑】菜单中的【复制】命令。

Step05 单击指定要复制到的第二个点，如图5-30所示。

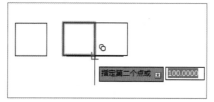

图 5-30

Step06 按【空格】键激活复制命令；从右向左框选复制得到的两个矩形，如图5-31所示。

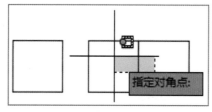

图 5-31

Step07 按【空格】键确定选中图形；单击指定复制基点，如图5-32所示。

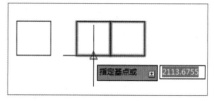

图 5-32

Step08 单击指定要复制到的第二个点，如图5-33所示。

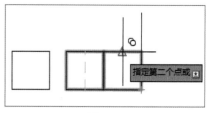

图 5-33

Step09 完成所选对象的复制，如图5-34所示。

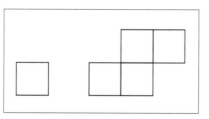

图 5-34

技术看板

使用【复制】命令时，只要注意选择对象的方式、所选择对象的数量、指定对象的基点位置、各个对象的对象捕捉点和辅助工具的用法，就能灵活地运用复制命令做出想要的效果。

★重点 5.2.2 实战：使用镜像命令布置办公桌

实例门类	软件功能

【镜像】命令可以绕指定轴翻转对象，创建对称的镜像图像。此命令在创建对称的对象和图形时非常有用，但使用时要注意镜像线的利用，具体操作如下。

Step01 打开"素材文件\第5章\5-2-2.dwg",单击【镜像】命令按钮 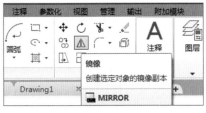，如图5-35所示。

图 5-35

Step02 ❶单击选择镜像对象,按【空格】键确定,❷单击指定镜像线的第一点,如图5-36所示。

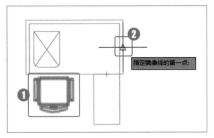

图 5-36

Step03 单击指定镜像线的第二点,按【空格】键确认,不删除源对象,即可完成所选对象的镜像复制,如图5-37所示。

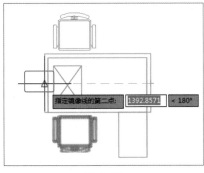

图 5-37

Step04 按【空格】键激活镜像命令,单击选择对象,按【空格】键确定,单击指定镜像线的第一点,如图5-38所示。

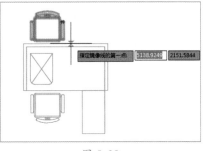

图 5-38

Step05 下移光标,单击指定镜像线的第二点,按【空格】键确认,不删除源对象,完成对象的镜像复制,如图5-39所示。

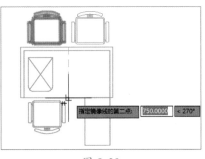

图 5-39

Step06 按【空格】键激活镜像命令,框选要镜像的对象,按【空格】键确定,单击指定镜像线的第一点,如图5-40所示。

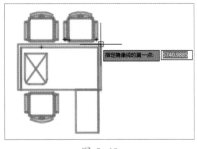

图 5-40

Step07 移动光标单击指定镜像线的第二点,按【空格】键确认,不删除源对象,完成对象的镜像复制,如图5-41所示。

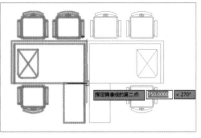

图 5-41

技术看板

在AutoCAD中,【镜像】命令主要用来创建相同的对象和图形,但镜像的关键是镜像线的运用。镜像线必须指定第一点和第二点,绘制垂直线就是使对象左右翻转;绘制水平线就是使对象上、下翻转。镜像线决定了新对象的位置。

5.2.3 实战:使用阵列命令快速布局对象

实例门类	软件功能

【阵列】也是一种特殊的复制方法,此命令是在源对象的基础上,按照矩形、环形(极轴)、路径3种方式,以指定的距离、角度和路径复制出源对象的多个副本,接下来进行详细讲解。

1. 实战:使用【矩形阵列】命令布置办公桌

【矩形阵列】是以控制行数、列数及行和列之间的距离,或添加倾斜角度的方式,使选取的阵列对象呈矩形进行阵列复制,从而创建出源对象的多个副本对象。使用矩形阵列布置办公桌具体操作方法如下。

Step01 打开"素材文件\第5章\5-2-3-1.dwg",单击【矩形阵列】命令按钮，如图5-42所示。

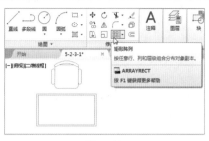

图 5-42

Step 02 单击选择源对象，如图 5-43 所示。

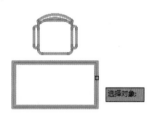

图 5-43

Step 03 按【空格】键确定，程序默认的矩形阵列如图 5-44 所示。

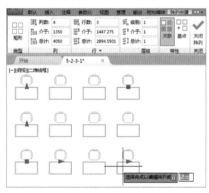

图 5-44

Step 04 在【列数】栏输入 5，【介于】栏输入 1200；在【行数】栏输入 3，【介于】栏输入 1200，效果如图 5-45 所示。

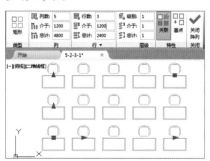

图 5-45

2．路径阵列

路径阵列是指沿路径或部分路径均匀分布对象副本，其路径可以是直线、多段线、三维多段线、样条曲线、圆弧、圆或椭圆等。路径阵列具体操作方法如下。

Step 01 ❶ 绘制样条曲线和圆，❷ 单击【矩形阵列】下拉按钮，❸ 单击【路径阵列】命令按钮 路径阵列，如图 5-46 所示。

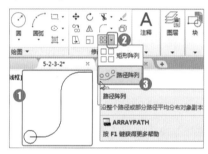

图 5-46

Step 02 单击选择对象，按【空格】键确定，如图 5-47 所示。

图 5-47

Step 03 单击选择路径曲线，如图 5-48 所示。

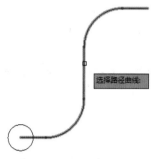

图 5-48

Step 04 对象沿指定路径阵列，效果如图 5-49 所示。

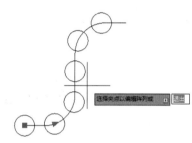

图 5-49

Step 05 在【项目数】的【介于】栏输入 90，如图 5-50 所示。

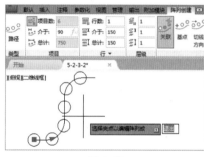

图 5-50

Step 06 按【空格】键确定，效果如图 5-51 所示。

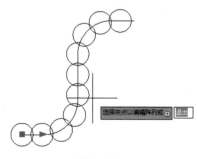

图 5-51

3. 实战：使用【环形阵列】命令创建时钟

【环形阵列】命令是指通过指定的角度，围绕指定的圆心复制所选定对象来创建阵列的方式，具体操作方法如下。

Step01 打开"素材文件 \ 第 5 章 \5-2-3-3.dwg"，❶ 单击【矩形阵列】下拉按钮，❷ 单击【环形阵列】命令按钮 环形阵列，如图 5-52 所示。

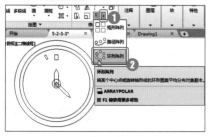

图 5-52

Step02 单击选择要阵列的对象，如图 5-53 所示。

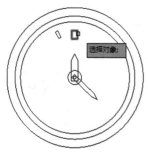

图 5-53

Step03 按【空格】键确定，单击指定同心圆的圆心为环形阵列的中心点，如图 5-54 所示。

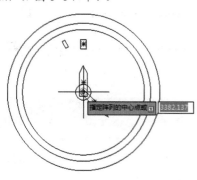

图 5-54

Step04 输入子命令 I，如图 5-55 所示。

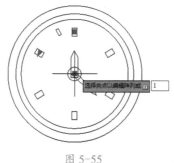

图 5-55

Step05 按【Enter】键确定，输入阵列中的项目数，如 4，如图 5-56 所示。

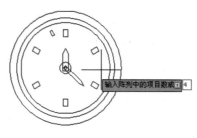

图 5-56

Step06 按【Enter】键确定，如图 5-57 所示。

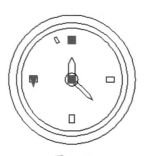

图 5-57

Step07 按【空格】键激活环形阵列命令，单击选择对象，按【空格】键确定，如图 5-58 所示。

图 5-58

Step08 指定圆心为阵列中心点，单击箭头夹点向左侧拖动，输入项目间的角度，如 30，按【Enter】键确定，如图 5-59 所示。

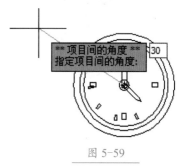

图 5-59

Step09 单击最右侧的箭头夹点，输入项目数 2，按【Enter】键确定，如图 5-60 所示。

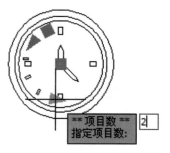

图 5-60

Step10 按【空格】键结束【环形阵列】命令，如图 5-61 所示。

图 5-61

Step11 按【空格】键激活【环形阵列】命令，单击阵列组作为阵列对象，按【空格】键确定，如图 5-62 所示。

图 5-62

Step⑫ 指定圆心为阵列中心点，使用阵列时针的方法来阵列分针阵列组，最终效果如图 5-63 所示。

图 5-63

技术看板

在使用【阵列】命令绘图时，要注意根据命令行的提示，输入相应的命令；使用【矩形阵列】命令时要注意行列的坐标方向；使用【环形阵列】命令时要注意源阵列对象和中心点的关系；在使用【路径阵列】命令时一定要清楚基点、方向、对齐命令的不同效果。

5.2.4 实战：使用偏移命令绘制柜体

实例门类	软件功能

偏移是指通过指定距离或指定点在选中对象的某一侧来生成新的对象。偏移可以是等距离复制图形，也可以是放大或缩小图形。【偏移】命令快捷键为 O。偏移对象的具体操作方法如下。

Step① 打开"素材文件\第 5 章\5-2-4.dwg"，单击【偏移】命令按钮，如图 5-64 所示。

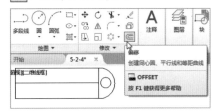

图 5-64

Step② 输入偏移距离，如 20，按【Enter】键确定，如图 5-65 所示。

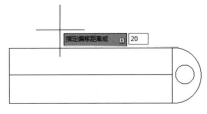

图 5-65

Step③ 单击选择要偏移的对象，如图 5-66 所示。

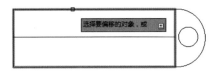

图 5-66

Step④ 指定要偏移的那一侧上的点，如在矩形内侧单击则向矩形内侧偏移，如图 5-67 所示。

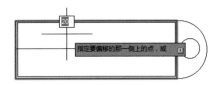

图 5-67

Step⑤ 继续单击选择要偏移的对象，如直线，如图 5-68 所示。

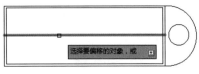

图 5-68

Step⑥ 指定要偏移的那一侧上的点，如在直线下方单击则向直线下方偏移，如图 5-69 所示。

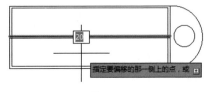

图 5-69

Step⑦ 单击要偏移的圆弧，向内侧单击指定要偏移的那一侧上的点，按【空格】键结束偏移命令，如图 5-70 所示。

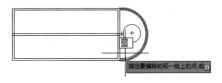

图 5-70

Step⑧ 按【空格】键激活偏移命令，指定偏移距离，如 10，按【Enter】键确定，如图 5-71 所示。

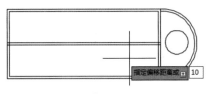

图 5-71

Step⑨ 单击选择圆，在圆内侧单击，指定要偏移的那一侧上的点，按【空格】键结束偏移命令，如图 5-72 所示。

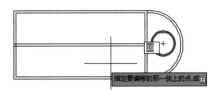

图 5-72

技术看板

在执行【偏移】命令的过程中，【通过】选项是指定偏移复制对象的通过点，【删除】选项用于将源偏移对象删除,【图层】选项用于设置偏移后的对象所在图层。

矩形和圆执行【偏移】命令时,只能向内侧或外侧偏移;直线可上下左右偏移,但必须与原线段平行;样条曲线执行偏移命令时,偏移距离大于线条曲率时将自动进行修剪。

5.3 修剪对象

修剪对象是指通过一系列的命令,对已有对象进行延伸、缩短、打断、拉伸或按比例放大缩小等操作,使对象的形状和大小发生改变。

5.3.1 实战:使用延伸命令绘制储物柜

实例门类	软件功能

【延伸】命令用于将指定的图形对象延伸到指定的边界,通常该命令可延伸的对象有直线、圆弧、椭圆弧、非封闭的 2D 多段线和3D 多段线等。【延伸】命令的快捷键为 EX,使用延伸命令绘制储物柜的具体操作方法如下。

Step01 打开"素材文件\第 5 章\5-3-1.dwg",如图 5-73 所示。

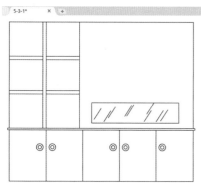

图 5-73

Step02 ❶ 单击【修剪】下拉按钮,❷ 单击【延伸】命令按钮,如图 5-74 所示。

图 5-74

Step03 单击选择要延伸的对象,如图 5-75 所示。

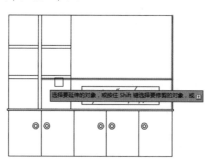

图 5-75

Step04 从右至左框选需要延伸的对象,按【空格】键结束延伸命令,如图 5-76 所示。

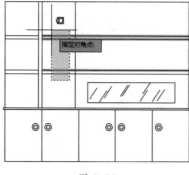

图 5-76

Step05 按【空格】键激活延伸命令,再按【空格】键确定,如图 5-77 所示。

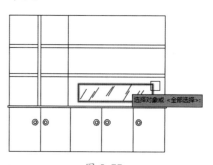

图 5-77

Step06 按住鼠标左键经过要延伸的对象,可使对象延伸,如图 5-78 所示。

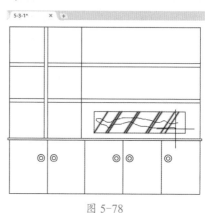

图 5-78

Step07 完成对象的延伸后按【空格】键结束【延伸】命令,如图5-79 所示。

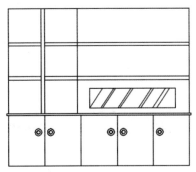

图 5-79

Step 08 按住【Shift】键则【延伸】命令变成了【修剪】命令，单击所需修剪之处即可，最终效果如图 5-80 所示。

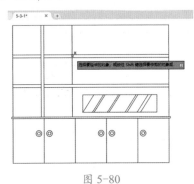

图 5-80

技术看板

使用【延伸】命令时，选择被延伸实体时应选取靠近边界的一端。

5.3.2 实战：使用修剪命令绘制浴缸

实例门类	软件功能

使用【修剪】命令 TR，可通过指定边界对图形对象进行修剪。运用该命令可以修剪的对象包括直线、圆、圆弧、射线、样条曲线、面域、尺寸、文本，以及非封闭的多段线等对象，具体操作方法如下。

Step 01 新建一个图形文件，使用【矩形】命令绘制一个长 2000，宽 700 的矩形，如图 5-81 所示。

图 5-81

Step 02 以矩形左边线的中点为圆心，绘制一个半径为 350 的圆，如图 5-82 所示。

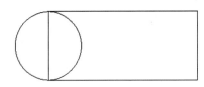

图 5-82

Step 03 单击【修剪】命令按钮，如图 5-83 所示。

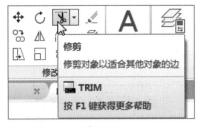

图 5-83

Step 04 单击对象需要被修剪的部位，完成修剪后，按【空格】键结束修剪命令，如图 5-84 所示。

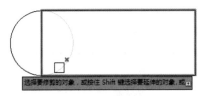

图 5-84

Step 05 逐个选择要修剪的对象或按住鼠标左键拖动可修剪任意对象，按【空格】键结束【修剪】命令，如图 5-85 所示。

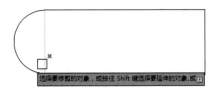

图 5-85

Step 06 单击【偏移】命令按钮（快捷键为 O），指定偏移距离为 100，按【Enter】键确定，如图 5-86 所示。

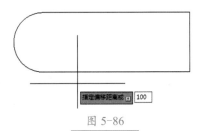

图 5-86

Step 07 单击选择要偏移的对象，如图 5-87 所示。

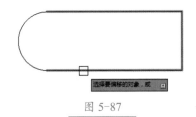

图 5-87

Step 08 单击指定要偏移的那一侧上的点，完成偏移，如图 5-88 所示。

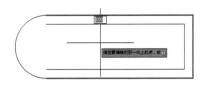

图 5-88

Step 09 单击选择要偏移的对象，如图 5-89 所示。

图 5-89

Step 10 单击指定要偏移的那一侧上的点，完成偏移，效果如图 5-90 所示。

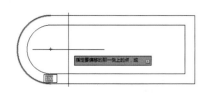

图 5-90

Step 11 在适当位置绘制一个大小合适的圆，作为浴缸的排水口，如图5-91 所示。

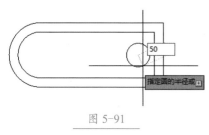

图 5-91

Step 12 完成浴缸的绘制，效果如图5-92 所示。

图 5-92

技术看板

　　【修剪】和【延伸】是一组相对的命令，延伸是指将有交点的线条延长到指定的对象上，只能通过端点延伸线；修剪是以指定的对象为界，将多出的部分修剪掉，只要有交点的线段都能被修剪掉。

　　修剪对象时，修剪边也可同时作为被剪边，如果按住【Shift】键的同时选择与修剪边不相交的对象，修剪边将变为延伸边界。

5.3.3　实战：使用打断命令绘制小便器平面图

实例门类	软件功能

　　【打断】命令用于将对象从某一

点处断开，从而将其分成两个独立的对象，常用于剪断图形，但不删除对象。执行该命令可将直线、圆、弧、多段线、样条线、射线等对象分成两个实体，也可以通过指定两点，或选择物体后再指定两点两种方式断开对象。【打断】命令的快捷键为 BR，使用打断命令绘制小便器平面图具体操作方法如下。

Step 01 新建图形文件，用【矩形】命令绘制长为 100，宽为 40 的矩形，如图 5-93 所示。

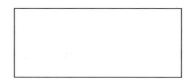

图 5-93

Step 02 以矩形底边线的中点为圆心，绘制半径为 25 的圆，如图 5-94 所示。

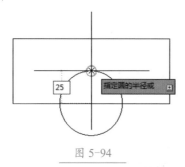

图 5-94

Step 03 单击选择需要被打断的对象，输入【打断】命令 BR，如图 5-95 所示。

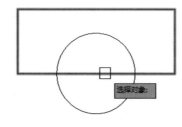

图 5-95

Step 04 输入子命令 F，按【空格】键确定，如图 5-96 所示。

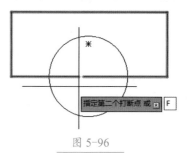

图 5-96

Step 05 单击指定第一个打断点，如图 5-97 所示。

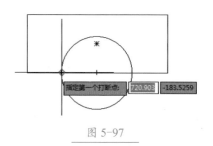

图 5-97

Step 06 单击指定第二个打断点，如图 5-98 所示。

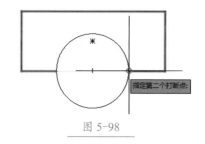

图 5-98

Step 07 打断效果如图 5-99 所示。

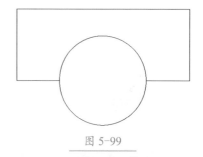

图 5-99

技术看板

　　运用【打断】命令打洞是绘图时常用的方法，特别是在结构比较复杂的房屋构造图中，使用此种打洞方式可以简化辅助线，使操作更简单。

5.3.4 实战：使用拉伸命令改变椅子形状

实例门类	软件功能

使用【拉伸】命令可以按指定的方向和角度拉长或缩短对象，也可以调整对象大小，使其在一个方向上缩放或是按比例缩放；还可以通过移动端点、顶点或控制点来拉伸某些对象。圆、文本、图块等对象不能使用该命令进行拉伸。使用【拉伸】命令改变椅子形状的具体操作方法如下。

Step01 打开"素材文件\第5章\5-3-4.dwg"，单击【拉伸】命令按钮，如图5-100所示。

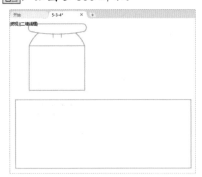

图 5-100

Step02 从右向左框选对象需要拉伸的部分，如图5-101所示。

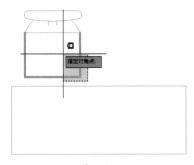

图 5-101

Step03 按【空格】键确定，在空白处单击指定基点，如图5-102所示。

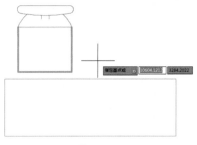

图 5-102

Step04 右移光标输入拉伸距离，如20，按【空格】键确定，如图5-103所示。

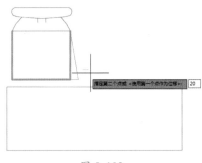

图 5-103

Step05 按【空格】键激活【拉伸】命令，从右向左框选对象要拉伸的部分，按【空格】键确定，如图5-104所示。

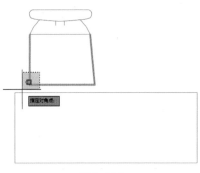

图 5-104

Step06 在空白处单击指定第二个点，左移光标，输入拉伸距离，如20，按【空格】键确定，如图5-105所示。

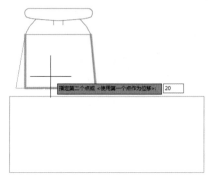

图 5-105

Step07 按【空格】键激活【拉伸】命令，从右向左框选对象要拉伸的部分，按【空格】键确定，如图5-106所示。

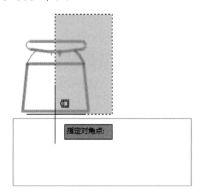

图 5-106

Step08 在空白处单击指定基点，右移光标，输入拉伸距离，如150，按【空格】键确定，如图5-107所示。

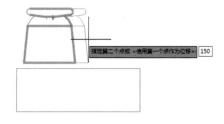

图 5-107

Step09 按【空格】键激活【拉伸】命令，从右向左框选对象要拉伸的部分，按【空格】键确定，如图5-108所示。

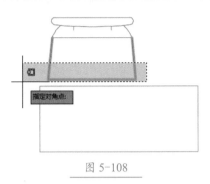

图 5-108

Step⑩ 在对象的边缘上单击指定基点，如图 5-109 所示。

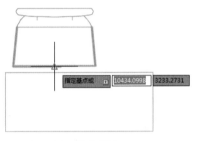

图 5-109

Step⑪ 下移光标至桌沿处单击指定第二个点，如图 5-110 所示。

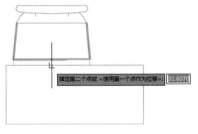

图 5-110

Step⑫ 完成对象所选部分的拉伸，最终效果如图 5-111 所示。

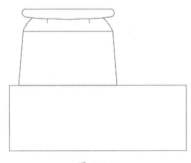

图 5-111

5.3.5 实战：使用缩放命令缩放跑车

实例门类	软件功能

使用【缩放】命令可将对象按指定的比例改变对象的尺寸，但不改变其形状。在缩放图形时，可以把整个对象或者对象的一部分沿 X 轴、Y 轴、Z 轴方向以相同的比例放大或缩小，3 个方向的缩放比例相同可保证对象的形状不发生变化。【缩放】命令的快捷键为 SC，缩放跑车的具体操作方法如下。

Step① 打开"素材文件 \ 第 5 章 \5-3-5.dwg"，单击【缩放】命令按钮，如图 5-112 所示。

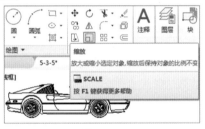

图 5-112

Step② 单击选择缩放对象，按【空格】键确定，如图 5-113 所示。

图 5-113

Step③ 单击指定缩放基点，如图 5-114 所示。

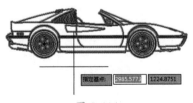

图 5-114

Step④ 指定比例因子，如 0.2，按【空格】键确定，即可缩小对象，如图 5-115 所示。

图 5-115

Step⑤ 按【空格】键激活【缩放】命令，单击选择缩放对象，按【空格】键确定，如图 5-116 所示。

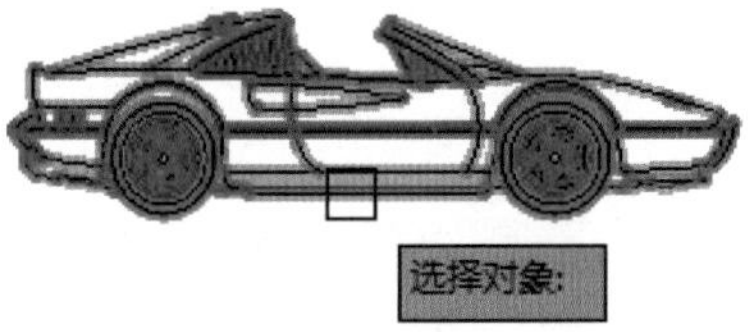

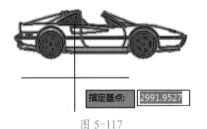

图 5-116

Step⑥ 单击指定缩放基点，如图 5-117 所示。

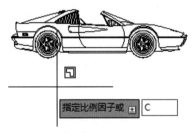

图 5-117

Step⑦ 输入子命令 C，按【空格】键确定，如图 5-118 所示。

图 5-118

Step⑧ 指定比例因子为 10，按【空格】键确定，如图 5-119 所示。

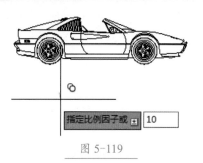

图 5-119

Step**09** 放大后的跑车效果如图 5-120
所示。

图 5-120

5.4 对象变形

对绘制的对象进行正确的编辑，可以创建用户需要的图形。使用圆角、倒角、光顺曲线、合并、分解等命令，可以达到使对象变形的目的。

★重点 5.4.1 实战：制作圆角沙发边角

实例门类	软件功能

【圆角】命令可以使对象或多段线之间形成光滑的弧线，以消除尖锐的角，还能对多段线的多个端点进行圆角操作。圆角的大小是由圆弧的半径决定的。【圆角】命令的快捷键为 F，制作圆角沙发边角的具体操作方法如下。

Step**01** 打开"素材文件\第 5 章\5-4-1.dwg"，单击【圆角】命令按钮，如图 5-121 所示。

图 5-121

Step**02** 选择第一个对象，输入子命令【半径】R，按【空格】键确定，如图 5-122 所示。

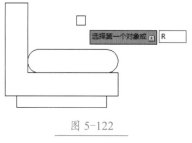

图 5-122

Step**03** 指定圆角半径，如 100，按【空格】键确定，如图 5-123 所示。

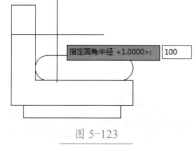

图 5-123

Step**04** 单击第一个要做成圆角效果的对象，如图 5-124 所示。

图 5-124

Step**05** 单击选择第二个对象，如图 5-125 所示。

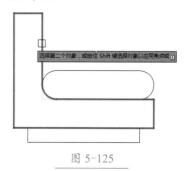

图 5-125

Step**06** 按【空格】键激活【圆角】命令，单击选择第一个要圆角的对象制作沙发靠背的圆角，如图 5-126 所示。

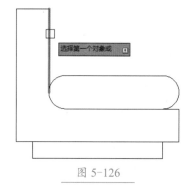

图 5-126

Step**07** 单击选择第二个对象，如图 5-127 所示。

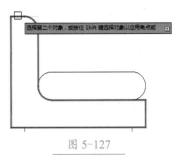

图 5-127

Step⑧ 按【空格】键激活【圆角】命令，输入子命令 R，按【空格】键确定，指定圆角半径，如 50，按【空格】键确定，如图 5-128 所示。

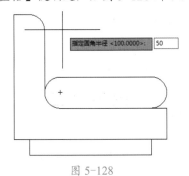

图 5-128

Step⑨ 继续单击选择第一个要圆角的对象，如图 5-129 所示。

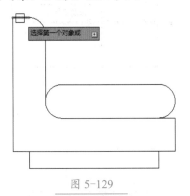

图 5-129

Step⑩ 单击第二个对象，如图 5-130 所示。

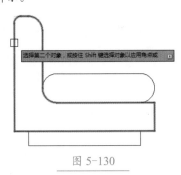

图 5-130

Step⑪ 按【空格】键激活【圆角】命令，选择第一个要圆角的对象，如图 5-131 所示。

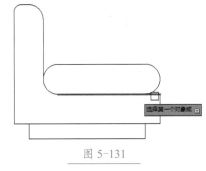

图 5-131

Step⑫ 选择第二个要圆角的对象，最终效果如图 5-132 所示。

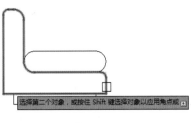

图 5-132

5.4.2　实战：使用倒角命令绘制圆柱销平面图

实例门类	软件功能

　　【倒角】命令可以将两个非平行的对象做出斜度倒角，要进行倒角的两个图形对象可以相交，也可以不相交，但不能平行，绘制圆柱销平面图的具体操作方法如下。

Step① 新建图形文件，使用【矩形】命令绘制长为 18，宽为 5 的矩形；❶ 单击【圆角】下拉按钮，❷ 单击【倒角】命令按钮，如图 5-133 所示。

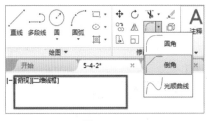

图 5-133

Step② 输入子命令【倒角】D，按【空格】键确定，如图 5-134 所示。

图 5-134

Step③ 指定第一个倒角距离为 0.5，按【空格】键确定，如图 5-135 所示。

图 5-135

技术看板

　　倒角距离两边可设为一致，也可不一致，但不能为负值；若将距离设为零，倒角结果就是两条图线被修剪或延长，直至相交于一点。

Step④ 指定第二个倒角距离为 1.5，按【空格】键确定，如图 5-136 所示。

图 5-136

Step⑤ 单击选择第一条要倒角的直线，如图 5-137 所示。

图 5-137

Step⑥ 单击第二条要倒角的直线，如图 5-138 所示。

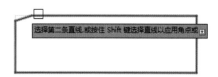

图 5 138

Step⑦ 按【空格】键激活倒角命令，单击第一条要倒角的直线，如图 5-139 所示。

图 5-139

Step⑧ 单击第二条要倒角的直线，如图 5-140 所示。

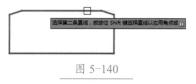

图 5-140

Step⑨ 单击【直线】命令，单击指定直线第一个点，如图 5-141 所示。

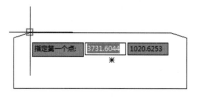

图 5-141

Step⑩ 单击指定直线的第二个点，按【空格】键结束【直线】命令，如图 5-142 所示。

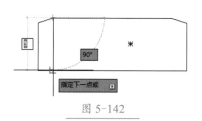

图 5-142

Step⑪ 按【空格】键激活【直线】命令，绘制右侧直线；单击【镜像】命令按钮，框选要镜像的对象，如图 5-143 所示。

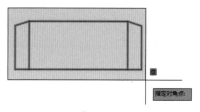

图 5-143

Step⑫ 按【空格】键确定，单击指定镜像线的第一点，如图 5-144 所示。

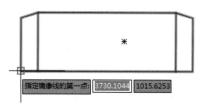

图 5-144

Step⑬ 单击指定镜像线的第二点，如图 5-145 所示。

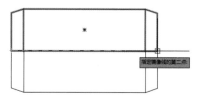

图 5-145

Step⑭ 按【空格】键确定保留源对象，镜像后的效果如图 5-146 所示。

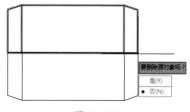

图 5-146

Step⑮ 使用【圆】命令，绘制半径为 1.5 的圆，如图 5-147 所示。

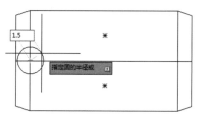

图 5-147

Step⑯ 使用【移动】命令，按下【F8】键打开【正交】模式，将圆向右移动 3 个单位，如图 5-148 所示。

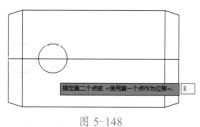

图 5-148

Step⑰ 单击【修剪】命令，如图 5-149 所示。

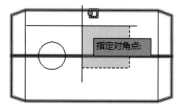

图 5-149

Step⑱ 按【空格】键确定，单击要修剪的边，如图 5-150 所示。

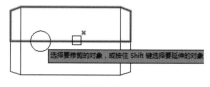

图 5-150

Step⑲ 继续单击要修剪的边，如图 5-151 所示。

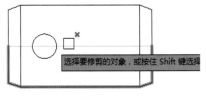

图 5-151

Step20 按【空格】键结束命令，最终效果如图 5-152 所示。

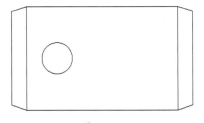

图 5-152

技术看板

倒角必须有两个非平行的边，若要修改距离，必须输入子命令【距离】D。输入的第一个倒角距离是所选择的第一条直线将要倒角的距离，输入的第二个倒角距离是所选择的第二条直线将要倒角的距离。

在倒角对象时，如果用于倒角的对象为矩形、正多边形或多段线，那么使用子命令中的"多段线"命令，系统将对所有相邻的两条线进行倒角。

5.4.3　光顺曲线对象

【光顺曲线】命令是指在两条开放曲线的端点之间创建相切或平滑的样条曲线，有效对象包括直线、圆弧、椭圆弧、开放的多段线和开放的样条曲线（开放是指未封闭）。使用光顺曲线的具体方法如下。

Step01 新建图形文件，绘制两条直线，❶ 单击【圆角】后的下拉按钮，❷ 单击【光顺曲线】命令按钮，如图 5-153 所示。

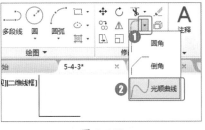

图 5-153

Step02 单击选择第一个对象，如图 5-154 所示。

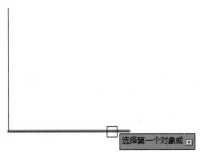

图 5-154

Step03 单击选择第二个点，完成光顺曲线绘制，效果如图 5-155 所示。

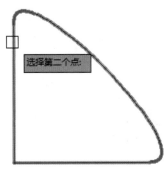

图 5-155

5.4.4　实战：合并对象

实例门类	软件功能

与打断对象相对应的是合并对象。使用【合并】命令，可将直线、多段线、弧线、椭圆弧及样条曲线等对象合并起来。当然，合并图形不能在任意条件下合并，每一种能够合并的图形都会有一些条件限制。合并对象的具体操作方法如下。

Step01 打开"素材文件 \ 第 5 章 \ 5-4-4.dwg"，❶ 单击【修改】下拉按钮，❷ 单击【合并】命令按钮，如图 5-156 所示。

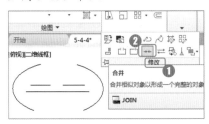

图 5-156

Step02 单击选择源对象，如图 5-157 所示。

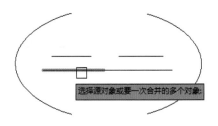

图 5-157

Step03 单击选择要合并的对象，如图 5-158 所示。

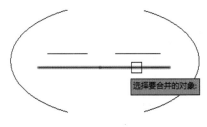

图 5-158

Step04 按【空格】键确定，完成合并，如图 5-159 所示。

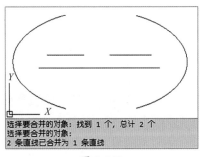

图 5-159

Step05 继续单击选择源对象，如图
5-160 所示。

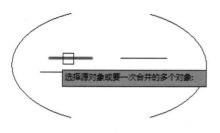

图 5-160

Step06 单击选择要合并的对象，如
图 5-161 所示。

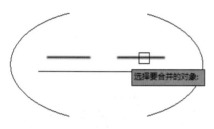

图 5-161

Step07 按【空格】键确定，完成合
并，如图 5-162 所示。

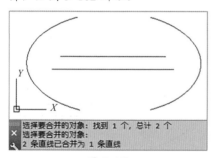

图 5-162

Step08 再次单击选择源对象，如图
5-163 所示。

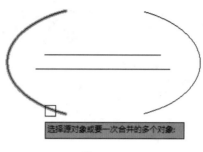

图 5-163

Step09 单击选择要合并的对象，如
图 5-164 所示。

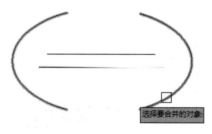

图 5-164

Step10 按【空格】键确定，效果如
图 5-165 所示。

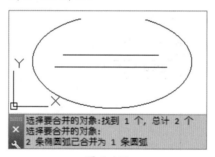

图 5-165

5.4.5 分解对象

分解是指把一个整体的图形分
解为多个图形，可以将图块、填充
图案和关联的尺寸标注从原来的整
体分解为分离的对象，也可以把多

段线、多线和草图线等分解成独立
的、简单的直线段和圆弧。【分解】
命令的快捷键为 X，使用【分解】
命令的具体方法如下。

Step01 新建图形文件，绘制一个矩
形，单击【分解】命令按钮，如
图 5-166 所示。

图 5-166

Step02 单击选择矩形对象，如图
5-167 所示。

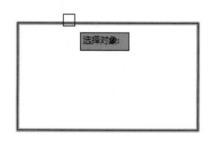

图 5-167

Step03 按【空格】键确定，即可将
矩形分解为单独的线段，再次单击
矩形，效果如图 5-168 所示。

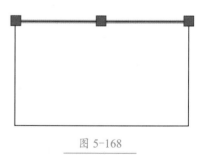

图 5-168

妙招技法

通过对前面知识的学习，相信读者已经掌握了二维图形基本编辑命令的相应操作。下面结合本章内容，给大家
介绍一些实用技巧。

技巧01 使用【拉长】命令拉长圆弧

【拉伸】命令按指定的方向和角度拉长或缩短实体，可以调整对象大小；【拉长】是指改变原图形的长度，可以将原图形拉长，也可以将其缩短。使用【拉长】命令拉长圆弧的具体操作方法如下。

Step01 新建图形文件，绘制圆弧，❶ 单击【修改】下拉按钮，❷ 然后单击【拉长】命令按钮（快捷命令为 LEN），如图 5-169 所示。

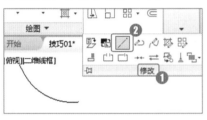

图 5-169

Step02 输入子命令【增量】DE，选择要增量的对象，按【空格】键确定，如图 5-170 所示。

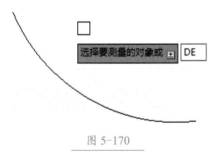

图 5-170

Step03 输入长度增量值 50，按【空格】键确定，如图 5-171 所示。

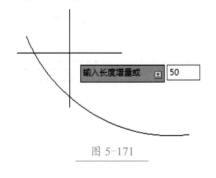

图 5-171

Step04 单击选择要修改的对象，可增加圆弧长度，如图 5-172 所示。

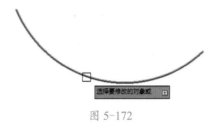

图 5-172

Step05 继续单击选择要修改的对象，拉长圆弧，如图 5-173 所示。

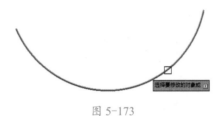

图 5-173

Step06 再次单击选择要修改的对象，拉长圆弧，如图 5-174 所示。

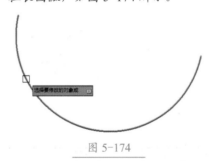

图 5-174

技术看板

在 AutoCAD 中，使用【拉长】命令可以拉长或缩短对象，用户可以通过指定一个长度增量、角度增量（对于圆弧）、总长度或者相对于原长的百分比增量来改变原图形的长度（指定正值为拉长，指定负值为缩短），也可通过动态拖动的方式直观地改变原图形的长度。

技巧02 如何通过一个点打断对象

【打断于点】命令可以在某一点处打断对象，这些对象包括直线、开放的多段线和圆弧，但是不能在这一点处打断闭合对象。使用【打断于点】打断对象的具体方法如下。

Step01 新建图形文件，绘制一条直线；❶ 单击【修改】下拉按钮，❷ 单击【打断于点】命令按钮，如图 5-175 所示。

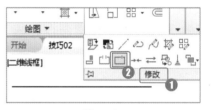

图 5-175

Step02 单击选择对象，如图 5-176 所示。

图 5-176

Step03 单击指定打断点，如图 5-177 所示。

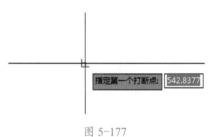

图 5-177

Step04 再次单击被打断的直线，效果如图 5-178 所示。

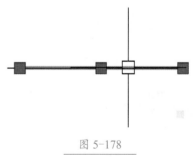

图 5-178

技术看板

【打断】命令在两点之间打断选定对象，对象可以是开放对象，也可以是闭合对象；【打断于点】命令在某一点处打断选定的对象，在使用时要注意区别。若不清楚使用【打断于点】命令后的所选对象是否被打断，可单击选择对象进行观察。

技巧 03　使用分解命令分解图块

【分解】命令不仅可以分解图形，还可以分解图块，具体操作过程如下。

Step01 打开"素材文件\第5章\技巧03.dwg"，单击对象，选择图块，如图 5-179 所示。

图 5-179

Step02 输入【分解】命令 X，按【空格】键确定即可分解图块，如图 5-180 所示。

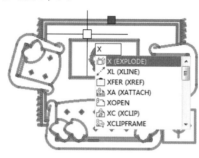

图 5-180

Step03 单击选择对象，分解后的效果如图 5-181 所示。

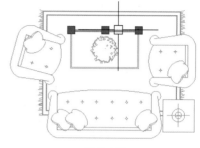

图 5-181

过关练习 —— 绘制空心砖

本例使用延伸、复制等命令来完成空心砖的绘制，具体操作方法如下。

Step01 打开"素材文件\第5章\5-3-1.dwg"，❶单击【修剪】下拉按钮，❷单击【延伸】命令按钮 →|延伸，如图 5-182 所示。

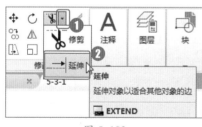

图 5-182

Step02 单击选择要延伸的对象，如图 5-183 所示。

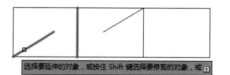

图 5-183

Step03 显示延伸效果，如图 5-184 所示。

图 5-184

Step04 继续单击选择要延伸的对象，按【空格】键结束【延伸】命令，效果如图 5-185 所示。

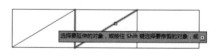

图 5-185

Step05 使用【直线】命令 L 绘制右侧线段，效果如图 5-186 所示。

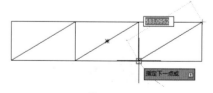

图 5-186

Step06 框选全部对象，如图 5-187 所示。

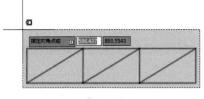

图 5-187

Step07 单击【复制】命令按钮，如图 5-188 所示。

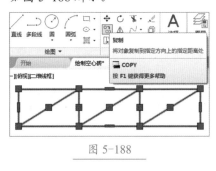

图 5-188

Step08 单击指定复制基点，如图 5-189 所示。

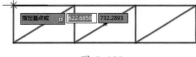

图 5-189

Step09 单击指定要复制到的第二个点，效果如图 5-190 所示。

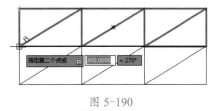

图 5-190

Step10 继续单击指定要复制到的点，按【空格】键结束复制命令，效果如图 5-191 所示。

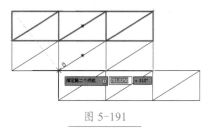

图 5-191

Step11 完成空心砖的绘制，最终效果如图 5-192 所示。

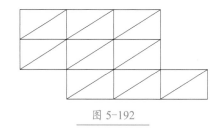

图 5-192

本章小结

本章主要对 AutoCAD 2021 的常用编辑工具进行讲解，通过实例讲解图形的绘制和编辑方法，使读者可以熟练运用绘图工具和编辑工具。这一章的知识和讲解的绘图工具是绘制 AutoCAD 二维图形的根本，掌握好本章内容是绘制高质量图纸的关键。

第6章 绘制并编辑复杂二维图形

➡ AutoCAD 中的多段线如何使用？

➡ AutoCAD 如何创建和编辑样条曲线？

➡ AutoCAD 如何创建和编辑多线？

➡ AutoCAD 中如何使用夹点编辑图形？

学完这一章的内容，读者可以得到上述问题的答案。

6.1 多段线

多段线是 AutoCAD 中可绘制图形类型最多、可以相互连接的序列线段。使用多段线创建的对象可以是直线段、弧线段或两者的组合线段。

★重点 6.1.1 实战：使用多段线绘制操场跑道

实例门类	软件功能

多段线有线宽，并且每个线段从起点到终点可以有不同的线宽。多段线所有的线和圆弧顶点相交。多段线对于三维作图也很有用。【多段线】的快捷命令是 PL，使用多段线绘图的具体操作方法如下。

Step01 新建图形文件，单击【多段线】命令按钮，如图 6-1 所示。

图 6-1

Step02 按【F8】键打开【正交】模式，在绘图区单击指定起点，鼠标向右移并输入起点至第二点的距离 8000，按【Enter】键确认，如图 6-2 所示。

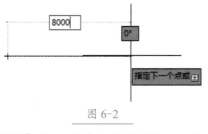

图 6-2

Step03 输入子命令【圆弧】A，按【空格】键确定，如图 6-3 所示。

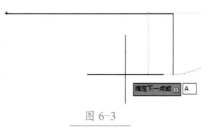

图 6-3

Step04 鼠标向下移并输入圆弧长度值 6000，按【Enter】键确定，按住滚轮不放向上移动，如图 6-4 所示。

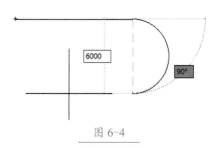

图 6-4

Step05 输入子命令【直线】L，按【空格】键确定，图形变化如图 6-5 所示。

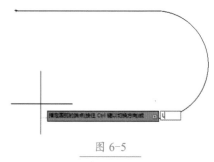

图 6-5

Step06 鼠标向左移并输入到下一点的距离 8000，按【Enter】键确定，如图 6-6 所示。

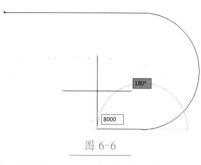

图 6-6

Step 07 输入子命令【圆弧】A，按【空格】键确定，如图 6-7 所示。

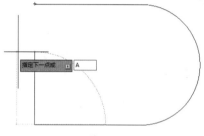

图 6-7

Step 08 鼠标向上移，输入子命令【闭合】CL，按【空格】键确定；完成外圈跑道绘制，如图 6-8 所示。

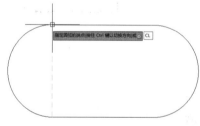

图 6-8

Step 09 按【空格】键激活【多段线】命令，在绘图区单击指定多段线的起点，鼠标向右移，输入起点至第二点的距离，如 6000，按【Enter】键确定，如图 6-9 所示。

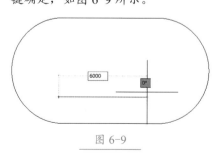

图 6-9

Step 10 鼠标向上移，输入子命令【圆弧】A，按【空格】键确定，如图 6-10 所示。

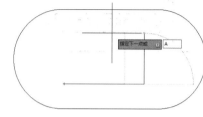

图 6-10

Step 11 再次输入至下一点的距离，如 2800，按【空格】键确定；鼠标向左移，如图 6-11 所示。

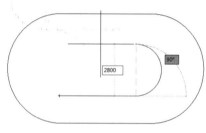

图 6-11

Step 12 输入【直线】命令 L，按【空格】键确定，如图 6-12 所示。

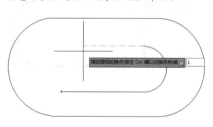

图 6-12

Step 13 在适当位置单击指定下一点，输入【半宽】命令 H，按【空格】键确定，如图 6-13 所示。

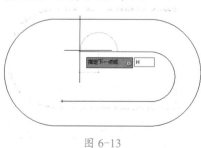

图 6-13

Step 14 输入起点半宽值，如 200，按【空格】键确定，如图 6-14 所示。

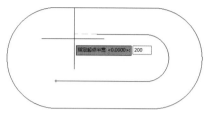

图 6-14

Step 15 输入终点半宽值，如 0，按【空格】键确定，鼠标向左移，如图 6-15 所示。

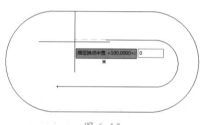

图 6-15

Step 16 在适当位置单击，按【空格】键结束【多段线】命令，最终效果如图 6-16 所示。

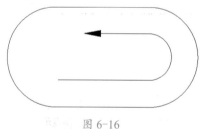

图 6-16

技术看板

使用【直线】命令绘制的线段，每指定一个端点即绘制一条线段，连续指定点则绘制出断开的多条线段；使用【多段线】命令绘制线条时，无论指定几个点或无论使用多少线宽，多段线都是一条连接在一起的线段。

★重点 6.1.2　编辑多段线

由于多段线的使用方法相当复

杂，因此 AutoCAD 专门提供了【编辑多段线】命令 PE 来对其进行编辑，具体操作方法如下。

Step① 新建文件绘制多段线，❶ 单击【修改】下拉按钮，❷ 单击【编辑多段线】命令按钮，如图 6-17 所示。

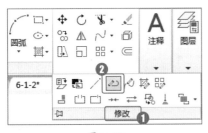

图 6-17

Step② 单击选择要编辑的多段线，如图 6-18 所示。

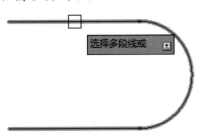

图 6-18

Step③ 输入【宽度】子命令 W，如图 6-19 所示。

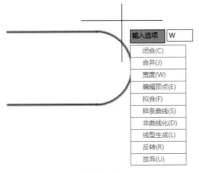

图 6-19

Step④ 输入新宽度，如 20，按【空格】键确定，如图 6-20 所示。

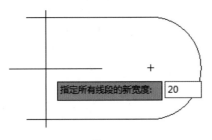

图 6-20

Step⑤ 输入【编辑顶点】子命令 E，如图 6-21 所示。

图 6-21

Step⑥ 输入需要操作的子命令，如【插入】命令 I，如图 6-22 所示，在需要插入顶点的地方单击插入。

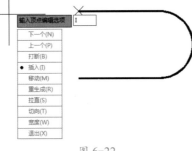

图 6-22

Step⑦ 输入子命令【下一个】N 为端点指定新位置，如图 6-23 所示。

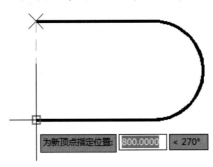

图 6-23

Step⑧ 输入并执行子命令【闭合】C，如图 6-24 所示。

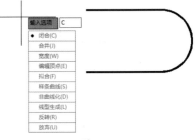

图 6-24

技术看板

若是已闭合的多段线，【闭合】选项将被替换为【打开】选项。

Step⑨ 按【Enter】键确定，完成多段线的编辑，如图 6-25 所示。

图 6-25

技术看板

不仅可以使用 PEDIT（简洁输入【PE】）命令对多段线进行操作，对于不是多段线的对象，该命令还可以将其转换为多段线。

6.2 样条曲线

样条曲线是由一系列点构成的平滑曲线，选中样条曲线后，曲线周围会显示控制点，可以根据自己的实际需要，通过调整曲线上的起点、控制点来控制曲线的形状。

★重点 6.2.1 实战：使用样条曲线绘制钢琴

实例门类	软件功能

要使用拟合点绘制样条曲线，需要通过指定样条曲线必须经过的拟合点来创建 3 阶（3 次）B 样条曲线。在公差值大于 0 时，样条曲线必须在各个点的指定公差距离内。使用样条曲线绘制钢琴的具体操作方法如下。

Step01 新建图形文件，绘制一个长为 5，宽为 40 的矩形，如图 6-26 所示。

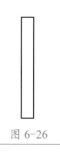

图 6-26

Step02 单击【直线】命令按钮，按【F8】键打开【正交】模式；单击矩形右上角端点将其指定为直线起点，如图 6-27 所示。

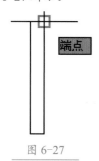

端点

图 6-27

Step03 右移鼠标指针，输入长度值 55，按【空格】键两次结束【直线】命令，如图 6-28 所示。

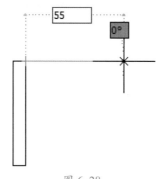

图 6-28

Step04 按【空格】键激活【直线】命令，单击矩形右下角端点将其指定为直线起点，右移鼠标指针输入长度值 35，按【空格】键两次结束【直线】命令，如图 6-29 所示。

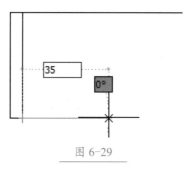

图 6-29

Step05 单击【绘图】下拉按钮，单击【样条曲线拟合】按钮，如图 6-30 所示。

图 6-30

Step06 单击指定样条曲线起点，如图 6-31 所示。

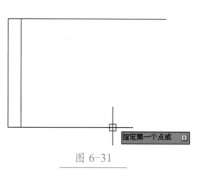

指定第一个点或

图 6-31

Step07 依次单击指定下一点，绘制样条曲线，如图 6-32 所示。

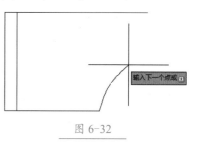

输入下一个点或

图 6-32

Step08 绘制完成后效果如图 6-33 所示。

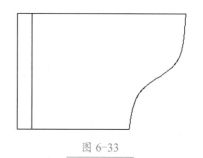

图 6-33

Step09 单击【圆角】命令按钮，如图 6-34 所示。

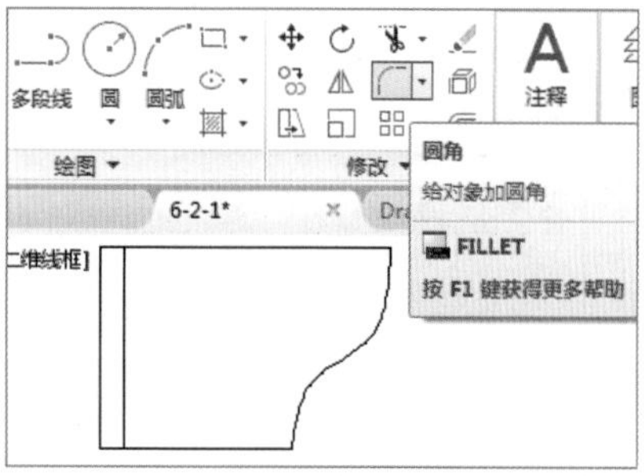

圆角
给对象加圆角

FILLET
按 F1 键获得更多帮助

二维线框

图 6-34

Step⑩ 输入子命令【半径】R，按【空格】键确定，如图 6-35 所示。

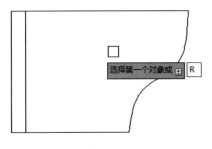

图 6-35

Step⑪ 输入半径值 5，按【空格】键确定，如图 6-36 所示。

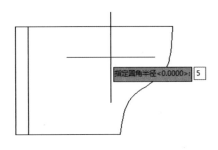

图 6-36

Step⑫ 单击指定构成锐角的第一条线，如图 6-37 所示。

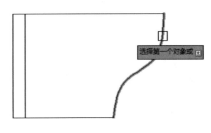

图 6-37

Step⑬ 继续单击指定构成锐角的第二条直线，完成钢琴俯视图的绘制，如图 6-38 所示。

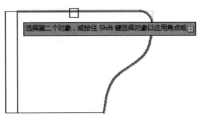

图 6-38

技术看板

【样条曲线】分为【拟合】和【控制点】两个命令。其中【控制点】是指在绘制样条曲线的过程中，曲线周围会显示由控制点构成的虚框，样条曲线最少应该有 3 个顶点。

6.2.2 实战：编辑样条曲线

实例门类	软件功能

【编辑样条曲线】命令可以编辑样条曲线或使样条曲线拟合多段线，编辑方法是修改定义样条曲线的数据，如控制点、拟合公差及起点和终点的切线。编辑样条曲线的具体操作方法如下。

Step① 打开"素材文件\第6章\6-2-2.dwg"，❶ 单击【修改】下拉按钮，❷ 单击【编辑样条曲线】命令按钮，如图 6-39 所示。

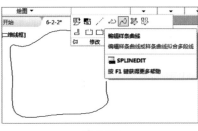

图 6-39

Step② 单击选择样条曲线对象，如图 6-40 所示。

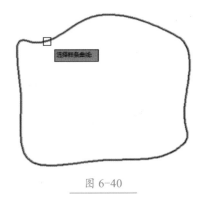

图 6-40

Step③ 打开快捷菜单，输入子命令【编辑顶点】E，如图 6-41 所示。

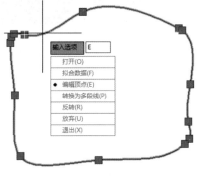

图 6-41

Step④ 按【空格】键确定，打开快捷菜单，输入子命令【移动】M，按【空格】键确定，如图 6-42 所示。

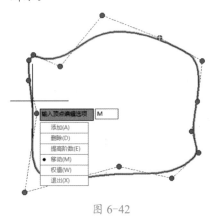

图 6-42

Step⑤ 输入子命令【下一个】N，如图 6-43 所示。

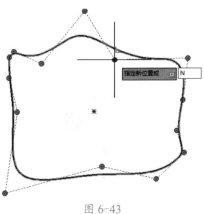

图 6-43

Step⑥ 单击指定顶点的新位置，如图 6-44 所示。

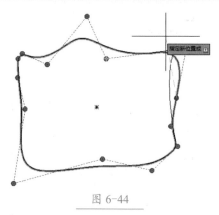

图 6-44

Step07 输入子命令【退出】X，按【空格】键确定，单击选择子命令【添加】A，如图 6-45 所示。

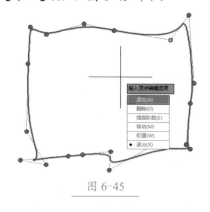

图 6-45

Step08 在样条曲线上单击添加点，如图 6-46 所示。

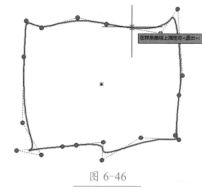

图 6-46

Step09 按【空格】键确定，单击选择子命令【移动】M，如图 6-47 所示。

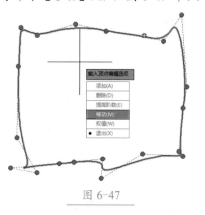

图 6-47

Step10 单击指定点的新位置，输入子命令【退出】X，按【空格】键确定，单击【退出】命令，再次单击【退出】命令，最终如图 6-48 所示。

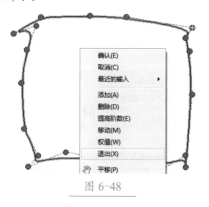

图 6-48

6.3 多线

多线是以一个命令绘制的一组平行线的集合，组成多线的平行线被称为元素，每个元素由其到多线中心线的偏移量来定位，并且每条线都可以有自己的颜色和线型。

6.3.1 实战：设置多线样式

实例门类	软件功能

要绘制多线，首先必须定义、保存并载入多线样式，然后才能使用多线样式进行绘图。绘制多线的第一步是打开【多线样式】对话框设置多线样式，具体操作方法如下。

Step01 新建图形文件，输入【多线样式】的快捷命令 MLSTYLE，按【空格】键确定，如图 6-49 所示。

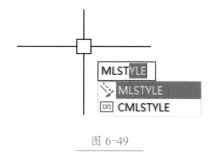

图 6-49

Step02 打开【多线样式】对话框，单击【新建】按钮，如图 6-50 所示。

图 6-50

技术看板

默认的多线样式为 STANDARD，两线之间距离为 1 个单位。

Step03 打开【创建新的多线样式】对话框，❶ 输入新样式名"建筑样式"，❷ 单击【继续】按钮，如图 6-51 所示。

图 6-51

Step04 打开【新建多线样式：建筑样式】对话框，输入【说明】内容，如图 6-52 所示。

图 6-52

Step05 勾选起点和端点的封口单选框，如图 6-53 所示。

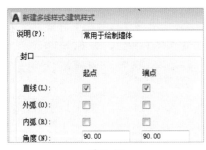

图 6-53

Step06 ❶ 单击【添加】按钮，❷ 新建图元对象，如图 6-54 所示。

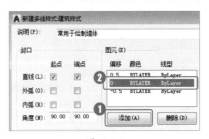

图 6-54

Step07 在【偏移】后的文本框输入"1"，如图 6-55 所示。

图 6-55

Step08 ❶ 单击【添加】按钮，❷ 新建一个图元对象，❸ 在【偏移】后的文本框输入"-1"，❹ 单击【确定】按钮，如图 6-56 所示。

图 6-56

Step09 打开【多线样式】对话框，单击【修改】按钮，如图 6-57 所示。

图 6-57

Step10 打开【修改多线样式：建筑样式】对话框，❶ 单击选择【图元】选项，❷ 单击【删除】按钮，如图 6-58 所示。

图 6-58

Step11 ❶ 单击选择图元，❷ 然后单击【删除】按钮，如图 6-59 所示。

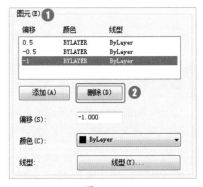

图 6-59

Step12 设置完成，单击【确定】按钮，如图 6-60 所示。

图 6-60

Step 13 ❶ 单击选择刚刚新建的样式，❷ 单击【置为当前】按钮，❸ 单击【确定】按钮，如图 6-61 所示。

图 6-61

6.3.2 实战：使用多线绘制厨房墙体

实例门类	软件功能

【多线】中的每条线都可以有自己的颜色和线型。多线对于建筑平面图中内外墙线的绘制很有用，使用多线绘制厨房墙体的具体操作方法如下。

Step 01 新建一个图形文件，❶ 使用【多线样式】命令新建【室内设计】多线样式，❷ 单击【继续】按钮，完成多线样式的设置，如图 6-62 所示。

图 6-62

Step 02 ❶ 选择【室内设计】样式，❷ 单击【置为当前】按钮，❸ 单击【确定】按钮，如图 6-63 所示。

图 6-63

Step 03 输入【多线】命令的快捷命令 ML，按【空格】键确定，如图 6-64 所示。

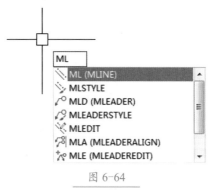

图 6-64

Step 04 输入子命令【比例】S，按【空格】键确定，如图 6-65 所示。

图 6-65

Step 05 输入多线比例值，如 120，按【空格】键确定，如图 6-66 所示。

图 6-66

Step 06 单击指定多线起点，按【F8】键打开【正交】模式，如图 6-67 所示。

图 6-67

Step 07 右移鼠标，输入多线长度值 1500，按【Enter】键确定，如图 6-68 所示。

图 6-68

Step 08 上移鼠标，输入多线长度值 3000，按【Enter】键确定，如图 6-69 所示。

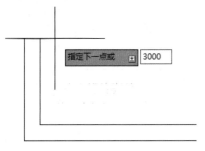

图 6-69

Step⑨ 右移鼠标，输入多线长度值 2500，按【Enter】键确定，如图 6-70 所示。

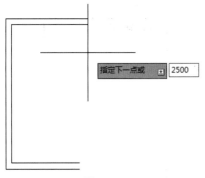

图 6-70

Step⑩ 下移鼠标，输入多线长度值 3000，按【Enter】键确定，如图 6-71 所示。

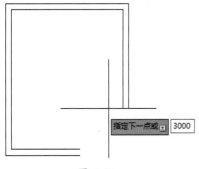

图 6-71

Step⑪ 左移鼠标，输入多线长度值 200，按【Enter】键确定，如图 6-72 所示。

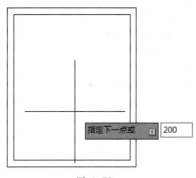

图 6-72

Step⑫ 完成图形绘制，效果如图 6-73 所示。

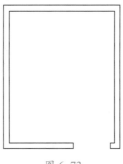

图 6-73

技术看板

多线绘制方法与直线绘制方法相似，二者区别是多线由两条线型相同的平行线组成。绘制的多线都是一个完整的整体，不能对其进行偏移、倒角等编辑操作，使用【分解】命令将其分解成多条直线后，才能进行相应的编辑。

6.3.3 实战：编辑多线绘制墙线

实例门类	软件功能

绘制的多线是一个整体，不能对其进行偏移、倒角、延伸和修剪等编辑，使用【多线编辑工具】命令可以对其进行编辑修改，具体操作方法如下。

Step① 打开"素材文件\第 6 章\6-3-3.dwg"，输入【多线编辑工具】命令 MLEDIT，按【空格】键确定，如图 6-74 所示。

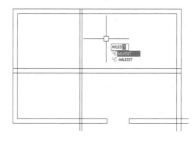

图 6-74

Step② 打开【多线编辑工具】对话框，单击【角点结合】按钮，如图 6-75 所示。

图 6-75

Step③ 单击选择第一条多线，如图 6-76 所示。

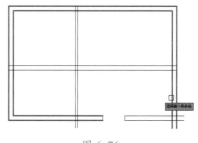

图 6-76

Step④ 单击选择第二条多线，按【空格】键结束【多线编辑】命令，如图 6-77 所示。

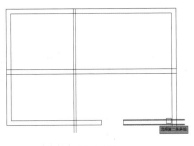

图 6-77

Step05 按【空格】键打开【多线编辑工具】对话框，单击【T形闭合】按钮，如图 6-78 所示。

图 6-78

Step06 单击选择第一条多线，如图 6-79 所示。

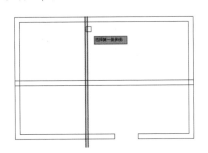

图 6-79

Step07 单击选择第二条多线，效果如图 6-80 所示。

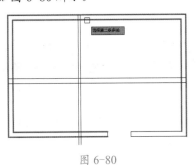

图 6-80

Step08 按【空格】键打开【多线编辑工具】对话框，单击【T形打开】按钮，如图 6-81 所示。

图 6-81

Step09 单击选择第一条多线，如图 6-82 所示。

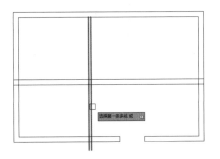

图 6-82

Step10 单击选择第二条多线，如图 6-83 所示。

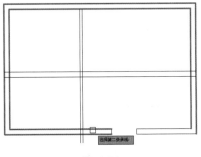

图 6-83

Step11 继续单击选择第一条多线，如图 6-84 所示。

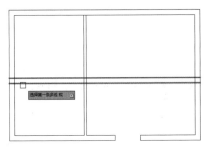

图 6-84

Step12 单击选择第二条多线，如图 6-85 所示。

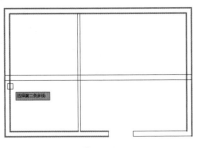

图 6-85

Step13 再单击选择第一条多线，如图 6-86 所示。

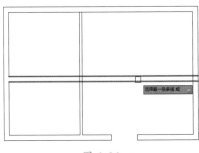

图 6-86

Step14 单击选择第二条多线，如图 6-87 所示。

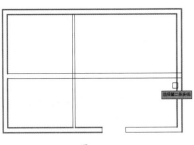

图 6-87

Step⑮ 按【空格】键打开【多线编辑工具】对话框，单击【十字打开】按钮，如图 6-88 所示。

图 6-88

Step⑯ 单击选择第一条多线，如图 6-89 所示。

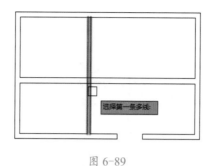

图 6-89

Step⑰ 单击选择第二条多线，如图 6-90 所示。

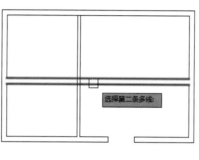

图 6-90

Step⑱ 完成多线编辑后，效果如图 6-91 所示。

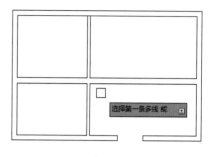

图 6-91

技术看板

在使用【多线编辑工具】中的按钮编辑多线时，同一个对象，选择的顺序不同，效果也不同。细线表示先选的对象，粗线表示后选的对象。

6.4 夹点

在 AutoCAD 中，图形的位置和形状通常由夹点的位置决定；利用夹点可以编辑图形的大小、方向、位置，以及对图形进行镜像复制等操作。

6.4.1 认识夹点

夹点就是图形对象上的一些特征点，如端点、中点、中心点、垂点、顶点、拟合点等，如图 6-92 所示。

图 6-92

将光标悬停在矩形的任意一个夹点上，系统将快速标注出该矩形的长度、宽度以及快捷菜单，如图 6-93 所示。

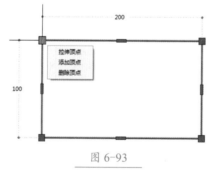

图 6-93

将光标悬停在直线的任意一个夹点上，系统将快速标注出该直线的长度、与水平方向的夹角及快捷菜单，如图 6-94 所示。

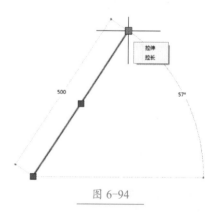

图 6-94

技术看板

AutoCAD 中的图形种类不同，当一些对象夹点重合时，有些特定于对象或夹点的选项是不能使用的；被锁定的图层上的对象不显示夹点。

★重点 6.4.2　编辑夹点

在 AutoCAD 中，用户可以通过拖动夹点来改变图形的形状和大小。不同图形的形状不同，夹点编辑方式也不同，编辑夹点的具体操作方法如下。

Step01 绘制一条直线，单击直线将显示对象的夹点，指向端点显示快捷菜单，如图 6-95 所示。

图 6-95

Step02 单击该端点向上或向下移动并再次单击，即可向上或向下拉伸直线，如图 6-96 所示。

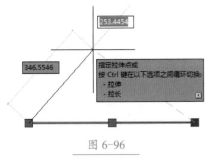

图 6-96

Step03 单击选择直线的中点，移动并单击即可指定直线的新位置，如图 6-97 所示。

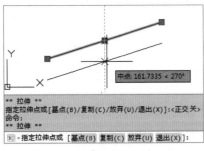

图 6-97

Step04 绘制一个圆，单击圆将显示对象的夹点，光标指向任意象限点即显示圆的半径，如图 6-98 所示。

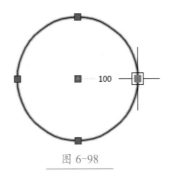

图 6-98

Step05 单击象限点向圆内移动可缩小圆，向圆外移动可放大圆，在圆外侧单击也可使圆放大，如图 6-99 所示。

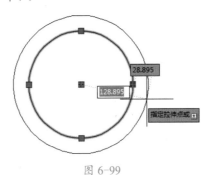

图 6-99

Step06 绘制一条圆弧，单击圆弧将显示对象的夹点，单击端点并移动可拉伸圆弧，如图 6-100 所示。

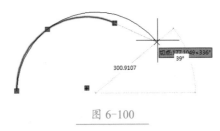

图 6-100

Step07 使光标指向圆弧中点，即可显示快捷菜单，如图 6-101 所示。

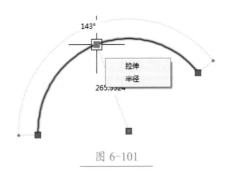

图 6-101

Step08 单击选择圆弧中点，将圆弧向内侧移动并单击即可指定圆弧的新位置，如图 6-102 所示。

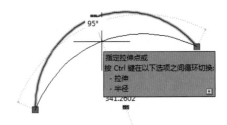

图 6-102

Step09 绘制一个多边形，单击对象的夹点并移动鼠标可进行拉伸，如图 6-103 所示。

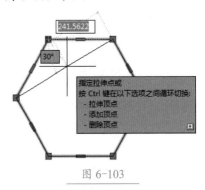

图 6-103

Step10 移动光标并单击指定弧线位置，如图 6-104 所示。

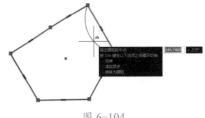

图 6-104

Step11 单击右下角顶点，输入子命令【复制】C，按【空格】键确定，单击指定复制点的位置；继续移动光标单击可指定下一个复制点的位置，按【空格】键结束顶点复制，如图 6-105 所示。

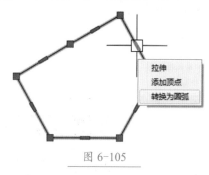

图 6-105

Step⑫ 继续移动光标单击，可指定下一个复制点的位置，按【空格】键结束顶点复制，如图 6-106所示。

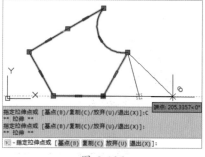

图 6-106

技术看板

如果要选择多个夹点，按住【Shift】键不放，同时用鼠标左键连续单击需要选择的夹点即可。

6.4.3 夹点模式

夹点模式是指系统设置的可切换的夹点编辑模式，包括拉伸、移动、旋转、镜像、比例等模式，具体操作方法如下。

Step① 新建图形文件，使用【椭圆】命令绘制一个椭圆，当选定一个或多个夹点时，系统默认可以对其进行拉伸操作，如图 6-107所示。

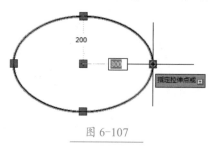

图 6-107

Step② 输入子命令【移动】MO，按鼠标左键确定，如图 6-108所示。

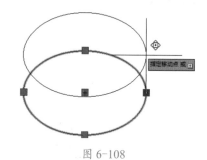

图 6-108

Step③ 输入【旋转】命令 RO，拖动鼠标旋转图形，然后按左键确定，如图 6-109所示。

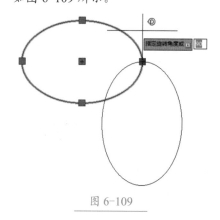

图 6-109

Step④ 输入【镜像】命令 MI，如图 6-110所示。

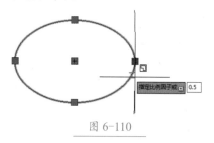

图 6-110

Step⑤ 选择镜像线的两点，如图 6-111所示。

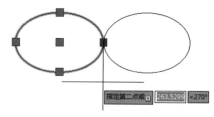

图 6-111

Step⑥ 选择夹点，输入【缩放】命令 SC，再输入缩放比例，就可以实现夹点缩放，如图 6-112所示。

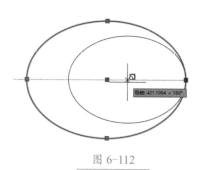

图 6-112

6.4.4 添加夹点

在实际绘图中，可以给对象添加夹点，以调整或改变对象形状，具体操作方法如下。

Step① 绘制矩形并单击，将光标悬停在上边中点上，单击【添加顶点】命令，如图 6-113所示。

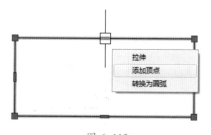

图 6-113

Step② 十字光标上出现一个【+】符号，在适当位置单击，完成顶点添加，如图 6-114所示。

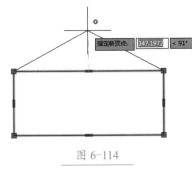

图 6-114

Step**03** 将光标悬停在顶点上，单击【添加顶点】命令，如图 6-115 所示。

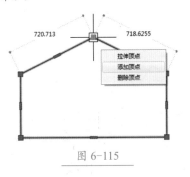

图 6-115

Step**04** 移动光标在适当位置单击，即可完成顶点的添加，如图 6-116 所示。

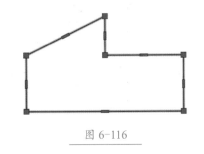

图 6-116

6.4.5 删除夹点

在实际绘图时，也可以通过删除夹点更改对象的形状，具体操作方法如下。

Step**01** 绘制矩形并单击，将光标悬停在顶点上，单击【删除顶点】命令，如图 6-117 所示。

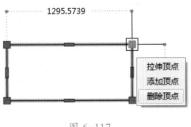

图 6-117

Step**02** 光标所在的顶点即被删除，如图 6-118 所示。

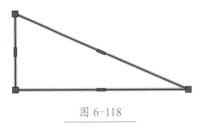

图 6-118

妙招技法

通过对前面知识的学习，相信读者已经掌握了复杂二维图形绘制和编辑命令的相应操作，下面结合本章内容，给大家介绍一些实用技巧。

技巧01 如何快速修剪任意对象

在 AutoCAD 2021 中，可以快速修剪任意不需要的对象，具体操作方法如下。

Step**01** 打开"素材文件\第6章\技巧 01.dwg"，输入【修剪】快捷命令 TR，如图 6-119 所示。

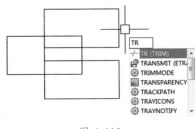

图 6-119

Step**02** 按【空格】键进入修剪状态，如图 6-120 所示。

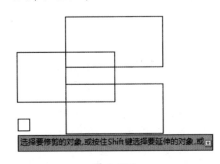

图 6-120

Step**03** 按住鼠标左键经过需要被修剪掉的边，如图 6-121 所示。

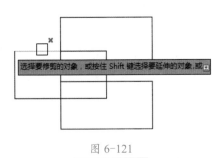

图 6-121

Step**04** 松开鼠标左键，效果如图 6-122 所示。

图 6-122

技巧 02　如何编辑阵列对象

通过编辑阵列属性、源对象或使用其他对象替换项，可修改关联阵列。在编辑源对象时，编辑状态会被激活，然后选择保存或放弃修改，退出编辑状态，具体操作过程如下。

Step01 打开"素材文件\第6章\技巧 03.dwg"，❶ 单击【修改】下拉按钮，❷ 单击【编辑阵列】命令按钮🔲，如图 6-123 所示。

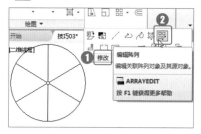

图 6-123

Step02 单击选择对象，如图 6-124 所示。

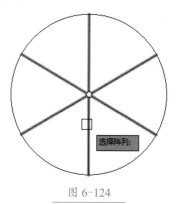

图 6-124

Step03 选择子命令【项目】I，如图 6-125 所示。

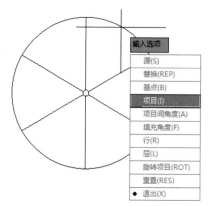

图 6-125

Step04 输入项目数，如 10，按【空格】键确定，如图 6-126 所示。

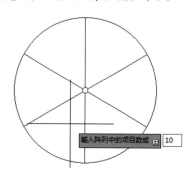

图 6-126

Step05 显示快捷菜单，按【空格】键确定，效果如图 6-127 所示。

Step06 单击选择阵列对象，将鼠标指针悬停在对象上方的夹点上，显示快捷菜单，如图 6-128 所示。

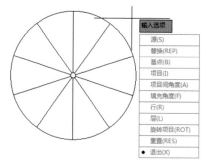

图 6-127

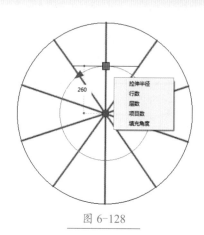

图 6-128

Step07 单击夹点，移动鼠标指定对象半径，如图 6-129 所示。

图 6-129

Step08 在图形适当位置单击指定半径，效果如图 6-130 所示。

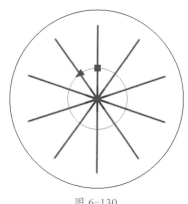

图 6-130

过关练习——绘制坐便器图例

在现代装修中，坐便器已经成为每个家庭必备的卫生间用具。本实例主要讲解坐便器平面图的绘制过程，其绘制过程必须讲清楚坐便器的各项尺寸，并注意绘制出坐便器的各个小细节，具体操作方法如下。

结果文件	结果文件\第6章\绘制坐便器.dwg

Step 01 新建图形文件，使用【圆】命令 C，绘制半径为 120 的圆，如图 6-131 所示。

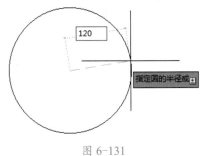

图 6-131

Step 02 使用【椭圆】命令 EL，单击圆的圆心，将其指定为椭圆的中心点，如图 6-132 所示。

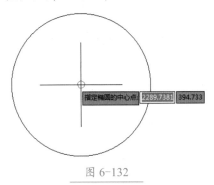

图 6-132

Step 03 单击圆的象限点，将其指定为轴的端点，如图 6-133 所示。

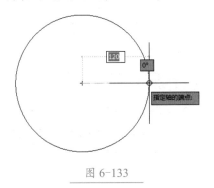

图 6-133

Step 04 上移鼠标，指定另一条半轴长度，如 230，按【空格】键确定，如图 6-134 所示。

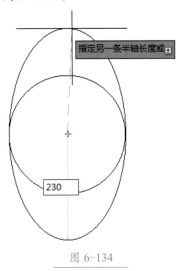

图 6-134

Step 05 输入【修剪】快捷命令 TR，按【空格】键，单击选择要修剪的对象，如图 6-135 所示。

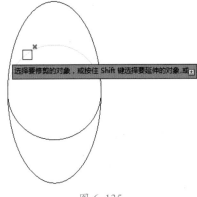

图 6-135

Step 06 继续单击选择要修剪的对象，按【空格】键结束【修剪】命令，如图 6-136 所示。

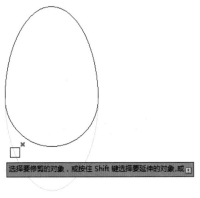

图 6-136

Step 07 ❶ 单击【修改】下拉按钮，❷ 单击【合并】命令按钮，如图 6-137 所示。

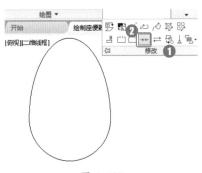

图 6-137

Step 08 单击选择要合并的第一个对象，如图 6-138 所示。

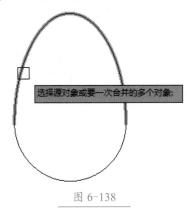

图 6-138

Step⑨ 继续单击选择要合并的对象，按【空格】键即可结束合并命令，如图 6-139 所示。

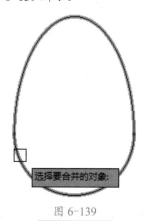

图 6-139

Step⑩ 使用【偏移】命令 O，设置偏移距离为 50，按【空格】键确定，如图 6-140 所示。

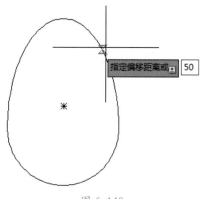

图 6-140

Step⑪ 单击选择要偏移的对象，如图 6-141 所示。

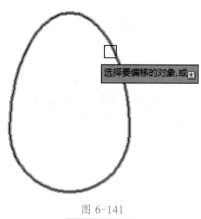

图 6-141

Step⑫ 单击指定要偏移的那一侧上的点，按【空格】键确定，如图 6-142 所示。

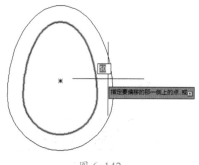

图 6-142

Step⑬ 绘制长为 135，宽为 150 的矩形，单击【移动】命令 ✛，单击矩形，按【空格】键确定；单击矩形下方边的中点并将其指定为基点，如图 6-143 所示。

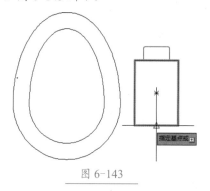

图 6-143

Step⑭ 在圆下方的中点处单击，将其指定为矩形移动至的第二个点，按【空格】键结束【移动】命令，如图 6-144 所示。

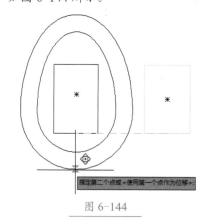

图 6-144

Step⑮ 按【空格】键激活【移动】

命令，单击选择矩形，按【空格】键确定；单击指定移动基点，如图 6-145 所示。

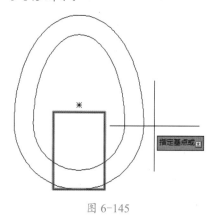

图 6-145

Step⑯ 下移鼠标，指定位移的距离，如 45，按【空格】键确定，如图 6-146 所示。

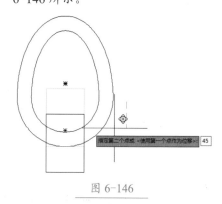

图 6-146

Step⑰ 输入【修剪】命令 TR，按【空格】键确定，单击选择修剪界限，按【空格】键确定，如图 6-147 所示。

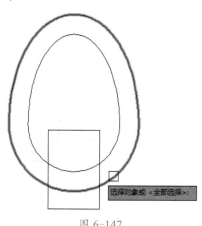

图 6-147

Step⑱ 单击选择要修剪的对象，按【空格】键确定，如图6-148所示。

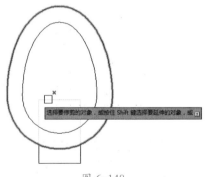

图 6-148

Step⑲ 按【空格】键两次进入任意修剪状态，单击选择要修剪的对象，按【空格】键确定，如图6-149所示。

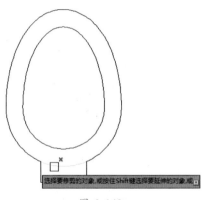

图 6-149

Step⑳ 执行【多段线】命令PL，单击指定起点，下移鼠标输入起点至下一点的距离，如225，按【空格】键确定，如图6-150所示。

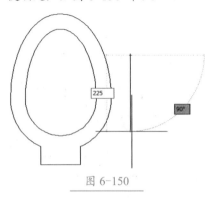

图 6-150

Step㉑ 右移鼠标，输入上一点至下一点的距离，如495，按【空格】键确定，如图6-151所示。

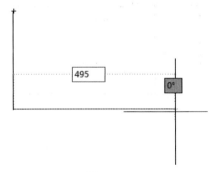

图 6-151

Step㉒ 上移鼠标输入至下一点的距离，如225，按【空格】键确定；左移鼠标输入至下一点的距离，如100，按【空格】键确定，如图6-152所示。

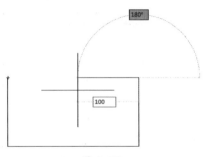

图 6-152

Step㉓ 下移鼠标输入至下一点的距离，如35，按【空格】键确定，如图6-153所示。

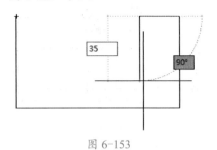

图 6-153

Step㉔ 左移鼠标输入至下一点的距离，如295，按【空格】键确定，如图6-154所示。

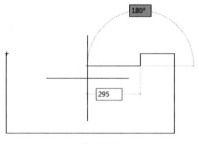

图 6-154

Step㉕ 上移鼠标输入至下一点的距离，如35，按【空格】键确定；输入子命令【闭合】C，按【空格】键确定，如图6-155所示。

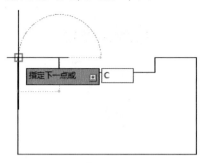

图 6-155

Step㉖ 使用【直线】命令L绘制辅助线，使用【移动】命令M，将多段线图形移动到适当位置，如图6-156所示。

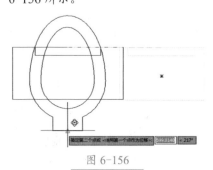

图 6-156

Step㉗ 执行【拉伸】命令S，框选多段线左上方角点，按【空格】键确定，如图6-157所示。

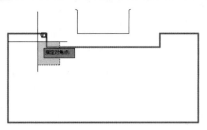

图 6-157

Step28 单击指定基点，右移鼠标输入拉伸距离，如 37.5，按【空格】键确定，如图 6-158 所示。

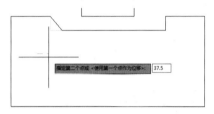

图 6-158

Step29 将右上方角点向左拉伸 37.5，如图 6-159 所示。

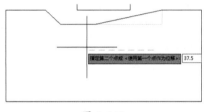

图 6-159

Step30 执行【多段线】命令 PL，单击指定起点，左移鼠标输入至下一点距离 320，按【空格】键确定，如图 6-160 所示。

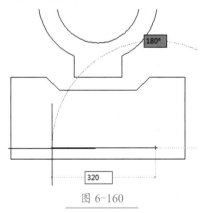

图 6-160

Step31 执行子命令【圆弧】A，按【空格】键确定，如图 6-161 所示。

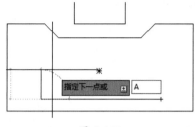

图 6-161

Step32 指定圆弧直径的长度为 120，按【空格】键确定，如图 6-162 所示。

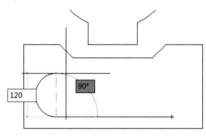

图 6-162

Step33 使用子命令【直线】L 绘制长度为 320 的直线，如图 6-163 所示。

Step34 执行子命令【圆弧】A，输入【闭合】命令 CL，按【空格】键确定，绘制圆弧，如图 6-164 所示。

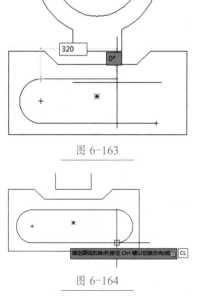

图 6-163

图 6-164

Step35 使用【圆】命令 C，绘制半径为 40 的圆，如图 6-165 所示。

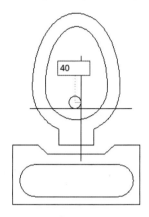

图 6-165

Step36 使用【直线】命令 L，沿圆的象限点绘制直线，如图 6-166 所示。

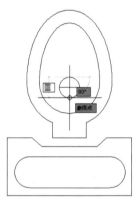

图 6-166

Step37 输入【圆弧】命令 ARC，按【空格】键确定，单击水箱外框左上角，指定圆弧的端点，如图 6-167 所示。

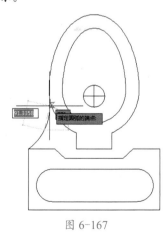

图 6-167

Step38 选择圆弧进行镜像，如图 6-168 所示。

Step39 绘制一个圆，使用镜像命令镜像圆，最终效果如图 6-169 所示。

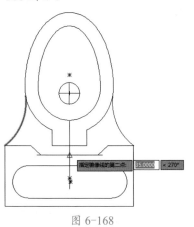

图 6-168

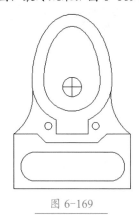

图 6-169

本章小结

通过对本章知识的学习，相信读者已经掌握了多段线、样条曲线、多线、夹点的操作方法。这些都是 AutoCAD 二维图形高阶的绘制和编辑命令，读者需要多加练习。熟练地掌握这些命令，可以更高效地绘制更复杂的图形。

第7章　图层

→ AutoCAD 如何创建与编辑图层？

→ AutoCAD 如何进行图层辅助设置？

→ AutoCAD 如何管理图层？

学完这一章的内容，可以在制图的过程中将不同属性的实体建立在不同的图层上，方便管理图形对象；也可以通过修改所在图层的属性，快速、准确地完成对象属性的修改。本章将讲解图层的相关内容。

7.1　管理图层

图层相当于没有厚度的"透明图纸"，先在"透明图纸"上绘制不同的图形，然后将若干层"透明图纸"重叠起来，就构成了最终的图形。

每个图层都有一些相关联的属性，包括图层名、颜色、线型、线宽和打印样式，可以根据需要进行图层的开关、冻结、解冻、锁定或解锁操作，极大地方便了图形的绘制。此外，图层的建立、编辑和修改也简洁明了，操作极为便利。

在绘制图形的过程中，将图形各部分建立在不同的图层上，可以更便捷地管理图形对象；也可以通过修改所在图层的属性，快速、准确地完成图形对象的修改。

7.1.1　图层的特点

在 AutoCAD 中，用户可以使用图层控制对象的可见性，也可以使用图层将某特性指定给对象，还可以锁定图层以防止对象被修改。图层的特性如下。

→ 可以在一个图形文件中指定任意数量的图层。

→ 每一个图层都有一个名称，其名称可以是汉字、字母或个别的符号（$、_、-）。在命名图层时，最好根据绘图的实际内容拟定容易辨识的名称，以方便再次编辑时快速、准确地了解图层中的内容。

→ 每一个图层都可以设置为当前层，且新绘制的图形只能生成在当前层上。

→ 通常情况下，同一个图层上的对象只能为同一种颜色、同一种线型；在绘图过程中，可以根据需要，随时改变各图层的颜色、线型。

→ 可以对一个图层进行打开、关闭、冻结、解冻、锁定、解锁等操作。

→ 如果重命名某个图层并更改其特性，则可恢复除原始图层名外的所有原始特性。

→ 如果删除或清理某个图层，则无法恢复该图层。

→ 如果将新图层添加到图形中，则无法删除该图层。

★重点 7.1.2　图层特性管理器

【图层特性管理器】可以用来创建与编辑图层及图层特性。此对话框主要包括左侧图层树状区和右侧图层设置区。打开【图层特性管理器】的快捷命令为 LA，使用图层特性管理器的具体操作方法如下。

Step 01 单击【图层】面板的【图层特性】按钮，如图 7-1 所示。

图 7-1

Step 02 打开【图层特性管理器】对话框，如图 7-2 所示。

图 7-2

Step03 单击【展开图层过渡器树】按钮，展开过滤器，如图 7-3 所示。

图 7-3

Step04 单击【收拢图层过渡器树】按钮，隐藏过滤器，如图 7-4 所示。

图 7-4

技术看板

简单地讲，图层就是将具有不同颜色、线型、线宽等属性的对象进行分类管理的工具，一般将具有同一种属性的对象放在同一个图层中。在绘制图形时，可以自行设置图层的数量、名称、颜色、线型、线宽等。

在 AutoCAD 中，设置绘图环境后，可以在绘图前建立图层并设置图层的特性，也可以使用打印样式表编辑器来设置图层特性。

7.1.3 新建图层

在实际操作中，可以为具有同一种属性的多个对象创建和命名新图层，在一个文件中创建的图层数以及可以在每个图层中创建的对象数都没有限制。

在已经打开【图层特性管理器】的前提下，创建新图层的具体操作方法如下。

Step01 在【图层特性管理器】对话框中单击【新建图层】命令按钮，如图 7-5 所示。

图 7-5

Step02 在图层设置区自动新建一个名为【图层1】的图层，如图 7-6 所示。

图 7-6

技术看板

在创建新图层时，如果在图层设置区选择了一个图层，接着新建的图层将自动继承当前所选择图层的所有属性。

7.1.4 命名图层

一个图形文件一般包含多个图层，为了方便区分对象和图层管理，

一般是新建一个图层，即给该图层设置名称。在【图层特性管理器】中单击【新建图层】按钮新建一个图层后，给所创建的新图层输入名字。设置图层名称的具体操作方法如下。

Step01 单击【新建图层】命令按钮后，图层名称栏呈激活状态，此时直接输入图层新名称，如中心线，如图 7-7 所示。

图 7-7

Step02 在空白处单击，当前新建图层即命名成功，如图 7-8 所示。

图 7-8

Step03 单击需要重命名的图层使其呈蓝亮显示，再次单击图层名，激活图层名称栏，如图 7-9 所示。

图 7-9

Step04 此时直接输入图层的新名称，在空白处单击即可完成图层重命名的设置，如图 7-10 所示。

图 7-10

7.1.5 设置图层颜色

当一个图形文件中有多个图层时，为了快速识别某图层和方便后期的打印操作，可以为图层设置颜色，具体操作方法如下。

Step01 创建图层，单击需要设置颜色的图层的颜色框，如图 7-11 所示。

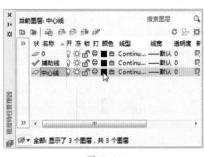

图 7-11

Step02 打开【选择颜色】对话框，程序默认显示【索引颜色】选项卡，如图 7-12 所示。

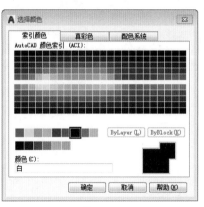

图 7-12

Step03 单击【真彩色】选项卡，可调整色调、饱和度、亮度和颜色模式等内容，如图 7-13 所示。

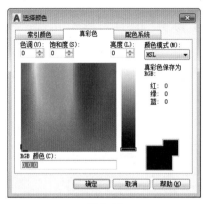

图 7-13

Step04 单击【配色系统】选项卡，可使用第三方或自己定义的配色系统，如图 7-14 所示。

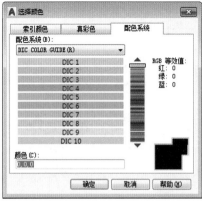

图 7-14

Step05 单击【索引颜色】选项卡，选择需要的颜色，单击【确定】按

钮，如图 7-15 所示。

图 7-15

Step06 图层的颜色即设置成功，如图 7-16 所示。

图 7-16

7.1.6 设置图层线型

给图层设置线型的主要作用，是可以更加直观地识别和分辨对象，具体操作方法如下。

Step01 创建图层，单击图层的线型名称，如图 7-17 所示。

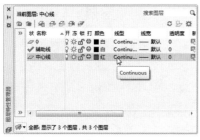

图 7-17

Step02 打开【选择线型】对话框，单击【加载】按钮，如图 7-18 所示。

图 7-18

Step03 打开【加载或重载线型】对话框，如图 7-19 所示。

图 7-19

Step04 ❶ 单击选择所需线型，❷ 完成后单击【确定】按钮，如图 7-20 所示。

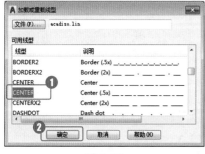

图 7-20

Step05 ❶ 单击已加载的线型，❷ 单击【确定】按钮，如图 7-21 所示。

图 7-21

Step06 图层的线型即设置成功，如图 7-22 所示。

图 7-22

技术看板

在默认设置下，AutoCAD 仅提供一种【Continuous】线型，用户如果需要使用其他线型，必须进行设置。

7.1.7 设置图层线宽

若将所绘制的图形按黑白模式打印时，线宽就成为辨识图形对象最重要的属性。设置图层线宽的具体操作方法如下。

Step01 创建图层，单击要设置线宽的线条，如图 7-23 所示。

图 7-23

Step02 打开【线宽】对话框，如图 7-24 所示。

图 7-24

Step03 ❶ 单击选择当前图层需要的线宽，如【0.25mm】，❷ 单击【确定】按钮，如图 7-25 所示。

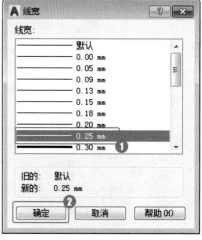

图 7-25

Step04 图层的线宽设置成功，如图 7-26 所示。

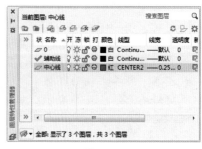

图 7-26

7.1.8 实战：转换图层

实例门类	软件功能

转换图层是指将一个图层中的图形对象转换到另一个图层中。例如，将墙线图层中的图形转换到门窗线图层中去，墙线图层中图形对象的颜色、线型、线宽将转换为门窗线图层的属性，具体操作方法如下。

Step01 ❶打开"素材文件\第7章\7-1-8.dwg"，❷选择要转换图层的对象，❸单击【图层按钮】下拉按钮，如图7-27所示。

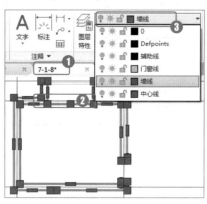

图 7-27

Step02 单击要转换到的图层，在图层列表中即可显示该对象转换后所在的图层，如单击辅助线图层，即可完成转换，如图7-28所示。

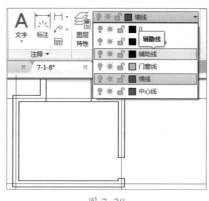

图 7-28

7.1.9 设置当前图层

【当前图层】是指正在使用的图层，此时绘制的图形对象都在当前图层上。默认情况下，在【对象特性】工具栏中显示了当前图层的状态信息。设置当前图层的具体操作方法如下。

Step01 选择要设置为【当前图层】的图层，单击【置为当前】按钮，如图7-29所示。

图 7-29

Step02 也可以单击图层下拉按钮，选择需要置为当前的图层即可，如图7-30所示。

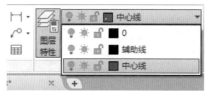

图 7-30

7.1.10 删除图层

在 AutoCAD 中绘制大型实例时，如果文件中图层过多，为了方便图层管理，可删除不需要的图层，具体操作方法如下。

Step01 在【图层特性管理器】中选择需要删除的图层，如中心线图层，单击【删除图层】按钮，如图7-31所示。

图 7-31

Step02 所选图层即被删除，如图7-32所示。

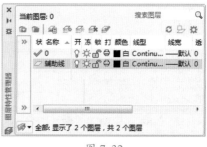

图 7-32

7.1.11 实战：通过选择桌椅关闭其所在的图层

实例门类	软件功能

使用【关】按钮，可通过选定的对象，关闭该对象所在的图层，

使图层中的所有对象不可见,具体操作方法如下。

Step01 ❶打开"素材文件\第7章\7-3-3.dwg",❷单击【关】命令按钮 ,如图7-33所示。

图 7-33

技术看板

图层面板左侧是【图层特性】按钮 ,该按钮可以打开【图层特性】面板;顶部是图层下拉按钮,该按钮显示当前文件所在图层。

Step02 单击选择对象,如"桌椅"图块,如图7-34所示。

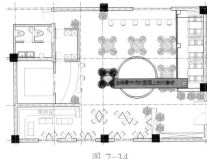

图 7-34

Step03 此时该对象所在图层的所有对象都不可见,效果如图7-35所示。

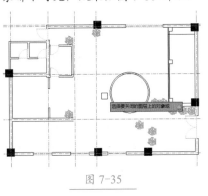

图 7-35

技术看板

图层面板各按钮介绍如下。

【关】按钮 可通过单击选择某个对象,关闭该对象所在图层;【隔离】按钮 可隐藏或锁定除选定对象的图层之外的所有图层;【冻结】按钮 可冻结选定对象的图层;【锁定】按钮 可锁定选定对象的图层;【置为当前】按钮可将当前图层设置为选定对象所在的图层;【打开所有图层】按钮 可打开图形中的所有图层;【取消隔离】按钮 可恢复显示隐藏或锁定的所有图层;【解冻所有图层】按钮 可解冻图形中所有图层;【解锁】按钮 可解锁选定对象的图层;【匹配图层】按钮 可将选定对象的图层更改为与目标图层相匹配的图层。

7.2　图层的辅助设置

在绘图过程中,如果绘图区的图形过于复杂,就需要将暂时不用的图层进行关闭、锁定或冻结等处理,以便进行绘图操作。

7.2.1　实战:冻结和解冻虚线图层

实例门类	软件功能

在实际绘图中,可以暂时对图层中的某些对象进行冻结处理,减少当前屏幕上的显示内容。另外,冻结图层可以在绘图过程中减少系统生成图形的时间,因此在绘制复杂的图形时冻结图层非常重要。冻结图层的具体操作如下。

Step01 单击需要冻结图层前的按钮 ,图层即被冻结,如图7-36所示。

所示。

图 7-36

技术看板

被冻结后的图层对象不能显示,也不能被选择、编辑、修改、打印。

在默认情况下,所有的图层都处于解冻状态,按钮显示为 ;当有图层被冻结时,按钮显示为 。

Step02 单击【图层】下拉按钮,展开当前文件中的图层列表,如图7-37所示。

图 7-37

Step03 单击被冻结图层前的按钮 ,如图7-38所示。

图 7-38

Step 04 此时图层即显示为解冻状态 ☼，如图 7-39 所示。

图 7-39

技术看板

由于绘制图形是在当前图层中进行的，因此不能对当前图层进行冻结。如果对当前图层进行冻结操作，系统会出现无法冻结的提示。

★**重点** 7.2.2 **实战：锁定和解锁图层**

实例门类	软件功能

锁定图层即锁定该图层中的对象。锁定图层后，图层上的对象处于可见状态，但不能对其进行选择和修改等操作，但该图层上的图形仍可显示和打印。在默认情况下，所有图层都处于解锁状态，按钮显示为🔓，当图层被锁定时，按钮显示为🔒。锁定和解锁图层的具体操作方法如下。

Step 01 ❶ 打开"素材文件\第 7 章\7-2-2.dwg"，❷ 单击图层下拉按钮，如图 7-40 所示。

图 7-40

Step 02 指向要锁定图层前的【锁定或解锁图层】按钮🔓，如图 7-41 所示。

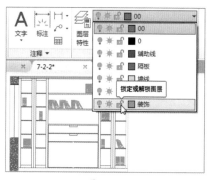

图 7-41

Step 03 在需要锁定的图层上单击，如果显示蓝色的锁形符号🔒，图层即被锁定，如图 7-42 所示。

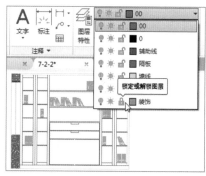

图 7-42

Step 04 单击选择被锁定图层上的对象，效果如图 7-43 所示。

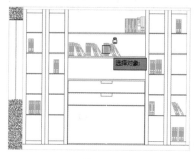

图 7-43

Step 05 在需要解锁的图层上单击蓝色的锁形符号🔒，当锁形符号显示为黄色时，图层即被解锁，效果如图 7-44 所示。

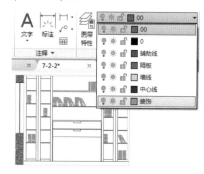

图 7-44

Step 06 单击选择解锁后的图层上的对象，这些对象即可被选择，如图 7-45 所示。

图 7-45

技术看板

要解锁被锁定的图层对象，可以在【图层特性管理器】对话框中选择要解锁的图层，然后单击该图层前面的图标🔒，或者在"图层"面板下拉列表框中，单击要解锁的图层前面的图标🔒即可。

7.2.3　实战：设置标注线图层可见性

实例门类	软件功能

图层可见性是隐藏或显示图层中的对象，被隐藏图层中的图形不能被选择、修改、打印。在默认情况下，所有图层都处于显示状态，状态按钮显示为💡；图层被隐藏时，按钮显示为💡。设置图层可见性的具体操作方法如下。

Step(01) ❶ 打开"素材文件\第 7 章\7-2-3.dwg"，❷ 单击图层下拉按钮，如图 7-46 所示。

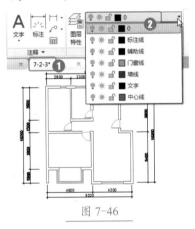

图 7-46

Step(02) 在打开的下拉面板中，单击图层前的【开/关图层】按钮，该图层的内容即不再显示，如图 7-47 所示。

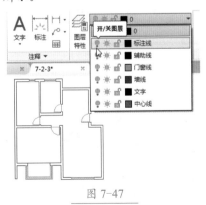

图 7-47

Step(03) 隐藏图层后，再单击图层前的【开/关图层】按钮，该图层内容即再次显示，如图 7-48 所示。

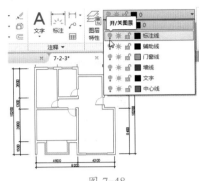

图 7-48

Step(04) 单击当前图层的【开/关图层】按钮，打开【图层 - 关闭当前图层】对话框，可根据需要选择操作，如图 7-49 所示。

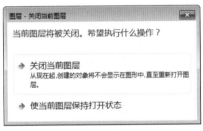

图 7-49

技术看板

【图层 - 关闭当前图层】对话框中显示了两个选项，一是【关闭当前图层】，因为此图层是当前图层，所以此图层关闭后绘制的图形都将不可见；二是【使当前图层保持打开状态】，根据情况进行选择。

7.2.4　打印图层

【打印】控制是否打印某一图层，如果图层设定为打印，但当前图层被冻结或关闭，则不会打印该图层。打印图层的具体操作方法如下。

Step(01) 在【图层特性管理器】中，单击【打印】按钮🖶，如图 7-50 所示。

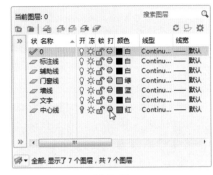

图 7-50

Step(02) 此时该图层的【打印】功能即被关闭，该图层内容不会被打印，如图 7-51 所示。

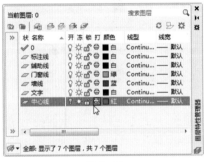

图 7-51

7.3 特性面板

通过特性面板可以更改对象的特性，还可以快速设置图形的颜色、线型和线宽属性。特性匹配就是将选定图形的属性应用到其他图形上，进行图形之间的属性匹配操作，简化绘图工作，提高绘图效率。

★重点 7.3.1 打开【特性】面板

在 AutoCAD 中，特性面板也称为属性框，既可以为单个对象指定特性，如颜色、线型、线宽等，也可指定图层的默认特性。打开特性面板的具体操作方法如下。

Step01 程序默认的特性面板如图 7-52 所示。

图 7-52

Step02 单击【特性】下拉按钮打开下拉面板，如图 7-53 所示。

图 7-53

> **技术看板**
>
> 使用 AutoCAD 绘图时，除了可以在图层中赋予图层的各种属性外，还可以直接为图形对象赋予需要的特性。对象特性通常包括对象的线型、线宽和颜色等属性。

Step03 单击【特性】按钮，如图 7-54 所示。

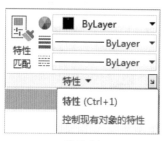

图 7-54

Step04 打开【特性】面板，可对对象进行设置，如图 7-55 所示。

图 7-55

7.3.2 更改图形颜色

当一个图形文件中有多个图层时，为了快速识别某图层和方便后期的打印操作，可以为图层设置颜色。通过【特性】面板可改变图形的颜色，具体操作方法如下。

Step01 ❶绘制并选择矩形，❷单击对象颜色下拉按钮，❸在下拉面板中选择红色，如图 7-56 所示。

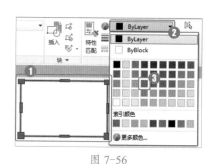

图 7-56

Step02 此时矩形边框显示为红色，如图 7-57 所示。

图 7-57

7.3.3 更改图形线型

给图层设置线型最主要的作用是可以更直观地识别和分辨对象。通过【特性】面板可改变图形线型，具体操作方法如下。

Step01 新建图形文件，❶使用【直线】命令绘制一条线段，❷单击【线型】下拉按钮，❸单击【其他】按钮，如图 7-58 所示。

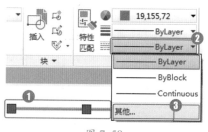

图 7-58

Step02 打开【线型管理器】对话框，单击【加载】按钮，如图7-59所示。

图 7-59

Step03 ① 单击选择线型，② 单击【确定】按钮，如图7-60所示。

图 7-60

Step04 ① 单击选择线型，② 单击【确定】按钮，如图7-61所示。

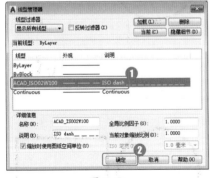

图 7-61

Step05 ① 单击【线型】下拉按钮，② 单击【其他】按钮，如图7-62所示。

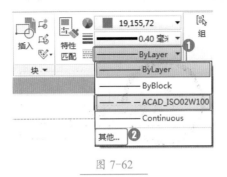

图 7-62

Step06 打开【线型管理器】对话框，① 设置全局比例因子为5，② 单击【确定】按钮，如图7-63所示。

图 7-63

Step07 设置效果如图7-64所示。

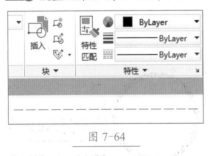

图 7-64

7.3.4 特性快捷面板

【特性】快捷面板显示所有重要特性列表，可以单击任何可用字段来更改当前设置，使用【特性】快捷面板更改图形样式的具体操作方法如下。

Step01 新建图形文件，绘制圆，单击【特性】按钮，如图7-65所示。

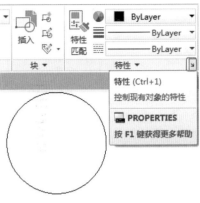

图 7-65

Step02 打开【特性】快捷面板，如图7-66所示。

图 7-66

Step03 单击选择【圆】，① 单击【颜色】下拉按钮，② 单击【蓝】选项，如图7-67所示。

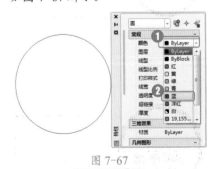

图 7-67

Step04 单击【线宽】下拉按钮，单击【0.50mm】选项，效果如图7-68所示。

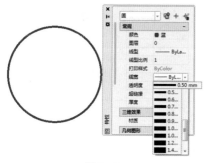

图 7-68

7.3.5 匹配指定属性

默认情况下，所有可应用的属性都自动从选定的源图形应用到其他图形。如果不希望应用源图形中的某个属性，可通过【设置】选项取消这个属性，具体操作方法如下。

Step(01) 绘制一个圆和矩形，设置圆的线宽和线型，单击【特性匹配】命令（快捷命令 MA），如图 7-69所示。

图 7-69

Step(02) 单击选择源对象，如图 7-70所示。

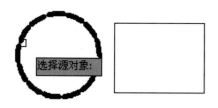

图 7-70

Step(03) 输入子命令【设置】S，按【空格】键确定，如图 7-71 所示。

图 7-71

Step(04) 打开【特性设置】对话框，❶ 取消勾选线宽，❷ 单击【确定】按钮，如图 7-72 所示。

图 7-72

Step(05) 单击选择目标对象，按【空格】键结束【特性对象匹配】命令，如图 7-73 所示。

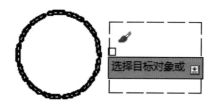

图 7-73

7.3.6 匹配所有属性

在 AutoCAD 中，可以将一个图形的所有属性匹配到其他图形，可以应用的属性类型包括颜色、图层、线型、线型比例、线宽、打印样式和三维厚度等，具体操作方法如下。

Step(01) 绘制一个矩形和一个圆，设置圆的线宽为 0.60，线型为 ACAD_ISO02W100，如图 7-74 所示。

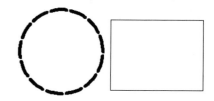

图 7-74

Step(02) 单击【特性匹配】命令，选择源对象为圆形，如图 7-75 所示。

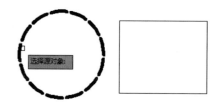

图 7-75

Step(03) 单击选择目标对象矩形，如图 7-76 所示。

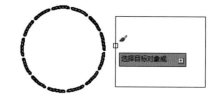

图 7-76

Step(04) 按【空格】键确定，结束【特性匹配】命令，最终效果如图 7-77所示。

图 7-77

妙招技法

通过对本章内容的学习，相信读者已经掌握了图层的相应操作。下面结合本章内容，给大家介绍一些实用技巧。

技巧01 如何使多个图层对象显示同一个图层的特性

在同一个图形文件中，有时候需要将多个图层中的对象显示为某一个图层对象的特性，具体操作方法如下。

Step01 打开"素材文件\第7章\技巧01.dwg"，单击【特性匹配】命令，如图7-78所示。

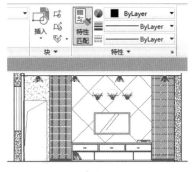

图7-78

Step02 单击选择源对象，如图7-79所示。

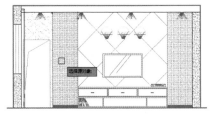

图7-79

Step03 单击选择目标对象，如图7-80所示。

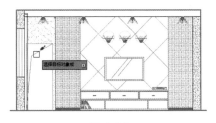

图7-80

Step04 在目标对象左下角单击，指定选框的起点，如图7-81所示。

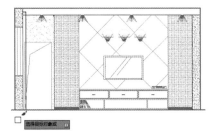

图7-81

Step05 向右移动鼠标框选要复制特性的对象，如图7-82所示。

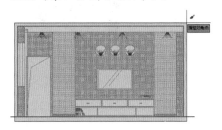

图7-82

Step06 按【空格】键结束【特性复制】命令，效果如图7-83所示。

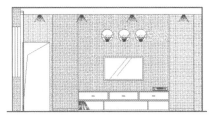

图7-83

技巧02 如何合并多余的图层

当文件中的图层过多，影响了作图速度，而这些图层又不能删除时，可以通过合并多余图层来精简图层数量，具体操作方法如下。

Step01 ❶打开"素材文件\第7章\技巧02.dwg"，❷单击【图层】下拉按钮，❸列表中有多个不明确的图层，如图7-84所示。

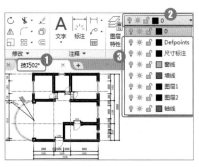

图7-84

Step02 单击【图层】下拉按钮，单击【合并】按钮，如图7-85所示。

图7-85

Step03 提示【选择要合并的图层上的对象或】时输入子命令【命名】N，按【空格】键确定，如图7-86所示。

图7-86

Step04 在【合并图层】对话框依次单击要合并的图层，然后单击【确定】按钮，如图7-87所示。

图 7-87

Step05 按【空格】键确定，提示【选择目标图层上的对象或】时输入子命令【命名】N，并按【空格】键确定，如图 7-88 所示。

图 7-88

Step06 在打开的【合并到图层】对话框单击选择目标图层，然后单击【确定】按钮，如图 7-89 所示。

图 7-89

Step07 在打开的【合并到图层】提示框中单击【是】按钮，完成图层合并，如图 7-90 所示。

图 7-90

Step08 单击【图层】下拉按钮，列表中的图层如图 7-91 所示。

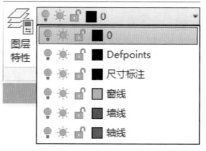

图 7-91

技巧 03 如何将一个图层中的某对象转换到另一个图层

将一个图层中的图形对象转换到另一个图层中的操作，称为转换图层，具体操作过程如下。

Step01 打开"素材文件\第 7 章\技巧 03.dwg"，选择需要转换图层的图形对象，单击【图层控制】下拉按钮，打开下拉列表，如图 7-92 所示。

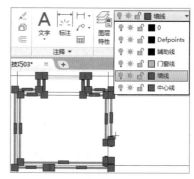

图 7-92

Step02 单击要转换到的图层，如【门窗线】，该对象即转换到【门窗线】图层，显示门窗线的特性，并在图层列表中显示该对象所在的图层，如图 7-93 所示。

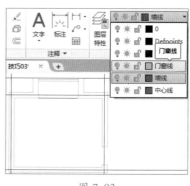

图 7-93

过关练习 —— 绘制房间平面图

在图层特性管理器中新建图层，对各图层特性进行设置，将绘制的图形分组，绘制房间平面图。在房间平面图的绘制过程中，要交代清楚房间的面积、门的位置和大小、窗户的位置和大小，具体操作方法如下。

结果文件	结果文件\第 7 章\房间平面图 .dwg

Step01 输入快捷命令 LA，按【空格】键确定，打开【图层特性管理器】对话框，如图 7-94 所示。

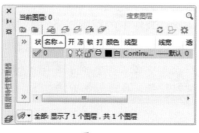

图 7-94

Step02 单击【新建图层】命令按钮，新建图层【辅助线】，如图 7-95 所示。

图 7-95

Step03 单击【线型】选项，单击【加载】按钮，选择线型 CENTERX2，单击【确定】按钮，如图 7-96 所示。

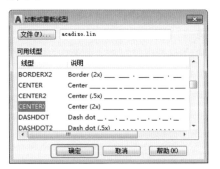

图 7-96

Step04 单击选择已加载的线形，单击【确定】按钮，如图 7-97 所示。

图 7-97

Step05 新建图层，输入名称【墙线】，单击【颜色】选项，如图 7-98 所示。

图 7-98

Step06 在【选择颜色】对话框中选择【洋红】，单击【确定】按钮，如图 7-99 所示。

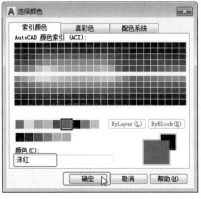

图 7-99

Step07 单击【线型】选项，设置线型为默认线型；单击【线宽】选项，如图 7-100 所示。

图 7-100

Step08 单击选择线宽，如【0.35mm】，单击【确定】按钮，如图 7-101 所示。

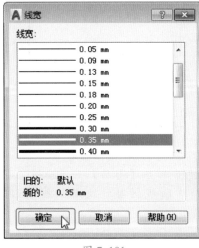

图 7-101

Step09 新建图层【门窗线】，颜色为【青】，线宽为【0.25mm】；新建图层【灰线】，颜色为索引颜色【8】，线宽为【默认】，如图 7-102 所示。

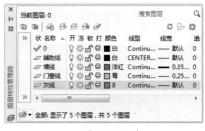

图 7-102

Step10 选择【辅助线】图层，按【F8】键打开【正交】模式，绘制构造线，如图 7-103 所示。

图 7-103

Step11 单击【偏移】命令按钮（快捷命令O），设置偏移距离为3650，将构造线向下方偏移，按【空格】键确定，如图 7-104 所示。

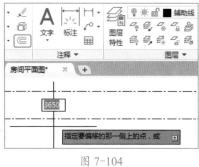

图 7-104

Step12 按【空格】键激活偏移命令，输入偏移距离1200，按【空格】键确定，单击构造线，效果如图 7-105 所示。

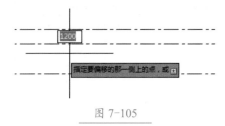

图 7-105

Step⑬ 在构造线下方单击，如图 7-106 所示。

图 7-106

Step⑭ 绘制一条垂直构造线，偏移距离为 4300，如图 7-107 所示。

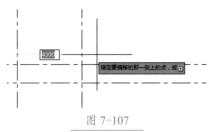

图 7-107

Step⑮ 选择墙线图层，使用【多段线】命令 PL 沿辅助线将墙中线轮廓绘制出来，如图 7-108 所示。

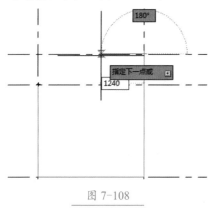

图 7-108

Step⑯ 输入子命令【闭合】CL，按【空格】键确定，闭合多段线，如图 7-109 所示。

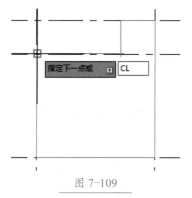

图 7-109

Step⑰ 使用【偏移】命令将墙中线向内外各偏移 120，如图 7-110 所示。

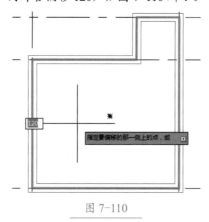

图 7-110

Step⑱ 选择墙中线并将其删除，如图 7-111 所示。

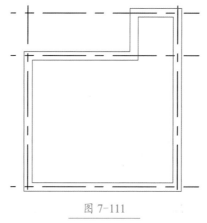

图 7-111

Step⑲ 单击【图层】下拉按钮，关闭辅助线图层，效果如图 7-112 所示。

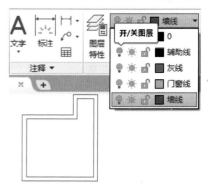

图 7-112

Step⑳ 使用【直线】命令在门口绘制一条垂直线，偏移出 800 的门洞距离，使用【修剪】命令 TR 将门洞的水平线修剪掉，效果如图 7-113 所示。

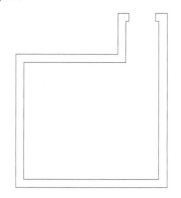

图 7-113

Step㉑ 接着使用【直线】命令将窗户的位置标示出来，并使用【修剪】命令将窗户的多余线条修剪掉，如图 7-114 所示。

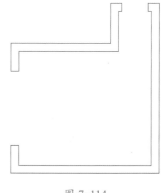

图 7-114

Step22 选择窗户线图层，使用【直线】命令绘制直线，如图 7-115 所示。

Step23 使用【偏移】命令偏移绘制的直线，偏移距离为 80，最终效果如图 7-116 所示。

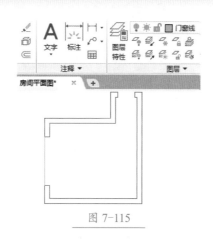

图 7-115

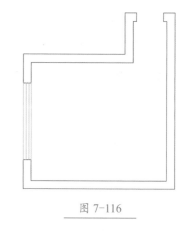

图 7-116

本章小结

　　本章主要讲解图层的概念及意义、设置图层的方法、图层的管理、特性面板 4 部分的内容。结合实例的操作，让读者能够更清楚地理解图层在绘图中的具体使用。通过对本章内容的学习，相信读者能在以后的绘图中熟练应用图层，提高绘图效率。

第8章 图块和设计中心

- AutoCAD 如何创建块?
- AutoCAD 如何编辑块?
- AutoCAD 如何定义图块属性?
- AutoCAD 如何使用设计中心?

在绘图过程中,经常会多次使用相同的对象,如果每次都重新绘制,将花费大量的时间和精力。我们可以使用定义块和插入块的方法提高绘图效率,也可以使用设计中心存储和调用块。

8.1 创建与使用块

图块是用户保存的一组对象,可以在任何需要的时候将它们插入图形中。不管创建块所使用的单个对象有多少,块都是一个对象。

8.1.1 块的功能与特点

对于重复的图形,使用【块】命令可将单独的对象组合在一起,大大提高绘图效率,节省储存空间。需要注意的是,虽然块是一个独立的对象,但块中对象的图层、颜色和线型特性等信息不会被压缩。换句话说,在文件中插入块会相应地增加块自带的图层。

1. 理解块

块是由一个或多个对象集合组成的,可以把块看成一个透明服装店,组成块的图形对象就是店里面各种颜色的衣服;块有自己的属性,如图层、颜色、线型等,相当于服装店的店名、地址、招牌颜色等内容。组成块的对象集合也有各自的属性,如颜色、图层、线宽、线型等,相当于店内衣服的品牌、产地、颜色等内容;对象集合和块是从属关系。具体介绍如下。

- 组成块的对象集合:每一个对象都有自己独立的图层、颜色、线型、线宽等特性。如果某一个对象所在的图层被隐藏或被冻结,此对象就不可见,但除此对象外的其他对象均可见,即此图块中某一个部分不显示。
- 块:块也有自己的图层、颜色、线型、线宽等特性,如果块所在的图层被隐藏或冻结,块就不可见,组成块的所有对象也均不可见。

2. 块的功能及特点

在 AutoCAD 中,已经创建的图块可以在同一图形或其他图形中重复使用。其主要特点如下。

- 便于修改图形:在计算机辅助设计中,虽然行业不一、内容不一、技巧不同,但都有一些统一的必备元素;当完成图块的创建后,根据各行业的要求对图块的某一部分做更改即可,不需要再次绘制相同的图形,极大地提高了绘图效率。
- 节省磁盘空间:AutoCAD 要保存图形,即是保存图形中的每一个对象,而每一个对象都有其属性,如类型、位置、图层、线型、颜色等,这些信息都需要占用存储空间。如果一个图形文件中包含大量相同的零散图形对象,就会占用较大的磁盘空间,如果将这些对象建成图块,既满足了绘图需求,又可以节省磁盘空间。
- 方便图形文件管理:在 AutoCAD 中,图形对象必须要有属性才能存在,所以,一个完整的图形是由很多个图形对象集合而成,这就决定了一个图块中有不同图层、不同属性的对象,若没有图块，要管理这些对象就非常困难；当图形被定义为块后，各图形对象的属性均以块属性为主，极大地方便了文件的管理。

➥ 添加属性：许多块还要求有文字信息以进一步解释其用途。AutoCAD 允许用户为块创建这些文字属性，并可在插入的块中指定是否显示这些属性。

3. 块的优势

块的最大优点是更新块就可以更新绘图中该块的所有实例，另一个优点是它们可以减小图形文件的大小。

一旦图形中有一个块，就可以像处理其他对象一样处理它。虽然不能单独编辑块中的各个对象，但可以捕捉它们，并且能对块中的对象进行修剪和延伸操作。例如，可以从块中某条线的中点开始绘制一条线。

许多领域会使用由成千上万个零件组成的零件块，使用块功能可以保存和插入这些零件。可以在一张图中保存多个块，或者在每个独立的文件中保存一个块，以便随时在图形中插入它们。

【动态块】是包含插入和编辑参数的块。可以创建动态块以取代无数相似的普通块，使其在尺寸大小、旋转和可见性等方面具有更大的灵活性。

同时，还可以把属性附加到块上。属性是有关块的标签，主要用途有两个，即标记对象和创建简单的数据库。在 AutoCAD 中，可以使用属性中的字段自动生成文字。

★重点 8.1.2　实战：创建六角螺母图块

实例门类	软件功能

【创建块】（命令为 BLOCK）就是将一个或多个对象组合成的图形定义为块。图块分为内部块和外部块两种，【内部块】的快捷命令为 B。创建内部的具体操作方法如下。

Step①　新建图形文件，使用【圆】命令 ⊙ 绘制半径为 6.5 的圆，如图 8-1 所示。

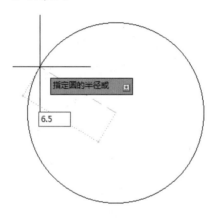

图 8-1

Step②　使用【多边形】命令 POL 绘制一个正六边形，如图 8-2 所示。

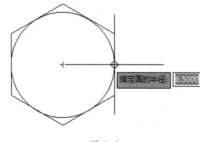

图 8-2

Step③　绘制两个半径分别为 4 和 3.4 的同心圆，如图 8-3 所示。

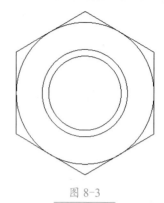

图 8-3

Step④　将半径为 4 的圆在适当位置处打断，如图 8-4 所示。

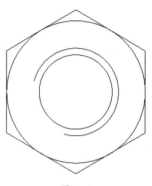

图 8-4

Step⑤　选按【Ctrl+A】组合键选中所有图形，单击【创建】按钮 🖼，如图 8-5 所示。

图 8-5

Step⑥　打开【块定义】对话框，在【名称】文本框中输入图块名称【六角螺母】，单击【基点】参数栏中的【拾取点】按钮 🖳，如图 8-6 所示。

图 8-6

Step⑦ 单击同心圆的圆心，将圆心作为图块的插入基点，如图 8-7 所示。

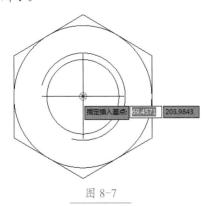

图 8-7

Step⑧ 设置【块单位】为毫米，如图 8-8 所示。

图 8-8

Step⑨ ❶ 在【说明】文本框中输入

文字说明"机械设计图库"，❷ 单击【确定】按钮，完成图块的定义，如图 8-9 所示。

图 8-9

Step⑩ 单击图块，效果如图 8-10 所示。

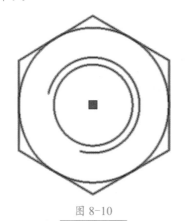

图 8-10

★重点 8.1.3　实战：插入图块

实例门类	软件功能

　　在绘图过程中，可根据需要把已定义好的图块或图形文件插入当前图形的任意位置，在插入的同时，还可改变图块的大小、旋转角度等。使用【插入块】命令一次插入一个块对象，具体操作方法如下。

Step① 打开"素材文件\第8章\8-1-3.dwg"，单击【插入】命令按钮，如图 8-11 所示。

图 8-11

Step② 在下拉面板中单击选择【表面粗糙度-1】图块，如图 8-12 所示。

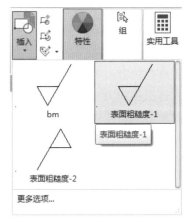

图 8-12

Step③ 捕捉直线的中点作为图块的插入点，如图 8-13 所示。

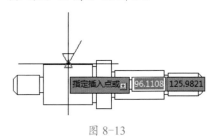

图 8-13

Step④ 按【空格】键激活【插入块】命令，如图 8-14 所示。

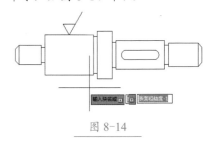

图 8-14

Step05 输入【插入】快捷键I按【空格】键确认，弹出【块】面板，如图 8-15 所示。

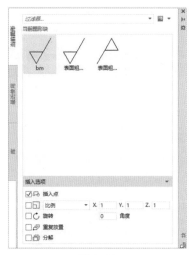

图 8-15

Step06 在【插入选项】下拉菜单中选择【统一比例】，设置比例为 1.5，设置旋转角度为 180º，如图 8-16 所示。

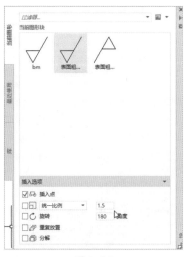

图 8-16

Step07 捕捉直线的中点作为图块的插入点，如图 8-17 所示。

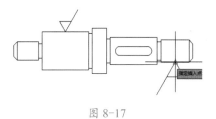

图 8-17

★重点 8.1.4 实战：使用写块命令保存跑车图形

实例门类	软件功能

【写块】命令用于将当前图形的零件保存到不同的图形文件，或将指定块另存为一个单独的图形文件，具体操作方法如下。

Step01 打开素材文件 \ 第 8 章 \8-1-4.dwg，单击选择跑车图块，输入【写块】命令 W，按【空格】键确定，如图 8-18 所示。

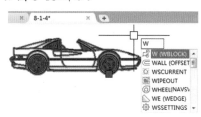

图 8-18

Step02 打开【写块】对话框，单击路径后的展开项...，如图 8-19 所示。

图 8-19

Step03 打开【浏览图形文件】对话框，指定保存位置，输入文件名【跑车】，单击【保存】按钮，如图 8-20 所示。

图 8-20

Step04 单击【确定】按钮，如图 8-21 所示。

图 8-21

在将多个对象定义为块的过程

中,用【定义块】命令创建的块存在于写块的文件之中,并对当前文件有效,其他文件不能直接调用,这类块用复制粘贴的方法使用;用

【写块】命令创建的块会保存为单独的 DWG 文件,是独立存在的,其他文件可以直接使用。

8.2 编辑块

编辑块主要是指对已经存在的块进行相关编辑,包括块的分解、重定义等内容。

8.2.1 块的分解

在实际绘图中,一个块要适用于当前图形,往往要对组成块的对象做一些调整,此时会将块分解并修改,具体操作如下。

Step01 打开素材文件 \ 第 8 章 \8-2-1.dwg,单击图块,输入【分解】命令 X,如图 8-22 所示。

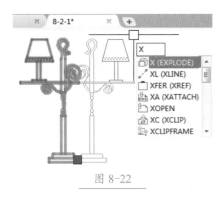
图 8-22

技术看板

分解在 0 图层上创建的块或者具有 ByBlock 对象的块时,对象会返回到它们原来的状态并再次显示为黑 / 白色、连续线型和默认线宽。

Step02 按【空格】键确认分解对象,再选择已分解对象,效果如图 8-23 所示。

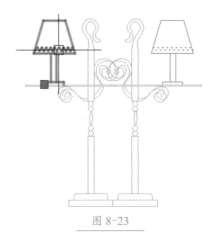
图 8-23

★重点 8.2.2 块的重定义

通过对图块进行重定义,可以更新所有与之相关的块实例,达到自动修改的效果,在绘制比较复杂且大量重复的图形时,这个方法应用很频繁,具体操作如下。

Step01 打开素材文件 \ 第 8 章 \8-2-2.dwg,输入【删除】命令 E,按【空格】键确定,如图 8-24 所示。

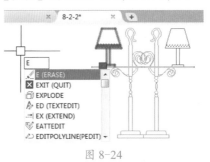
图 8-24

Step02 选择被分解的图形的各部分,单击【创建】命令按钮，如图 8-25 所示。

图 8-25

Step03 使用快捷命令 B 打开【块定义】对话框,单击【拾取点】按钮,如图 8-26 所示。

图 8-26

Step04 在对象上单击指定插入基点,如图 8-27 所示。

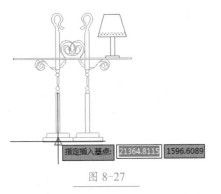

指定插入基点: 21364.8115 1596.6089

图 8-27

Step 05 在【块定义】对话框单击【确定】按钮，如图 8-28 所示。

图 8-28

Step 06 打开【块 - 重新定义块】对话框，单击【重新定义块】选项，如图 8-29 所示。

图 8-29

技术看板

在【块 - 重新定义块】对话框中单击【不重新定义】选项，将返回【块定义】对话框，重新输入其他块名称即可。

Step 07 显示重定义效果，如图 8-30 所示。

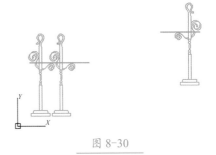

图 8-30

8.3 图块的属性

为了增强图块的通用性，可以为图块增加一些文本信息，这些文本信息被称为属性。属性不能独立存在及使用，在块插入时才会出现。要使用具有属性的块，必须先对属性进行定义。

★重点 8.3.1 实战：定义门属性块

实例门类	软件功能

块属性是附属于块的非图形信息，是块的组成部分，是可包含在块定义中的特定的文字对象，属性由属性标记名和属性值两部分组成，定义块属性的具体操作方法如下。

Step 01 打开素材文件 \ 第 8 章 \8-3-1.dwg，单击【块】下拉按钮，单击

【定义属性】按钮，如图 8-31 所示。

图 8-31

技术看板

【属性定义】的快捷命令为ATT。图形中的对象表示真实的对象，这些对象有不能用图形可视化表示的特性，如价格、生产者、购买日期等。属性是附加到块上的标签。利用属性可把有关数据的标签附加到块上。可以提取这些数据，并将其导入某个数据库程序、电子表格，甚至在 AutoCAD 表格中重现出来。

Step⑫ 使用快捷命令 ATT 打开【属性定义】对话框，如图 8-32 所示。

图 8-32

Step⑬ 输入标记内容，如 800；输入提示内容，如门；输入文字高度，如 50。单击【确定】按钮，如图 8-33 所示。

图 8-33

Step⑭ 单击指定对象定义的起点，如图 8-34 所示。

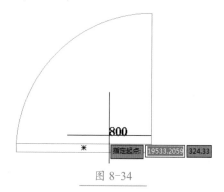

图 8-34

Step⑮ 单击【块】选项板中的【创建】按钮 ，如图 8-35 所示。

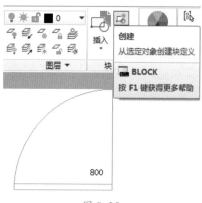

图 8-35

Step⑯ 单击【选择对象】按钮 ，如图 8-36 所示。

图 8-36

Step⑰ 从右向左框选所有对象，按【空格】键确定，如图 8-37 所示。

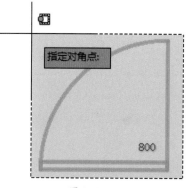

图 8-37

Step⑱ 输入块名称，如门，单击【确定】按钮，如图 8-38 所示。

图 8-38

Step⑨ 在【块 - 重定义块】对话框中单击【重定义】按钮，如图 8-39 所示。

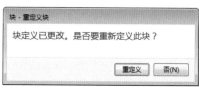

图 8-39

Step⑩ 打开【编辑属性】对话框，单击【确定】按钮，如图 8-40 所示。

图 8-40

Step⑪ 单击选择属性块对象，效果如图 8-41 所示。

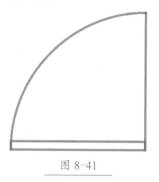

图 8-41

定义属性是在没有生成块之前进行的，其属性标记只是文本文字，可用编辑文本的所有命令对其进行修改。当一个图形符号具有多个属性时，可重复执行属性定义命令，当系统提示"指定起点"时，直接按下空格键，即可将增加的属性标记写在已存在的标签下方。

8.3.2 实战：修改属性块门的定义

实例门类	软件功能

带属性的块编辑完成后，还可以在块中编辑属性定义、从块中删除属性，以及更改插入块时软件提示用户输入属性值的顺序，具体操作方法如下。

Step01 打开素材文件\第8章\8-3-2.dwg，单击【块】下拉按钮，单击【属性，块属性管理器】命令按钮，如图8-42所示。

图 8-42

Step02 在【块属性管理器】对话框中单击【编辑】按钮，如图8-43所示。

图 8-43

Step03 在【编辑属性】对话框单击【属性】选项卡，将【数据】栏的标记改为700，如图8-44所示。

图 8-44

Step04 单击【文字选项】选项卡，将文字【倾斜角度】改为30，如图8-45所示。

图 8-45

Step05 单击【特性】选项卡，单击【图层】下拉按钮，单击【家具】图层，如图8-46所示。

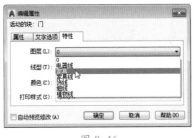

图 8-46

Step06 在【特性】栏还可以更改对象线型、颜色、线宽等内容，完成后单击【确定】按钮，如图8-47所示。

图 8-47

Step07 返回【块属性管理器】对话框确认内容编辑完成，也可单击【设置】按钮再次更改内容，如图8-48所示。

图 8-48

Step08 再次单击【设置】按钮，打开【块属性设置】对话框，设置相关内容，单击【确定】按钮，如图8-49所示。

图 8-49

Step09 单击【应用】按钮确认更改，如图8-50所示。

图 8-50

Step10 单击【确定】按钮，如图8-51所示。

图 8-51

Step⑪ 双击对象打开【增强属性编辑器】对话框（快捷命令为 ED），设置值为 800，单击【确定】按钮，如图 8-52 所示。

图 8-52

Step⑫ 本实例块属性修改完成，效果如图 8-53 所示。

图 8-53

技术看板

使用 ATTDISP 命令改变属性的可见性后，图形将重新生成，而且不能使用恢复命令 UNDO 回到前一步操作的显示状态，只能用属性显示命令 ATTDISP 恢复显示。

8.3.3 实战：插入编号属性块

实例门类	软件功能

插入属性块与插入普通块方法一样，只是在插入属性块时，命令行会给出提示，要求用户输入图块属性值，具体操作方法如下。

Step① 使用【圆】命令 C 绘制一个半径为 200 的圆，输入【定义属性】命令 ATT，按【空格】键确定，如图 8-54 所示。

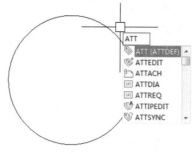

图 8-54

Step② 打开【属性定义】对话框，输入标记内容，如 A；单击【对正】下拉按钮，选择【布满】，文字高度设为 280，单击【确定】按钮，如图 8-55 所示。

图 8-55

Step③ 在圆内左下角和右下角分别单击，指定文字基线的两个端点，如图 8-56 所示。

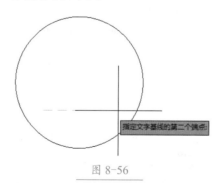

图 8-56

Step④ 框选所有对象，如图 8-57 所示。

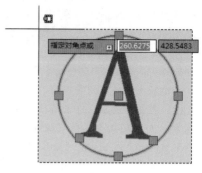

图 8-57

Step⑤ 单击块选项板中的【创建】按钮，如图 8-58 所示。

图 8-58

Step⑥ 打开【块定义】对话框，输入块名称，如轴圈；单击【确定】按钮，如图 8-59 所示。

图 8-59

Step⑦ 打开【编辑属性】对话框，在标记【A】后的文本框输入 1，单击【确定】按钮，如图 8-60 所示。

图 8-60

Step 08 设置完成后效果如图 8-61 所示。

图 8-61

Step 09 单击【插入】按钮下的下拉列表，单击【轴圈】图块，如图 8-62 所示。

8-62

Step 10 在绘图区单击指定图块插入点，如图 8-63 所示。

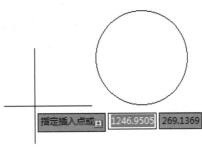

图 8-63

Step 11 打开【编辑属性】对话框，输入标记【A】的值为 2，单击【确定】按钮，如图 8-64 所示。

图 8-64

Step 12 完成设置后，效果如图 8-65 所示。

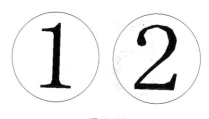

图 8-65

技术看板

　　定义带属性的块之后，可以像插入其他块一样插入它。图形会自动检测属性是否存在，并提示输入它们的值。

8.4　组

　　组是一种图形集合，和图块一样，组也是一个整体对象，但与图块不同的是，组更便于编辑。对于块来说，如果没有分解或者打开【块编辑器】，那么图块是无法进行修改的；但组就没有这个限制，在编组状态下，用户可以使用绝大多数编辑工具直接对组中的对象进行编辑，而不用将其解散。

8.4.1　创建组

　　简单来说，组就是一个命令的选择集，主要为了方便选择。当对对象进行分组后，就可以通过名单或者名字将这个组内的所有对象一次性选中，组中的对象仍是完全独立的。创建组的具体操作方法如下。

Step 01 打开素材文件 \ 第 8 章 \8-4-1.dwg，单击【组】命令按钮（快捷命令为 G），如图 8-66 所示。

图 8-66

127

Step02 输入子命令【名称】N，按【空格】键确定，如图 8-67 所示。

图 8-67

Step03 输入编组名，如编号，按【空格】键确定，如图 8-68 所示。

图 8-68

Step04 输入子命令【说明】D，按【空格】键确定，如图 8-69 所示。

图 8-69

Step05 输入组说明，如"输入编号值"，按【空格】键确定，如图 8-70 所示。

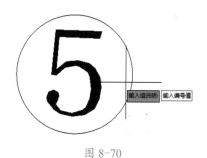

图 8-70

Step06 完成组的创建，效果如图 8-71 所示。

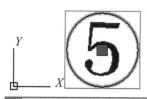

图 8-71

8.4.2 命名组

执行【组】命令创建的组都是未命名组，可以通过【编组管理器】命令对创建的组进行命名，具体操作方法如下。

Step01 单击【组】下拉按钮，选择【编组管理器】命令，如图 8-72 所示。

图 8-72

Step02 打开【对象编组】对话框，如图 8-73 所示。

图 8-73

Step03 在【编组名】中输入"圆和直线"，在【说明】中输入"组合对象"，单击【确定】按钮，如图 8-74 所示。

图 8-74

8.4.3 组编辑

使用【组编辑】命令可以将对象添加到选定的组中，也可以从选定的组中删除对象，或者重命名选定的组，具体操作方法如下。

Step01 打开素材文件\第 8 章\8-4-3.dwg，输入【插入】命令 I，按【空格】键确定，打开【块】面板，单击选择块，如图 8-75 所示。

图 8-75

Step02 按住鼠标左键将块拖入图中，如图 8-76 所示。

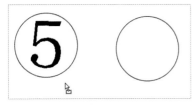

图 8-76

Step03 打开【编辑属性】对话框，在【A】后的文本框输入1，单击【确定】按钮，如图 8-77 所示，再用同样的方法插入图块并输入2。

图 8-77

Step04 插入属性块，单击【组编辑】命令按钮，如图 8-78 所示。

图 8-78

Step05 单击选择组对象⑤，如图 8-79 所示。

图 8-79

Step06 输入快捷命令【添加对象】A，按【空格】键确定，如图 8-80 所示。

图 8-80

Step07 单击选择对象①，如图 8-81 所示。

图 8-81

Step08 继续单击选择对象②，按【空格】键确定，如图 8-82 所示。

图 8-82

Step09 单击选择对象，显示编组效果，如图 8-83 所示。

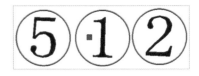

图 8-83

Step10 选择编组对象后，单击【解除编组】命令按钮，如图 8-84 所示。

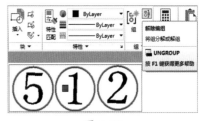

图 8-84

Step11 再次单击选择对象，效果如图 8-85 所示。

图 8-85

8.5 设计中心

通过设计中心可以浏览计算机或互联网上任何图形文件中的内容，包括图块、标注样式、图层、布局、线型、文字样式、外部参照。另外，可以通过设计中心从任意图形中选择图块，或从 AutoCAD 图元文件中选择填充图案，然后将其置于工具选项板上，以便以后使用。

8.5.1 启动 AutoCAD 2021 设计中心

在 AutoCAD 中，要浏览、查找、预览及插入块、图案填充和外部参照等内容，必须先启动【设计中心】选项板。启动设计中心的具体操作方法如下。

Step01 打开素材文件\第8章\8-4-1.dwg，单击【视图】选项卡，单击【设计中心】命令按钮（快捷命令为 Ctrl+2 或 ADC），如图 8-86 所示。

图 8-86

Step 02 打开【设计中心】面板（有时也显示为 DESIGNCENTER），默认显示【文件夹】选项卡，如图 8-87 所示。

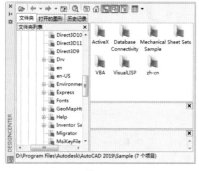

图 8-87

Step 03 单击【打开的图形】选项卡，单击【块】选项，如图 8-88 所示。

图 8-88

Step 04 单击【历史记录】选项卡，如图 8-89 所示，至此【设计中心】启动完成。

图 8-89

8.5.2 实战：在图形中插入设计中心内容

实例门类	软件功能

AutoCAD 的【设计中心】为用户提供了很多标准化的图块，用户可以通过【设计中心】来插入需要的图块，具体操作方法如下。

Step 01 输入命令 ADC，按【空格】键打开【设计中心】面板，在【文件夹】选项卡中的左侧窗格内选择"zh-cn"，单击选择"Dynamic Block"，如图 8-90 所示。

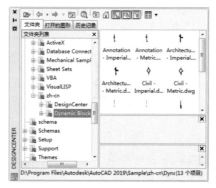

图 8-90

Step 02 单击右侧内容区域内所需要的图块并按住鼠标左键不放，如图 8-91 所示。

图 8-91

Step 03 将选中的图块拖动到绘图区，释放鼠标后在绘图区单击指定插入点，如图 8-92 所示。

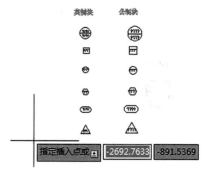

图 8-92

Step 04 输入 X 比例因子 1，按【空格】键确定，如图 8-93 所示。

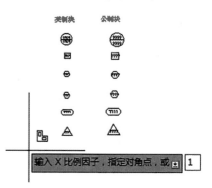

图 8-93

Step 05 输入 Y 比例因子 1，按【空格】键确定，如图 8-94 所示。

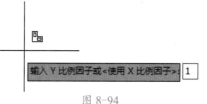

图 8-94

Step 06 指定旋转角度 0，按【空格】键确定，如图 8-95 所示。

图 8-95

Step 07 设计中心的图块即插入到图形中，如图 8-96 所示。

英制块　　　公制块

图 8-96

妙招技法

通过对前面知识的学习，相信读者已经掌握了图块和设计中心的相关基础知识，下面结合本章内容，给大家介绍一些实用技巧。

技巧 01　如何创建动态块

将图块转换为动态图块后，可直接通过移动夹点来调整图块大小、角度，避免了频繁的参数输入和命令调用。创建动态块的具体操作方法如下。

Step 01 打开素材文件\第 8 章\技巧02.dwg，❶ 单击【插入】选项卡；❷ 单击【块编辑器】命令按钮，如图 8-97 所示。

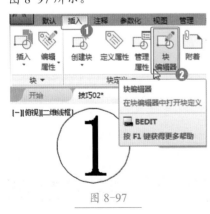

图 8-97

Step 02 打开【编辑块定义】对话框，单击选择块对象，单击【确定】按钮，如图 8-98 所示。

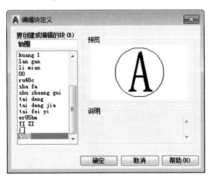

图 8-98

Step 03 ❶ 激活【块编辑器】选项卡，进入块编辑状态，❷ 在【块编写选项板 - 所有选项板】的参数选项卡单击【线性】按钮，❸ 单击指定直线起点，如图 8-99 所示。

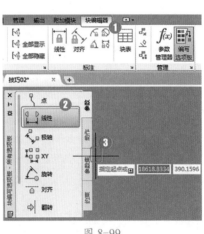

图 8-99

Step 04 移动光标，输入端点距离，如 400，按【空格】键确定，如图 8-100 所示。

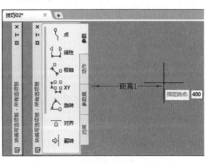

图 8-100

Step 05 移动光标，单击指定标签位置，如图 8-101 所示。

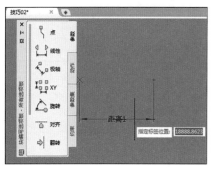

图 8-101

Step 06 单击【旋转】按钮 △，单击指定旋转基点，如图 8-102 所示。

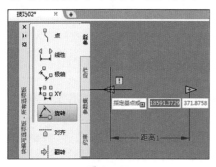

图 8-102

Step 07 指定参数半径，如 100，按【空格】键确定，如图 8-103 所示。

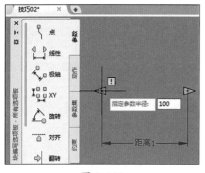

图 8-103

Step 08 右移光标确定旋转角度，单击指定标签位置，单击【保存块】

按钮，然后单击【关闭块编辑器】按钮，完成动态块的创建，效果如图 8-104 所示。

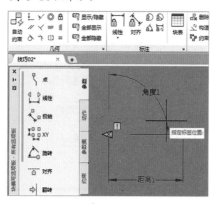

图 8-104

技巧 02　如何将设计中心的图块复制到图形文件中

AutoCAD 的设计中心有很多默认存在的图块，可以根据需要将图块复制到文件中，具体操作过程如下。

Step 01 输入命令 ADC，按【空格】键打开【设计中心】面板，如图 8-105 所示，在右侧的内容窗格双击【块】选项。

图 8-105

Step 02 右击右侧窗格中需要的图块，

在弹出的快捷菜单中单击【复制】命令，如图 8-106 所示。

图 8-106

Step 03 在绘图区单击鼠标右键，在剪贴板中选择【粘贴】命令（快捷键为【Ctrl+V】），如图 8-107 所示，然后指定插入点。

图 8-107

Step 04 将图块插入文件，效果如图 8-108 所示。

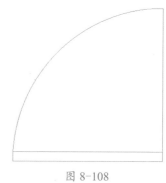

图 8-108

过关练习——创建标题栏图块

属性也可以放置与块有关的文字，常见的例子是使用属性记录块信息，如图名、图号、日期、缩放比例、版本号、绘图员等。在这种情况下，可以利用属性帮助自己在块中准确地放置文字。通过在属性中插入字段，AutoCAD 可以自动创建标题栏图块，具体操作方法如下。

结果文件	结果文件\第8章\标题栏.dwg

Step01 打开素材文件\第8章\标题栏.dwg，单击【插入】选项卡，单击【定义属性】按钮，如图8-109所示。

图 8-109

Step02 打开【属性定义】对话框，设置属性内容，设置完成后单击【确定】按钮，如图8-110所示。

图 8-110

Step03 在图纸对象中单击指定起点，完成属性定义，如图8-111所示。

	图名		比例	
			图号	
制图				
审核				

图 8-111

Step04 使用相同的方法定义其他属性，各属性设置参数如图8-112所示。

属性标记	属性提示	插入点坐标	对正方式	文字高度
(姓名)	请输入制图者名称	27.5,12,0	正中	3.5
(姓名)	请输入审核者名称	27.5,4,0	正中	3.5
2020-01-01	制图时间:	50,12,0	正中	3.5
2020-01-01	审核时间:	50,4,0	正中	3.5
N:M	图纸比例:	112,28,0	正中	3.5
XXX	图纸编号:	112,20,0	正中	3.5
单位	请输入制图单位:	90,8,0	正中	5

图 8-112

Step05 完成所有属性定义后的效果如图8-113所示。

	施工总图		比例	1:100
			图号	1/10
制图	汪某某	2021-8-15	龙湾国际	
审核	江某某	2021-9-21		

图 8-113

Step06 按【Ctrl+A】组合键选中所有图形，单击【默认】选项卡，单击【创建块】按钮，打开【块定义】对话框，接着设置块名称为【标题栏】，单击【拾取点】按钮，如图8-114所示。

图 8-114

Step07 在绘图区单击指定插入基点，返回【块定义】对话框，单击【确定】按钮，效果如图8-115所示。

图 8-115

Step08 在【编辑属性】对话框，依次输入相应内容，单击【确定】按钮，如图8-116所示。

图 8-116

Step09 最终效果如图8-117所示。

	施工总图		比例	1: 10
			图号	10/1
制图	张某	2020-1-1	龙湾国际	
审核	李某	2020-1-1		

图 8-117

本章小结

  本章主要介绍了将复杂的图形创建为内部块的方法，便于直接选择图形；将绘制的图形创建为外部块，便于以后直接调用；将外部图块直接插入所绘图形中，避免重复绘图；最后讲解了编辑属性块和设计中心等知识。通过对本章内容的学习，相信读者能在很大程度上提高绘图速度。

第9章 图案填充

➡ AutoCAD 如何预定义填充图案？
➡ AutoCAD 如何创建图案填充？
➡ AutoCAD 如何创建渐变色填充？
➡ AutoCAD 如何编辑图案填充？

为了区别不同形体的各个组成部分，在绘图过程中经常需要用到图案或渐变色填充。学完这一章的内容，可以使用 AutoCAD 的图案填充功能，方便地进行图案填充及填充边界的设置。

9.1 预定义填充图案

预定义填充图案是指 AutoCAD 软件中自带的 70 多种符合 ANSI、ISO 及其他行业标准的填充图案，在使用过程中直接选择填充即可。在使用此命令之前，必须先打开【图案填充和渐变色】对话框，在对话框内进行相应设置。

★重点 9.1.1 【图案填充和渐变色】对话框

在进行图案填充之前，必须在【图案填充和渐变色】对话框设置需要的内容。打开【图案填充和渐变色】对话框的具体操作方法如下。

Step 01 单击【默认】选项卡【绘图】面板下的【图案填充】命令按钮 （快捷命令为 H），如图 9-1 所示。

图 9-1

Step 02 打开【图案填充创建】选项卡，输入子命令【设置】T，按【空格】键确定，如图 9-2 所示。

图 9-2

技术看板

在【图案填充和渐变色】对话框中，用户可以选择填充的图案，但这些图案所使用的颜色和线型将使用当前图层的颜色和线型。完成图案填充后，用户也可以重新指定填充图案的颜色和线型。

Step 03 打开【图案填充和渐变色】对话框，单击右下角的【更多选项】按钮 ，如图 9-3 所示。

图 9-3

Step 04 打开隐藏的【孤岛】选项板进行更多设置，效果如图 9-4 所示。

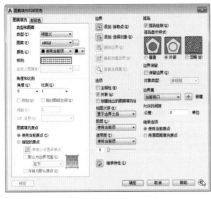

图 9-4

在【图案填充】选项卡中单击对话框右下角的【更多选项】按钮 ⊙（快捷命令为 Alt+Shift+>），可以将隐藏部分的内容打开；单击【更少选项】按钮 ⊙（快捷命令为 Alt+Shift+ <），被打开的内容又会被隐藏。

9.1.2 类型和图案

在【图案填充和渐变色】对话框中，【类型和图案】选项区主要设置填充区域的类型、图案、颜色和样例，也可通过【自定义图案】进行填充，具体操作方法如下。

Step01 在【图案填充和渐变色】对话框中打开【类型和图案】选项区，如图 9-5 所示。

图 9-5

Step02 单击【类型】下拉按钮，显示可定义内容，如图 9-6 所示。

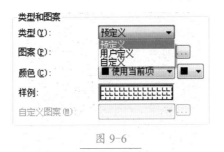

图 9-6

Step03 单击【图案】下拉按钮，显示的下拉列表中是程序自带图案的名称，如图 9-7 所示。

图 9-7

Step04 ❶ 单击【样例】打开【填充图案选项板】对话框，其中的图案属于【预定义】中的内容，❷ 选择需要的图案，❸ 单击【确定】按钮，如图 9-8 所示。

图 9-8

9.1.3 角度和比例

实例门类	软件功能

在【图案填充和渐变色】对话框中，【角度和比例】区域可以指定填充图案的角度和比例，具体操作如下。

Step01 在【角度和比例】区域，【角度】数字框可设置图案填充的角度，【比例】数字框可设置图案填充的比例，如图 9-9 所示。

图 9-9

Step02 当名称为 DOLMIT 的图案角度为 0 时，效果如图 9-10 所示。

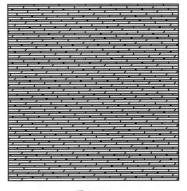

图 9-10

Step03 设置角度为 90，比例为 1，如图 9-11 所示。

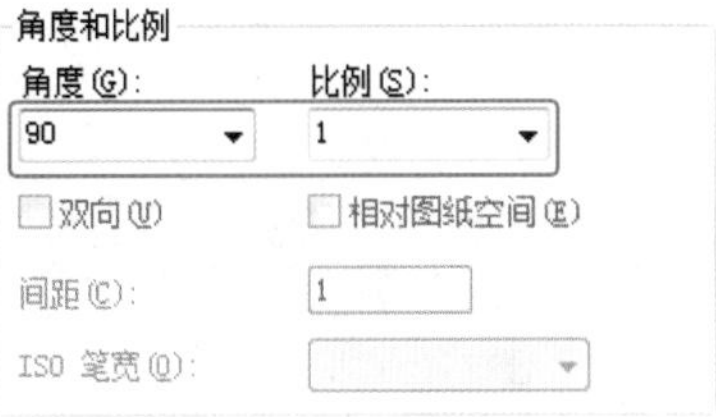

图 9-11

Step04 DOLMIT 图案效果如图 9-12 所示。

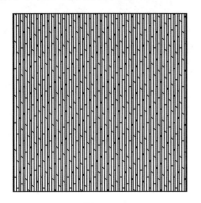

图 9-12

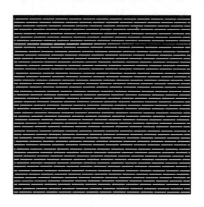

图 9-14

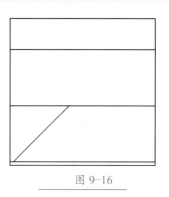

图 9-16

Step05 设置角度为 0，比例为 0.5，如图 9-13 所示。

图 9-13

Step07 设置角度为 0，比例为 30，如图 9-15 所示。

图 9-15

Step06 此时 DOLMIT 图案效果如图 9-14 所示。

Step08 DOLMIT 图案效果如图 9-16 所示。

技术看板

【比例】默认情况下为 1，小于 1 大于 0 时，所填充的图案更密集，数值越小，图案越细密；大于 1 时，填充的图案更稀疏，数值越大，图案越稀疏。

9.2 创建图案填充

填充图案通常用来表现组成对象的材质或区分工程的部件，使图形看起来更有表现力。对图形进行图案填充，可以使用预定义的填充图案、简单的直线图案，也可以创建更加复杂的填充图案。

★重点 9.2.1 实战：边界填充

实例门类	软件功能

【图案填充和渐变色】对话框右侧的【边界】和【选项】区域内的参数，可以控制需要填充的边界，并对填充进行一些设置。

1. 实战：使用【拾取点】命令确定边界

使用【拾取点】命令在待填充区域内部拾取一点，就会从所拾取点之处向外搜索，碰到最近的边界后，创建一个要填充的范围，具体操作方法如下。

Step01 绘制矩形和圆形，单击【图案填充】命令按钮 ▦，如图 9-17 所示。

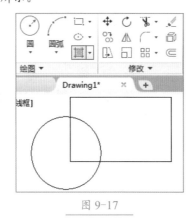

图 9-17

技术看板

在需要进行填充的封闭区域内部任意位置单击，软件会自动分析图案填充的边界。

Step02 单击拾取内部点，如图 9-18 所示。

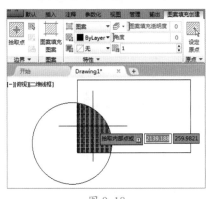

图 9-18

设定各种填充内容的目的都是在一个或几个封闭区域内显示所设置的图案或颜色等，设定了填充内容，就必须指定填充区域，【图案填充和渐变色】对话框右上方的【边界】即是为了指定填充区域。

Step03 设置填充图案比例为5，效果如图 9-19 所示。

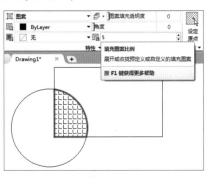

图 9-19

2. 实战：选择对象确定边界

单击需要构成填充区域的闭合边框线，即可在此边框线内填充指定的图案或颜色，具体操作方法如下。

Step01 打开"素材文件＼第9章＼9-2-1-2.dwg"，单击【图案填充】命令按钮，输入【设置】命令T，按【空格】键确定，如图 9-20 所示。

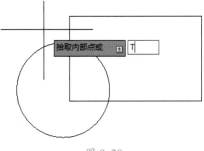

图 9-20

Step02 打开【图案填充和渐变色】对话框，❶ 设置角度为0，比例为5，❷ 在【边界】区域单击【添加：选择对象】按钮，如图 9-21 所示。

图 9-21

Step03 单击需要填充区域的闭合外边框线，如图 9-22 所示。

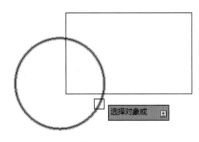

图 9-22

Step04 按【空格】键结束填充命令，效果如图 9-23 所示。

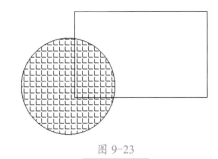

图 9-23

在指定填充区域时，【指定点】和【选择对象】是最常用的指定填充边界的方法。指定点一般在交叉图形比较多、选择边框较难的情况下使用，因为【指定点】是软件自动计算边界，当图形文件较大时，会大量占用计算机资源；在可以快速找到填充对象边框的情况下，一般使用【选择对象】。

3. 实战：删除边界

如果已填充图案的区域内还有其他封闭边框内的区域未填充，删除封闭边框就是删除边界，删除边界后原边框内的区域也将填充图案或颜色，具体操作方法如下。

Step01 ❶ 打开"素材文件＼第9章＼9-2-1-3.dwg"，❷ 单击【图案填充】命令按钮，如图 9-24 所示。

图 9-24

Step02 打开【图案填充创建】面板，❶ 单击【拾取点】命令按钮，❷ 设置填充比例为10，如图 9-25 所示。

图 9-25

Step03 在需要填充的区域单击，拾取内部点，按【空格】键结束填充命令，如图 9-26 所示。

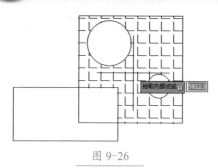

图 9-26

Step 04 在填充区域单击后，单击【删除边界对象】按钮 ⬚✕，如图 9-27 所示。

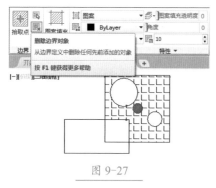

图 9-27

Step 05 此时程序会提示选择对象，如图 9-28 所示。

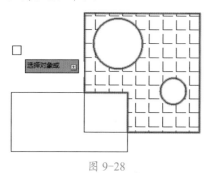

图 9-28

Step 06 单击未填充区域边框，如图 9-29 所示。

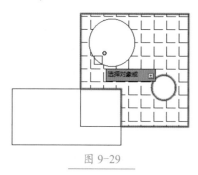

图 9-29

Step 07 按【空格】键确定删除所选对象的边界，效果如图 9-30 所示。

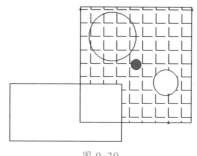

图 9-30

Step 08 单击【删除边界对象】按钮 ⬚✕，单击未填充区域边框，如图 9-31 所示。

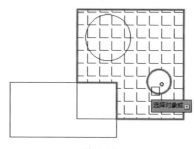

图 9-31

Step 09 删除所选边界，效果如图 9-32 所示。

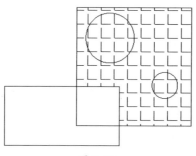

图 9-32

4. 实战：关联填充

填充图案和边界的关系可分为关联和无关两种。关联填充图案是指随着边界的修改，填充图案也会自动更新，即重新填充更改后的边界；无关填充图案是指边界修改，填充图案不会自动更新，依然保持原状态。设置和取消关联填充的具

体操作方法如下。

Step 01 绘制矩形，❶ 指向矩形右垂直线中点，❷ 单击【添加顶点】选项，如图 9-33 所示。

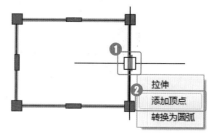

图 9-33

Step 02 右移鼠标单击指定新顶点，如图 9-34 所示。

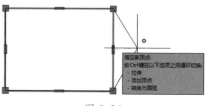

图 9-34

Step 03 使用【复制】命令 CO，再复制一个对象，如图 9-35 所示。

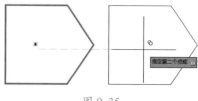

图 9-35

Step 04 单击【图案填充】命令按钮，❶ 设置填充比例为 5，❷ 单击【关联】按钮确认关联，❸ 使用【拾取点】命令单击左侧对象进行填充，如图 9-36 所示。

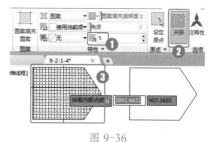

图 9-36

Step 05 如果需要取消关联填充，可单击【关联】按钮取消关联，再单击右侧对象内部点进行填充，如图9-37所示。

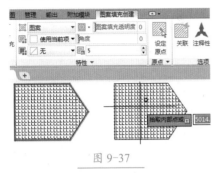

图 9-37

Step 06 鼠标指针指向左侧对象右顶点，单击【拉伸顶点】选项，如图9-38所示。

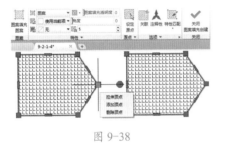

图 9-38

Step 07 向右侧拖动点并单击指定新位置，如图9-39所示。

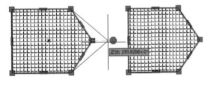

图 9-39

Step 08 边框线外顶点内的区域都会被填充，如图9-40所示。

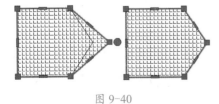

图 9-40

Step 09 单击选择右侧对象，如图9-41所示。

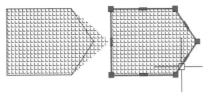

图 9-41

Step 10 单击对象右顶点并向右拖动，如图9-42所示。

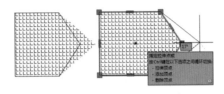

图 9-42

Step 11 此时移动的只有边框线，填充内容并没有随着边框线的变化而自动填充，效果如图9-43所示。

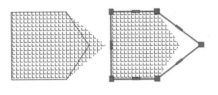

图 9-43

技术看板

选择【关联】选项，拖动边框图案会自动填充新边界内的区域。取消关联后拖动边框，边界内的新区域不会自动填充图案。

5. 实战：创建独立的图案填充

勾选【创建独立的图案填充】选项后，如果指定了多个单独的闭合边界，那么每个闭合边界内的填充图案都是独立对象；如果没有勾选此选项，那么多个单独闭合边界内的填充图案是一个整体对象。创建独立的图案填充的具体操作方法如下。

Step 01 打开"素材文件\第9章\9-2-1-5.dwg"，单击【图案填充】命令按钮，❶设置填充比例为5，❷单击【选项】下拉按钮，❸单击【创建独立的图案填充】选项，如图9-44所示。

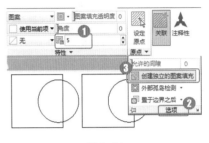

图 9-44

Step 02 单击拾取内部点，如图9-45所示。

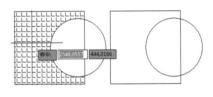

图 9-45

Step 03 继续单击拾取内部点，如图9-46所示。

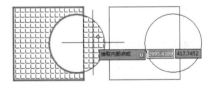

图 9-46

Step 04 ❶单击【注释性】按钮，❷单击【选项】下拉按钮，❸单击【创建独立的图案填充】选项，单击选择对象并拾取内部点，如图9-47所示。

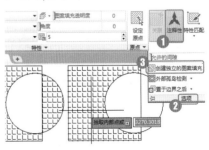

图 9-47

Step 05 再次单击拾取内部点，如图 9-48 所示。

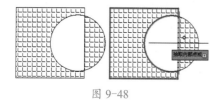

图 9-48

Step 06 单击选择已填充的对象，如图 9-49 所示。

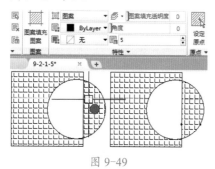

图 9-49

Step 07 ❶ 单击【图案填充颜色】下拉按钮，❷ 选择绿色，所选填充对象即显示为绿色，如图 9-50 所示。

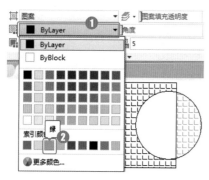

图 9-50

Step 08 依次单击选择已填充的对象，如图 9-51 所示。

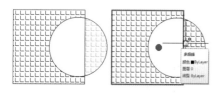

图 9-51

Step 09 ❶ 单击【图案填充颜色】下拉按钮，❷ 单击选择红色，所选填充对象即显示为红色，如图 9-52 所示。

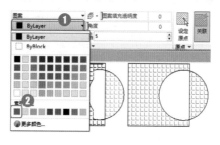

图 9-52

6. 实战：透明度填充

当一个图形中需要多个图案填充时，为了方便区分，可以调整填充图案的透明度，使图形看起来更加清晰，具体操作方法如下。

Step 01 打开"素材文件\第9章\9-2-1-6.dwg"，单击【图案填充】命令按钮，如图 9-53 所示。

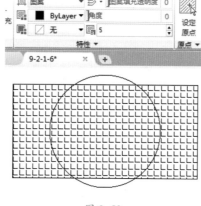

图 9-53

Step 02 单击要改变透明度的填充对象，设置透明度为 50，所选对象透明度显示效果如图 9-54 所示。

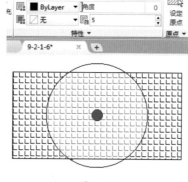

图 9-54

Step 03 拖动图案填充透明度的滑块，将透明度设置为 90，所选对象透明度显示效果如图 9-55 所示。

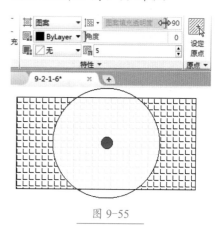

图 9-55

9.2.2　继承特性

在【图案填充和渐变色】对话框中找到【继承特性】按钮，就可以直接读取图中原有的参数，并应用到新创建的图形上，具体操作方法如下。

Step 01 打开"素材文件\第9章\9-2-2.dwg"，单击【图案填充】命令按钮，输入子命令【设置】T，按【空格】键确定，如图 9-56 所示。

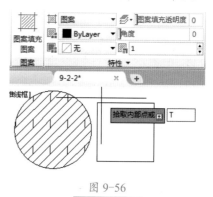

图 9-56

Step 02 打开【图案填充和渐变色】对话框，单击【继承特性】按钮，如图 9-57 所示。

图 9-57

Step03 单击选择图案填充对象，如图 9-58 所示。

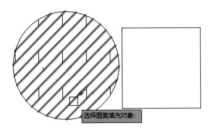

图 9-58

Step04 单击拾取图案填充目标对象，效果如图 9-59 所示。

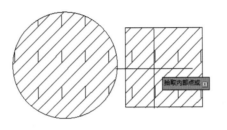

图 9-59

9.2.3 控制孤岛中的填充

在 AutoCAD 中，可填充的封闭区域被称作孤岛，用户可以使用 4 种填充样式来填充孤岛，分别是【普通】【外部】【忽略】和【无】，具体操作方法如下。

Step01 ❶ 打开"素材文件 \ 第 9 章 \ 9-2-3.dwg"，单击【图案填充】命令按钮，单击【选项】下拉按钮，❷ 单击【外部孤岛检测】下拉按钮，❸ 单击【普通孤岛检测】按钮，如图 9-60 所示。

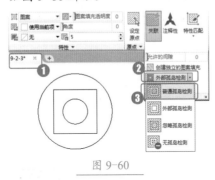

图 9-60

Step02 单击拾取要填充的内部点，如图 9-61 所示。

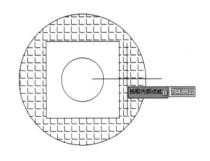

图 9-61

Step03 按【空格】键确定填充，效果如图 9-62 所示。

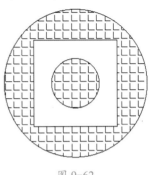

图 9-62

技术看板

选择【拾取点】进行填充时，会出现【正进行孤岛分析】的提示，填充时会填充不出来，除了系统变量需要考虑外，还要进行【选项】设置：输入 OP 打开【选项】对话框，在【显示】选项卡的【显示性能】下勾选【应用实体填充】。

9.3 渐变色填充

【渐变色】选项卡用于定义要应用渐变填充的图形。进入【图案填充和渐变色】对话框后，单击【渐变色】选项卡即可进行相关设置，接下来进行详细讲解。

★重点 9.3.1 【渐变填充】对话框

渐变色填充在【渐变色】选项卡中完成，可以在该选项卡中设置单色渐变或双色渐变，也可以设置渐变的角度和方向，具体操作方法如下。

Step01 单击【图案填充】命令按钮，输入子命令【设置】T，按【空格】键确定，打开【图案填充和渐变色】对话框，单击【渐变色】选项卡，如图 9-63 所示。

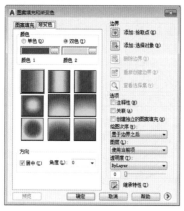

图 9-63

Step02 单击右下角的【更多选项】按钮 ，将对话框中隐藏的内容打开，效果如图 9-64 所示。

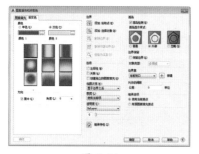

图 9-64

9.3.2 单色渐变填充

单色填充是指定一种颜色与白色平滑过渡的渐变填充效果，设置单色渐变填充的具体操作方法如下。

Step01 打开"素材文件\第 9 章\9-3-2.dwg"，❶ 单击【图案填充】下拉按钮，❷ 单击【渐变色】按钮 渐变色，如图 9-65 所示。

图 9-65

Step02 输入子命令【设置】T，按【空格】键确定，如图 9-66 所示。

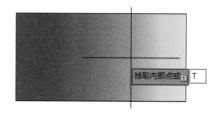

图 9-66

Step03 打开【图案填充和渐变色】对话框，❶ 单击【单色】选项，❷ 设置填充颜色，❸ 设置方向为居中，角度为 0，❹ 单击【确定】按钮，如图 9-67 所示。

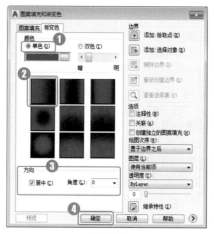

图 9-67

Step04 单击拾取内部点，填充效果如图 9-68 所示。

图 9-68

技术看板

在使用渐变色填充对象时，除了可以给对象设置渐变色填充的颜色外，还可以调整渐变色的角度和透明度。

9.3.3 双色渐变填充

双色渐变填充是指两种颜色之间平滑过渡产生的效果，设置双色渐变填充的具体操作方法如下。

Step01 打开"素材文件\第 9 章\9-3-3.dwg"，❶ 单击【图案填充】的下拉按钮，❷ 单击【渐变色】按钮 渐变色，如图 9-69 所示。

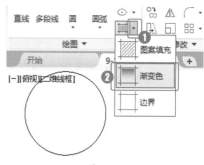

图 9-69

Step02 ❶ 单击【渐变色】下拉按钮，❷ 单击【绿】选项，如图 9-70 所示。

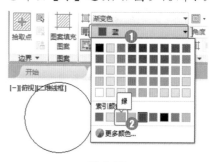

图 9-70

Step03 ❶ 再次单击【渐变色】下拉按钮，❷ 单击【69，84，165】选项，如图 9-71 所示。

图 9-71

Step04 输入子命令【设置】T，按

【空格】键确定，如图 9-72 所示。

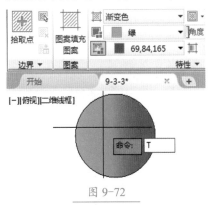

图 9-72

Step05 打开【图案填充和渐变色】对话框，❶单击【双色】选项，❷单击选择渐变类型，如图 9-73 所示。

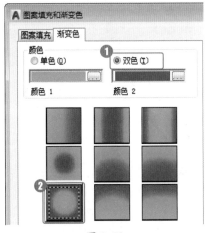

图 9-73

Step06 单击【确定】按钮，单击拾取填充内部点，填充效果如图 9-74 所示。

图 9-74

★重点 9.3.4　边界

所谓"边界"，是指由一条闭合的多段线或面域组成的空间，创建边界就是从多个相交对象中提取一条或多条闭合多段线，也可以提取一个或多个面域，创建边界的具体操作方法如下。

Step01 打开"素材文件\第9章\9-3-4.dwg"，❶单击【图案填充】的下拉按钮，❷单击【边界】按钮 边界，如图 9-75 所示。

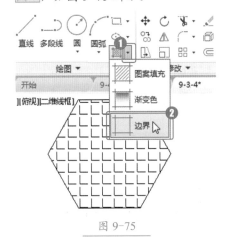

图 9-75

Step02 打开【边界创建】对话框，如图 9-76 所示。

图 9-76

Step03 ❶单击【对象类型】后的下拉按钮，❷选择【多段线】选项，如图 9-77 所示。

图 9-77

Step04 单击【拾取点】按钮，如图 9-78 所示。

图 9-78

Step05 在图形中单击拾取内部点，如图 9-79 所示。

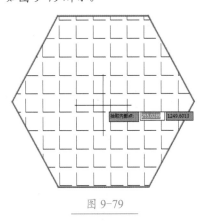

图 9-79

Step06 创建一个多段线，如图 9-80 所示。

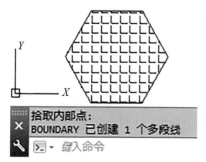

图 9-80

Step⑦ 使用【移动】命令 M 移动多段线，效果如图 9-81 所示。

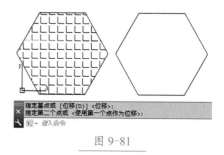

图 9-81

9.4 编辑填充

完成填充后，可以根据情况对已填充的颜色图案进行编辑和调整。

★重点 9.4.1 修改填充图案

进行图案填充后，如果对当前所填充的图案不满意，可以对图案内容进行修改，具体操作方法如下。

Step① 绘制一个矩形，❶ 单击【图案填充图案】按钮，打开填充图案面板，❷ 单击选择要填充的图案，如图 9-82 所示。

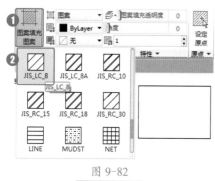

图 9-82

Step② 设置填充图案比例为 10，在矩形中单击拾取内部点，按【空格】键确定，如图 9-83 所示。

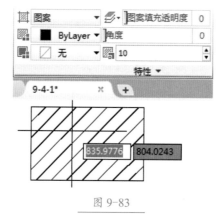

图 9-83

Step③ 双击已填充对象可进行修改，如图 9-84 所示。

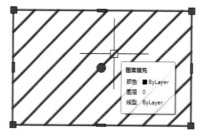

图 9-84

Step④ 设置【角度】为 15，填充比例为 30，效果如图 9-85 所示。

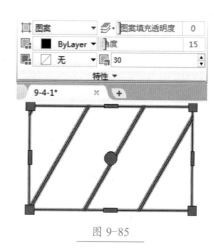

图 9-85

9.4.2 修剪图案填充

在 AutoCAD 中，可以使用修剪二维图形和其他对象的方法来修剪填充图案，具体操作方法如下。

Step① 打开"素材文件\第 9 章\9-4-2.dwg"，如图 9-86 所示。

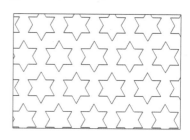

图 9-86

Step02 ❶ 绘制圆, ❷ 单击【修剪】命令按钮,如图 9-87 所示。

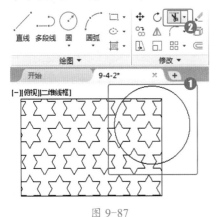

图 9-87

Step03 单击选择修剪界限边,按【空格】键确定,如图 9-88 所示。

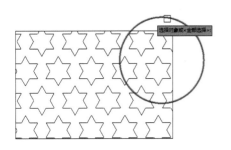

图 9-88

Step04 单击选择需要修剪的图案填充对象,效果如图 9-89 所示。

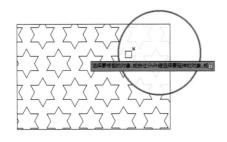

图 9-89

Step05 界限边内的填充图案即被修剪掉,如图 9-90 所示。

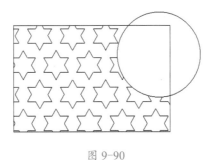

图 9-90

9.4.3 实战:绘制"截止阀"图例

实例门类	软件功能

　　使用【填充】命令绘制"截止阀"的具体操作方法如下。

Step01 使用【直线】命令 L 和【圆】命令 C 绘制图形,单击【图案填充】命令按钮,如图 9-91 所示。

图 9-91

Step02 单击【图案填充图案】按钮,选择【BOX】图案,如图 9-92 所示。

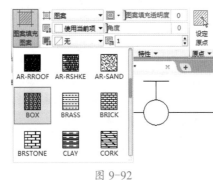

图 9-92

Step03 在圆内单击拾取内部点进行填充,按【空格】键确定,如图 9-93 所示。

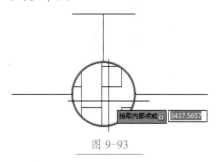

图 9-93

Step04 双击选择图案填充,如图 9-94 所示。

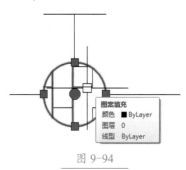

图 9-94

Step05 打开【特性】快捷面板,单击图案名后的按钮,如图 9-95 所示。

图 9-95

Step06 单击选择图案 BRICK,单击【确定】按钮,如图 9-96 所示。

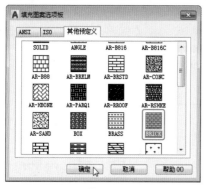

图 9-96

图 9-97

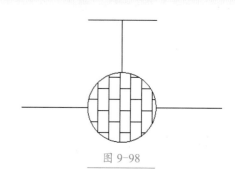

图 9-98

Step07 设置【角度】为 90，【比例】为 0.5，如图 9-97 所示。

Step08 单击空白处完成填充，效果如图 9-98 所示。

妙招技法

通过对前面知识的学习，相信读者已经掌握了图案填充和渐变色填充的相关基础知识。下面结合本章内容，给大家介绍一些实用技巧。

技巧 01　如何在 AutoCAD 中进行实体填充

【实体填充】主要用来表现建筑制图中的承重墙和承重柱，进行实体填充的具体操作方法如下。

Step01 ❶ 打开"素材文件\第 9 章\技巧 01.dwg"，❷ 单击【图案填充】按钮，如图 9-99 所示。

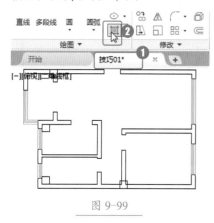

图 9-99

Step02 ❶ 单击【图案填充图案】按钮，打开图案填充快捷面板，❷ 选择【SOLID】图案，如图 9-100 所示。

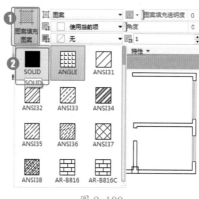

图 9-100

Step03 ❶ 单击【选项】下拉按钮，❷ 选择【外部孤岛检测】下拉按钮，❸ 单击【忽略孤岛检测】命令按钮，如图 9-101 所示。

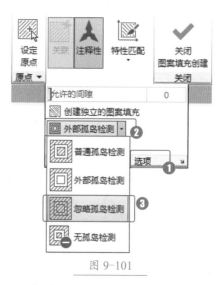

图 9-101

Step04 在【边界】面板单击【选择边界对象】按钮，如图 9-102 所示。

图 9-102

Step⑤ 单击选择要填充的边框对象，如图 9-103 所示。

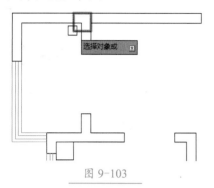

图 9-103

Step⑥ 单击选择要填充的第二个边框对象，如图 9-104 所示。

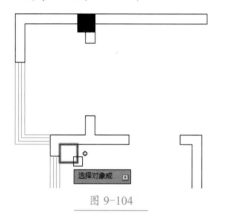

图 9-104

Step⑦ 单击选择要填充的第三个边框对象，如图 9-105 所示。

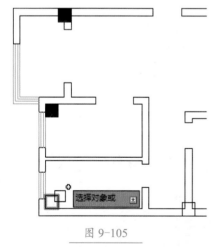

图 9-105

Step⑧ 单击选择要填充的第四个边框对象，如图 9-106 所示。

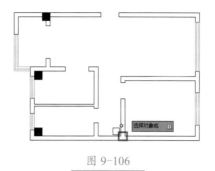

图 9-106

Step⑨ 按【空格】键确定，结束【实体填充】命令，效果如图 9-107 所示。

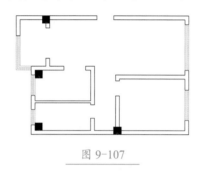

图 9-107

技巧 02　如何生成面域

【面域】是厚度为 0 的实体，是用闭合的形状或环创建的二维平面，【面域】的边界由端点相连的曲线组成，曲线上的每个端点仅连接两条边，【面域】拒绝所有交点和自交曲线。生成面域的具体操作方法如下。

Step① 新建图形文件，使用【直线】命令 L 绘制一个矩形，如图 9-108 所示。

图 9-108

Step② ❶ 单击【绘图】下拉按钮，❷ 单击【面域】命令按钮 （快捷命令为 REG），如图 9-109 所示。

图 9-109

Step③ 单击选择构成面域的第一个对象，如图 9-110 所示。

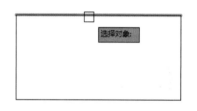

图 9-110

Step④ 单击选择构成面域的第二个对象，如图 9-111 所示。

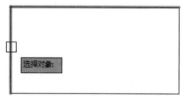

图 9-111

Step⑤ 单击选择构成面域的第三个对象，如图 9-112 所示。

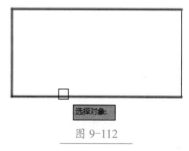

图 9-112

Step⑥ 单击选择构成面域的第四个对象，如图 9-113 所示。

图 9-113

Step07 按【空格】键生成面域，如图 9-114 所示。

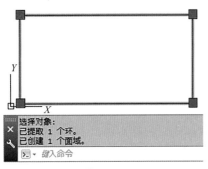

图 9-114

技术看板

生成面域的轮廓必须是封闭的，轮廓上的每个端点只能连接两条曲线，这些曲线既不能彼此相交，也不能自己相交。如下图中，只有 a 图可以生成面域，b 图和 c 图都不能生成面域。

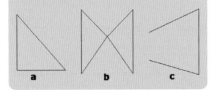

技巧 03 如何用区域覆盖隐藏对象

【区域覆盖】命令 是将区域覆盖置于已有对象上以清除一个区域，这样做是为了在这一区域上加注解，或者表明被覆盖的区域将被改变，应予以忽略。使用【区域覆盖】命令的具体操作如下。

Step01 打开"素材文件\第 9 章\技巧 03.dwg"，单击【注释】选项卡，单击【区域覆盖】命令按钮，如图 9-115 所示。

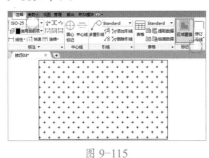

图 9-115

Step02 在图案填充区域单击指定区域覆盖的第一点，如图 9-116 所示。

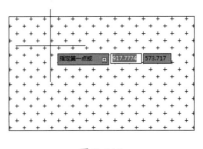

图 9-116

Step03 移动鼠标指针，单击指定第二点，如图 9-117 所示。

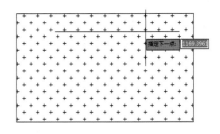

图 9-117

Step04 单击指定第三点，完成图形的绘制，如图 9-118 所示。

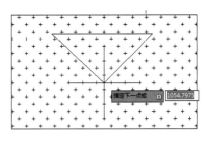

图 9-118

Step05 按【空格】键确定，绘制出的区域内填充图案即被隐藏，如图 9-119 所示。

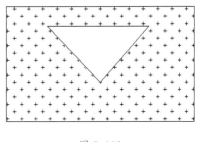

图 9-119

过关练习 —— 绘制卧室地面铺装图

本实例主要讲解如何绘制主卧室的地面铺装图。运用前面所讲的知识，可绘制生动且富有质感的地面铺装图，该铺装图主要应用了图案填充和渐变色填充结合的效果，具体操作方法如下。

结果文件	结果文件\第 9 章\卧室地面铺装 .dwg

Step01 打开"素材文件\第 9 章\卧室地面铺装 .dwg"，❶ 单击【图案填充】命令的下拉按钮，❷ 单击

【渐变色】按钮 ，如图 9-120 所示。

图 9-120

Step02 ❶ 单击【渐变色】的下拉按钮，❷ 单击【更多颜色】命令，如图 9-121 所示。

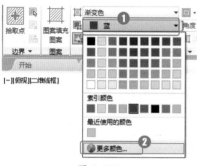

图 9-121

Step03 打开【选择颜色】对话框，❶ 输入颜色值 133，❷ 单击【确定】按钮，如图 9-122 所示。

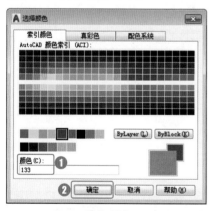

图 9-122

Step04 在【图案】面板中，选择【GR-LINEAR】图案，❶ 设置【渐变色1】和【渐变色2】的颜色，颜色值均为 133，❷ 输入【图案填充透明度】参数 87，❸ 单击【拾取

点】命令按钮，如图 9-123 所示。

图 9-123

Step05 单击确定卫生间内部拾取点，填充渐变色，按【空格】键确定，如图 9-124 所示。

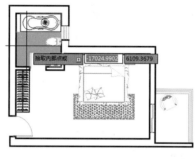

图 9-124

Step06 按【空格】键重复执行【图案填充】命令，❶ 单击【图案填充图案】按钮，❷ 选择【GR_CYLIN】图案，❸ 设置图案【渐变色1】为颜色 40，【渐变色2】为颜色 41，❹ 输入【图案填充透明度】参数 44，如图 9-125 所示。

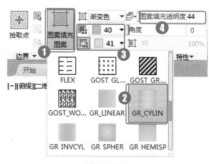

图 9-125

Step07 单击确定卧室内部拾取点，填充渐变色，按【空格】键确定，如图 9-126 所示。

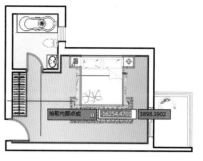

图 9-126

Step08 按【空格】键重复执行【图案填充】命令，❶ 选择【GR_LINEAR】图案，❷ 设置图案【渐变色1】为颜色 40，【渐变色2】为颜色 41，❸ 输入【图案填充透明度】参数 59，如图 9-127 所示。

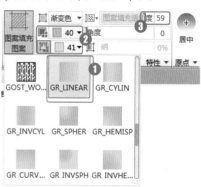

图 9-127

Step09 单击确定阳台内部拾取点，填充渐变色，按【空格】键确定，如图 9-128 所示。

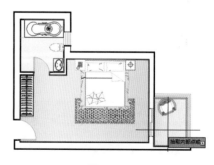

图 9-128

Step10 单击【图案填充】命令按钮，如图 9-129 所示。

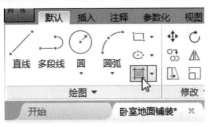

图 9-129

Step⑪ ❶单击【图案填充创建】按钮，❷选择【ANGLE】图案，❸输入【图案比例】参数 30，输入【图案填充透明度】参数 39，如图 9-130 所示。

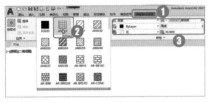

图 9-130

Step⑫ 单击确定卫生间内部拾取点，填充瓷砖图案，按【空格】键确定，如图 9-131 所示。

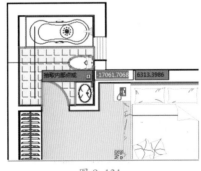

图 9-131

Step⑬ 按【空格】键，激活【图案填充】命令，❶单击【图案填充图案】按钮，❷选择【DOLMIT】图案，❸输入【图案填充透明度】参数 57，如图 9-132 所示。

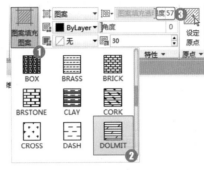

图 9-132

Step⑭ 单击确定卧室内部拾取点，填充地板图案，按【空格】键确定，如图 9-133 所示。

图 9-133

Step⑮ 按【空格】键，重复执行【图案填充】命令，输入【角度】参数 90，调整填充角度，如图 9-134 所示。

图 9-134

Step⑯ 单击确定阳台内部拾取点，填充地板图案，按【空格】键确定，如图 9-135 所示。

图 9-135

Step⑰ 完成地面铺装图的绘制，效果如图 9-136 所示。

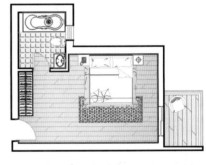

图 9-136

本章小结

　　本章主要讲解填充的内容。填充是完善图形必不可少的部分，主要包括图案填充和渐变色填充，重在完善和补充绘图效果。通过对本章内容的学习，希望大家能够灵活应用图案填充来表达各类对象。

第10章 尺寸标注与查询

- ➡ AutoCAD 如何创建标注样式?
- ➡ AutoCAD 如何标记图形尺寸?
- ➡ AutoCAD 如何快速连续标注?
- ➡ AutoCAD 如何创建多重引线标注?
- ➡ AutoCAD 如何编辑标注?
- ➡ AutoCAD 如何查询图形信息?

尺寸标注是一张完美图纸不可或缺的一部分,它给出了所建模型的尺寸并用于指导产品制造。学完这一章的内容,读者可以完成图形的精确标注。

10.1 标注样式

标注样式是计算机辅助绘图中非常重要的组成部分,标注能够清晰、准确地反映设计元素的形状大小和相互关系。使用标注样式可以极大地方便绘图,AutoCAD 提供了齐全的尺寸标注格式,最大限度地满足了图形尺寸的标注要求。

10.1.1 标注的构成元素

图形的尺寸和角度能准确地反映物体的形状、大小和相互关系,是识别图形和现场施工的主要依据。

一个完整的尺寸标注由尺寸线、尺寸界线、文字、箭头等组成,如图 10-1 所示。

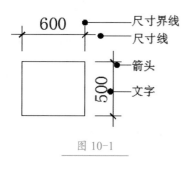

图 10-1

标注的具体内容如图 10-2 所示。

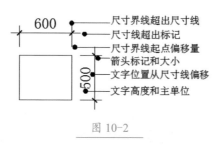

图 10-2

10.1.2 尺寸标注的类型

需要标注的对象不同,标注类型也不同,常用的标注类型有长度型尺寸标注、径向型尺寸标注、角度标注、注释型标注,如图 10-3 所示。

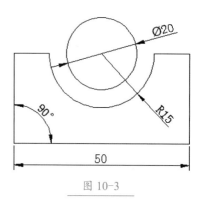

图 10-3

1. 长度型标注

长度型标注包括标注图形中端点、交点、圆弧弦线端点或能够识别的任意两点的长度。长度型尺寸标注包括多种类型,如线性标注、对齐标注、弧长标注、基线标注和连续标注等,如图 10-4 所示。

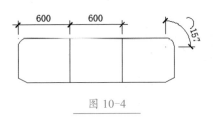

图 10-4

2. 径向型标注

在 AutoCAD 中，径向型标注主要是指标注圆或圆弧的半径尺寸、直径尺寸等内容，如图 10-5 所示。

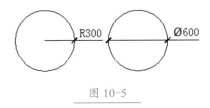

图 10-5

3. 角度标注

角度标注是标注 2 条直线或 3 个点之间的角度，如图 10-6 所示。

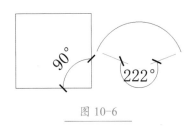

图 10-6

4. 注释型标注

注释型标注是利用引线或其他图形符号标注对象，如圆心标记、坐标标记、引线注释等，如图 10-7 所示。

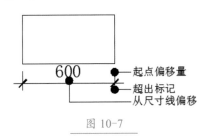

图 10-7

10.1.3　新建标注样式

标注样式可以控制标注的格式

和外观，使图形更容易识别和理解。用户可以在标注样式管理器中设置尺寸的标注样式，新建标注样式的具体操作方法如下。

Step01 ❶ 单击【注释】面板，❷ 单击【标注】面板右下角的【标注样式】按钮（快捷命令为 D），如图 10-8 所示。

图 10-8

Step02 打开【标注样式管理器】对话框，❶ 单击【新建】按钮，❷ 打开【创建新标注样式】对话框，如图 10-9 所示。

图 10-9

Step03 ❶ 输入新样式名，如建筑装饰；❷ 单击【继续】按钮，如图

10-10 所示。

图 10-10

Step04 创建完成后，打开【新建标注样式：建筑装饰】对话框，默认显示内容如图 10-11 所示。

图 10-11

★重点 10.1.4　设置标注样式

标注样式由很多部分组成，因此定义的过程比较复杂，可以利用对话框的各个选项卡完成设置。在【新建标注样式】对话框中，有线、符号和箭头、文字、调整、主单位、换算单位、公差 7 个选项卡，设置各选项卡的方法如下。

1.【线】选项卡

【线】选项卡中可以指定尺寸线和尺寸界线的外观，包括【尺寸线】和【尺寸界线】两个选项板，可以设置尺寸线和尺寸界线的颜色、线型、线宽，以及超出尺寸线的距离、起点偏移量等内容。设置【线】选项卡的具体操作方法如下。

Step01 ❶ 在【线】选项卡中单击【颜色】下拉按钮，❷ 单击选择颜色【青】，如图 10-12 所示。

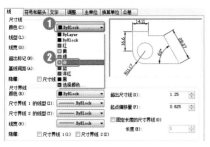

图 10-12

Step02 单击【线型】下拉按钮，选择所需线型，如图 10-13 所示。

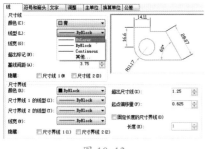

图 10-13

技术看板

若要设置其他线型，单击【其他】选项进行相关设置。

Step03 ❶ 单击【线宽】下拉按钮，❷ 选择需要的线宽，如图 10-14 所示。

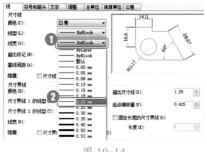

图 10-14

Step04 单击【隐藏】选项中的【尺寸线 1】复选框，隐藏标注左侧尺寸线，如图 10-15 所示。

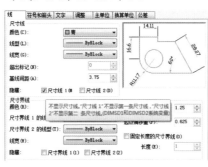

图 10-15

Step05 单击【隐藏】选项中的【尺寸线 2】复选框，隐藏标注右侧尺寸线，如图 10-16 所示。

图 10-16

技能拓展——设置尺寸线

在某些标注样式中，标注文字将尺寸线分为两部分，这就产生了两条尺寸线。如下图所示。

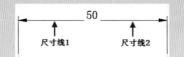

Step06 ❶ 取消隐藏尺寸线，❷ 单击【尺寸界线】下的【颜色】下拉按钮，❸ 在下拉列表中单击选择【蓝】，如图 10-17 所示。

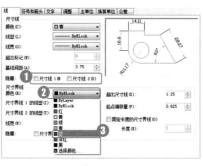

图 10-17

Step07 输入【超出尺寸线】的值，如 50，按【Enter】键确定，如图 10-18 所示。

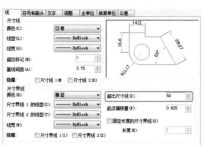

图 10-18

Step08 输入【起点偏移量】的值，如 20，按【Enter】键确定，如图 10-19 所示。

图 10-19

2.【符号和箭头】选项卡

【符号和箭头】选项卡用于进行与箭头和特定标注符号有关的设置，在该选项卡中设置符号和箭头的样式与大小、圆心标记的大小、弧长符号、半径折弯标注与线性折弯标注等。设置【符号和箭头】选项卡的具体操作方法如下。

Step 01 ❶ 单击【符号和箭头】选项卡，❷ 单击【第一个】下拉按钮，❸ 单击选择【建筑标记】，如图 10-20 所示。

图 10-20

Step 02 ❶ 单击【引线】下拉按钮，❷ 单击选择【点】，如图 10-21 所示。

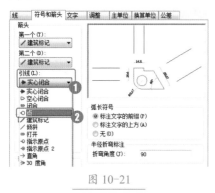

图 10-21

Step 03 输入【箭头大小】的值，如 50，如图 10-22 所示。

图 10-22

3.【文字】选项卡

【文字】选项卡中的参数用于确定标注文字的外观、位置和对齐方式。设置【文字】选项卡的具体操作方法如下。

Step 01 在文字选项卡设置文字高度。❶ 单击【文字】选项卡，❷ 输入【文字高度】的值，如 100，按【Enter】键确定，如图 10-23 所示。

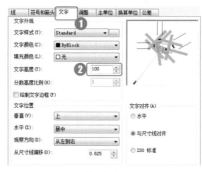

图 10-23

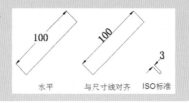

Step 02 设置尺寸偏移值。输入【从尺寸线偏移】的值，如 50，按【Enter】键确定，如图 10-24 所示。

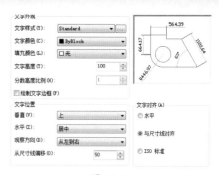

图 10-24

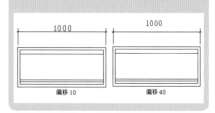

4.【调整】选项卡

【调整】选项卡可以设置从尺寸线中移出的内容、文字位置、标注特征比例及优化等。设置【调整】选项卡的具体操作方法如下。

Step 01 单击【调整】选项卡，面板内容如图 10-25 所示。

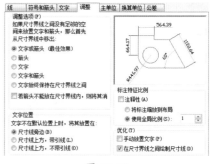

图 10-25

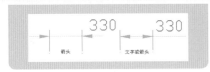

Step 02 勾选需要设置的文字位置选项，设置文字位置如图 10-26 所示。

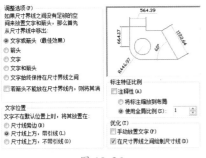

图 10-26

5.【主单位】选项卡

【主单位】选项卡中的参数决定了图形中显示的标注单位类型，在这里可以设置线性标注和角度标注的格式和精度。设置【主单位】的具体操作方法如下。

Step 01 设置单位格式。❶ 单击【主单位】选项卡，❷【单位格式】选择小数，如图 10-27 所示。

图 10-27

技术看板

注意将标注中的主单位与图形中的单位区分开来，后者所影响的是坐标的显示，但不影响标注。

Step 02 单击【精度】下拉按钮，单击选择 0，如图 10-28 所示。

图 10-28

6.【换算单位】选项卡

该选项卡可设置的内容包括将原单位换算成另一种单位格式及相关的单位内容。这一功能经常用于同时显示毫米和英寸的情况。设置【换算单位】的具体操作方法如下。

Step 01 ❶ 单击【换算单位】选项卡，❷ 单击【显示换算单位】单选项，如图 10-29 所示。

图 10-29

Step 02 ❶ 设置【单位格式】为小数，❷ 单击【精度】下拉按钮，❸ 单击选择 0，如图 10-30 所示。

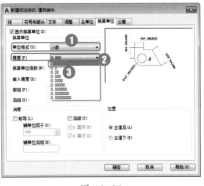

图 10-30

技术看板

【换算单位】选项卡与【主单位】选项卡非常类似。下图显示了一个带换算单位的标注。

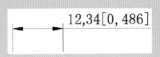

7.【公差】选项卡

在【公差】选项卡中可以设置公差格式、换算单位公差等内容，具体操作方法如下。

Step 01 单击【公差】选项卡，如图 10-31 所示。

图 10-31

Step 02 设置公差格式。❶ 单击【方式】下拉按钮，❷ 单击【极限偏差】选项，❸ 单击【确定】按钮，如图 10-32 所示。

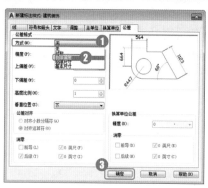

图 10-32

技术看板

【公差格式】区域用于设置公差标注样式；【消零】区域用于设置公差中零的可见性；【换算单位公差】区域用于设置换算单位中尺寸公差的精度和消零规则。

Step03 返回【标注样式管理器】对话框，❶选择样式，❷单击【置为当前】按钮，如图10-33所示。

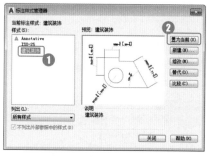

图 10-33

技能拓展——设置标注样式的技巧

设置标注样式的技巧如下。

（1）建立必需的标注样式并保存到图形模板文件中，再使用时不仅不必再建立相同的样式，还能将其加载到新图形中。

（2）标注样式命名时，选用的名称应有意义，容易理解。

（3）当使用不同标注类型对所用标注样式稍做改变时，可以使用样式族。

★重点 10.1.5　修改标注样式

建立了新标注样式后，在【标注样式管理器】对话框右侧的预览栏里，可以看见当前样式设置后的效果。若对当前样式不满意，可以对标注样式进行修改，具体操作如下。

Step01 在【标注样式管理器】对话框创建标注样式，❶单击选择【建筑装饰】样式，❷单击【修改】按钮，如图10-34所示。

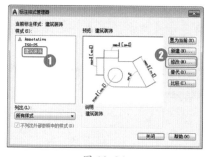

图 10-34

Step02 打开【修改标注样式：建筑装饰】对话框，❶设置【超出标记】为80，❷设置【超出尺寸线】为60，如图10-35所示。

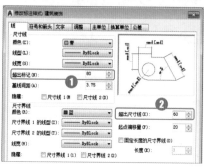

图 10-35

Step03 ❶单击【换算单位】选项卡，❶取消勾选【显示换算单位】，如图10-36所示。

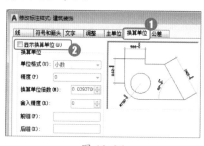

图 10-36

Step04 ❶单击【公差】选项卡，❷单击【方式】下拉按钮，❸单击选择【无】，❹单击【确定】按钮，如图10-37所示。

图 10-37

10.2　标注图形尺寸

本节主要讲解如何使用 AutoCAD 中的基本尺寸标注工具快速进行图形文件的尺寸标注。尺寸标注是 AutoCAD 中非常重要的内容，通过对图形进行尺寸标注，可以准确地反映图形中各对象的大小和位置。尺寸标注给出了图形的真实尺寸并为生产加工提供了依据。

★重点 10.2.1　线性标注

使用【线性标注】命令可以标注长度类型的尺寸，用于标注垂直、水平和旋转的线性尺寸，【线性标注】可以水平、垂直或对齐放置。创建线性标注时，可以修改文字内容、文字角度或尺寸线的角度，进行线性标注的具体操作方法如下。

Step01 绘制矩形，打开【标注样式管理器】对话框，新建【建筑装饰】标注样式，❶ 单击【建筑装饰】样式，❷ 单击【置为当前】按钮，❸ 单击【关闭】按钮，如图 10-38 所示。

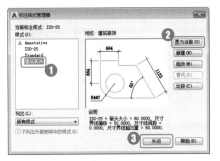

图 10-38

Step02 ❶ 单击【注释】选项卡，❷ 单击【线性】标注按钮 （快捷命令为 DLI），如图 10-39 所示。

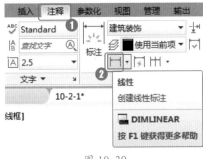

图 10-39

Step03 单击指定第一个尺寸界线原点，确定线性标注的起点，如图 10-40 所示。

图 10-40

Step04 单击指定第二条尺寸界线原点，确定线性标注的终点，如图 10-41 所示。

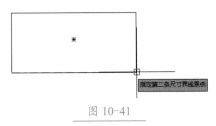

图 10-41

Step05 鼠标向下移动，单击指定尺寸线位置，如图 10-42 所示。

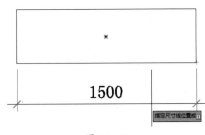

图 10-42

Step06 创建线性标注。按【空格】键激活【线性】标注命令；单击左上角指定起点，单击左下角指定第二点，右移鼠标输入尺寸线长度，如 400，按【空格】键确定，如图 10-43 所示。

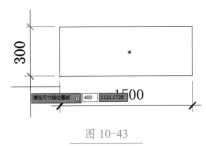

图 10-43

10.2.2　对齐标注

对齐标注是指尺寸线的标注始终与标注对象保持平行，若是圆弧则尺寸线与圆弧的两个端点所连接的弦保持平行。对齐标注与标注对象的角度是保持一致的，当需要标注的对象是垂直或水平时，标注的样式与线性标注一样。使用对齐标注的具体操作方法如下。

Step01 ❶ 绘制一个三角形和一个圆弧，选择标注样式，❷ 单击【线性】下拉按钮，❸ 单击【对齐】命令按钮 （快捷命令为 DAL），如图 10-44 所示。

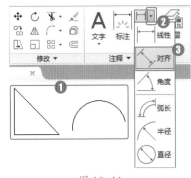

图 10-44

Step02 单击指定需要对齐的标注对象的第一个尺寸界线原点，确定标注的起点位置，如图 10-45 所示。

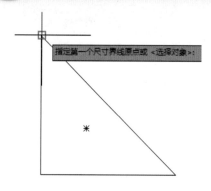

图 10-45

Step03 单击指定对象的第二条尺寸界线原点，以确定标注的终点位置，如图 10-46 所示。

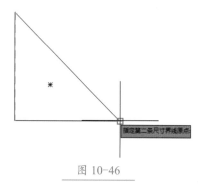

图 10-46

Step04 单击指定尺寸线的位置，如图 10-47 所示。

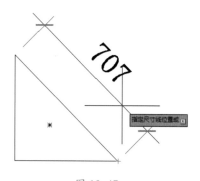

图 10-47

Step05 按【空格】键激活【对齐标注】命令，单击指定标注起点，如图 10-48 所示。

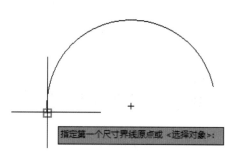

图 10-48

Step06 单击指定标注终点，如图 10-49 所示。

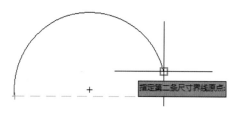

图 10-49

Step07 单击指定尺寸线的位置，如图 10-50 所示。

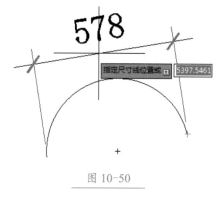

图 10-50

10.2.3 角度标注

使用【角度标注】命令可以标注线段之间的夹角和圆弧所包含的弧度，具体操作方法如下。

Step01 ❶ 绘制直线和圆弧，选择标注样式，❷ 单击【线性】下拉按钮，❸ 单击【角度】命令，如图 10-51 所示。

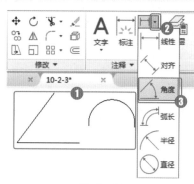

图 10-51

Step02 单击选择需要标注的第一个对象，如图 10-52 所示。

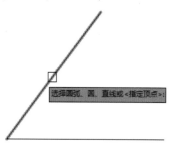

图 10-52

Step03 单击选择需要标注的第二个对象，如图 10-53 所示。

图 10-53

Step04 单击指定标注弧线的位置，效果如图 10-54 所示。

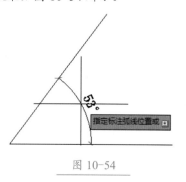

图 10-54

Step05 按【空格】键激活【角度标注】命令，单击圆弧，如图 10-55 所示。

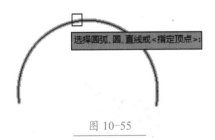

图 10-55

Step06 单击指定标注弧线位置，如图 10-56 所示。

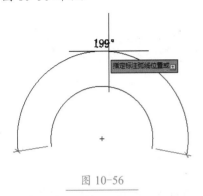

图 10-56

技术看板

【角度】标注不能使用其他弧、尺寸标注或块实例产生该角度的边界边。在找不到标注的起始点和终止点时，可以创建辅助线（如构造线）帮助绘制角度型尺寸标注，然后删除辅助线即可。

10.2.4 弧长标注

【弧长标注】命令用于测量圆弧或多段线圆弧上的距离，弧长标注可以呈正交状态或径向状态，在标注的上方或前面将显示圆弧符号，具体操作方法如下。

Step01 ❶ 绘制一个圆弧，选择标注样式，❷ 单击【线性】下拉按钮，❸ 单击【弧长】命令，如图 10-57 所示。

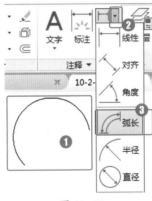

图 10-57

Step02 单击选择标注对象，如图 10-58 所示。

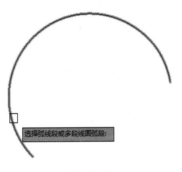

图 10-58

Step03 移动鼠标在适当位置单击，指定弧长标注的位置，标注效果如图 10-59 所示。

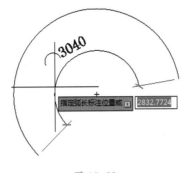

图 10-59

★重点 10.2.5 半径标注

【半径标注】用于标注圆或圆弧的半径。如果系统变量【DIMCEN】未设置为零，系统将绘制一个圆心标记，具体操作方法如下。

Step01 ❶ 绘制一个圆，❷ 单击【注释】按钮，❸ 选择标注样式【建筑装饰】，如图 10-60 所示。

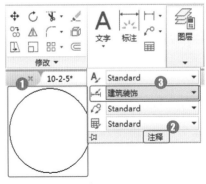

图 10-60

Step02 单击【半径标注】按钮，单击圆的边线作为标注对象，如图 10-61 所示。

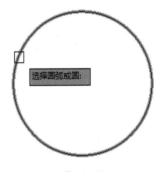

图 10-61

Step03 单击指定尺寸线的位置，如图 10-62 所示。

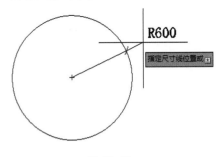

图 10-62

Step04 按【空格】键激活【半径标注】命令，单击选择对象圆弧，如图 10-63 所示。

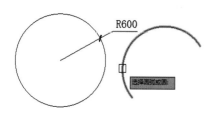

图 10-63

Step05 单击指定尺寸线位置，标注效果如图 10-64 所示。

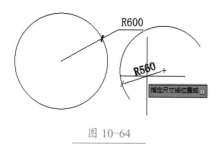

图 10-64

10.2.6 直径标注

【直径标注】命令用于标注圆或圆弧的直径，【直径标注】是由一条具有指向圆或圆弧的箭头的直径尺寸线组成。使用直径标注的具体方法如下。

Step01 ❶ 绘制一个圆，选择标注样式，❷ 单击【线性】下拉按钮，❸ 单击【直径】标注命令，如图 10-65 所示。

图 10-65

Step02 单击选择标注对象，如图 10-66 所示。

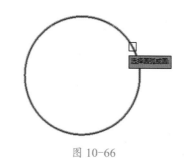

图 10-66

Step03 单击指定尺寸线位置，如图 10-67 所示。

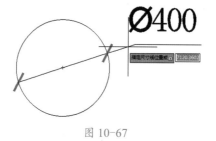

图 10-67

Step04 绘制一条弧线段，单击【直径】命令按钮，如图 10-68 所示。

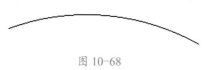

图 10-68

Step05 单击弧线作为选定对象，单击指定尺寸线位置，如图 10-69 所示。

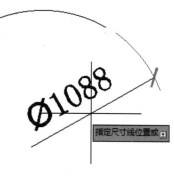

图 10-69

10.2.7 坐标标注

使用【坐标标注】命令可以标注指定点的 X 坐标或 Y 坐标。具体操作方法如下。

Step01 ❶ 绘制一个圆，选择标注样式，❷ 单击【线性】下拉按钮，❸ 单击【坐标】命令，如图 10-70 所示。

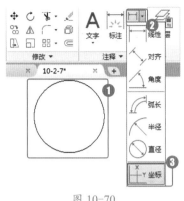

图 10-70

Step02 单击指定需要标注的点坐标，如图 10-71 所示。

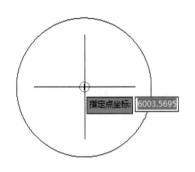

图 10-71

Step03 单击指定坐标标注的引线端点，标注效果如图 10-72 所示。

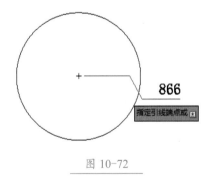

图 10-72

10.2.8 引线标注

【引线标注】命令用于快速创建引线标注和引线注释。引线是一条连接注释与特征的线，通常和公差一起用来标注机械设计中的形位公差和建筑装饰设计中的材料等内容。使用引线标注的具体操作如下。

Step01 打开"素材文件\第10章\10-2-8.dwg"，输入【引线】命令 LE，按【空格】键确定，如图 10-73 所示。

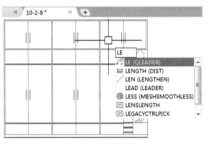

图 10-73

Step02 单击指定第一个引线点，如图 10-74 所示。

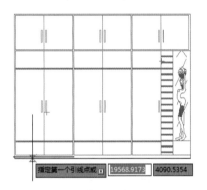

图 10-74

Step03 单击指定下一点，按【空格】键确定，如图 10-75 所示。

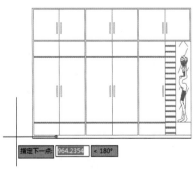

图 10-75

Step04 指定文字宽度，如 120，按【空格】键确定，如图 10-76 所示。

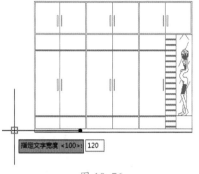

图 10-76

Step05 输入注释文字的第一行，如"踢脚板"，按【Enter】键两次结束引线标注命令，如图 10-77 所示。

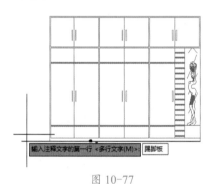

图 10-77

Step06 单击选择文字，将左上角夹点向左拖动，如图 10-78 所示。

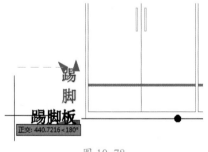

图 10-78

Step07 复制两个引线标注，如图 10-79 所示。

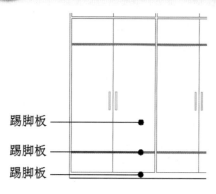

图 10-79

Step08 在其中一个引线标注的文字上双击，将文字改为"砂银色带条"，按【Enter】键确定，如图 10-80 所示。

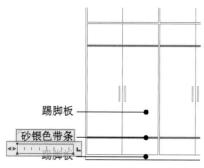

图 10-80

Step09 在最上方的引线标注文字上双击，将文字改为"白色漆饰面"，按【Enter】键确定，如图 10-81 所示。

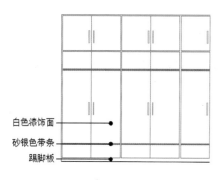

图 10-81

Step10 输入【引线】命令 LE，按【空格】键确定，单击指定第一个引线点，如图 10-82 所示。

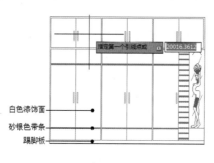

图 10-82

Step11 上移鼠标单击指定下一点，如图 10-83 所示。

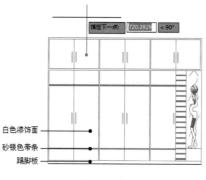

图 10-83

Step12 右移鼠标单击指定下一点，如图 10-84 所示。

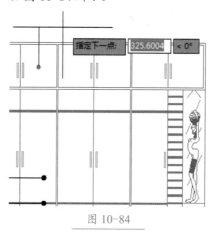

图 10-84

Step13 按【空格】键指定文字宽度，如图 10-85 所示。

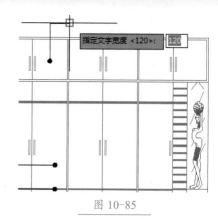

图 10-85

技能拓展——设置引线

在标注文字注解时，巧妙运用【引线】命令，可以一步到位地标注注解。输入引线命令按【空格】键后，输入子命令【设置】S，按【空格】键会弹出【引线设置】对话框，对话框中有【注释】【引线和箭头】【附着】3 个选择卡，可以对其中的内容进行相应的设置。

Step14 输入文字"白瓷漆饰面"，如图 10-86 所示。

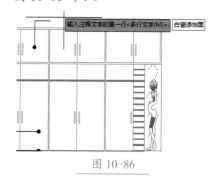

图 10-86

Step15 按【Enter】键两次结束引线命令，效果如图 10-87 所示。

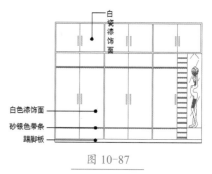

图 10-87

Step⑯ 单击文字，将右上角夹点向右拖动，如图 10-88 所示。

图 10-88

Step⑰ 复制两个引线标注，粘贴后修改名称，如图 10-89 所示。

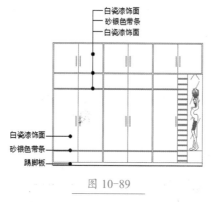

图 10-89

Step⑱ 用同样的方法绘制其他引线标注，最终效果如图 10-90 所示。

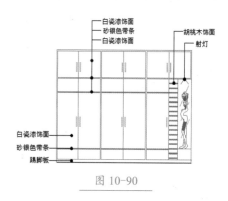

图 10-90

10.3 快速连续标注

在 AutoCAD 中，通常会用到连续标注和基线标注等标注方法对图形进行标注。下面介绍基线标注、连续标注和快速标注的应用方法。

10.3.1 基线标注

基线标注，顾名思义，就是所有的尺寸都以一条边线为基准的一种标注方式。因此，在进行基线标注之前，需要指定一个线性尺寸标注，以确定基线标注的基准点，具体操作方法如下。

Step① 使用快捷命令 D 打开【修改标注样式：ISO-25】对话框，将基线间距设置得大于文字高度，如3.75，如图 10-91 所示。

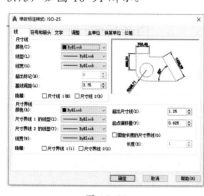

图 10-91

Step② ❶ 新建图形文件，❷ 绘制图形，❸ 创建并选择标注样式【建筑装饰】，❹ 单击【注释】选项卡，❺ 单击【线性】命令按钮，如图 10-92 所示。

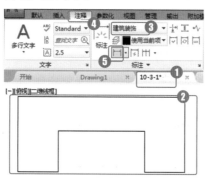

图 10-92

Step③ 单击指定第一个尺寸界线原点，如图 10-93 所示。

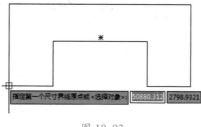

图 10-93

Step④ 单击指定第二个尺寸界线原点，如图 10-94 所示。

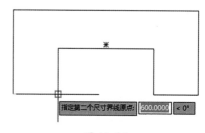

图 10-94

Step⑤ 单击指定尺寸线的位置，如图 10-95 所示。

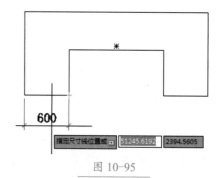

图 10-95

Step⑥ ❶ 单击【连续】下拉按钮，❷ 单击【基线】命令按钮激活基线标注命令，如图 10-96 所示。

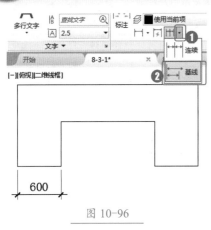

图 10-96

Step07 单击指定第二个尺寸界线原点，如图 10-97 所示。

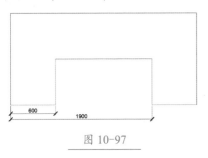

图 10-97

Step08 单击指定第三个尺寸界线原点，如图 10-98 所示。

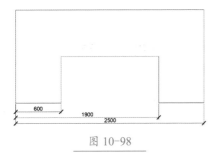

图 10-98

★重点 10.3.2 连续标注

【连续标注】用于标注在同一方向上连续的线型或角度尺寸。该命令用于从上一条或选定标注的第二条尺寸界线处创建新的线性、角度或坐标的连续标注，具体操作方法如下。

Step01 新建图形文件，❶ 绘制图形，❷ 创建并选择标注样式【建筑装饰】，❸ 单击【线性】命令按钮 |H|，如图 10-99 所示。

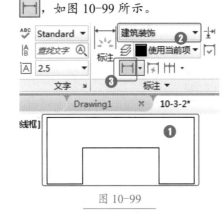

图 10-99

Step02 ❶ 创建线性标注，❷ 单击【连续】命令按钮 |HH| 激活连续标注命令，如图 10-100 所示。

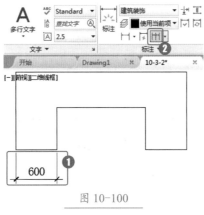

图 10-100

Step03 单击指定第二个尺寸界线原点，如图 10-101 所示。

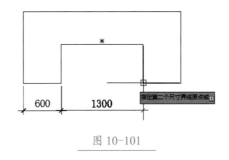

图 10-101

Step04 继续单击指定尺寸界线原点，将其作为标注的终点，按【空格】键确定，如图 10-102 所示。

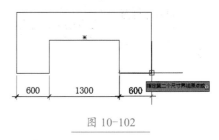

图 10-102

Step05 连续标注效果如图 10-103 所示。

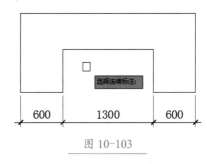

图 10-103

技术看板

基线标注和连续标注非常相似，都是必须在已有标注上才能创建。但基线标注是将已经标注的起始点作为基准起始点开始创建的，此基准点也就是起始点是不变的，并且需先设好基线间距；连续标注是将已有标注终止点作为下一个标注的起始点，依此类推。

10.3.3 快速标注

【快速标注】命令用于快速创建标注，其中包含创建基线标注、连续尺寸标注、半径标注和直径标注等。使用快速标注的具体操作方法如下。

Step01 新建图形文件，❶ 绘制图形，❷ 创建并选择标注样式【建筑装饰】，❸ 在【注释】选项卡单击【快速】命令按钮，如图 10-104 所示。

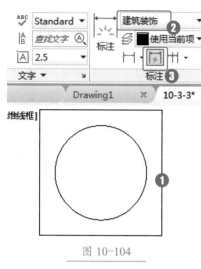

图 10-104

Step02 单击选择矩形，按【空格】
键确定，如图 10-105 所示。

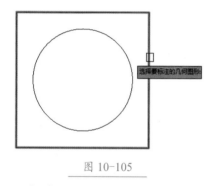

图 10-105

Step03 单击指定尺寸线位置，如图
10-106 所示。

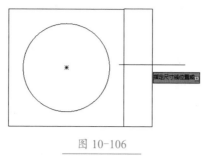

图 10-106

Step04 效果如图 10-107 所示。

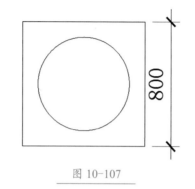

图 10-107

Step05 单击选择图形，按【空格】
键确定，如图 10-108 所示。

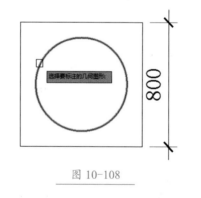

图 10-108

Step06 再次单击指定尺寸线位置，
如图 10-109 所示。

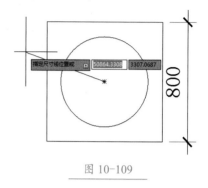

图 10-109

Step07 最终标注效果如图 10-110
所示。

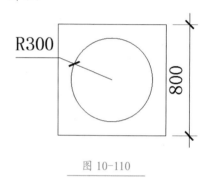

图 10-110

10.4　多重引线标注

多重引线功能是引线功能的延伸，主要用在序号标注中。多重引线是一个完整的图形对象，整体性要好于引线，这样用户在复制、移动、修改多重引线时会更方便。

10.4.1　多重引线样式

使用多重引线样式可以更便捷地定义对象的外观，使用多重引线样式的具体操作方法如下。

Step01 ❶ 新建图形文件，❷ 单击【注释】按钮，❸ 单击【多重引线样式】命令按钮，如图 10-111 所示。

图 10-111

Step02 打开【多重引线样式管理器】对话框，单击【新建】按钮，如图 10-112 所示。

图 10-112

Step03 打开【创建新多重引线样式】对话框，命名新样式后单击【继续】按钮，如图 10-113 所示。

图 10-113

Step04 打开【修改多重引线样式：副本 Standard】对话框，如图 10-114 所示。

图 10-114

Step05 输入箭头大小的值，如 200，如图 10-115 所示。

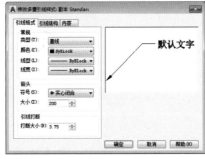

图 10-115

Step06 单击切换到【引线结构】选项卡，内容如图 10-116 所示。

图 10-116

Step07 单击切换到【内容】选项卡，输入文字高度的值，如 200，单击【确定】按钮，单击【关闭】按钮，如图 10-117 所示。

图 10-117

★重点 10.4.2 创建多重引线标注

AutoCAD 默认引线命令为【多重引线】命令，多重引线对象通常包含箭头、水平基线、引线或曲线和多行文字。创建多重引线的具体操作方法如下。

Step01 新建图形文件，绘制圆；创建并选择多重引线样式，单击【引线】命令按钮，如图 10-118 所示。

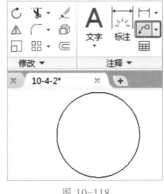

图 10-118

Step02 单击指定引线箭头的位置，如图 10-119 所示。

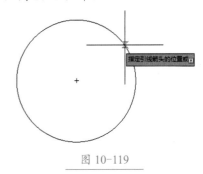

图 10-119

Step 03 单击指定引线基线的位置，如图 10-120 所示。

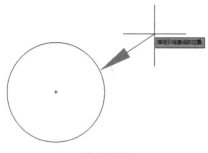

图 10-120

Step 04 输入文字，如 300，如图 10-121 所示。

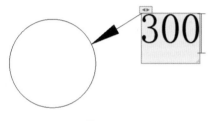

图 10-121

Step 05 打开素材，在空白处单击结束【多重引线】命令，效果如图 10-122 所示。

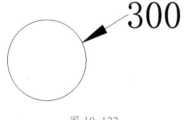

图 10-122

10.4.3 编辑多重引线

对多重引线可以进行添加和删除操作，还可以合并或对齐引线，具体操作方法如下。

Step 01 新建图形文件，❶ 创建多重引线，输入文字，❷ 在【文字编辑器】中单击【关闭】按钮，❸ 单击【关闭文字编辑器关闭】按钮，如图 10-123 所示。

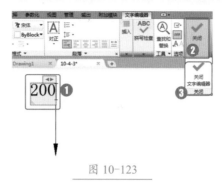

图 10-123

Step 02 单击【引线】下拉按钮，单击【添加引线】命令按钮，如图 10-124 所示。

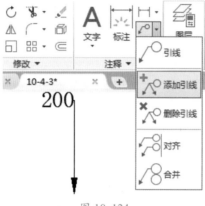

图 10-124

Step 03 单击选择多重引线，如图 10-125 所示。

图 10-125

Step 04 下移鼠标单击指定引线箭头位置，如图 10-126 所示。

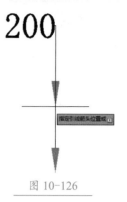

图 10-126

Step 05 右移鼠标单击指定引线箭头位置，按【空格】键结束添加引线命令，如图 10-127 所示。

图 10-127

Step 06 ❶ 单击【引线】下拉按钮，❷ 单击【删除引线】命令按钮，如图 10-128 所示。

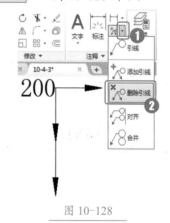

图 10-128

Step 07 单击选择多重引线，如图 10-129 所示。

图 10-129

图 10-130

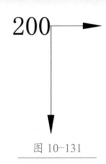

图 10-131

Step⑧ 单击选择要删除的引线，如图 10-130 所示。

Step⑨ 按【空格】键确定，删除引线后的效果如图 10-131 所示。

10.5 编辑标注

在图形上创建标注后，可能需要进行多次修改。修改标注可以确保尺寸界线或尺寸线不会遮挡任何对象，可以重新放置标注文字或调整线性标注的位置，从而使其均匀分布。最简单的方法是使用多功能标注夹点单独修改标注。

10.5.1 编辑标注文字

在实际使用过程中，经常需要对尺寸标注中的文字进行编辑与修改。【编辑标注文字】用于移动和旋转标注文字，具体操作方法如下。

Step① 创建图形并创建标注样式，创建线性标注，输入【编辑标注文字】命令 DIMTED，按【空格】键确定，如图 10-132 所示。

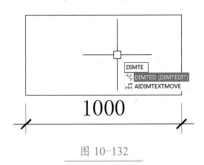

图 10-132

Step② 单击选择标注，如图 10-133 所示。

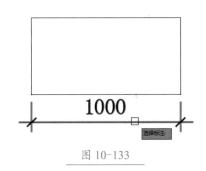

图 10-133

Step③ 单击指定标注文字的新位置，如图 10-134 所示。

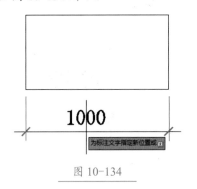

图 10-134

Step④ 单击【标注】下拉按钮，单击【文字角度】按钮，如图 10-135 所示。

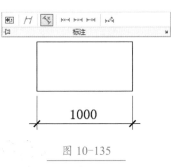

图 10-135

Step⑤ 单击选择标注，如图 10-136 所示。

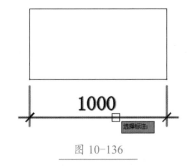

图 10-136

Step⑥ 指定标注文字的角度，如 45，如图 10-137 所示。

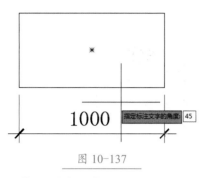

图 10-137

Step07 按【空格】键确定，效果如图 10-138 所示。

图 10-138

Step08 单击【标注】下拉按钮，单击【左对正】按钮，如图 10-139 所示。

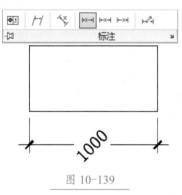

图 10-139

Step09 单击选择标注，如图 10-140 所示。

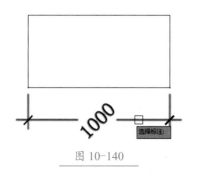

图 10-140

Step10 此时文字自动左对齐。单击【标注】下拉按钮，单击【居中对正】按钮，如图 10-141 所示。

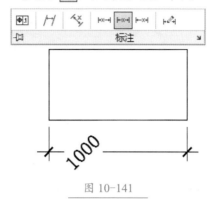

图 10-141

Step11 单击选择标注，如图 10-142 所示。

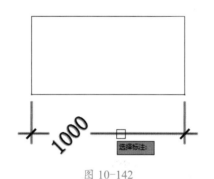

图 10-142

Step12 此时文字自动居中对齐。单击【标注】下拉按钮，单击【右对正】按钮，如图 10-143 所示。

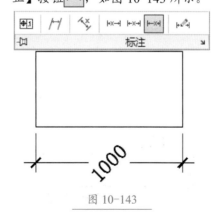

图 10-143

Step13 单击选择标注，如图 10-144 所示。

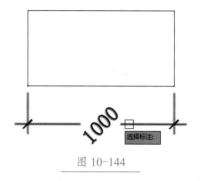

图 10-144

Step14 此时文字自动右对齐，如图 10-145 所示。

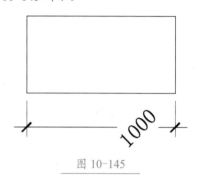

图 10-145

10.5.2 更新标注

在 AutoCAD 中建立标注之后，如果需要对当前标注做大范围相同的修改，此时可以直接对当前标注样式进行设置，完成后单击【更新标注】按钮，选择需要更新的标注即可更新，完成原本烦琐的工作，具体操作方法如下。

Step01 打开"素材文件 \ 第 10 章 \ 10-5-2.dwg"，❶ 单击【注释】选项卡，❷ 单击【标注样式】下拉按钮，❸ 单击选择【ISO-25】标注样式，如图 10-146 所示。

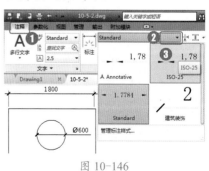

图 10-146

Step02 在标注面板单击【更新标注】命令按钮，如图 10-147 所示。

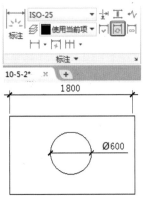

图 10-147

Step03 单击选择需要更新的标注，如图 10-148 所示。

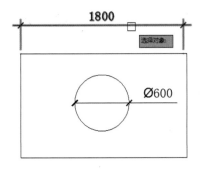

图 10-148

Step04 按【空格】键确定，所选对象即更新为【ISO-25】的标注样式，如图 10-149 所示。

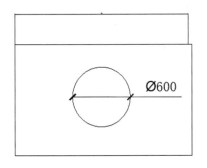

图 10-149

★重点 10.5.3 修改标注

当尺寸标注建立后，可能需要对标注中的某一部分进行修改，

接下来介绍修改已有标注的几种技巧。

1. 夹点编辑

正如可以在 AutoCAD 中使用夹点编辑来编辑对象一样，同样可以使用夹点编辑尺寸标注，具体操作方法如下。

Step01 新建文件和图形，新建标注样式，创建线性标注，单击该标注显示夹点，如图 10-150 所示。

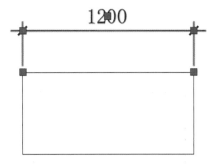

图 10-150

Step02 单击线性标注右侧尺寸线的起点夹点，如图 10-151 所示。

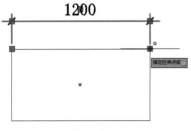

图 10-151

Step03 鼠标向左移，将夹点移动至适当位置后单击，如图 10-152 所示。

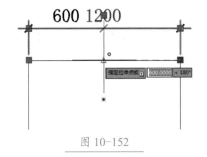

图 10-152

Step04 单击线性标注左侧尺寸线的起点夹点，如图 10-153 所示。

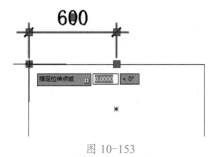

图 10-153

Step05 鼠标向上移，将夹点移动至适当位置并单击，如图 10-154 所示。

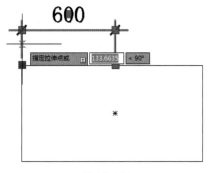

图 10-154

Step06 单击标注右侧箭头夹点，如图 10-155 所示。

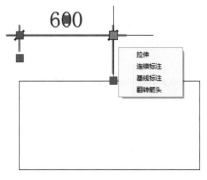

图 10-155

Step07 鼠标向上移，移动至适当位置后单击，如图 10-156 所示。

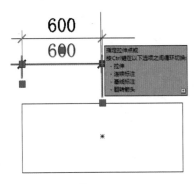

图 10-156

在径向型尺寸标注中，单击选择该标注后可以发现有且只有 3 个夹点框，使用夹点框可以更改直径或半径的值，也可将标注文字与标注对象的位置进行调整。不同的标注类型，其每个夹点的精确位置和作用会有差别。

2. 更改标注特性

当一个图形文件中存在多种尺寸标注样式时，有时候需要使当前尺寸标注和另一种尺寸标注样式统一，此时可以用【特性匹配】命令更改标注特性，具体操作方法如下。

Step01 打开"素材文件 \ 第 10 章 \ 10-5-3-2.dwg"，输入【特性匹配】命令 MA，按【空格】键确定，如图 10-157 所示。

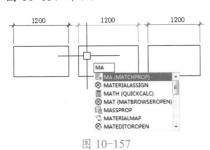

图 10-157

Step02 单击选择源尺寸标注，如图 10-158 所示。

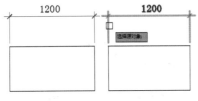

图 10-158

Step03 在需要改为源尺寸标注样式的目标对象上单击，完成后按【空格】键结束【特性匹配】命令，如图 10-159 所示。

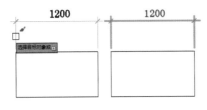

图 10-159

Step04 单击选择标注目标，右击打开快捷菜单，单击【特性】命令，如图 10-160 所示。

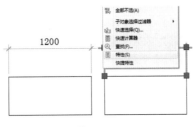

图 10-160

Step05 打开【特性】面板，如图 10-161 所示。

图 10-161

Step06 在面板中的【直线和箭头】区域，单击【尺寸线颜色】下拉按钮，单击选择【蓝】，如图 10-162 所示。

图 10-162

Step07 显示设置颜色后的尺寸线效果如图 10-163 所示。

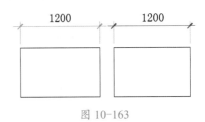

图 10-163

【特性】面板中可以调整任何标注对象，尺寸标注的每一个细节部分都可以进行单独的调整。

3. 标注编辑类型

AutoCAD 提供了多种标注编辑类型，以方便对尺寸标注的外观进行调整，具体操作方法如下。

Step01 新建图形，❶ 创建标注样式，❷ 创建线性标注，❸ 单击【标注】下拉按钮，❹ 单击【倾斜】命令，如图 10-164 所示。

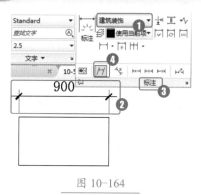

图 10-164

Step02 单击选择标注对象，如图 10-165 所示。

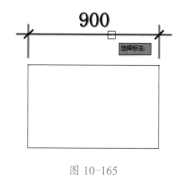

图 10-165

Step03 按【空格】键确定，输入倾斜角度，如 45，如图 10-166 所示。

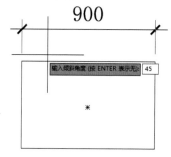

图 10-166

Step04 按【空格】键确定，标注文字显示倾斜效果，如图 10-167 所示。

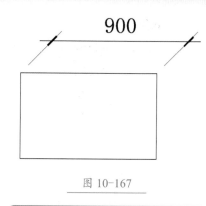

图 10-167

技术看板

当尺寸界线与图形的其他部件冲突时，【倾斜】选项将很有用处，在标注正等轴测图时，更是经常使用。

10.6 查询

使用 AutoCAD 提供的查询功能可以对图形的属性进行分析与查询操作，可以直接测量点的坐标、两个对象之间的距离、图形的面积与周长，以及线段间的角度等信息。

★重点 10.6.1 距离查询

【查询距离】(命令为 DIST，快捷命令为 DI) 用于测量一个 AutoCAD 图形中两个点之间的距离。在查询距离时，如果忽略 Z 轴的坐标值，使用【距离查询】命令计算的距离将采用第一点或第二点的当前距离，查询距离的具体操作方法如下。

Step01 打开"素材文件 \ 第 10 章 \ 10-6-1.dwg"，单击【测量】按钮，如图 10-168 所示。

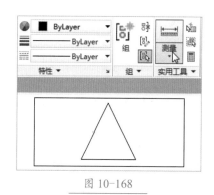

图 10-168

Step02 单击指定矩形左上角为第一点，如图 10-169 所示。

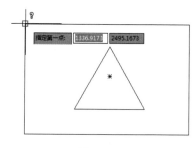

图 10-169

Step03 单击指定矩形右上角的端点为第二点，如图 10-170 所示。

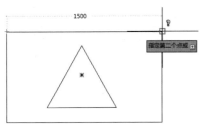

图 10-170

Step04 显示第一点至第二点的距离，如图 10-171 所示。

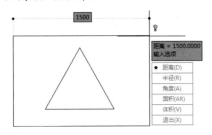

图 10-171

Step05 按【空格】键即可测量下一个对象的距离，单击三角形顶部端点，将其指定为测量的第一点，如图 10-172 所示。

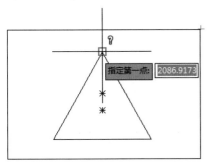

图 10-172

Step06 下移光标单击指定第二点，如图 10-173 所示。

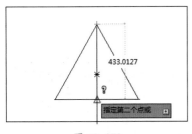

图 10-173

Step07 完成两点距离测量，按【Esc】键退出距离测量命令，如图 10-174 所示。

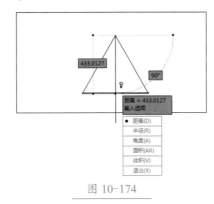

图 10-174

★重点 10.6.2　半径查询

在计算机辅助制图中，常常需要查询对象的半径，以便了解对象的情况，并对当前图形进行调整，查询半径的具体操作方法如下。

Step01 ❶ 绘制一个圆，❷ 单击【测量】下拉按钮 测量 ，❸ 单击【半径】命令 半径 ，如图 10-175 所示。

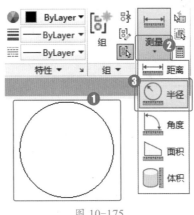

图 10-175

Step02 在圆上单击选择对象，如图 10-176 所示。

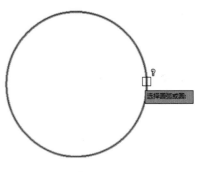

图 10-176

Step03 此时即显示当前对象的半径值和直径值，按【Esc】键退出半径测量命令，如图 10-177 所示。

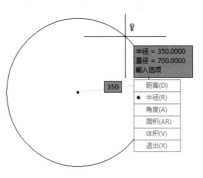

图 10-177

技术看板

测量命令一旦激活，选择对象后会显示测量数值，若对象只有一个，则按【Esc】键退出；若对象有多个，按【空格】键，可以直接选择下一个对象进行测量，依此类推；若需要退出测量命令，可按【Esc】键。使用半径查询命令查询的是所选对象的半径和直径两个内容。

10.6.3　角度查询

【角度查询】命令主要用来测量选定对象或点序列的角度，具体操作方法如下。

Step01 ❶ 绘制一个六边形，❷ 单击【测量】下拉按钮，❸ 单击【角度】命令，如图 10-178 所示。

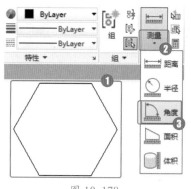

图 10-178

Step02 单击选择构成对象角度的第一条直线，如图 10-179 所示。

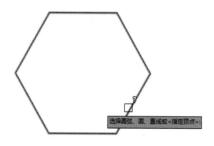

图 10-179

Step03 单击选择构成对象角度的第二条直线，如图 10-180 所示。

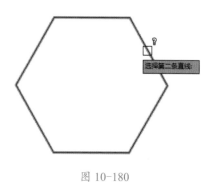

图 10-180

Step04 即可显示当前对象的角度值，效果如图 10-181 所示。

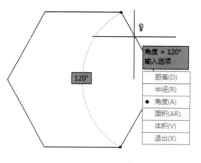

图 10-181

10.6.4 面积和周长查询

使用【面积查询】（命令为 AREA，快捷命令为 AA）命令可以将图形的面积和周长测量出来。在使用此命令测量区域面积和周长时，需要依次指定构成区域的角点，具体操作方法如下。

Step01 打开"素材文件\第 10 章\10-6-4.dwg"，❶ 单击【测量】下拉按钮，❷ 单击【面积】命令，如图 10-182 所示。

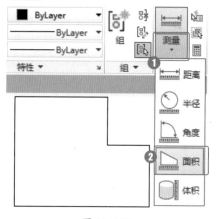

图 10-182

Step02 单击指定构成区域的第一个角点，如图 10-183 所示。

Step03 单击指定构成区域的第二个角点，如图 10-184 所示。

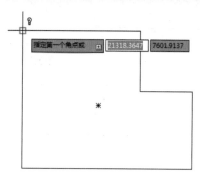

图 10-183

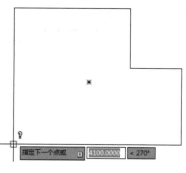

图 10-184

Step04 单击指定构成区域的第三个角点，如图 10-185 所示。

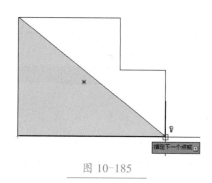

图 10-185

Step05 单击指定构成区域的下一个角点，如图 10-186 所示。

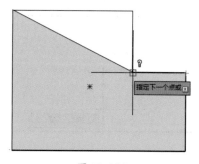

图 10-186

Step⑥ 依次单击指定构成区域的角点后，最后单击起点，完成区域绘制，如图 10-187 所示。

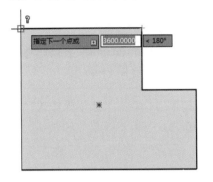

图 10-187

Step⑦ 按【空格】键显示所绘区域的面积和周长，如图 10-188 所示。

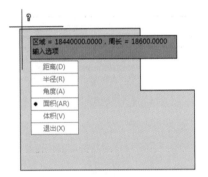

图 10-188

技术看板

使用【面积】查询命令也会显示周长数值。【面积】查询是将指定区域中的面积和周长显示出来，所以必须要封闭对象，也就是说指定区域的最后一步一定是单击区域的起点，然后按【空格】键即显示当前指定的封闭区域中的面积和周长。

10.6.5　列表查询

查询命令中的【列表】(命令为 LIST，快捷命令为 LI) 主要是将当前所选择对象的各种信息用文本窗

口的方式显示出来供用户查阅，具体操作方法如下。

Step① 打开"素材文件 \ 第 10 章 \ 10-6-5.dwg"，如图 10-189 所示。

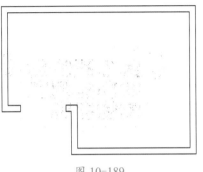

图 10-189

Step② 使用【多段线】命令沿对象边缘绘制一条封闭的线条，如图 10-190 所示。

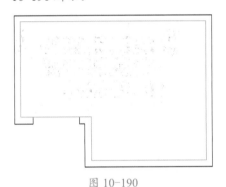

图 10-190

Step③ 输入【列表】命令 LI，按【空格】键确定，如图 10-191 所示。

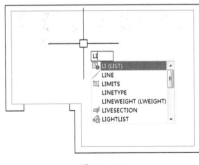

图 10-191

Step④ 单击选择对象，如图 10-192 所示。

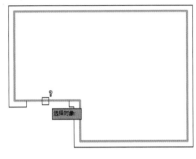

图 10-192

Step⑤ 按【空格】键打开【AutoCAD 文本窗口 -10-6-5】对话框，窗口内显示所选对象的信息，如图 10-193 所示。

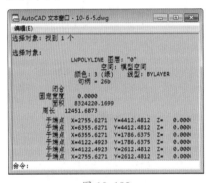

图 10-193

技术看板

在查询对象面积和周长时，【面积】命令和【列表】命令都可以查询并显示当前对象的面积。但要注意，【面积】命令是根据所指定的角点来确定区域并计算此区域的面积和周长的；而【列表】命令只对封闭的对象有效。

得到相关数据后，一定要将作为辅助线存在的多段线删除。

妙招技法

通过对前面知识的学习，相信读者已经掌握了尺寸标注的相关知识。下面结合本章内容，给大家介绍一些实用技巧。

技巧 01　如何创建公差标注

公差是机器制造业中，对加工的机械或零件的尺寸许可的误差。公差标注命令主要用于标注机械设计中的形位公差。形位公差一般也叫几何公差，包括形状公差和位置公差，创建公差标注的具体操作方法如下。

Step 01 新建图形文件，❶单击【注释】选项卡，❷单击【标注】下拉按钮，❸单击【公差】按钮 圖，如图 10-194 所示。

图 10-194

Step 02 打开【形位公差】对话框，如图 10-195 所示。

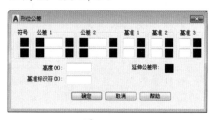

图 10-195

Step 03 ❶在该对话框中的【符号】框内单击，❷打开【特征符号】对话框，如图 10-196 所示。

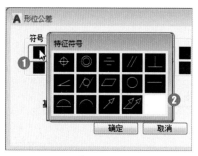

图 10-196

Step 04 单击选择符号，如图 10-197 所示。

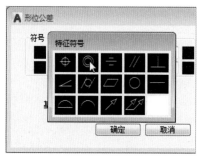

图 10-197

Step 05 ❶在【公差 1】下的文本框输入公差参数。❷单击【确定】按钮，如图 10-198 所示。

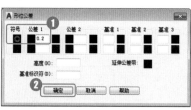

图 10-198

Step 06 在绘图区适当位置单击指定公差位置，如图 10-199 所示。

图 10-199

技巧 02　如何使用【特性】选项板编辑尺寸效果

通过【特性】选项板修改尺寸的标注，可以更改直线和箭头、文字、单位等特性，具体操作方法如下。

Step 01 新建图形文件，绘制矩形；使用【线性标注】创建标注，如图 10-200 所示。

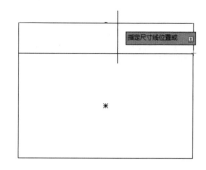

图 10-200

Step 02 单击选择标注对象，右击打开快捷菜单，单击【特性】按钮（快捷命令为 Ctrl+1 或 CH），如图 10-201 所示。

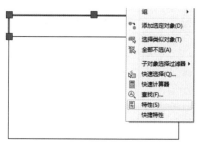

图 10-201

Step 03 打开【特性】面板，单击【箭头 1】下拉按钮，单击【建筑标记】选项，如图 10-202 所示。

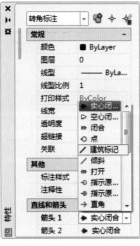

图 10-202

Step④ 设置【箭头 2】为【建筑标记】，【箭头大小】为 50，如图 10-203 所示。

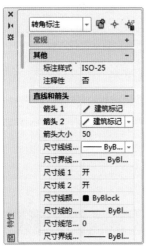

图 10-203

Step⑤ 标注中的箭头经过设置后，效果如图 10-204 所示。

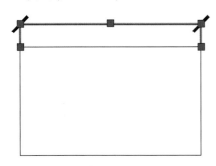

图 10-204

Step⑥ 设置【尺寸线范围】为 80，设置【尺寸界限范围】为 100，设置【尺寸界限偏移】为 80，如图 10-205 所示。

图 10-205

Step⑦ 标注中的尺寸界线经过设置后，效果如图 10-206 所示。

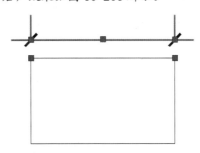

图 10-206

Step⑧ 设置【文字高度】为 100，设置【文字偏移】为 30，如图 10-207 所示。

图 10-207

Step⑨ 标注中的尺寸文字经过设置后，效果如图 10-208 所示。

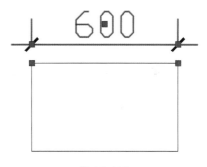

图 10-208

Step⑩ 单击选择标注，选择标注夹点，向上移动鼠标调整标注位置，如图 10-209 所示。

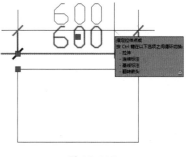

图 10-209

Step⑪ 调整后的效果如图 10-210 所示。

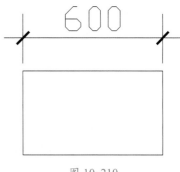

图 10-210

技巧 03　如何实现等距标注

　　等距标注用于调整线型或者角度标注之间的间距，进行等距标注的首要条件就是绘图区域内存在线型或者角度标注，并且需要有两个以上标注，具体操作过程如下。

Step① 创建标注，单击【注释】选项卡，单击【调整间距】按钮 ，如图 10-211 所示。

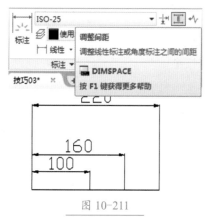

图 10-211

Step② 单击选择基准标注，如图 10-212 所示。

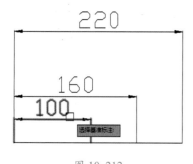

图 10-212

Step③ 单击选择要产生间距的标注，如图 10-213 所示。

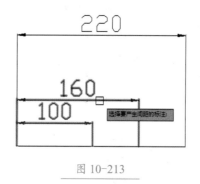

图 10-213

Step④ 再次单击选择要产生间距的标注，如图 10-214 所示。

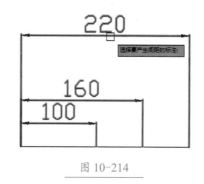

图 10-214

Step⑤ 输入间距值，如 30，如图 10-215 所示。

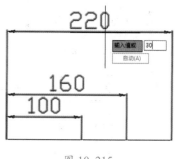

图 10-215

Step⑥ 按【空格】键确定，所选择的标注之间间距效果如图 10-216 所示。

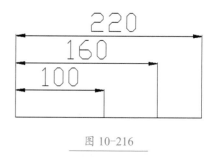

图 10-216

过关练习——标注准块

使用标注命令时，一定要注意图层和标注样式的统一，在绘制复杂的图形时，可以让图形更加清晰美观，具体操作方法如下。

结果文件	结果文件\第10章\标注准块.dwg

Step① 打开"素材文件\第10章\标注准块.dwg"，创建并选择【标注】图层，如图 10-217 所示。

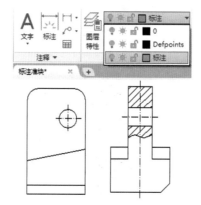

图 10-217

Step② 输入命令【D】，按【空格】键确定，对 ISO-25 样式进行修改，如图 10-218 所示。

图 10-218

Step03 将修改后的 ISO-25 样式设置为当前标注样式，创建半径标注，如图 10-219 所示。

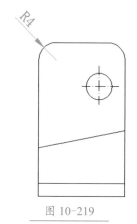

图 10-219

Step04 使用【线性】标注命令【DLI】标注图形，如图 10-220 所示。

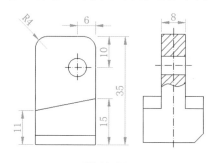

图 10-220

Step05 打开【标注样式管理器】，❶ 单击【新建】按钮，打开【创建新标注样式】对话框，❷ 设置新样式名为【极限偏差标注】，❸ 单击【继续】按钮，如图 10-221 所示。

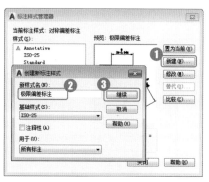

图 10-221

Step06 ❶ 切换到【公差】选项卡，❷ 设置【方式】为极限偏差、【精度】为 0.000、【下偏差】为 0.045，❸ 单击【确定】按钮，如图 10-222 所示。

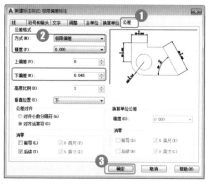

图 10-222

Step07 ❶ 以新建的【极限偏差标注】样式为基础样式，再次新建一个样式，并命名为【极限偏差标注1】，❷ 单击【继续】按钮，如图 10-223 所示。

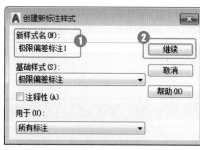

图 10-223

Step08 ❶ 对【极限偏差标注1】样式的公差格式进行设置，❷ 单击【确定】按钮，如图 10-224 所示。

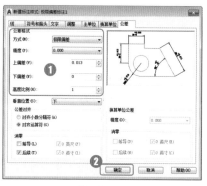

图 10-224

Step09 新建一个标注样式，❶ 命名为【对称偏差标注】，❷ 进行相应设置，❸ 单击【确定】按钮，如图10-225 所示。

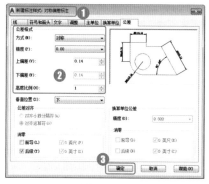

图 10-225

Step10 ❶ 选择【极限偏差标注】样式，❷ 单击【置为当前】按钮，❸ 单击【关闭】按钮，如图 10-226 所示。

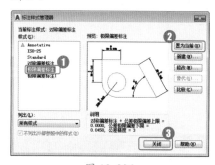

图 10-226

Step11 使用【线性】标注命令【DLI】标注图形，效果如图 10-227 所示。

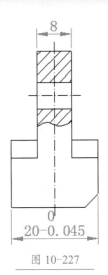

图 10-227

Step⑫ 单击【注释】下拉按钮，单击【标注样式】下拉按钮，选择【极限偏差标注1】样式，如图10-228所示。

图 10-228

Step⑬ 使用【线性】标注命令标注图形，效果如图10-229所示。

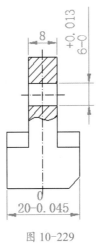

图 10-229

Step⑭ 在上一步创建的标注文本上双击，在数字6前面添加一个直径符号，在空白处单击确定，如图10-230所示。

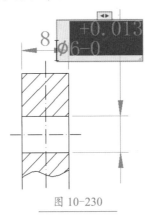

图 10-230

Step⑮ 单击【注释】下拉按钮，单击【标注样式】下拉按钮，选择【对称偏差标注】样式，如图10-231所示。

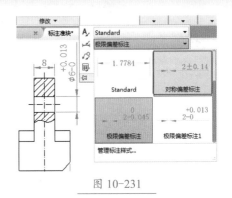

图 10-231

Step⑯ 使用【线性】命令创建线性标注，效果如图10-232所示。

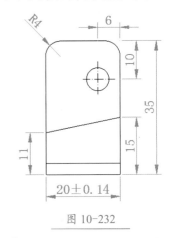

图 10-232

Step⑰ 最终效果如图10-233所示。

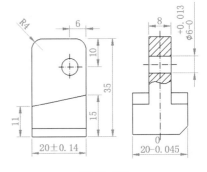

图 10-233

本章小结

　　通过 AutoCAD 的标注功能几乎可以标注任何对象，掌握标注图形的方法是本章的重点，除此以外，还要掌握标注样式的设置方法和编辑标注的技巧，要善于使用 AutoCAD 提供的工具和命令。

第11章

文本、表格的创建与编辑

➡ AutoCAD 如何设置文字样式？
➡ AutoCAD 如何创建文字？
➡ AutoCAD 如何创建表格？
➡ AutoCAD 如何编辑表格？

文字在图形中是不可缺少的重要组成部分，几乎所有的图形中都包含用于标注或解释图形对象的文字，这样的文字称为注释。文字可以对图形中不便于表达的内容加以说明，使图形的含义更加清晰，一目了然。

11.1 文字样式

AutoCAD 中的文字都拥有相应的文字样式，文字样式是用来控制文字外观的一组设置。当输入文字对象时，AutoCAD 将使用默认的文字样式。用户可以使用 AutoCAD 默认的设置，也可以修改已有样式或定义自己需要的文字样式。

11.1.1 创建文字样式

要认识文字样式，必须先打开文字样式对话框。AutoCAD 中除了自带的文字样式外，还可以在【文字样式】对话框中创建新的文字样式，具体操作方法如下。

Step01 ❶ 单击【注释】选项卡，❷ 单击【文字样式】下拉按钮（快捷命令为 ST），如图 11-1 所示。

图 11-1

Step02 打开【文字样式】对话框，如图 11-2 所示。

图 11-2

Step03 单击【新建】按钮，打开【新建文字样式】对话框，如图 11-3 所示。

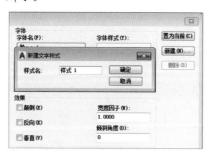

图 11-3

技术看板

在【样式名】编辑框输入的新建文字样式名称，不能与已存在的样式名称重复。删除文字样式时，不能对默认的【Standard】样式和当前正在使用的样式进行删除。

Step04 ❶ 输入新建文字样式名称，如"机械标注"，❷ 单击【确定】按钮，如图 11-4 所示。

图 11-4

Step05 单击【Standard】样式，单击【置为当前】按钮，如图 11-5 所示。

图 11-5

Step 06 ❶ 单击【机械标注】样式，❷ 单击【删除】按钮，❸ 单击【确定】按钮即可删除，如图 11-6 所示。

图 11-6

11.1.2 修改文字样式

在实际绘图过程中，会根据需要修改文字样式，如修改字体、大小等内容。在【文字样式】对话框的【字体】区域可以选择文字的字体名和字体样式，在【大小】区域可以设置文字的高度（即大小），具体操作方法如下。

Step 01 ❶ 在【文字样式】对话框选择样式 1，❷ 单击【字体名】下拉按钮，❸ 单击【仿宋】，如图 11-7 所示。

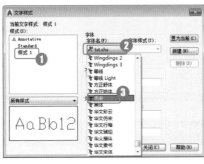

图 11-7

Step 02 设置文字高度为 100，单击【应用】按钮，如图 11-8 所示。

图 11-8

技术看板

字体是具有固有形状，由若干个单词（字）组成的描述库。字形是具有字体、大小、倾斜角度、文本方向等特性的文本样式。

技术看板

进行文本标注时要先设置字形或字体。所有文本标注都需要定义文本样式，即需要预先设定文本的字形，之后才能决定在标注文本时使用的字体、字符大小、字符倾斜角度等特性。

11.2 创建文字

在 AutoCAD 中，通常可以创建两种类型的文字：一种是单行文字，另一种是多行文字。单行文字主要用于制作不需要使用多种字体的简短内容；多行文字主要用于制作一些复杂的文字性说明。

★重点 11.2.1 创建单行文字

创建【单行文字】的快捷命令为 DT，具体操作方法如下。

Step 01 打开【文字样式】对话框，❶ 设置字体为【仿宋】，高度为 100，❷ 单击【应用】按钮，如图 11-9 所示。

图 11-9

技能拓展——显示文字

在【字体样式】对话框中选择能同时接受中文和英文的样式类型，如"常规"样式；在【字体名】栏中选中"仿宋"字体，在【高度】项中输入一个默认高度，然后单击【应用】按钮，即可解决标注和单行文本中输入汉字不能识别的问题。

Step 02 ❶ 单击【文字】下拉按钮，❷ 单击【单行文字】命令按钮

，如图 11-10 所示。

图 11-10

Step03 在绘图区单击指定文字的起点，如图 11-11 所示。

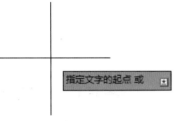

图 11-11

Step04 输入文字高度，如 100，按【Enter】键确定，如图 11-12 所示。

图 11-12

Step05 按【空格】键确定文字旋转角度为 0，如图 11-13 所示。

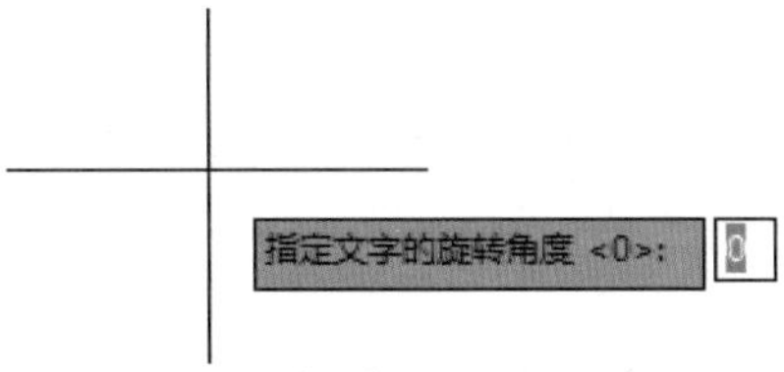

图 11-13

Step06 输入文字，如图 11-14 所示。

中庭游泳池

图 11-14

Step07 按【Enter】键即可换行，继续输入文字，如图 11-15 所示。

中庭游泳池
给排水平面图

图 11-15

技术看板

执行【单行文字】命令后，输入文字内容后按【Enter】键自动换行，继续创建文字；若不再继续创建文字，按【Enter】键两次可终止创建单行文字命令。按【Enter】键两次终止单行文字命令后，所创建的文字每一行都是一个独立的文本对象。

Step08 按【空格】键，输入文字，如图 11-16 所示。

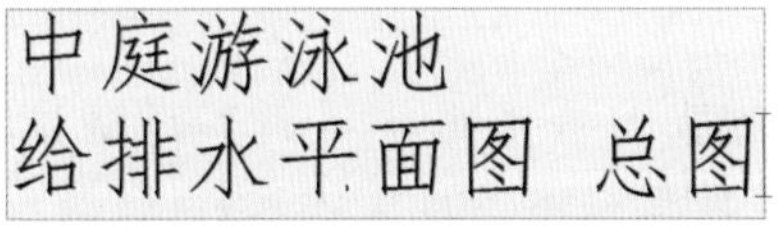

中庭游泳池
给排水平面图 总图

图 11-16

Step09 按【Enter】键两次结束【单行文字】命令，单击所创建的文字内容，效果如图 11-17 所示。

中庭游泳池
给排水平面图 总图

图 11-17

技术看板

若输入的文字是问号，或打开的文件文字是问号，是因为当前计算机中缺少这种文字的字体，在【文字样式】中更换字体，或者安装相应字体即可。

11.2.2 编辑单行文字

要编辑已经创建完成的单行文本，可以使用【注释】选项卡中【文字】面板的选项或【DDEDIT】和【PROPERTIES】两个命令（或直接双击文字）进行相关操作，具体操作方法如下。

Step01 创建单行文字，在需要修改的文字上双击，如图 11-18 所示。

园林景观

图 11-18

Step02 输入文字内容后按【Enter】键两次结束命令，❶ 单击选择单行文字对象后右击，❷ 单击【特性】命令，如图 11-19 所示。

图 11-19

Step03 打开【特性】面板，如图 11-20 所示。

图 11-20

Step04 打开【文字】面板，在【旋转】栏后输入角度值，如 90，按【空格】键确定，如图 11-21 所示。

图 11-21

Step05 ❶ 单击【对正】选项后的下拉按钮，❷ 单击【右下】选项，如图 11-22 所示。

图 11-22

技术看板

编辑文字命令【DDEDIT】和【PROPERTIES】不仅可以对单行文本进行编辑，同样也可对多行文字进行编辑。

Step06 在【倾斜】栏后输入角度值，如 45，按【空格】键确定，如图 11-23 所示。完成后按【Esc】键退出。

图 11-23

★重点 11.2.3 创建多行文字

AutoCAD 中【多行文字】由沿垂直方向任意数目的文字行或段落构成，可以指定文字行或段落的水平宽度。可以对多行文字进行移动、旋转、删除、复制、镜像或缩放操作。创建多行文字的具体操作方法如下。

Step01 打开【文字样式】对话框，❶ 设置字体名为【仿宋】，❷ 高度为 100，❸ 单击【应用】按钮，如图 11-24 所示。

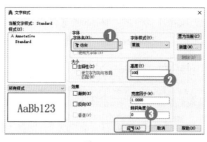

图 11-24

Step02 单击【文字】下拉按钮，单击【多行文字】按钮，如图 11-25 所示。

图 11-25

Step03 在绘图区空白处单击指定文本框的第一个角点，如图 11-26 所示。

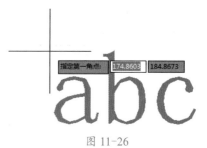

图 11-26

Step04 在适当位置单击指定对角点，如图 11-27 所示。

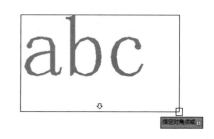

图 11-27

Step05 在打开的文本框内输入文字，如 "说明："，如图 11-28 所示。

图 11-28

Step06 按【Enter】键换行，如图 11-29 所示。

图 11-29

Step 07 在标尺右侧箭头上按住鼠标左键不放，向右拖动扩大文本框，至适当位置释放鼠标，如图 11-30 所示。

图 11-30

Step 08 输入文字，如"1. 按实际尺寸为准。"和"2. 单位为毫米（mm）。"，按【Enter】键换行，完成后在空白处单击，如图 11-31 所示。

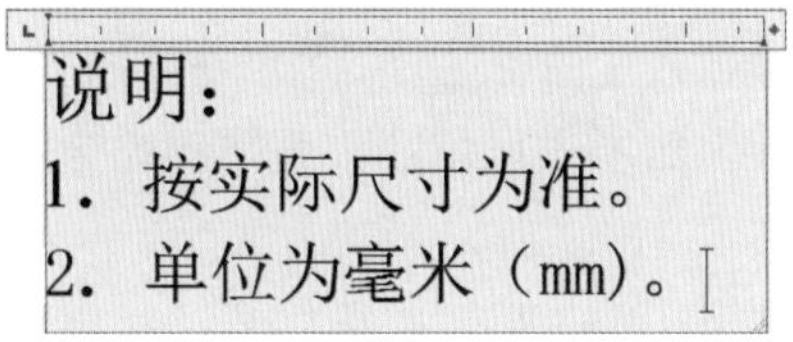

图 11-31

Step 09 完成多行文字的创建，单击文字，显示文字内容为一个整体，效果如图 11-32 所示。

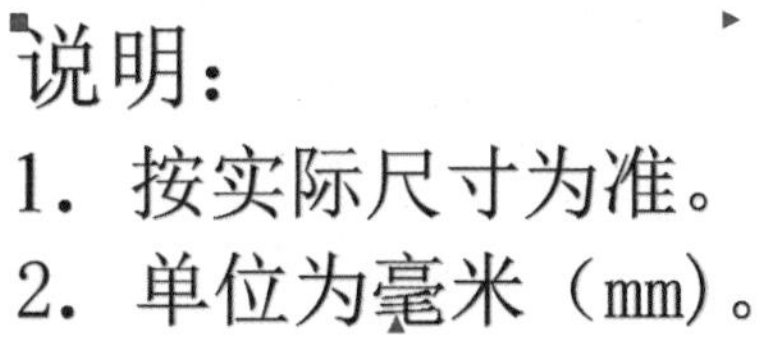

图 11-32

技术看板

【单行文字】适用于不需要多种字体或多行的内容，可以对单行文字进行字体、大小、倾斜、镜像、对齐和文字间隔调整等设置，其命令是 DTEXT。

【多行文字】由沿垂直方向任意数目的文字行或段落构成，可以指定文字行或段落的水平宽度。用户可以对其进行移动、旋转、删除、复制、镜像或缩放操作，其命令是 MTEXT。

★重点 11.2.4 设置多行文字格式

多行文字创建成功后，可以对其进行相关格式设置。下面将着重讲解修改文本内容、缩放文本、修改文字特性的方法。

1. 修改文本内容

在修改文本内容时，如果是针对个别文字进行修改，可以使用修改文本命令来删除、增加或替换文字内容，实现修改文本内容的目的，具体操作方法如下。

Step 01 创建并选择多行文字对象，如图 11-33 所示。

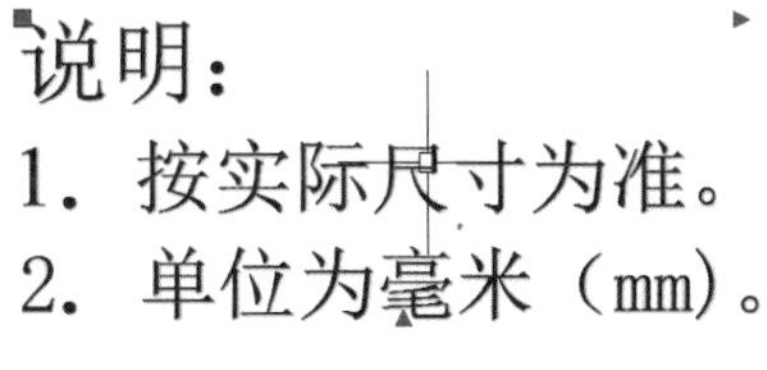

图 11-33

Step 02 双击需要修改内容的文本对象，将光标移动到要修改的文字位置，如图 11-34 所示。

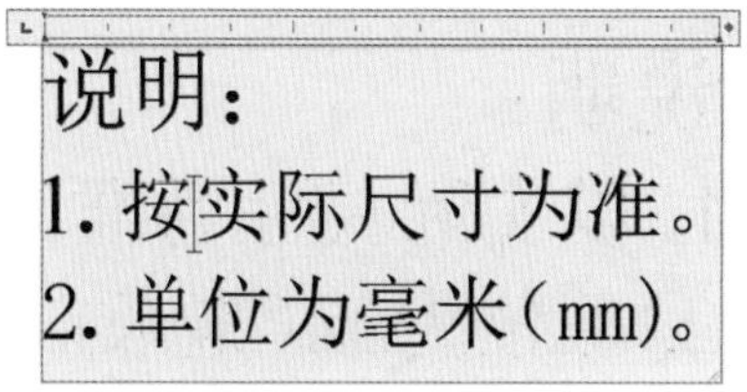

图 11-34

Step 03 选择要修改的文字，如图 11-35 所示。

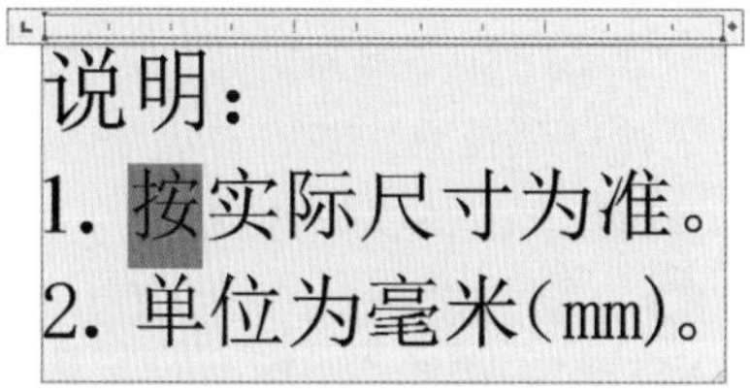

图 11-35

Step 04 输入替换原内容的文字，再选择要移动位置的文字，如图 11-36 所示。

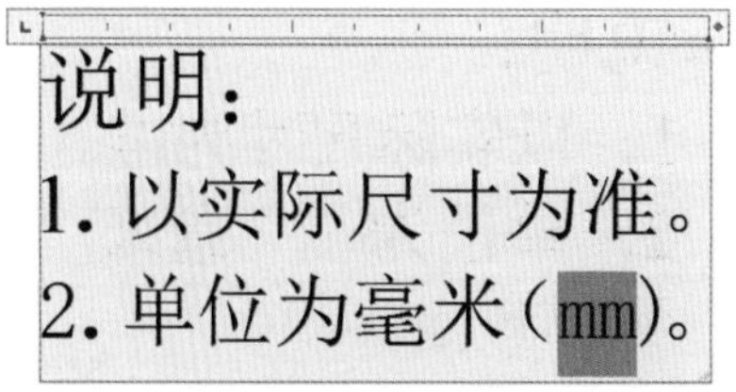

图 11-36

技术看板

如果要修改已创建的文字，分两种情况：一是修改单行文字，双击要修改的单行文字即可，若要修改多个单行文字，要在完成一个单行文字修改后，按【Enter】键显示【选择注释对象】的拾取框，单击选择对象即可进行修改，依此类推；二是修改多行文字，双击要修改的多行文字，弹出【文字格式】编辑器进行修改。

Step 05 将上一步选中的文字移动到相应位置，再选中"毫米"将其移动到括号内，如图 11-37 所示。

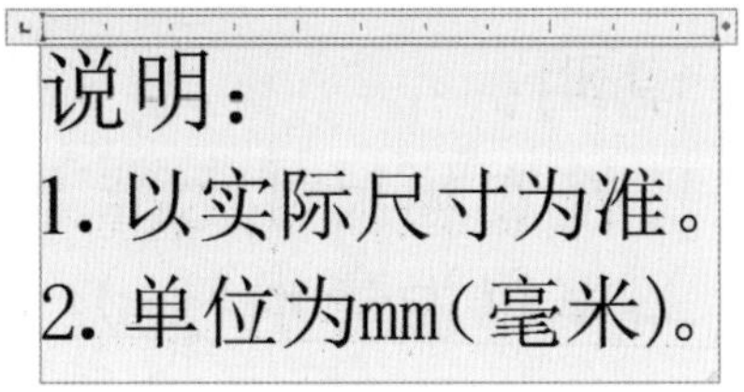

说明：
1. 以实际尺寸为准。
2. 单位为mm（毫米）。

图 11-37

2. 缩放文本

使用【缩放】命令，可以更改一个或多个文字对象的比例，而且不会改变其位置，这在建筑制图中十分有用，具体操作方法如下。

Step01 创建文字内容，单击【矩形】按钮 □，如图 11-38 所示。

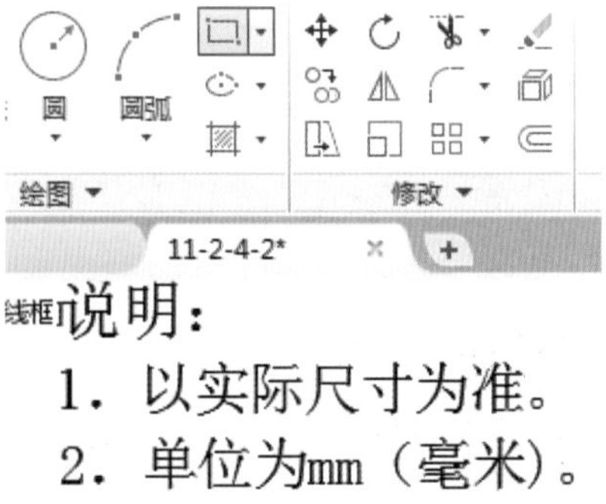

说明：
1. 以实际尺寸为准。
2. 单位为mm（毫米）。

图 11-38

Step02 沿文字大小绘制矩形框，如图 11-39 所示。

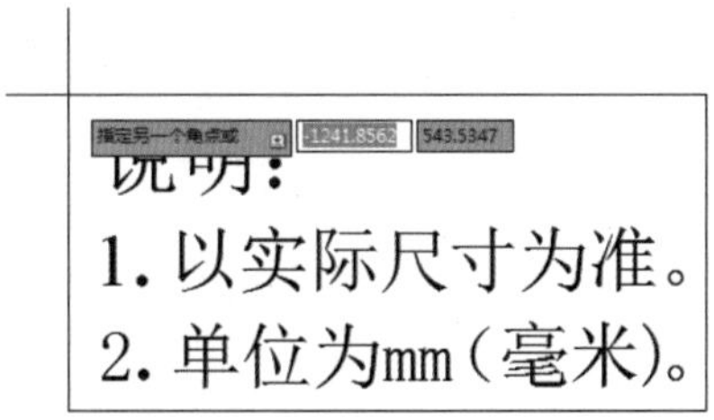

说明：
1. 以实际尺寸为准。
2. 单位为mm（毫米）。

图 11-39

Step03 ❶ 单击【注释】选项卡，❷ 单击【文字】按钮，❸ 单击【缩放】命令激活文字缩放命令，如图 11-40 所示。

图 11-40

Step04 单击选择需要缩放的文字内容，按【空格】键确认选择，如图 11-41 所示。

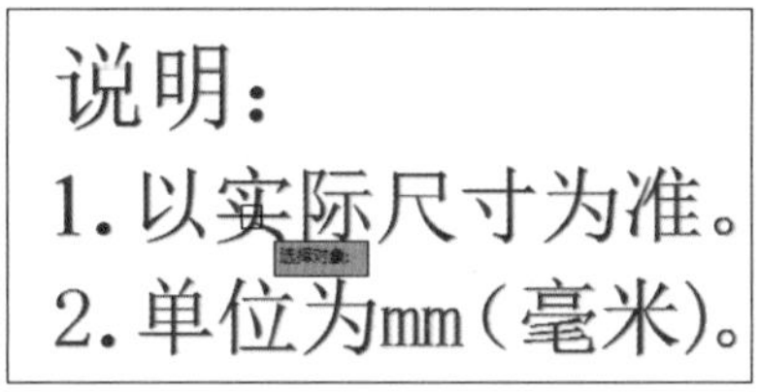

说明：
1. 以实际尺寸为准。
2. 单位为mm（毫米）。

图 11-41

Step05 输入缩放的基点选项，如居中【C】，按【空格】键确定，如图 11-42 所示。

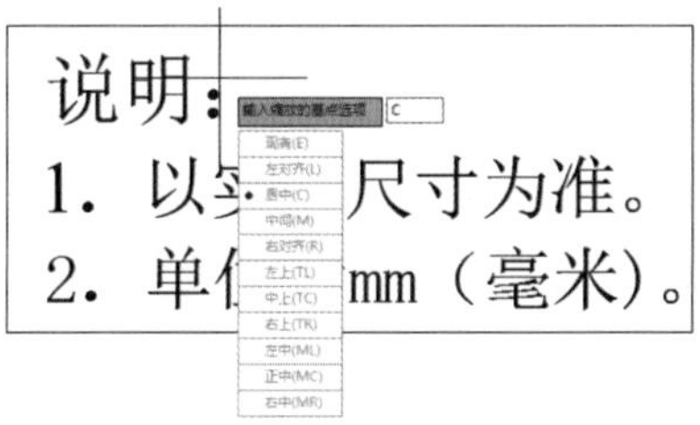

说明：
1. 以实际尺寸为准。
2. 单位为mm（毫米）。

图 11-42

Step06 输入文字的新高度，如 40，按【空格】键确定，如图 11-43 所示。

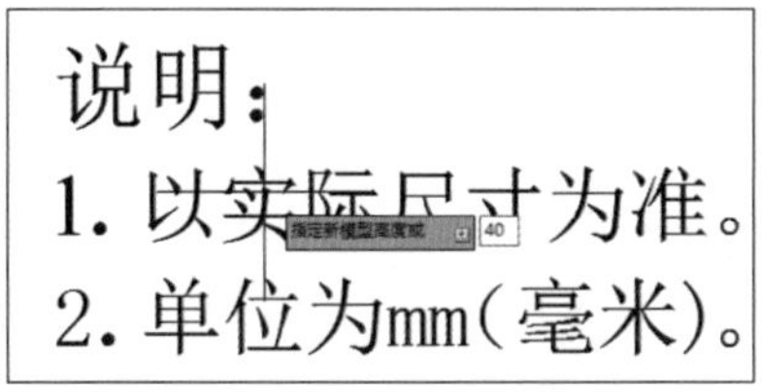

说明：
1. 以实际尺寸为准。
2. 单位为mm（毫米）。

图 11-43

Step07 缩小后的文字效果如图 11-44 所示。

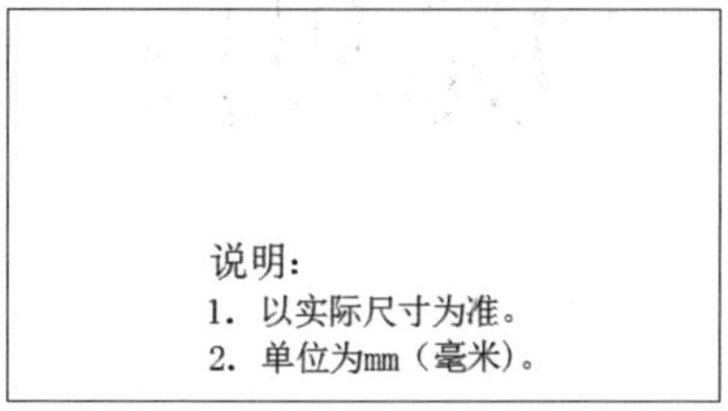

说明：
1. 以实际尺寸为准。
2. 单位为mm（毫米）。

图 11-44

技术看板

在修改对象文本中，除了【编辑】和【比例】外，还有【对正】命令。对正是指文本对象自身的对正方式；使用 JUSTIFYTEXT 命令可以重定义文字的插入点而不移动文字。例如，某个表或表格中包含的文字可能可以正确找到，但是表中的每个文字对象为了便于将来的修改，必须靠右对齐。

3. 修改文字特性

如果需要修改文本的文字特性，如样式、位置、方向、大小、对正或其他特性时，可以在【特性】管理器中进行编辑，具体操作方法如下。

Step01 创建多行文字对象，双击对象进入【文字编辑器】面板，如图 11-45 所示。

图 11-45

Step02 按住鼠标左键不放，拖动鼠标选择文字，如图 11-46 所示。

图 11-46

Step(03) 使文字加粗需要单击【粗体】按钮 **B**，使文字倾斜需要单击【斜体】按钮 *I*，设置完成后在绘图区空白处单击结束编辑，如图 11-47 所示。

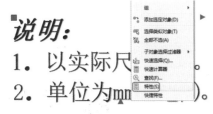

图 11-47

Step(04) 单击选择对象，右击打开快捷菜单，单击【特性】命令，如图 11-48 所示。

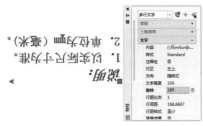

图 11-48

Step(05) 打开【特性】面板，打开【多行文字】面板，在【旋转】框中输入值180，按【空格】键确定，如图 11-49 所示。

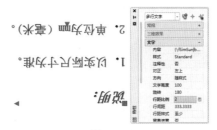

图 11-49

Step(06) 设置【行距比例】为2，按【空格】键确定，如图 11-50 所示。

图 11-50

技术看板

使用【MTXET】命令输入的文本，无论行数多少，都是一个实体，可进行整体选择、编辑等操作；而使用【DTEXT】命令输入多行文字时，每一行都是一个独立的实体，只能单独对每行进行选择、编辑等操作。

11.2.5　实战：在文字中添加特殊符号

实例门类	软件功能

在单行文字中可以通过输入替代符的方法输入特殊符号，但初学者很难记住所有特殊符号的替代符。基于此，AutoCAD 提供了【插入符号】功能，具体操作方法如下。

Step(01) 输入【多行文字】命令 T，按【空格】键确定，使用鼠标绘制文本框，如图 11-51 所示。

图 11-51

Step(02) 输入文字，如 1200，如图 11-52 所示。

图 11-52

Step(03) 将光标移动到文字前方，单击【符号】下拉按钮，单击【直径】符号，如图 11-53 所示。

图 11-53

Step(04) 给文字添加直径符号，如图 11-54 所示。

图 11-54

Step(05) ❶ 单击【符号】下拉按钮，❷ 单击【其他】选项，如图 11-55 所示。

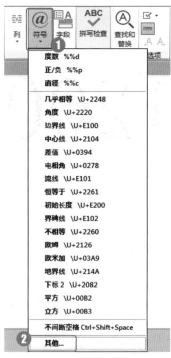

图 11-55

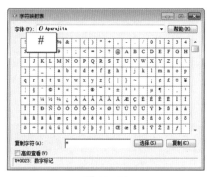

Step06 打开【字符映射表】对话框，单击选择【#】符号，单击【选择】按钮，然后单击【复制】按钮，如图 11-56 所示。

图 11-56

Step07 选择直径符号，单击鼠标右键，在弹出的快捷菜单中单击【粘贴】命令，如图 11-57 所示。

图 11-57

Step08 完成特殊符号的修改，效果如图 11-58 所示。

图 11-58

11.3 创建表格

表格在图形中很常见。表格是由单元格构成的矩阵，这些单元格中包含注释，内容主要是文字，也可以是块。无论是表格中的数据还是表格的外观，都可以方便地进行修改。

11.3.1 创建表格样式

在创建表格之前可以先设置好表格的样式。设置表格样式需要在【表格样式】对话框中进行，打开【表格样式】对话框的快捷命令是 TS，具体操作方法如下。

Step01 ① 单击【注释】选项卡，② 单击表格面板右下角的【表格】按钮↘，如图 11-59 所示。

图 11-59

Step02 打开【表格样式】对话框，单击【新建】按钮，如图 11-60 所示。

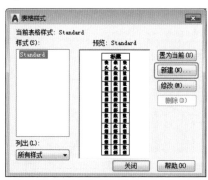

图 11-60

Step03 在【创建新的表格样式】对话框输入样式名"Standard 副本"，单击【继续】按钮，如图 11-61 所示。

图 11-61

Step04 打开【新建表格样式：Standard 副本】对话框，默认显示【常规】选项卡及其内容，如图 11-62 所示。

图 11-62

Step 05 单击【文字】选项卡，面板显示相应内容，如图 11-63 所示。

图 11-63

Step 06 单击【边框】选项卡，面板显示相应内容，完成设置后单击【确定】按钮，如图 11-64 所示。

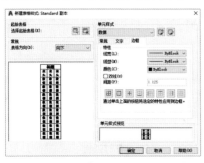

图 11-64

11.3.2　创建空白表格

表格是在行和列中包含数据的对象。空白表格由行和列组成，可在其任一单元格创建对象和格式。

创建空白表格的快捷命令为 TB，具体操作方法如下。

Step 01 新建图形文件，单击【表格】按钮，如图 11-65 所示。

图 11-65

Step 02 打开【插入表格】对话框，① 设置【列数】为 4，【数据行数】为 6，② 单击【确定】按钮，如图 11-66 所示。

图 11-66

Step 03 在绘图区空白处单击指定插入点，如图 11-67 所示。

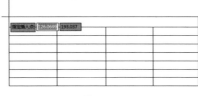

图 11-67

Step 04 完成表格的插入，程序默认进入标题行，效果如图 11-68 所示。

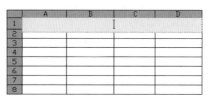

图 11-68

技术看板

在【插入表格】对话框的左侧可以看到表格的预览。在默认情况下，该位置将显示标准表格样式或上次使用的表格样式。可以从【表格】名称下拉列表中选择想要的表格样式。

11.3.3　在表格中输入文字

创建表格后，需要在表格中输入文字使表格更完整，具体操作方法如下。

Step 01 新建表格样式，单击【文字】选项卡，单击文字样式后的展开按钮，如图 11-69 所示。

图 11-69

Step 02 打开【文字样式】对话框，① 设置【字体名】为【宋体】，② 【高度】为 100，③ 单击【应用】按钮，如图 11-70 所示。

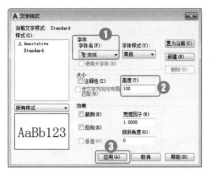

图 11-70

Step03 单击【确定】按钮，如图 11-71 所示。

图 11-71

Step04 在绘图区空白处单击指定插入点，如图 11-72 所示。

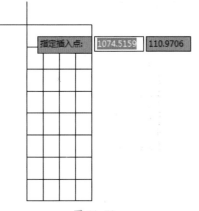

图 11-72

Step05 输入文字内容，如"主材说明"，在绘图区空白处单击，完成表格文字输入，如图 11-73 所示。

图 11-73

Step06 单击选择表格，单击表格右上角的【统一拉伸表格宽度】夹点，如图 11-74 所示。

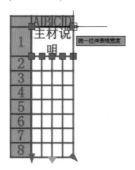

图 11-74

Step07 向右侧拖动夹点，至适当位置单击确定，如图 11-75 所示。

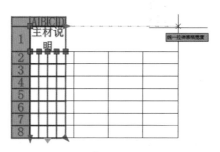

图 11-75

Step08 单击选择单元格，如图 11-76 所示。

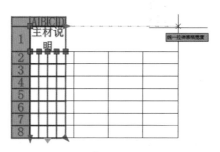

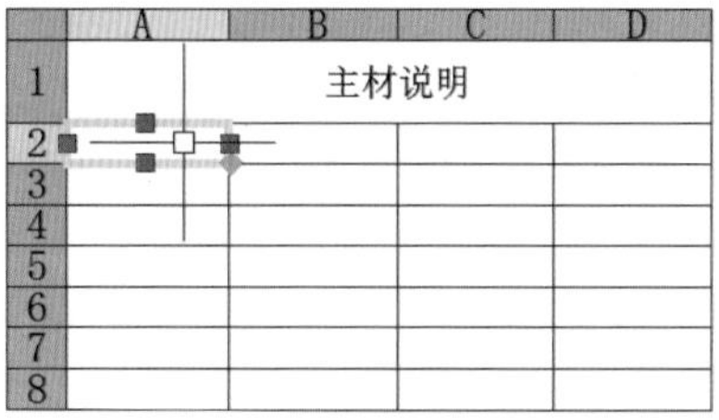

图 11-76

Step09 双击进入单元格文字输入状态，输入文字，如图 11-77 所示。

图 11-77

Step10 输入完成后按【Tab】键，在右侧单元格输入相应文字，如图 11-78 所示。

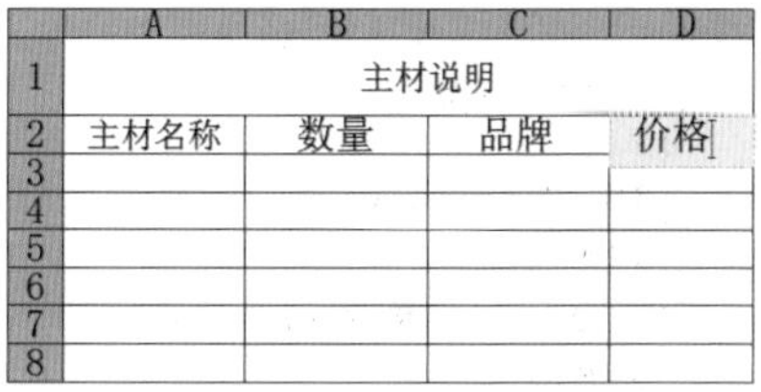

图 11-78

Step11 按【Tab】键，进入下方单元格，输入文字，如图 11-79 所示。

图 11-79

Step12 按【Enter】键，进入下方单元格，输入相应文字，如图 11-80 所示。

图 11-80

Step⑬ 单击选择表格，单击表格右下角的【统一拉伸表格宽度和高度】夹点，向右下方拖动，如图11-81所示。

图 11-81

Step⑭ 拖动至适当位置释放鼠标左键，效果如图11-82所示。

主材说明			
主材名称	数量	品牌	价格
组合沙发			
床及床垫			
餐桌			
鞋柜			
衣柜			
五金洁具			

图 11-82

技术看板

在表格中同样可以插入字段或图块等，在输入数据时在右键菜单选择相应的选项即可。

技术看板

在输入文字的时候，用户可以使用方向键↑、↓、←、→来切换需要编辑的单元格。例如，按↑键把光标移至上一单元格；按→键移至右一单元格。

11.3.4 实战：设置单元格的数据格式

实例门类	软件功能

一份完整的表格必须包含文字和数据内容，AutoCAD中不仅可以

设置文字格式，同样可以设置数据格式，具体操作方法如下。

Step① 打开"素材文件\第11章\11-3-4.dwg"，单击选择单元格，如图11-83所示。

主材说明			
主材名称	数量	品牌	价格
组合沙发			
床及床垫			
餐桌			
鞋柜			
衣柜			
五金洁具			

图 11-83

Step② 依次在相应单元格输入文字内容，如图11-84所示。

主材说明			
主材名称	数量	品牌	价格
组合沙发	1	宜家	8000
床及床垫	3	宜家	12000
餐桌			
鞋柜			
衣柜			
五金洁具			

图 11-84

Step③ 设置货币数据格式。❶ 单击选择要设置数据格式的单元格，❷ 单击【数据格式】下拉按钮，❸ 单击【货币】按钮，即可完成数据的格式设置，如图11-85所示。

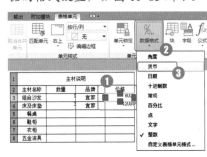

图 11-85

Step④ ❶ 单击选择要设置数据格式的单元格，❷ 单击【数据格式】下拉按钮，❸ 单击【自定义表格单元格式】按钮，如图11-86所示。

图 11-86

Step⑤ 打开【表格单元格式】对话框，❶ 单击【小数】类型，❷ 单击【小数】格式，❸ 单击【当前精度】下拉按钮，❹ 单击选择0.00，❺ 单击【确定】按钮，如图11-87所示。

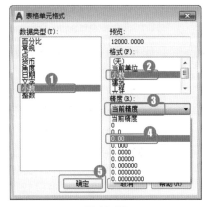

图 11-87

Step⑥ 设置效果如图11-88所示。

主材说明			
主材名称	数量	品牌	价格
组合沙发	1	宜家	￥8000.00
床及床垫	3	宜家	12000.00
餐桌			
鞋柜			
衣柜			
五金洁具			

图 11-88

11.4 编辑表格

表格是行和列中包含数据的复合对象，无论是表格中的数据还是表格的外观，在创建完成后，如果不符合要求，都可以在 AutoCAD 中进行修改。

★重点 11.4.1 添加和删除表格的行和列

表格创建完成后，会根据需要对当前表格的行列进行相应调整，如添加或删除行和列，具体操作方法如下。

Step 01 打开"素材文件\第 11 章\11-4-1.dwg"，❶单击选择单元格，在【表格单元】选项卡中，❷单击【从左侧插入】按钮，如图 11-89 所示。

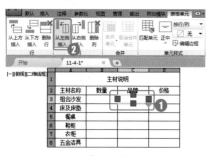
图 11-89

Step 02 在所选单元格左侧会新建一列，如图 11-90 所示。

图 11-90

Step 03 单击【从右侧插入】按钮，所选单元格右侧会新建一列，如图 11-91 所示。

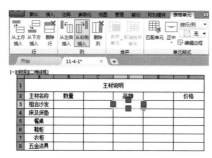
图 11-91

Step 04 单击选择单元格，在【表格单元】选项卡单击【从上方插入】按钮，如图 11-92 所示。

图 11-92

Step 05 所选单元格上方即可新建一行，如图 11-93 所示。

图 11-93

Step 06 单击选择【单元格】，在【表格单元】选项卡中，单击【从下方插入】按钮，所选单元格下方即新建一行，如图 11-94 所示。

Step 07 在添加的单元格中输入文字，如图 11-95 所示。

图 11-94

图 11-95

Step 08 选择单元格，如图 11-96 所示。

图 11-96

Step 09 单击【删除列】按钮，即可删除所选单元格所在的列，如图 11-97 所示。

图 11-97

Step⑩ 在单元格输入文字，单击选择空白单元格，如图 11-98 所示。

图 11-98

Step⑪ 单击【删除行】按钮，即可删除所选单元格所在的行，如图 11-99 所示。

图 11-99

11.4.2 合并表格单元格

单元格是组成表格最基本的元素，在编辑表格时有可能只需要调整某一个单元格即可完成表格调整，如合并单元格，具体操作方法如下。

Step① 打开"素材文件\第 11 章\11-4-2.dwg"，框选需要合并的单元格，如图 11-100 所示。

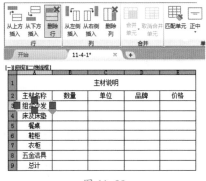

图 11-100

技术看板

在选择单元格的时候，可以采用拖动矩形框的方式，也可以首先选中一个单元格，然后按住【Shift】键单击即可加选。

Step② 单击【合并单元格】下拉按钮，单击【按行合并】命令，如图 11-101 所示。

图 11-101

Step③ 即可将所选单元格合并，效果如图 11-102 所示。

图 11-102

11.4.3 调整表格行高和列宽

在编辑表格的过程中，必须经常根据内容或版面的需要对表格的行高和列宽进行相应调整，具体操作方法如下。

Step① 打开"素材文件\第 11 章\11-4-3.dwg"，单击表格边框选择所创建的表格，如图 11-103 所示。

图 11-103

Step② 单击表格左上方夹点，可以移动表格，如图 11-104 所示。

图 11-104

Step③ 单击表格列端点处的夹点，左右移动鼠标可以更改列宽，如图 11-105 所示。

图 11-105

技术看板

要选择一个单元格，可以在该单元格中单击，也可以单击列标题或行标题，或者在几个单元格之间拖动来选择它们。

Step④ 单击表格下的箭头，上下移动鼠标可以统一拉伸表格高度，如图 11-106 所示。

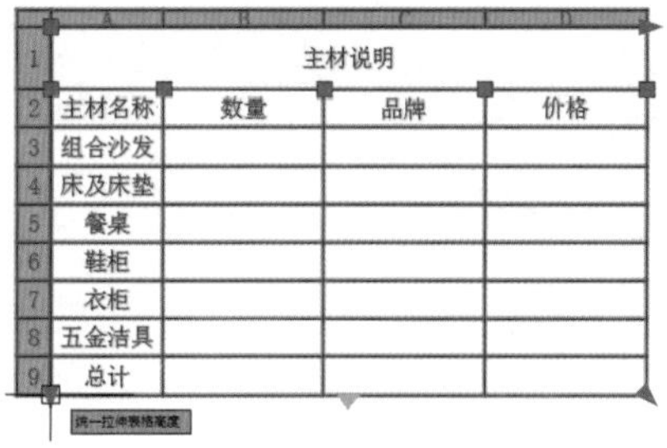

图 11-106

Step 05 单击表格右上角箭头▶，移动鼠标可以统一拉伸表格宽度，如图 11-107 所示。

图 11-107

Step 06 单击表格右下角箭头◀，移动鼠标可以统一拉伸表格宽度和高度，如图 11-108 所示。

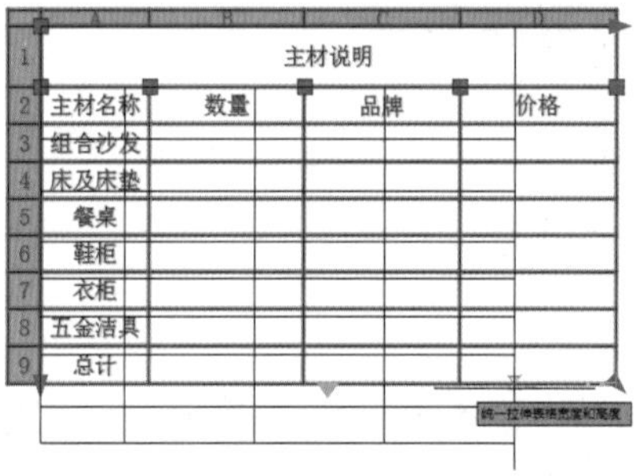

图 11-108

技术看板

在调整表格的行高和列宽时，选择表格后右击，在弹出的快捷菜单中单击【均匀调整列大小】命令可以均匀调整当前表格中列的大小；单击【均匀调整行大小】命令可以均匀调整当前表格中行的大小。

11.4.4 设置单元格的对齐方式

在一个表格中如果有多种类型的对象，常常需要使用对齐方式来使表格更加美观实用。设置单元格对齐方式的具体操作方法如下。

Step 01 打开"素材文件\第 11 章\11-4-4.dwg"，选择要设置对齐方式的单元格，单击【右上】下拉按钮，单击【正中】选项，如图 11-109 所示。

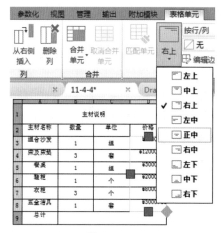

图 11-109

Step 02 所选单元格对象即可按设置要求居中对齐，如图 11-110 所示。

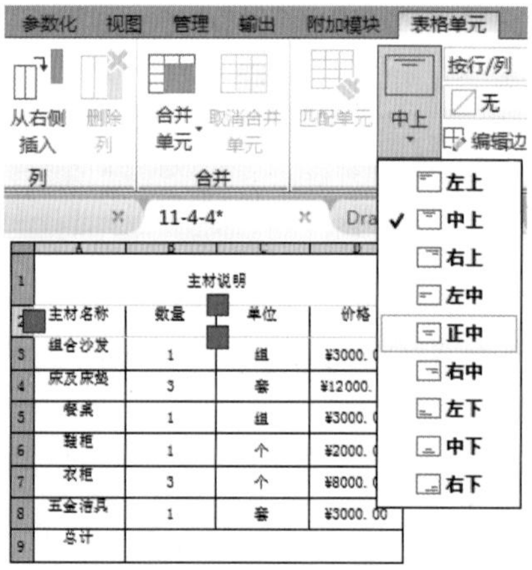

图 11-110

Step 03 ❶ 选择要设置对齐方式的单元格，❷ 单击【对齐】下拉按钮，❸ 单击【正中】选项，如图 11-111 所示。

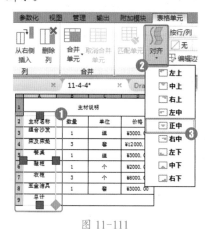

图 11-111

Step 04 所选单元格对象即按设置要求居中对齐，效果如图 11-112 所示。

	A	B	C	D
1	主材说明			
2	主材名称	数量	单位	价格
3	组合沙发	1	组	¥3000.00
4	床及床垫	3	套	¥12000.00
5	餐桌	1	组	¥3000.00
6	鞋柜	1	个	¥2000.00
7	衣柜	3	个	¥8000.00
8	五金洁具	1	套	¥3000.00
9	总计			

图 11-112

妙招技法

通过对前面知识的学习，相信读者已经掌握了文字、表格的创建与编辑的相应操作。下面结合本章内容，给大家介绍一些实用技巧。

技巧 01 如何设置文字效果

在【文字样式】对话框中的【效果】区域可以修改字体的特性，如高度、宽度因子、倾斜角以及是否颠倒显示、反向或垂直对齐等特性内容，左侧的预览框中可观察修改效果。设置文字效果的具体操作方法如下。

Step01 打开【文字样式】对话框，未设置效果前样式正常显示，如图 11-113 所示。

图 11-113

Step02 勾选【效果】选项栏【颠倒】复选框，预览栏内显示文字的颠倒效果，如图 11-114 所示。

图 11-114

Step03 勾选【效果】选项栏的【反向】复选框，预览栏内显示文字的反向效果，如图 11-115 所示。

图 11-115

技术看板

编辑文字效果时，要注意【垂直】选项只有当字体支持双重定向时才可用，并且不能用于 TrueType 类型的字体，例如，在选择汉字字体时，不能使用【垂直】选项。如果要绘制倒置的文本，不一定要使用【颠倒】选项，也可输入 MIRRTEXT 命令将值设为 1，然后再用【镜像】（快捷命令 MI）命令使之颠倒。

Step04 在【效果】选项栏的【倾斜角度】文本框内输入数值，如 45，预览栏内显示文字的倾斜效果，如图 11-116 所示。

图 11-116

技巧 02 如何快速插入特殊符号

在文本标注的过程中，有时需要输入一些控制码和专用字符。AutoCAD 根据用户的需要提供了一些常用特殊字符的输入方法，方便初学者快捷插入特殊符号，具体操作方法如下。

Step01 输入并执行【多行文字】命令 T，在绘图区创建文字框，输入内容 1500，如图 11-117 所示。

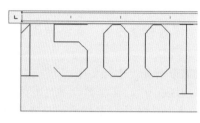

图 11-117

Step02 按下【Shift】键输入 %% P，如图 11-118 所示。

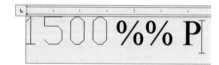

图 11-118

Step03 释放【Shift】键显示特殊符号，如图 11-119 所示。

图 11-119

常用特殊符号快捷键如表 11-1 所示。

表 11-1 常用特殊符号快捷键

特殊字符	输入方式	字符说明
±	%%p	公差符号
‾	%%o	上划线
_	%%u	下划线
Ø	%%c	直径符号
°	%%d	度

技巧 03　如何修改单元格特性

在 AutoCAD 中，不仅可以通过单元格调整表格的外框，还可以通过单元格修改表格的细节，如修改单元格的边框、颜色、线型、字体等特性内容，具体操作方法如下。

Step01 打开"素材文件\第 11 章\技巧 03.dwg"，选择单元格，在所选单元格上右击，在弹出的快捷菜单中单击【特性】命令，如图 11-120 所示。

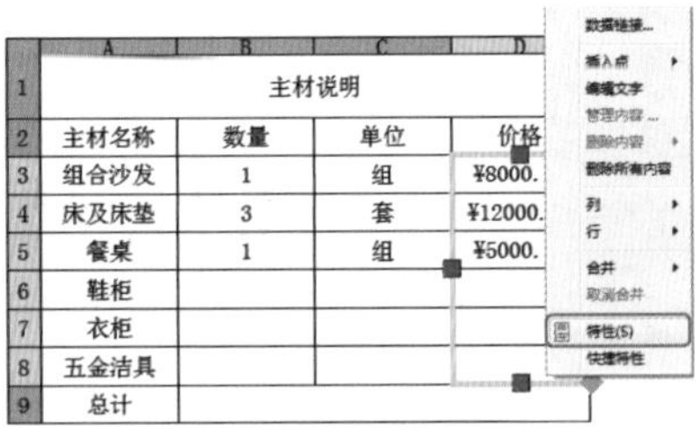

图 11-120

Step02 打开【特性】面板，单击【背景填充】下拉按钮，单击【红】选项，所选单元格底色显示为红色，如图 11-121 所示。

图 11-121

Step03 选择所有单元格，单击【边界颜色】的打开按钮，如图 11-122 所示。

图 11-122

Step04 打开【单元边框特性】对话框，单击【颜色】下拉按钮，单击【青】选项，如图 11-123 所示。

图 11-123

Step05 设置边框颜色，单击预览框中的上边框线，该边框线即显示为青色，如图 11-124 所示。

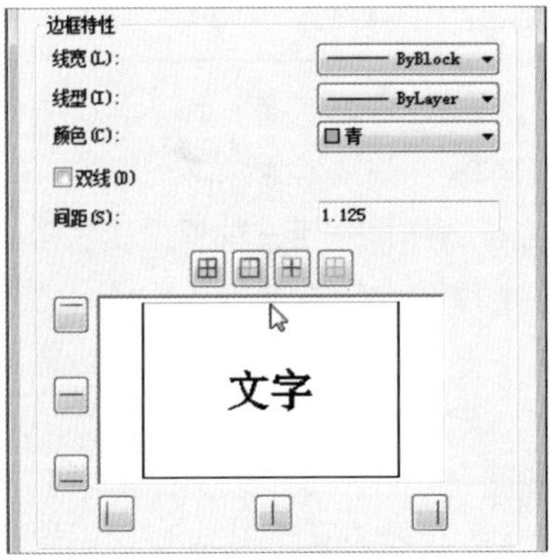

图 11-124

Step06 单击预览框中的左边框线，该边框线即显示为青色，如图 11-125 所示。

图 11-125

Step07 单击【所有边框】按钮，预览框显示所有边框线都为青色，单击【确定】按钮，如图 11-126 所示。

图 11-126

Step08 此时所有单元格边线都显示为青色，效果如图 11-127 所示。

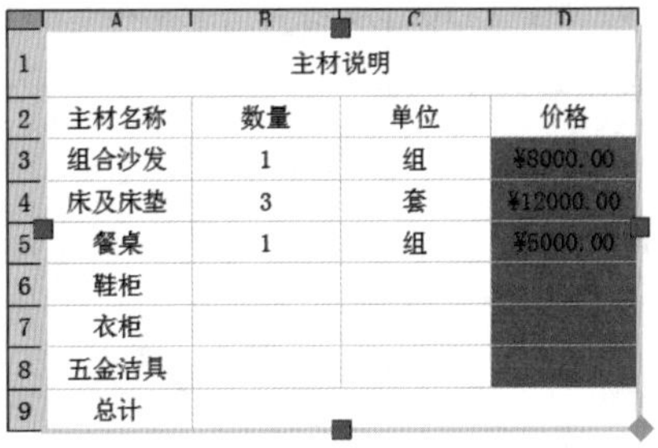

图 11-127

Step09 选择单元格，如图 11-128 所示。

主材说明			
主材名称	数量	单位	价格
组合沙发	1	组	¥8000.00
床及床垫	3	套	¥12000.00
餐桌	1	组	¥5000.00
鞋柜			
衣柜			
五金洁具			
总计			

图 11-128

Step⑩ 在单元格中输入文字，单击选择单元格，如图 11-129 所示。

主材说明			
主材名称	数量	单位	价格
组合沙发	1	组	¥8000.00
床及床垫	3	套	¥12000.00
餐桌	1	组	¥5000.00
鞋柜			
衣柜			
五金洁具			
总计		¥25000.00	

图 11-129

Step⑪ 在【特性】面板单击【内容】选项，单击【文字颜色】下拉按钮，单击【红】选择，所选单元格中的文字都显示为红色，如图 11-130 所示。

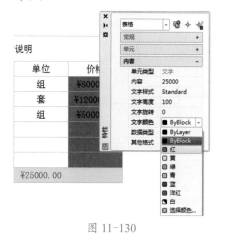

图 11-130

Step⑫ 最终效果如图 11-131 所示。

主材说明			
主材名称	数量	单位	价格
组合沙发	1	组	¥8000.00
床及床垫	3	套	¥12000.00
餐桌	1	组	¥5000.00
鞋柜			
衣柜			
五金洁具			
总计		¥25000.00	

图 11-131

过关练习——绘制 PPR 管外径与公称直径对照表

在 AutoCAD 中，文字和表格是必须掌握的技巧，文字可以对图形中不便于表达的内容加以说明，表格可以使图形更加清晰易懂，使设计和施工及加工人员对图形一目了然。对于工程设计类图纸来说，没有文字说明的图纸简直就是一堆废纸。绘制 PPR 管外径与公称直径对照表的具体操作方法如下。

结果文件	结果文件\第 11 章\PPR 管外径与公称直径对照表.dwg

Step① 新建图形文件，输入【表格样式】命令 TS，按【Enter】键确定，打开【表格样式】对话框，❶ 单击【新建】按钮，打开【创建新的表格样式】对话框，❷ 输入新样式名，❸ 单击【继续】按钮，如图 11-132 所示。

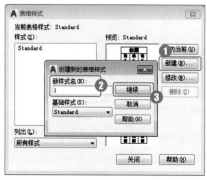

图 11-132

Step② 打开【新建表格样式：1】对话框，❶ 单击【对齐】下拉按钮，❷ 单击【正中】选项，如图 11-133 所示。

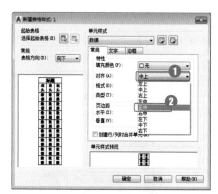

图 11-133

Step③ ❶ 单击【文字】选项卡，❷ 输入文字高度为 12，❸ 单击【确定】按钮，如图 11-134 所示。

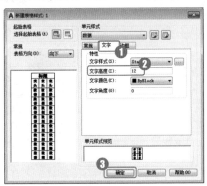

图 11-134

Step04 ❶ 选择新建的表格样式 1，❷ 单击【置为当前】按钮，❸ 单击【关闭】按钮，如图 11-135 所示。

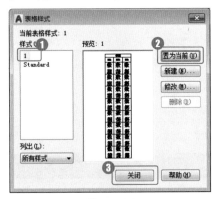

图 11-135

Step05 单击【表格】按钮，❶ 在【插入表格】对话框设置【列数】为 4、【列宽】为 100、【数据行数】为 5、【行高】为 6，❷ 设置【第二行单元样式】为数据，❸ 单击【确定】按钮，如图 11-136 所示。

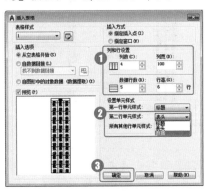

图 11-136

Step06 绘图区域中要插入的表格将随着十字光标出现，单击指定插入

点创建表格，如图 11-137 所示。

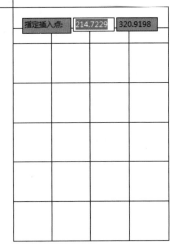

图 11-137

Step07 创建表格后，文字标注自动进入标题栏，如图 11-138 所示。

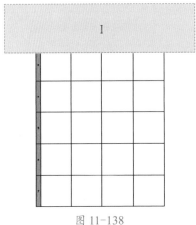

图 11-138

Step08 在打开的【文字编辑器】面板中，❶ 设置【字体】为宋体，❷【字体高度】为 15，如图 11-139 所示。

图 11-139

Step09 按【Enter】键确定，输入"PPR管外径与公称直径对照表"，如图 11-140 所示。

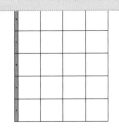

图 11-140

Step10 按键盘上的【↓】键移动至下一单元格，设置【字体高度】为 12，按【Enter】键确定，然后输入文字，效果如图 11-141 所示。

公称直径

图 11-141

Step11 按键盘上的【↓】键，移动至下一单元格，输入文字，如图 11-142 所示。

PPR管外径与公称直径对照表			
公称直径			
外径 X 壁厚			

图 11-142

Step12 依次按下键盘上的【↓】键，移动至下一单元格，输入文字，效果如图 11-143 所示。

PPR管外径与公称直径对照表

公称直径			
外径 X 壁厚			
公称外径			
外径 X 壁厚			
公称直径			
外径 X 壁厚			

图 11-143

Step⑬ 选择【公称直径】后的单元格，输入文字，如图 11-144 所示。

图 11-144

Step⑭ 依次按下【Tab】键，进入右侧单元格，输入相应文字，如图 11-145 所示。

PPR管外径与公称直径对照表		
公称直径 DN15	DN20	DN25
外径 X壁厚		
公称外径		

图 11-145

Step⑮ 依次按下【Tab】键，依次进入下一个单元格，输入相应文字，效果如图 11-146 所示。

PPR管外径与公称直径对照表		
公称直径	DN15	DN20	DN25
外径 X壁厚	⌀20×2.3	⌀25×2.3	⌀32×3.0
公称外径			

图 11-146

Step⑯ 完成后的表格效果如图 11-147 所示。

PPR管外径与公称直径对照表		
公称直径	DN15	DN20	DN25
外径 X 壁厚	⌀20×2.3	⌀25×2.3	⌀32×3.0
公称外径	DN32	DN40	DN50
外径 X 壁厚	⌀40×3.7	⌀50×3.6	⌀63×5.8
公称直径	DN70	DN80	DN100
外径 X 壁厚	⌀75×6.9	⌀90×8.2	⌀110×10.0

图 11-147

本章小结

　　本章介绍了如何创建、编辑和管理文字与表格的技巧，主要是对前期所绘制的图形进行补充和完善。读者一定要重点掌握文字和表格的相关内容，这两部分知识在整个 AutoCAD 软件的学习中非常重要。

AutoCAD 提供了不同视角和显示图形的设置工具，可以在不同的坐标系之间切换，方便绘制和编辑三维图形。使用三维绘图功能，可以直观地表现出物体的实际形状，本章将介绍 AutoCAD 中三维绘图的一些基本知识和基本功能应用，为读者后期三维制图的学习打下良好的基础。

第 **12** 章　三维实体建模

- ➡ AutoCAD 如何进行三维模型的分类？
- ➡ AutoCAD 中的三维坐标系统有哪些？
- ➡ AutoCAD 如何显示与观察三维图形？
- ➡ AutoCAD 中如何创建三维实体对象？

学完这一章的内容，可以在 AutoCAD 中绘制三维图形。本章主要讲解创建并编辑三维实体模型的方法，包括三维实体对象的创建和对模型的编辑修改，使初学者可以快速掌握三维建模入门的方法。只有掌握好三维实体创建和编辑命令，才能熟练创建各类三维实体模型。

12.1　三维模型的分类

在 AutoCAD 中绘制的三维图形有 3 种分类，即线框对象、表面模型对象、实体模型对象，本节将对这 3 种类型的模型进行讲解。

12.1.1　线框建模

线框建模是三维模型的简单表现形式，它所表现的物体都是通过顶点和与之相连的棱边产生的。和二维 CAD 系统一样，三维 CAD 系统也为使用者提供了基本元素，即点、直线、圆和圆弧及自由曲线等，创建好的线框模型如图 12-1 所示。

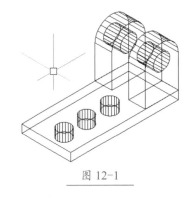

图 12-1

12.1.2　表面建模

表面建模是描述实体的面。面向表面的系统可以生成表面多次弯曲并且无法用解析法描述的物体，这种表面也称为自由曲面。自由曲面的计算机内部表述特征是它具有插补性，或称近似性，为此产生了许多自由曲面的描述方法，如

Bezier、Coons、NURBS 描述，以及 B 样条插补。

在表面建模的基础上可以构造更复杂、更美观的表面，如图 12-2 所示。

图 12-2

此外，表面建模系统还提供了表面图案纹理和反射度等特征的设置，并可以进行简单的着色和渲染。

12.1.3 实体建模

实体建模是三维建模的一种重要方法，它满足完整描述一个真实的、理想的物体的要求。实体建模可以在计算机内部对几何物体进行唯一的、无冲突的和完整的描述。一般是通过拉伸或旋转命令创建实体模型，另一种建模方式是扫描表示法，即通过一个闭合的轮廓沿一个路径扫描而成，如图 12-3 所示。

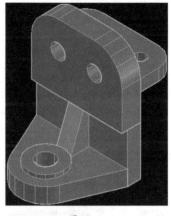

图 12-3

12.2 三维坐标系统

三维笛卡尔坐标系是在二维笛卡尔坐标系的基础上，根据右手法则增加第三维坐标（Z 轴）而形成的。同二维坐标系一样，AutoCAD 中的三维坐标系有世界坐标系和用户坐标系两种形式。

★重点 12.2.1 三维坐标系的概念

AutoCAD 的三维坐标系由 3 个通过同一点且彼此垂直的坐标轴构成，这 3 个坐标轴分别称为 X 轴、Y 轴和 Z 轴，交点为坐标系的原点，也就是各个坐标轴的坐标零点。

从原点出发，坐标轴正方向上的点用正的坐标值度量，而坐标轴负方向上的点用负的坐标值度量。因此，在 AutoCAD 的三维空间中，任意一点的位置可以由三维坐标轴上的坐标（X,Y,Z）唯一确定。

AutoCAD 三维坐标系的构成如图 12-4 所示。

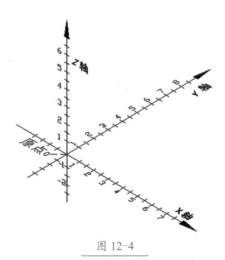

图 12-4

技术看板

三维坐标系也叫空间直角坐标系，由 X 轴、Y 轴、Z 轴构成，两两垂直，用于描述三维空间的物体位置。

★重点 12.2.2 右手法则与坐标系

在 AutoCAD 的三维坐标系中，

3 个坐标轴的正方向可以根据右手法则来确定，具体方法是将右手背对着屏幕放置，伸出拇指、食指和中指。其中，拇指和食指的指向分别表示坐标系的 X 轴和 Y 轴的正方向，而中指所指向的方向表示该坐标系 Z 轴的正方向，如图 12-5 所示。

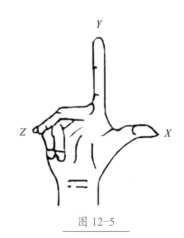

图 12-5

在三维坐标系中，3 个坐标轴旋转方向的正方向也可以根据右手法则确定。具体方法是用右手的拇指指向某一坐标轴的正方向，弯曲其他 4 个手指，手指的弯曲方向表示该坐标轴的正旋转方向，如图 12-6 所示。例如，用右手握 Z 轴，握 Z 轴的 4 根手指的指向代表从正 X 到正 Y 的旋转方向，而拇指指向为正 Z 轴方向。

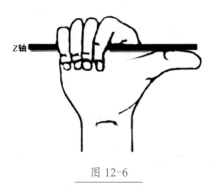

图 12-6

技术看板

在 AutoCAD 中，三维世界坐标系是在二维世界坐标系的基础上，根据右手法则增加 Z 轴而形成的。同二维世界坐标系一样，三维世界坐标系是其他三维坐标系的基础，不能对其重新定义。

★重点 12.2.3 三维坐标的 3 种形式

进行三维建模时，常常需要使用精确的坐标值确定三维点。在 AutoCAD 中可使用多种形式的三维坐标，包括直角坐标形式、柱坐标形式、球坐标形式。

直角坐标、柱坐标和球坐标都是对三维坐标系的一种描述，其区别是度量的形式不同。这 3 种坐标形式是相互等效的，也就是说，AutoCAD 三维空间中的任意一点，可以分别使用直角坐标、柱坐标或球坐标描述，其作用完全相同，在

实际操作中可以根据具体情况选择坐标形式。

1. 直角坐标

AutoCAD 三维空间中的任意一点都可以用直角坐标（X,Y,Z）的形式表示，其中 X、Y 和 Z 分别表示该点在三维坐标系中 X 轴、Y 轴和 Z 轴上的坐标值。

例如，点 P（5,4,3）表示一个沿 X 轴正方向 5 个单位，沿 Y 轴正方向 4 个单位，沿 Z 轴正方向 3 个单位的点，该点在坐标系中的位置如图 12-7 所示。

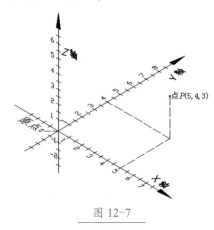

图 12-7

2. 柱坐标

柱坐标用（L<a,Z）形式表示，其中 L 表示该点在 XOY 平面上的投影到原点的距离，a 表示该点在 XY 平面上的投影和原点之间的连线与 X 轴的夹角，Z 为该点在 Z 轴上的坐标。从柱坐标的定义可知，如果 L 坐标值保持不变，改变 a 坐标和 Z 坐标时，将形成一个以 Z 轴为中心的圆柱面，L 为该圆柱面的半径，这种坐标形式被称为柱坐标。例如，点 P（6<30,4）的位置如图 12-8 所示。

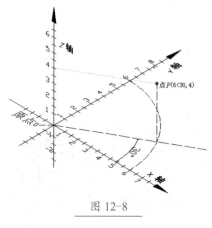

图 12-8

3. 球坐标

球坐标用（L<a<b）的形式表示，其中 L 表示该点到原点的距离，a 表示该点与原点的连线在 XOY 平面上的投影与 X 轴之间的夹角，b 表示该点与原点的连线与 XOY 平面的夹角。从球坐标的定义可知，如果 L 坐标值保持不变，改变 a 和 b 时，将形成一个以原点为中心的圆球面，L 为该圆球半径，这种坐标形式被称为球坐标。例如，点 P（6<30<25）的位置如图 12-9 所示。

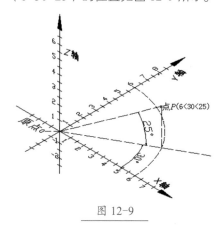

图 12-9

以上 3 种坐标形式都是相对于坐标系原点而言的，可以称为绝对坐标。此外，AutoCAD 还可以使用相对坐标。例如，某条直线起点的绝对坐标为（#1,2,2），终点的绝对坐标为（#5,6,4），则终点相对于起

点的相对坐标为（@4,4,2），如图
12-10 所示。

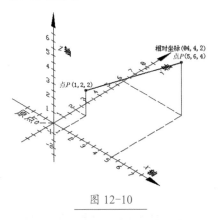

图 12-10

与二维制图一样，AutoCAD
2021 动态 UCS 默认开启，所以使用
相对坐标时可以省略掉【@】符号，
若输入绝对坐标，则需在坐标前面
打【#】号。

12.2.4 世界坐标系与用户坐标系

在 AutoCAD 的三维空间中，
可以使用两种类型的三维坐标系：
一种是固定不变的世界坐标系，另
一种是可移动的用户坐标系。可移
动的用户坐标系对于输入坐标、建
立图形平面和设置视图非常有用。
用户坐标系可以进行定义、保存、
恢复和删除等操作。

AutoCAD 的每个图形文件都包
含一个唯一的、固定不变的、不可
删除的基本三维坐标系，这个坐标
系被称为世界坐标系。世界坐标系
为图形中所有的图形对象提供了
一个统一的度量。单击用户坐标
系工具选项板中的【世界】按钮，
即可将用户坐标系设置为世界坐
标系。进入世界坐标系的操作方
法如下。

Step01 打开 AutoCAD 2021，❶单击
【工作空间】下拉按钮，❷单击【三
维基础】选项，如图 12-11 所示。

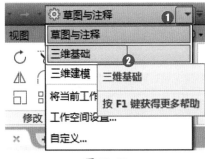

图 12-11

Step02 单示【三维基础】工作面板，
单击【可视化】选项卡，显示【坐
标】面板，如图 12-12 所示。

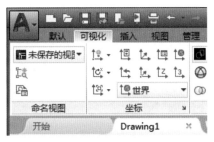

图 12-12

Step03 单击【命名 UCS 组合框控制】
下拉菜单，选择"世界"图标即可切
换到世界坐标系，如图 12-13 所示。

图 12-13

12.2.5 动态坐标系

在一个图形文件中，除了世界
坐标系之外，AutoCAD 还可以定义
多个用户坐标系。顾名思义，用户
坐标系是指可以由用户自行定义的

一种坐标系，即动态坐标系。

为了更好地掌握三维模型的创
建，必须理解坐标系的概念和具体
用法。首先要知道即使在 AutoCAD
三维空间中进行建模，很多操作也
只能在 XY 平面（构造平面）上进
行，所以在绘制三维图形的过程中
经常需要调整用户坐标系。

在 AutoCAD 中，用户可以在
任意位置和方向指定坐标系的原点、
XY 平面和 Z 轴，从而得到一个新的
用户坐标系。调整动态坐标系的具
体操作方法如下。

Step01 打开"素材文件\第 12 章\
12-2-5.dwg"，这个实体模型与坐标
图标有一定的距离，如图 12-14 所示。

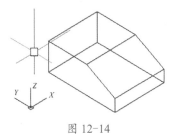

图 12-14

Step02 输入【UCS】按【Enter】键确
定，单击指定新的坐标原点，将坐标
原点定位在实体模型上，如图 12-15
所示。

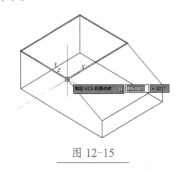

图 12-15

默认情况下，X 轴正向为屏幕
水平向右，Y 轴正向为垂直向上，Z
轴正向为垂直屏幕平面指向使用者。
坐标原点在屏幕左下角。

Step03 单击指定 X 轴上的点，如图 12-16 所示。

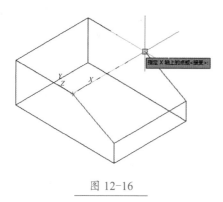

图 12-16

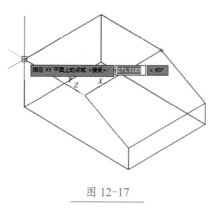

图 12-17

Step05 效果如图 12-18 所示。

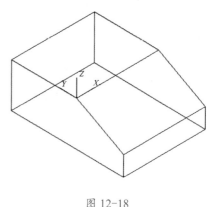

图 12-18

Step04 单击指定 XY 平面上的点，如图 12-17 所示。

> **技术看板**
>
> 改变用户坐标系并不改变视点，只会改变坐标系的方向和倾斜度。

12.3 显示与观察三维图形

在 AutoCAD 中，二维图形是默认的俯视图，即平面图，而三维图形对象是由最少 6 个面组成的，要在二维平面中查看三维图形，就必须掌握三维对象的线条显示与消隐、模型的明暗颜色处理相关技巧。

12.3.1 动态观察模型

在 AutoCAD 中，使用三维动态的方法可以从任意角度实时、直观地观察三维模型。用户可以通过使用动态观察工具对模型进行动态观察。使用三维动态观察通常会用到 3D 导航立方体和导航栏 2 种工具。

1. 3D 导航立方体

【3D 导航立方体】默认位于绘图区的右上角，单击导航立方体上或者其周围的文字，切换到相应的视图，选择并拖动导航立方体上的任意文字，可以在同一个平面上旋转当前视图，具体操作方法如下。

Step01 打开"素材文件\第 12 章\12-3-1.dwg"，如图 12-19 所示。

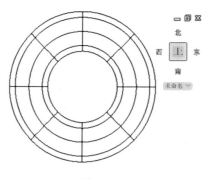

图 12-19

Step02 单击导航立方体下方的【南】字，视图转换为【前】视图，如图 12-20 所示。

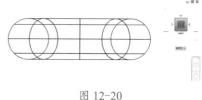

图 12-20

Step03 在导航立方体上按住鼠标左键不放并移动，如图 12-21 所示。

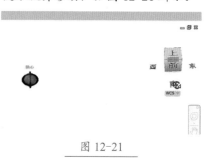

图 12-21

Step04 旋转至所需视图时释放鼠标，如图12-22所示。

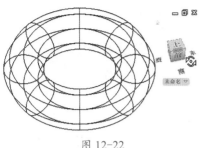

图 12-22

Step05 单击【未命名】下拉按钮，选择【新UCS】命令，给当前视图的坐标系命名，如图12-23所示。

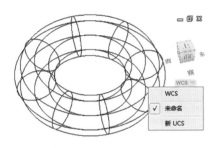

图 12-23

2. 导航栏

【导航栏】位于绘图区右侧、导航立方体下方，包括导航控制盘、平移、缩放范围和动态观察器4个部分，导航控制盘上每个按钮都代表一种导航工具，可以使用不同方式平移、缩放或动态观察三维模型，使用导航栏的具体操作方法如下。

Step01 打开"素材文件\第12章\12-3-1.dwg"，单击导航栏上方的【全导航控制盘】下拉按钮，单击【查看对象控制盘（小）】命令，如图12-24所示。

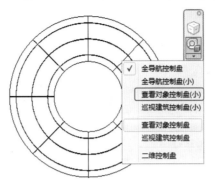

图 12-24

Step02 打开的导航控制盘分为4个部分，指向【动态观察】工具，如图12-25所示。

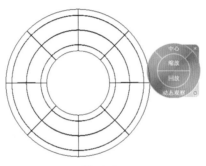

图 12-25

Step03 在此工具按钮上按住鼠标左键不放并移动鼠标，以轴心动态观察文件中的对象，如图12-26所示。

图 12-26

Step04 右击控制盘，在弹出的快捷菜单中单击【全导航控制盘】命令，如图12-27所示。

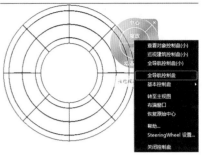

图 12-27

Step05 即可显示【全导航控制盘】，如图12-28所示。

图 12-28

Step06 右击【全导航控制盘】，打开快捷菜单，如图12-29所示。

图 12-29

Step07 完成相关操作后，单击【关闭控制盘】按钮，即可关闭导航控制盘，如图12-30所示。

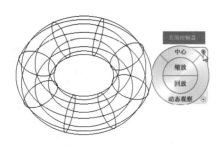

图 12-30

技术看板

单击【导航控制盘】右下侧的下拉按钮打开快捷菜单，可以更改当前导航控制盘的大小、类型、视图转换及缩放内容，在实际操作中可以根据需要进行选择。

12.3.2 消隐图形

消隐图形即将当前图形对象用三维线框模式显示，是将当前二维线框模型重生成不显示隐藏线的三维模型，具体操作方法如下。

Step(01) ❶ 打开"素材文件\第 12 章\12-3-2.dwg"，❷ 设置视图为【西南等轴测】，如图 12-31 所示。

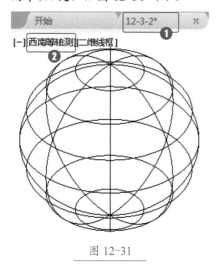

图 12-31

Step(02) ❶ 单击【可视化】选项卡，❷ 单击【隐藏】按钮，当前文件中的对象即以三维线框模式显示，如图 12-32 所示。

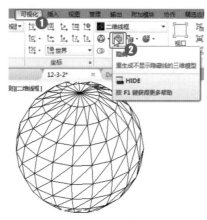

图 12-32

12.3.3 应用视觉样式

用视觉样式可以对三维实体进行染色，并赋予其明暗变化。在 AutoCAD 2021 中默认有 10 种视觉样式可以选择，应用视觉样式的具体操作方法如下。

Step(01) ❶ 打开"素材文件\第 12 章\12-3-3.dwg"，❷ 单击【视觉样式】下拉按钮，单击【概念】选项，如图 12-33 所示。

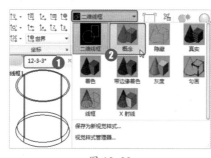

图 12-33

Step(02) 当前窗口显示【概念】视觉样式，如图 12-34 所示。

图 12-34

Step(03) 单击【视觉样式控件】，单击【真实】选项，如图 12-35 所示。

图 12-35

Step(04) 对象效果如图 12-36 所示。

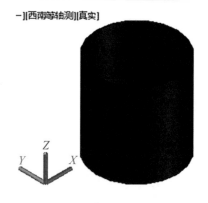

图 12-36

Step(05) 单击【视觉样式】下拉按钮，单击选择【X 射线】选项，如图 12-37 所示。

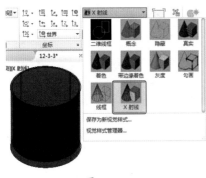

图 12-37

★重点 12.3.4 设置多视口及视图方向

在绘制三维图形对象时，通过切换视图可以从不同角度观察三维模型，但是操作起来不够简便。为了更直观地了解图形对象，用户可以根据自己的需要新建多个视口，同时使用不同的视图来观察三维模型，以提高绘图效率。设置多视口及视图方向的具体操作方法如下。

Step01 单击【视口控件】[−]，单击【视口配置列表】下拉按钮，单击【三个：左】命令，如图 12-38 所示。

图 12-38

Step02 要调整视口，可在面板中单击【视口配置】下拉按钮，再单击【四个：相等】命令，如图 12-39 所示。

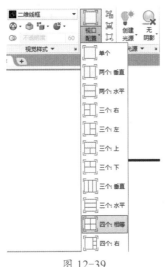

图 12-39

Step03 单击右上窗口的【视图控件】[俯视]，单击【前视】命令，如图 12-40 所示。

图 12-40

Step04 切换视口时，单击左下窗口的【视图控件】[俯视]，单击【左视】命令，如图 12-41 所示。

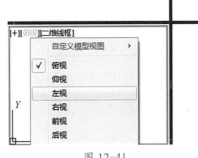

图 12-41

Step05 单击右下窗口的【视图控件】

[俯视]，单击【西南等轴测】命令，如图 12-42 所示。

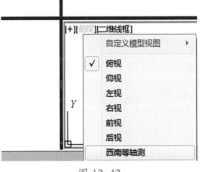

图 12-42

Step06 要切换为一个视口，单击【视口控件】[+]，单击【最大化视口】命令，如图 12-43 所示。

图 12-43

Step07 所选窗口即放大为当前的唯一视口，效果如图 12-44 所示。

图 12-44

可以通过快捷命令VPORTS设置视口及视图。如果要观察具有立体感的三维模型，用户可以使用系统提供的西南、西北、东南和东北4个等轴测视图观察三维模型，使观察效果更加形象和直观。

在默认状态下，使用三维绘图命令绘制的三维图形都是俯视的平面图，但是用户可以根据系统提供的俯视、仰视、前视、后视、左视和右视6个正交视图分别从对象的上、下、前、后、左、右6个方位进行观察。

12.4 创建三维实体

在各类三维建模中，实体的信息最完整、歧义最少，复杂实体比线框和网格更容易构造和编辑。

12.4.1 实战：创建球体

实例门类	软件功能

三维实心球体可以通过指定圆心和半径上的点来创建，可以通过FACETRES系统变量控制着色或隐藏视觉样式的曲线式三维实体（如球体）的平滑度，具体操作方法如下。

Step01 选择【三维基础】工作空间，设置视图为【西南等轴测】，单击【长方体】下拉按钮，单击【球体】命令 ○ 球体，如图12-45所示。

图 12-45

Step02 在绘图区空白处单击指定球体中心点，如图12-46所示。

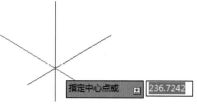

图 12-46

Step03 输入球体半径值，如500，按【空格】键确定即完成球体的创建，如图12-47所示。

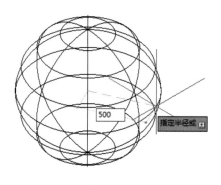

图 12-47

激活【球体】命令，指定中心点，根据提示直接输入数值指定球体半径；此时输入子命令【D】，按【空格】键确定，则以直径来创建球体。【HIDE】为消隐图形的快捷命令。

Step04 输入【消隐】命令HIDE，如图12-48所示。

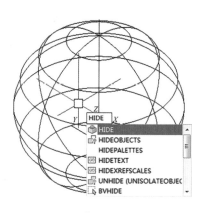

图 12-48

Step05 按【空格】键确定，显示消隐效果，如图12-49所示。

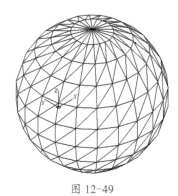

图 12-49

12.4.2 实战：创建长方体

实例门类	软件功能

在创建三维实心长方体时，要始终保证长方体的底面与当前用户坐标系的XY平面平行。在Z轴方向上指定长方体的高度，为高度输

入正值，向上建立长方体；为高度输入负值，向下建立长方体，具体操作方法如下。

Step❶ 设置视图并激活【长方体】命令。设置视图为【西南等轴测】，单击【长方体】按钮，单击指定第一个角点，如图 12-50 所示。

图 12-50

Step❷ 输入子命令【长度】L，按【空格】键确定，如图 12-51 所示。

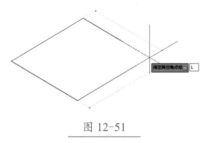

图 12-51

Step❸ 按【F8】键打开【正交】模式，右移鼠标，输入长度值 800，按【空格】键确定，如图 12-52 所示。

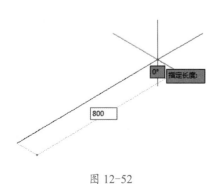

图 12-52

Step❹ 下移鼠标，输入宽度值 500，按【空格】键确定，如图 12-53 所示。

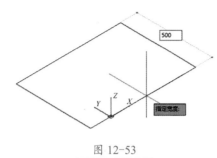

图 12-53

Step❺ 输入高度值 300，按【空格】键确定，完成长方体的绘制，如图 12-54 所示。

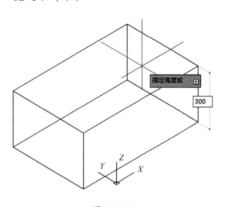

图 12-54

Step❻ 单击【长方体】命令按钮，单击指定第一个角点，输入【立方体】命令 C，按【空格】键确定，如图 12-55 所示。

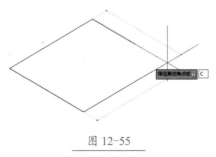

图 12-55

Step❼ 输入长度值 300，按【空格】键确定，如图 12-56 所示。

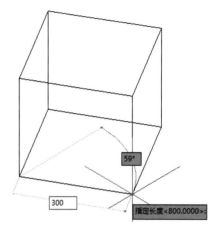

图 12-56

Step❽ 长方体和正方体的效果如图 12-57 所示。

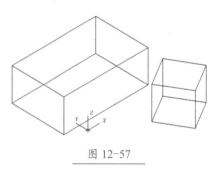

图 12-57

12.4.3 实战：创建圆锥体

实例门类	软件功能

在创建三维实心圆锥体的操作中，该实体以圆或椭圆为底面，以对称方式形成锥体表面，最后交于一点，或者交于圆或椭圆的平整面。创建圆锥体的具体操作方法如下。

Step❶ 设置视图为【西南等轴测】，单击【长方体】下拉按钮，单击【圆锥体】命令 ◯圆锥体，如图 12-58 所示。

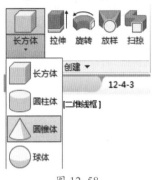

图 12-58

Step02 单击指定底面中心点，如图 12-59 所示。

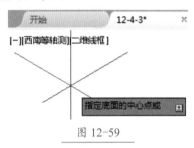

图 12-59

Step03 输入底面半径值 500，按【空格】键确定，如图 12-60 所示。

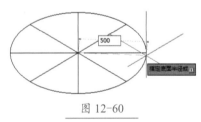

图 12-60

Step04 输入高度值 1000，按【空格】键确定，效果如图 12-61 所示。

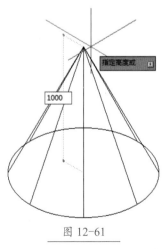

图 12-61

12.4.4 实战：创建圆柱体

实例门类	软件功能

【圆柱体】命令可以创建三维实心圆柱体，要注意圆柱体的底面始终位于与工作平面平行的平面上。创建圆柱体的具体操作方法如下。

Step01 ❶ 单击【长方体】下拉按钮，❷ 单击【圆柱体】命令 ，如图 12-62 所示。

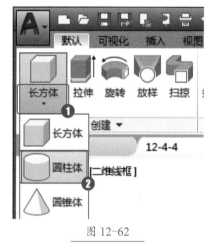

图 12-62

Step02 在绘制区单击指定底面中心点，如图 12-63 所示。

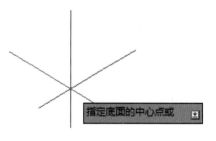

图 12-63

Step03 输入底面半径值 400，按【空格】键确定，如图 12-64 所示。

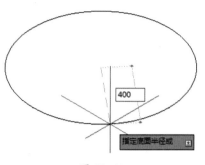

图 12-64

Step04 输入圆柱体高度值 1000，按【空格】键确定，效果如图 12-65 所示。

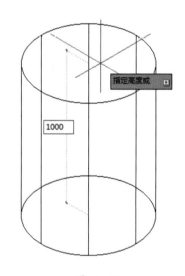

图 12-65

12.4.5 实战：创建棱锥体

实例门类	软件功能

在创建三维实心棱锥体的操作中，默认情况下，使用基点的中心、边的中点和可确定高度的另一个点来定义棱锥体，具体操作方法如下。

Step01 ❶ 单击【长方体】下拉按钮，❷ 单击【棱锥体】命令 ，如图 12-66 所示。

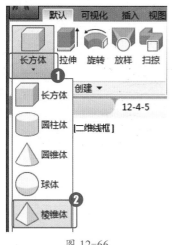

图 12-66

Step 02 在绘制区单击指定底面的中心点，如图 12-67 所示。

图 12-67

Step 03 输入底面半径值 300，按【空格】键确定，如图 12-68 所示。

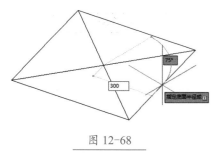

图 12-68

Step 04 输入高度值 800，按【空格】键确定，效果如图 12-69 所示。

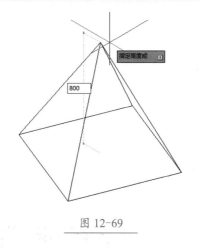

图 12-69

12.4.6　实战：创建楔体

实例门类	软件功能

三维实心楔体与长方体很相似，只不过在高度上一边为 0，从而形成半个长方体的楔体，具体操作方法如下。

Step 01 ❶ 单击【长方体】下拉按钮，❷ 单击【楔体】命令，如图 12-70 所示。

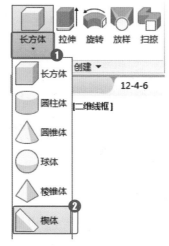

图 12-70

Step 02 单击指定第一个角点，输入子命令【立方体】C，按【空格】键确定，如图 12-71 所示。

图 12-71

Step 03 输入长度值，如 600，按【空格】键确定，如图 12-72 所示。

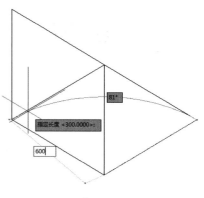

图 12-72

Step 04 按【空格】键激活【楔体】命令，单击指定其他角点，输入子命令【长度】L，按【空格】键确定，如图 12-73 所示。

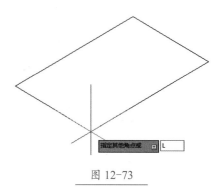

图 12-73

Step 05 输入长度值 800，按【空格】键确定，如图 12-74 所示。

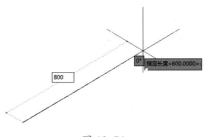

图 12-74

Step06 输入宽度值 600，按【空格】键确定，如图 12-75 所示。

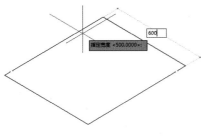

图 12-75

Step07 输入高度值 500，按【空格】键确定，效果如图 12-76 所示。

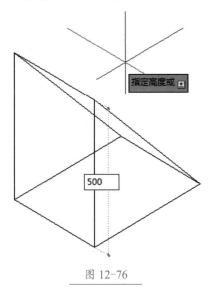

图 12-76

12.4.7 实战：创建圆环体

实例门类	软件功能

可以通过指定圆环体的圆心、半径或直径，以及围绕圆环的圆管

的半径或直径创建圆环体，具体操作方法如下。

Step01 单击【长方体】下拉按钮，单击【圆环体】命令 ◎ 圆环体，单击指定中心点，如图 12-77 所示。

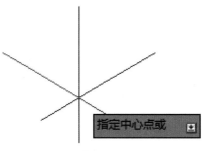

图 12-77

Step02 输入外环半径值 500，按【空格】键确定，如图 12-78 所示。

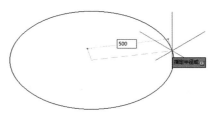

图 12-78

Step03 输入圆管半径值 200，按【空格】键确定，如图 12-79 所示。

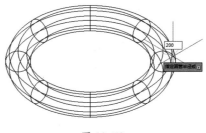

图 12-79

Step04 输入【消隐】命令 HIDE，按【空格】键确定，效果如图 12-80 所示。

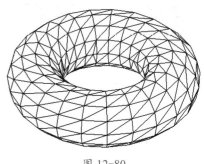

图 12-80

12.4.8 实战：创建多段体

实例门类	软件功能

使用【多段体】命令，可以创建具有固定高度、宽度和厚度的开放或闭合直线段和曲线段的三维墙体，具体操作方法如下。

Step01 单击【长方体】下拉按钮，单击【多段体】命令 □ 多段体，输入子命令【高度】H，按【空格】键确定，效果如图 12-81 所示。

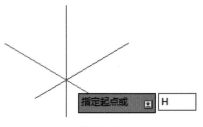

图 12-81

Step02 输入高度值 2800，按【空格】键确定，如图 12-82 所示。

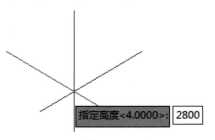

图 12-82

Step03 单击指定多段体起点，如图 12-83 所示。

图 12-83

Step04 单击指定下一点，如图 12-84
所示。

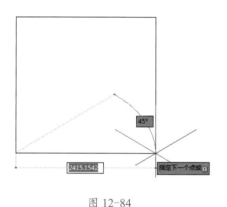

图 12-84

Step05 依次单击指定下一点，如图
12-85 所示。

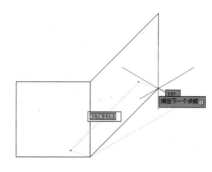

图 12-85

Step06 输入子命令【闭合】C，按
【空格】键确定，效果如图 12-86
所示。

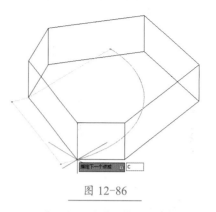

图 12-86

技术看板

激活【多段体】命令后，可根
据提示选择子命令进行相应操作；
指定下一点并要和起点闭合时，可
输入子命令【闭合】C 将多段体最
后指定点和起点闭合。

妙招技法

通过对前面知识的学习，相信读者已经掌握了三维实体建模的相应操作。下面结合本章内容，给大家介绍一些
实用技巧。

技巧01 如何绘制弧形的多段体

使用多段体命令，不仅可以创
建规则多段体，也可以绘制有弧度
的多段体，具体操作方法如下。

Step01 激活【多段体】命令，单击
指定多段体起点，输入子命令【圆
弧】A，如图 12-87 所示。

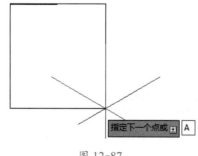

图 12-87

Step02 按【空格】键确定，移动光
标单击指定圆弧的另一个点，如图
12-88 所示。

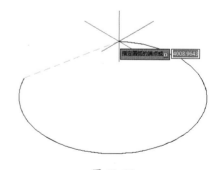

图 12-88

Step03 再次移动光标单击指定圆弧
的下一个点，如图 12-89 所示。

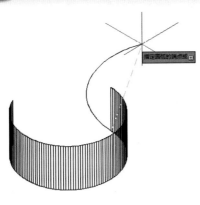

图 12-89

Step04 再次单击指定下一个点，按【空格】键结束多段体命令，效果如图 12-90 所示。

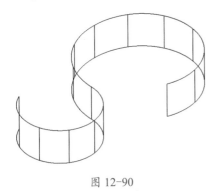

图 12-90

技巧 02 如何创建椭圆柱体

在实际绘图中，也可以根据需要创建椭圆柱体，具体操作过程如下。

Step01 设置【网格密度】ISOLINES 为 10，激活【圆柱体】命令，输入子命令【椭圆】E，按【空格】键确定，如图 12-91 所示。

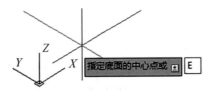

图 12-91

Step02 单击指定第一个轴的端点，如图 12-92 所示。

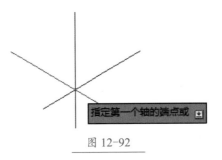

图 12-92

Step03 右移光标，输入该端点到第一个轴的另一个端点的距离，如 400，按【空格】键确定，效果如图 12-93 所示。

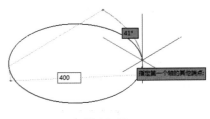

图 12-93

Step04 移动光标，输入第二个轴的端点距离，如 100，按【空格】键确定，如图 12-94 所示。

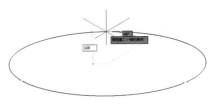

图 12-94

Step05 上移光标，输入椭圆弧的高度，如 300，按【空格】键确定，效果如图 12-95 所示。

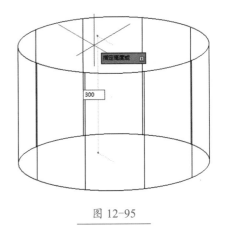

图 12-95

过关练习—— 绘制支架

在绘制支架的过程中，首先使用【长方体】命令绘制一个长方体作为支架底座；然后绘制两个圆柱体，并将圆柱体从长方体中减去；再使用长方体、圆柱体、并集和差集命令创建出其中一个支架模型；最后对支架模型进行复制，完成实例的制作，具体操作方法如下。

结果文件	结果文件\第 12 章\支架 .dwg

Step01 新建图形文件，设置视口为【三个：右】，依次设置左上角的视口为【俯视】，左下角的视口为【左视】，右侧视口为【西南等轴测】，效果如图 12-96 所示。

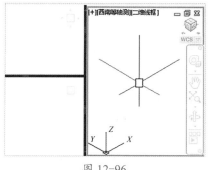

图 12-96

Step02 单击工作空间下拉按钮，单击【三维基础】工作空间，如图 12-97 所示。

图 12-97

Step03 单击【长方体】按钮，单击指定第一个角点，输入子命令【长度】L，按【空格】键确定，如图 12-98 所示。

图 12-98

Step04 绘制长度为 240、宽度为 120、高度为 18 的长方体，如图 12-99 所示。

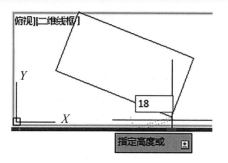

图 12-99

Step05 单击【长方体】下拉按钮，单击【圆柱体】命令按钮，如图 12-100 所示。

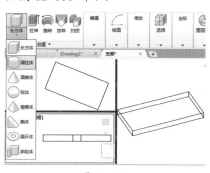

图 12-100

Step06 将圆柱体的底面与长方体的底面对齐，绘制一个半径为 18、高度为 18 的圆柱体，如图 12-101 所示。

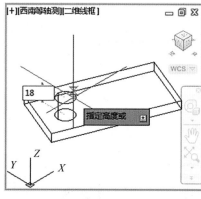

图 12-101

Step07 选择圆柱体，使用【镜像】命令 MI 将其复制，如图 12-102 所示。

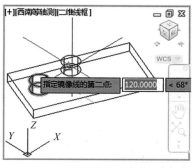

图 12-102

Step08 单击【差集】命令按钮，单击选择要保留的对象，按【空格】键确定，如图 12-103 所示。

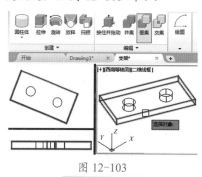

图 12-103

Step09 依次单击要减去的对象，按【空格】键确定，如图 12-104 所示。

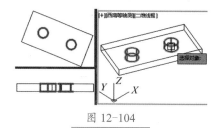

图 12-104

Step10 执行【消隐】命令 HIDE，效果如图 12-105 所示。

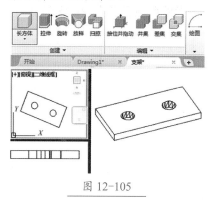

图 12-105

Step⑪ 单击【长方体】按钮，单击指定第一个角点，输入子命令【长度】L，按【空格】键确定，如图12-106所示。

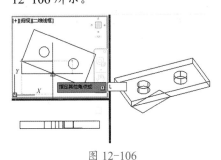

图 12-106

Step⑫ 绘制长度为80、宽度为18，高度为180的长方体，如图12-107所示。

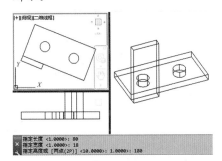

图 12-107

Step⑬ 将左下角的视图转换为前视图，单击【圆柱体】命令按钮，单击长方体上方的中点，将其指定为圆柱体的中心点，如图12-108所示。

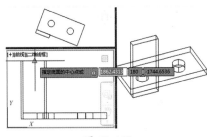

图 12-108

Step⑭ 创建一个底面半径为40、高度为18的圆柱体，如图12-109所示。

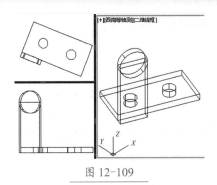

图 12-109

Step⑮ 按【空格】键激活【圆柱体】命令，以相同圆心，绘制一个半径为30、高度为18的圆柱体，如图12-110所示。

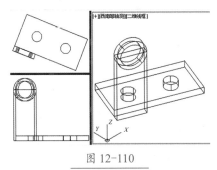

图 12-110

Step⑯ 同时选择长方体和圆柱体，输入【移动】命令M，按【空格】键确定，单击指定移动基点，如图12-111所示。

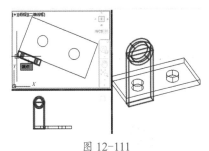

图 12-111

Step⑰ 单击指定移动位置，如图12-112所示。

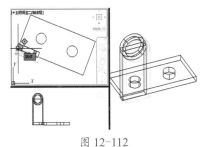

图 12-112

Step⑱ 单击【并集】命令按钮，单击选择对象，如图12-113所示。

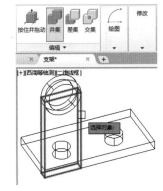

图 12-113

Step⑲ 单击选择要合并的长方体对象，按【空格】键确定，如图12-114所示。

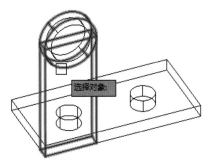

图 12-114

Step⑳ 单击【差集】命令按钮，如图12-115所示。

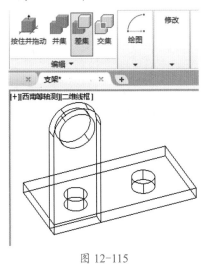

图 12-115

Step㉑ 单击选择要保留的对象，按【空格】键确定，如图 12-116 所示。

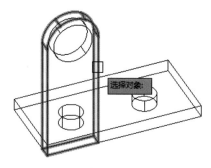

图 12-116

Step㉒ 单击选择要减去的对象，按【空格】键确定，如图 12-117 所示。

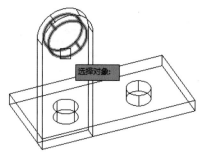

图 12-117

Step㉓ 执行【消隐】命令 HIDE，效果如图 12-118 所示。

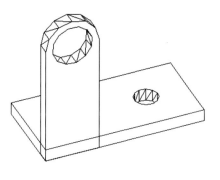

图 12-118

Step㉔ 在【俯视】视口使用【移动】命令 M，移动差集运算后的对象，如图 12-119 所示。

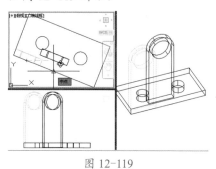

图 12-119

Step㉕ 切换到【西南等轴测】视口，使用【复制】命令 CO 对编辑后的长方体进行复制并粘贴，效果如图 12-120 所示。

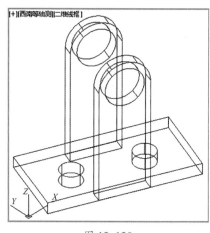

图 12-120

Step㉖ 设置视觉样式为【概念】，效果如图 12-121 所示。

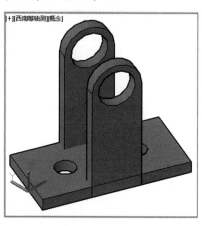

图 12-121

本章小结

通过对本章知识的学习，相信读者已经掌握了三维实体建模的相关知识。首先，要了解三维模型的分类；其次，要了解三维坐标系的各种形式和内容；最后，要掌握显示与观察三维图形的技巧，最重要的是掌握创建三维实体的各命令和创建方法。

➥ AutoCAD 如何将对象转换为曲面？
➥ AutoCAD 如何创建非平面曲面？
➥ AutoCAD 如何通过二维图形创建曲面？
➥ AutoCAD 如何创建标准网格模型？
➥ AutoCAD 如何通过二维图形创建网格模型？

本章将介绍如何创建各种类型的曲面（网格）。与三维线框模型相比，曲面有其突出的优点，因为可以隐藏背面的曲面和创建着色图像能使模型更形象。曲面还可以用于创建特殊形状，如拓扑地图或任意形状的对象。

13.1 平面曲面的生成方法

创建三维曲面模型的基础是创建单个曲面。要创建曲面可以将对象转换成曲面，也可以直接创建平面曲面。本节主要在【三维建模】工作空间中进行。

★重点 13.1.1 将对象转换为曲面

创建曲面最简单的方法是将现有的对象转换成曲面，而【转换为曲面】命令正好能够做到这一点。将实体对象、面域对象等转换成曲面的具体操作方法如下。

Step01 ❶ 设置工作空间为【三维建模】，❷ 设置视图为【西南等轴测】，创建矩形，❸ 单击【实体编辑】下拉按钮，❹ 单击【转换为曲面】按钮，如图 13-1 所示。

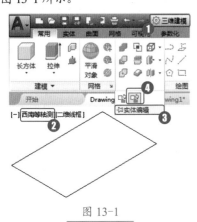

图 13-1

技术看板

将一个对象转换为曲面后，原始对象默认会被删除。使用 DELOBJ 系统变量可以控制是否删除源对象。为了保留原对象，可以将 DELOBJ 系统变量的值改变为 0（默认值是 1）。还可以将该变量的值设置为 −2，提示用户并由用户决定是否删除原对象。

Step02 单击选择二维图形对象，如图 13-2 所示。

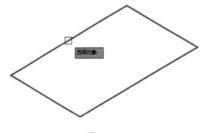

图 13-2

Step03 按【空格】键确定，所选矩形转换为曲面，如图 13-3 所示。

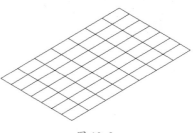

图 13-3

技术看板

可转换为曲面的 4 种对象如下。
（1）利用【实体】命令创建的二维实体。
（2）面域。
（3）具有厚度的零宽度多段线。
（4）具有厚度的直线和圆弧。

★重点 13.1.2 创建平面曲面

可以使用【平面曲面】命令创建 XY 平面上的曲面，具体操作方法如下。

Step**01** ❶ 在【西南等轴测】视图中单击【曲面】选项卡，❷ 单击【平面曲面】命令按钮 ▣，如图 13-4 所示。

[-][西南等轴测][二维线框]
图 13-4

Step**02** 单击指定绘制平面曲线的第一个角点，如图 13-5 所示。

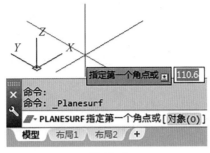

图 13-5

Step**03** 单击指定另一个角点，如图 13-6 所示。此时即可完成平面曲面的绘制。

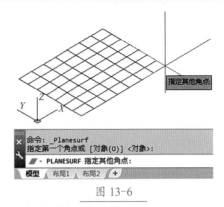

图 13-6

13.2 创建非平面曲面

如果要创建非平面曲面，如弯曲型的曲面，或者要在两个平面曲面之间创建圆角，可以使用曲面网络、曲面过渡、曲面修补、曲面偏移、曲面圆角等命令。

13.2.1 曲面网络

使用【曲面网络】命令可以创建平面曲面，也可以在边对象、样条曲线和其他二维或三维曲线之间的空间中创建非平面曲面，具体操作方法如下。

Step**01** ❶ 在【西南等轴测】视图中绘制两条直线，❷ 使用【圆弧】命令 A 绘制圆弧，如图 13-7 所示。

[-][西南等轴测][二维线框]

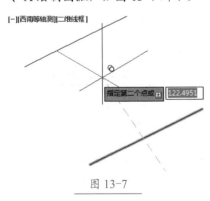

图 13-7

Step**02** 指定圆弧的端点，在两条直线之间创建圆弧，如图 13-8 所示。

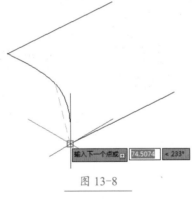

图 13-8

Step**03** 使用【复制】命令 CO，将圆弧复制并粘贴到直线的另一个端点处，如图 13-9 所示。

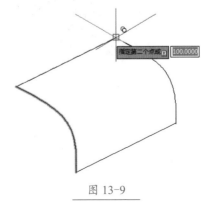

图 13-9

Step**04** 单击【网络曲面】命令按钮，如图 13-10 所示。

图 13-10

Step**05** 单击选择第一个方向曲线边，如图 13-11 所示。

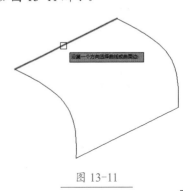

图 13-11

Step⑥ 单击选择下一个第一个方向曲线边，如图 13-12 所示。

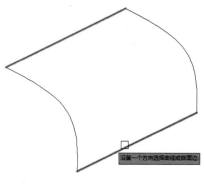

图 13-12

Step⑦ 单击选择第二个方向曲线边，如图 13-13 所示。

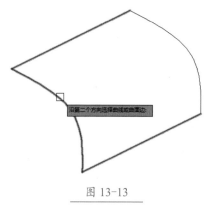

图 13-13

Step⑧ 单击选择下一个第二个方向的曲线边，如图 13-14 所示。

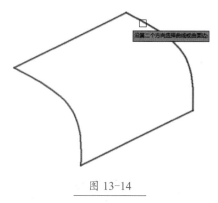

图 13-14

Step⑨ 按【空格】键确定，完成曲面的绘制，如图 13-15 所示。

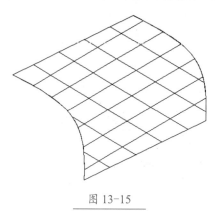

图 13-15

13.2.2 曲面过渡

使用【曲面过渡】命令可以在两个已经存在的曲面之间创建一个过渡曲面，可以指定曲面的连续性和凸度幅值，具体操作方法如下。

Step① 使用【平面曲面】命令创建平面曲面，效果如图 13-16 所示。

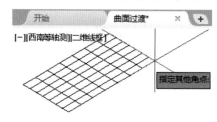

图 13-16

Step② 使用【复制】命令 CO，复制平面曲面，如图 13-17 所示。

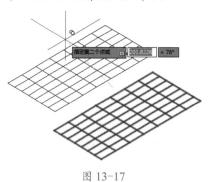

图 13-17

Step③ 单击【过渡】命令按钮，如图 13-18 所示。

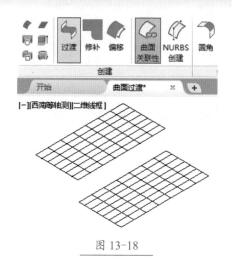

图 13-18

Step④ 单击选择要过渡的第一个曲面的边，按【空格】键确定，如图 13-19 所示。

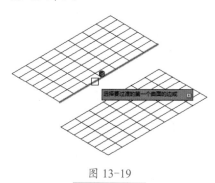

图 13-19

Step⑤ 单击选择要过渡的第二个曲面的边，按【空格】键确定，如图 13-20 所示。

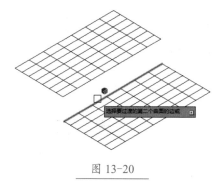

图 13-20

Step⑥ 按【空格】键确定，即可在所选两条曲面边之间创建一个新的过渡曲面，如图 13-21 所示。

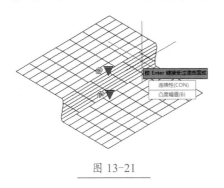

图 13-21

13.2.3 曲面修补

【曲面修补】命令可以创建新的曲面或封口以闭合现有曲面的开放边，也可以通过闭环添加其他曲线以约束和引导修补曲面，可以简单地理解为对曲面进行封口，具体操作方法如下。

Step**01** 绘制圆，单击【拉伸】按钮，单击圆，按【空格】键确定，如图 13-22 所示。

图 13-22

Step**02** 输入高度值 50，按【空格】键确定，如图 13-23 所示。

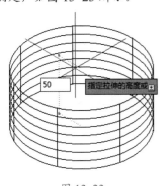

图 13-23

Step**03** 单击【修补】命令按钮，如图 13-24 所示。

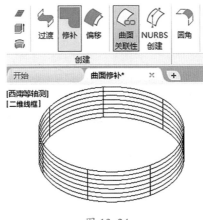

图 13-24

Step**04** 单击选择要修补的曲面边，按【空格】键确定，如图 13-25 所示。

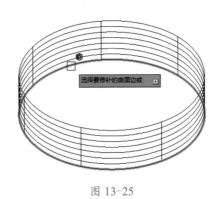

图 13-25

Step**05** 按【空格】键确认修补曲面，效果如图 13-26 所示。

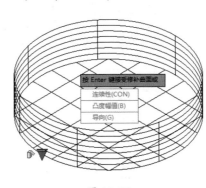

图 13-26

13.2.4 曲面偏移

使用【曲面偏移】命令可以偏移曲面。偏移时需要指定偏移的距离，可以设置偏移的法线方向，也可以在偏移时创建实体模型，具体操作方法如下。

Step**01** 绘制圆，❶ 单击【网格】选项卡，❷ 单击【转换为曲面】按钮，如图 13-27 所示。

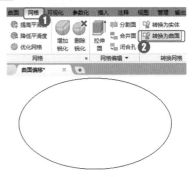

图 13-27

Step**02** 单击选择要转换为曲面的圆，按【空格】键确定，如图 13-28 所示。

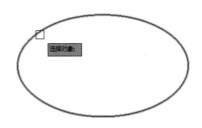

图 13-28

Step**03** 使用【圆弧】命令 ARC，沿圆依次单击绘制圆弧，效果如图 13-29 所示。

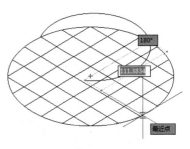

图 13-29

Step04 ❶ 单击【曲面】选项卡，❷ 单击【拉伸】命令按钮，单击选择要拉伸的圆弧，按【空格】键确定，如图 13-30 所示。

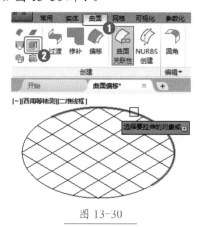

图 13-30

Step05 输入高度值 50，按【空格】键确定，如图 13-31 所示。

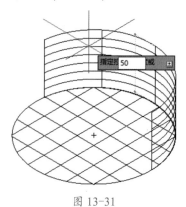

图 13-31

Step06 单击【偏移】命令按钮，单击选择要偏移的曲面，按【空格】键确定，如图 13-32 所示。

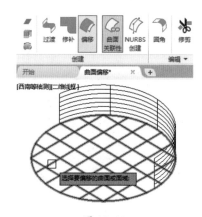

图 13-32

Step07 输入偏移距离，如 20，按【空格】键确定，如图 13-33 所示。

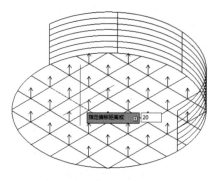

图 13-33

Step08 按【空格】键激活【偏移】命令，单击选择要偏移的曲面，按【空格】键确定，如图 13-34 所示。

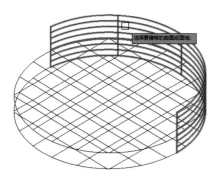

图 13-34

Step09 输入偏移距离，如 -10，按【空格】键确定，如图 13-35 所示。

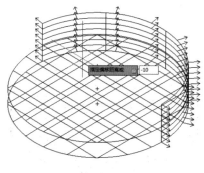

图 13-35

Step10 完成曲面偏移，显示曲面偏移效果，如图 13-36 所示。

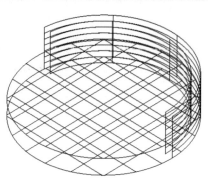

图 13-36

13.2.5 曲面圆角

使用【曲面圆角】命令可以在两个曲面之间创建一个圆角曲面，圆角曲面具有固定半径轮廓且与原始曲面相切。具体操作方法如下。

Step01 绘制一个平面曲面，在【曲面】选项卡单击【拉伸】命令按钮，单击选择要拉伸的曲面，按【空格】键确定，如图 13-37 所示。

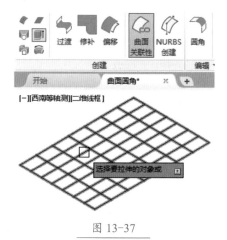

图 13-37

Step02 上移鼠标输入高度值 40，按【空格】键确定，如图 13-38 所示。

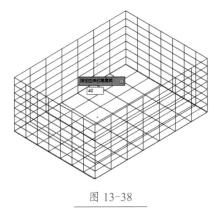

图 13-38

Step03 单击【圆角】命令按钮，如图 13-39 所示。

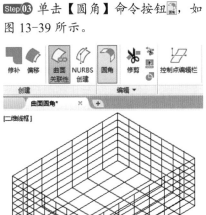

图 13-39

Step04 单击选择要圆角的两个曲面，如图 13-40 所示。

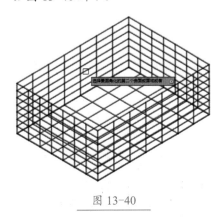

图 13-40

Step05 输入子命令【半径】R，按【空格】键确定，如图 13-41 所示。

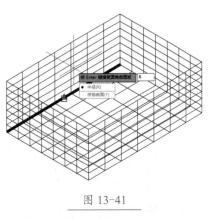

图 13-41

Step06 输入高度值20，按【空格】键确定，如图 13-42 所示。

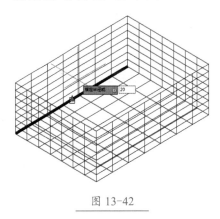

图 13-42

Step07 按【空格】键确定，效果如图 13-43 所示。

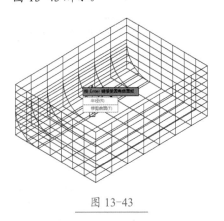

图 13-43

13.3 通过二维图形创建曲面

生成三维对象的一种简单办法就是从一个二维图形开始进行创建。要创建三维模型，可以通过二维图形创建三维线框模型，也可以通过二维图形创建三维实体对象，本节主要讲解将二维图形创建为三维曲面模型的方法。

★重点 13.3.1 实战：使用拉伸曲面命令创建圆头普通平键

实例门类	软件功能

在 AutoCAD 中，【拉伸】指的是用二维对象创建三维对象。使用【拉伸曲面】命令可以通过拉伸二维对象来创建曲面，具体操作方法如下。

Step01 新建图形文件，设置文件为两个视口，在【俯视】视口中绘制一个长为100、宽为18的矩形，输入【圆角】命令F，按【空格】键确定，输入圆角半径值9，按【空格】键确定，如图 13-44 所示。

图 13-44

223

Step02 依次单击选择要圆角的边，如图 13-45 所示。

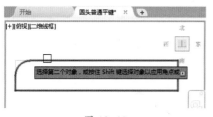

图 13-45

Step03 在【曲面】选项卡单击【拉伸曲面】命令按钮，如图 13-46 所示。

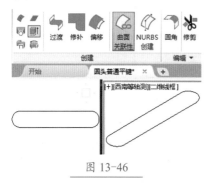

图 13-46

Step04 单击选择要拉伸的对象，按【空格】键确定，如图 13-47 所示。

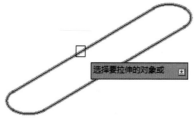

图 13-47

Step05 上移鼠标输入高度值22，按【空格】键确定，如图 13-48 所示。

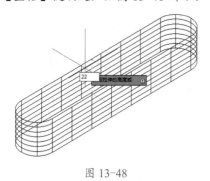

图 13-48

Step06 ❶ 在【常用】选项卡单击【绘图】下拉按钮，❷ 单击【面域】按钮，单击选择曲线边，按【空格】键确定，如图 13-49 所示。

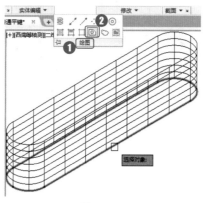

图 13-49

Step07 选择最下方的曲面，使用【复制】命令 CO，向上复制曲面，如图 13-50 所示。

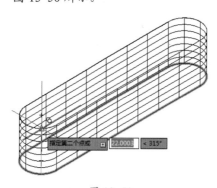

图 13-50

Step08 设置视觉样式为【概念】，效果如图 13-51 所示。

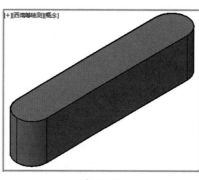

图 13-51

★重点 13.3.2 实战：旋转曲面创建门把手

实例门类	软件功能

使用【旋转】命令可以通过旋转一个二维图形来生成一个三维曲面或实体，常用于生成具有异形断面的曲面和实体模型，具体操作方法如下。

Step01 新建图形文件，执行【多段线】命令 PL，单击指定多段线起点。按下【F8】键打开【正交】模式，左移鼠标指针输入 10 并按【空格】键，下移鼠标指针输入 20 并按【空格】键，左移鼠标指针输入至下一点的距离，如（80<165）并按【空格】键，如图 13-52 所示。

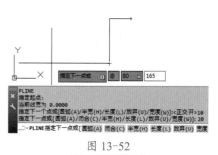

图 13-52

Step02 输入子命令【圆弧】A 并按【空格】键，输入子命令【半径】R 并按【空格】键，输入半径值330 并按【空格】键，输入圆弧的端点坐标（140<-82）并按【空格】键，输入子命令【直线】L 并按【空格】键，如图 13-53 所示。

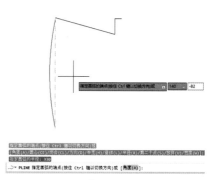

图 13-53

Step03 按下F8键打开【正交】模式，右移鼠标指针输入至下一点的距离60并按【空格】键；下移鼠标指针输入20并按【空格】键；左移鼠标指针输入20并按【空格】键；输入子命令【圆弧】A并按【空格】键；下移鼠标指针输入直径的值20并按【空格】键，效果如图13-54所示。

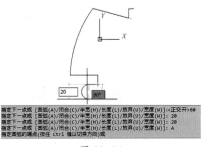

图 13-54

Step04 下移鼠标指针输入直径的值30并按【空格】键；下移鼠标指针输入圆弧端点（30<-90）并按【空格】键；下移鼠标指针输入圆弧端点（30<-45）并按【空格】键，效果如图13-55所示。

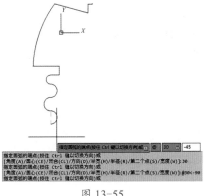

图 13-55

Step05 左移鼠标指针输入子命令【直线】L并按【空格】键，如图13-56所示。

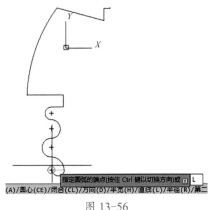

图 13-56

Step06 输入60并按【空格】键，下移鼠标指针输入20并按【空格】键，右移鼠标指针输入100并按【空格】键，按【空格】键结束多段线命令，如图13-57所示。

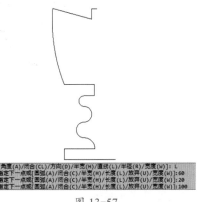

图 13-57

Step07 使用【直线】命令L绘制垂直线，如图13-58所示。

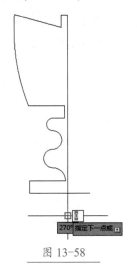

图 13-58

Step08 使用【修剪】命令TR将垂直线右侧的线段修剪掉，如图13-59所示。

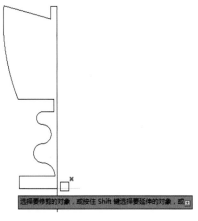

图 13-59

Step09 输入【圆角】命令F，按【空格】键确定，输入圆角半径值15，按【空格】键确定，如图13-60所示。

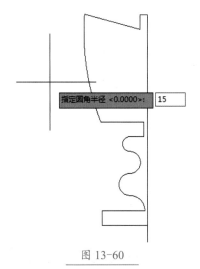

图 13-60

Step10 在多段线的各角点依次单击要设置圆角的对象，如图13-61所示。

225

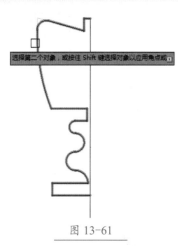

图 13-61

Step⑪ 将视图调整为【西南等轴测】，在【曲面】选项卡单击【旋转】按钮 ，单击选择多段线作为要旋转的对象，按【空格】键确定，如图 13-62 所示。

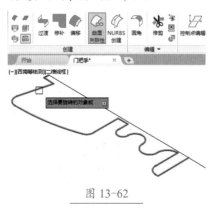

图 13-62

Step⑫ 单击指定旋转轴起点，如图 13-63 所示。

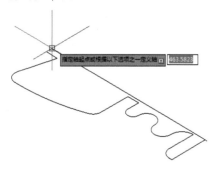

图 13-63

Step⑬ 再次单击指定旋转轴端点，如图 13-64 所示。

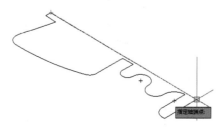

图 13-64

Step⑭ 输入旋转角度 360，按【空格】键确定，如图 13-65 所示。

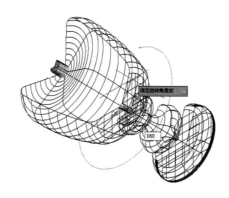

图 13-65

Step⑮ 设置视觉样式为【概念】，完成设置后的多段线效果如图 13-66 所示。

图 13-66

★重点 13.3.3 实战：使用扫掠命令创建弹簧

实例门类	软件功能

使用【扫掠】命令可以沿指定路径以指定的轮廓形状（扫掠对象）创建实体或曲面，可以扫掠多个对象，但是这些对象必须位于同一平面中，具体操作方法如下。

Step⑪ ❶ 设置视图为【西南等轴测】，❷ 在【常用】选项卡单击【绘图】下拉按钮，❸ 单击【螺旋】按钮 ，在绘图区单击指定底面中心点，如图 13-67 所示。

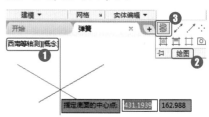

图 13-67

Step⑫ 输入底面半径的值 21，按【空格】键确定，如图 13-68 所示。

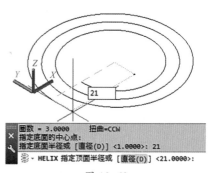

图 13-68

Step⑬ 输入子命令【圈数】T，按【空格】键确定，输入圈数 9，按【空格】键确定，如图 13-69 所示。

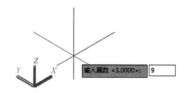

图 13-69

Step⑭ 输入螺旋高度值 104，按【空格】键确定，完成螺旋线的绘制，如图 13-70 所示。

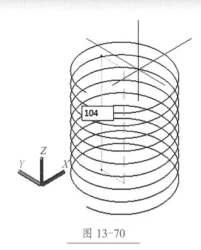

图 13-70

Step05 输入【用户坐标系】命令 UCS，按【空格】键确定，输入子命令 X，按【空格】键确定，如图 13-71 所示。

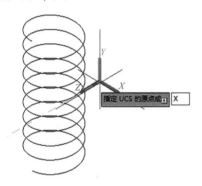

图 13-71

Step06 输入旋转角度值 90，按【空格】键确定，如图 13-72 所示。

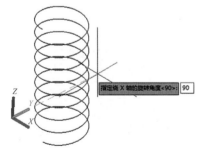

图 13-72

Step07 执行【圆】命令 C，单击指定螺旋线的上端点为圆心，输入圆的半径值 4，按【空格】键确定，完成圆的绘制，如图 13-73 所示。

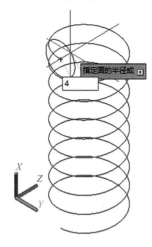

图 13-73

Step08 在【曲面】选项卡单击【扫掠】命令按钮，单击选择圆作为要扫掠的对象，如图 13-74 所示。

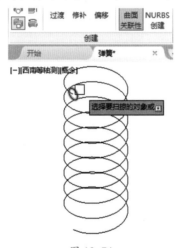

图 13-74

Step09 单击选择螺旋线作为要扫掠的路径，如图 13-75 所示。

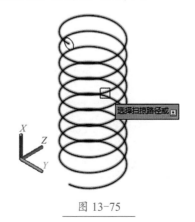

图 13-75

Step10 设置视觉样式为【概念】，完成扫掠后的对象效果如图 13-76 所示。

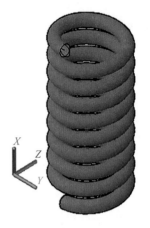

图 13-76

★重点 13.3.4 实战：使用放样命令创建酒杯

实例门类	软件功能

使用【放样】命令可以通过指定一系列横截面（至少两个横截面）来创建新的实体或曲面。横截面用于定义结果实体或曲面的截面轮廓（形状），横截面（通常为曲线或直线）可以是开放的（如圆弧），也可以是闭合的（如圆），具体操作方法如下。

Step01 新建图形文件，设置视图为【西南等轴测】，使用【圆】命令 C，按顺序绘制各个圆，如图 13-77 所示。

图 13-77

Step02 使用【移动】命令 M，将圆按酒杯形状进行移动，如图 13-78 所示。

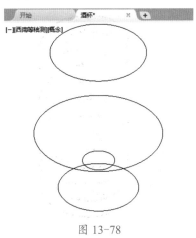

图 13-78

Step03 使用【直线】命令 L，以圆的圆心为基点绘制直线，单击【放样】命令按钮，如图 13-79 所示。

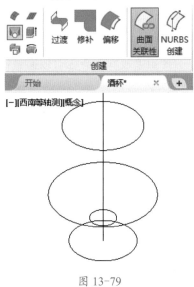

图 13-79

Step04 单击最下方的圆，指定放样的第一个横截面，如图 13-80 所示。

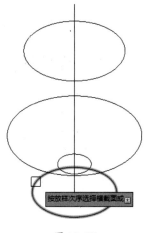

图 13-80

Step05 上移鼠标指针单击选择第二个横截面，如图 13-81 所示。

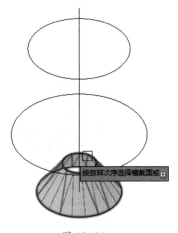

图 13-81

Step06 按放样次序上移鼠标指针选择第三个横截面，如图 13-82 所示。

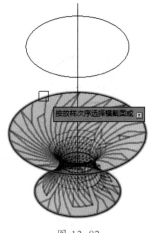

图 13-82

Step07 按放样次序选择第四个横截面，按【空格】键确定，如图 13-83 所示。

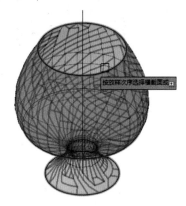

图 13-83

Step08 输入子命令【路径】P，按【空格】键确定，如图 13-84 所示。

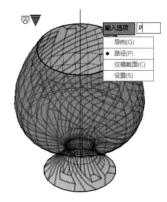

图 13-84

Step09 单击选择路径直线，如图 13-85 所示。

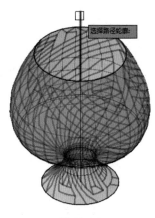

图 13-85

Step⑩ 完成所选对象的放样操作，效果如图 13-86 所示。

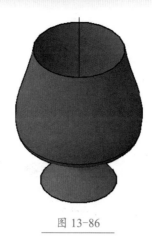

图 13-86

13.4　标准网格模型

AutoCAD 2021 为用户提供了 7 种标准网格模型，分别为长方体、圆锥体、圆柱体、棱锥体、球体、楔体和圆环体。

13.4.1　网格长方体

【网格长方体】命令可以创建三维网格图元长方体，指定侧面长度即可创建，具体操作方法如下。

Step① ❶ 单击【网格】选项卡，❷ 单击【网格长方体】按钮，单击指定长方体的第一个角点，如图 13-87 所示。

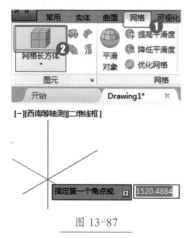

图 13-87

Step② 输入该点到另一个角点距离值 100，按【空格】键确定，如图 13-88 所示。

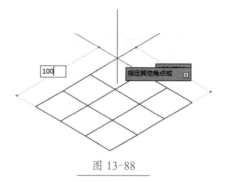

图 13-88

Step③ 上移鼠标输入长方体高度，如 60，按【空格】键确定，完成网格长方体的创建，效果如图 13-89 所示。

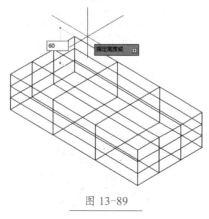

图 13-89

13.4.2　网格圆锥体

【网格圆锥体】命令可以创建三维网格图元圆锥体，指定大小和高度即可创建，具体操作方法如下。

Step① ❶ 单击【网格长方体】下拉按钮，❷ 单击【网格圆锥体】按钮，如图 13-90 所示。

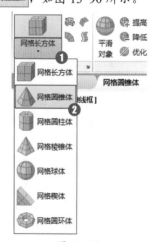

图 13-90

Step② 在绘图区单击指定圆锥体的底面中心点，输入底面半径值 50，按【空格】键确定，如图 13-91 所示。

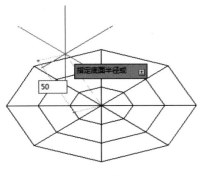

图 13-91

Step**03** 上移鼠标输入高度值100，按【空格】键确定，完成网格圆锥体的创建，如图13-92所示。

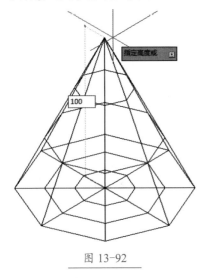

图 13-92

13.4.3 网格圆柱体

【网格圆柱体】命令可以创建三维网格图元圆柱体，指定圆柱体底面大小和高度即可创建，具体操作方法如下。

Step**01** ❶ 单击【网格长方体】下拉按钮，❷ 单击【网格圆柱体】按钮，❸ 单击指定圆柱体的底面中心点，如图13-93所示。

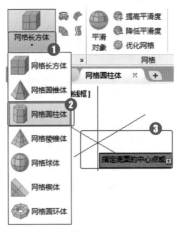

图 13-93

Step**02** 输入圆柱体底面半径值50，按【空格】键确定，如图13-94所示。

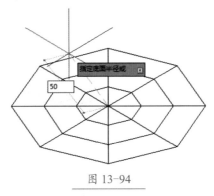

图 13-94

Step**03** 上移鼠标输入高度值150，按【空格】键确定，完成网格圆柱体的创建，如图13-95所示。

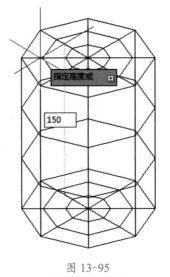

图 13-95

13.4.4 网格棱锥体

【网格棱锥体】命令可以创建三维网格图元棱锥体，指定直径和高度即可创建，具体操作方法如下。

Step**01** ❶ 单击【网格长方体】下拉按钮，❷ 单击【网格棱锥体】按钮，单击指定底面中心点，如图13-96所示。

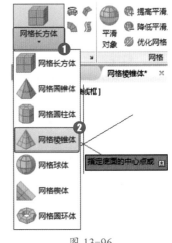

图 13-96

Step**02** 输入底面半径值50，按【空格】键确定，如图13-97所示。

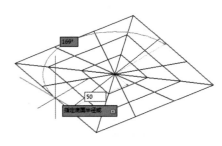

图 13-97

Step**03** 上移鼠标输入高度值，如120，按【空格】键确定，完成网格棱锥体的创建，如图13-98所示。

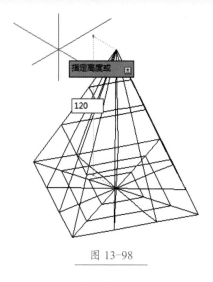

图 13-98

13.4.5 网格球体

【网格球体】命令可以创建三维网格图元球体，指定球体的半径值即可创建，具体操作方法如下。

Step01 ❶ 单击【网格长方体】下拉按钮，❷ 单击【网格球体】按钮 🔵 网格球体，单击指定底面中心点，如图 13-99 所示。

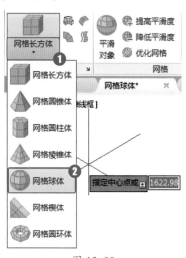

图 13-99

Step02 输入半径值，如 100，按【空格】键确定，完成网格球体的创建，如图 13-100 所示。

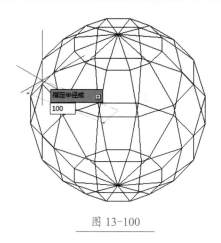

图 13-100

13.4.6 网格楔体

【网格楔体】命令可以创建三维网格楔体，指定基点的长度、宽度及高度即可创建，具体操作方法如下。

Step01 ❶ 单击【网格长方体】下拉按钮，❷ 单击【网格楔体】按钮 📦 网格楔体，如图 13-101 所示。

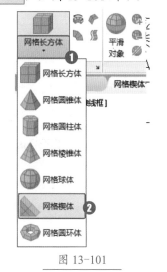

图 13-101

Step02 在绘图区单击指定楔体底面的第一个角点，如图 13-102 所示。

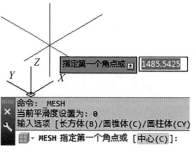

图 13-102

Step03 指定该点到另一个角点的距离为 500，按【空格】键确定，如图 13-103 所示。

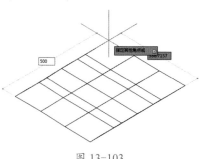

图 13-103

Step04 上移鼠标输入高度值 350，按【空格】键确定，完成网格楔体的创建，如图 13-104 所示。

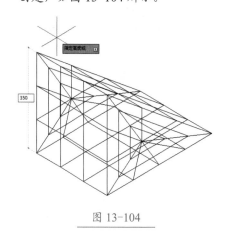

图 13-104

13.4.7 网格圆环体

【网格圆环体】命令可以创建三维网格图元圆环体，指定圆管的大小及圆环体中心距圆管中心的距离即可创建，具体操作方法如下。

Step01 ❶ 单击【网格长方体】下拉

按钮，❷单击【网格圆环体】按钮 **⊕网格圆环体**，❸单击指定中心点，如图 13-105 所示。

Step❷ 输入半径值 200，按【空格】键确定，如图 13-106 所示。

Step❸ 移动鼠标输入圆管半径，如 60，按【空格】键确定，如图 13-107 所示。

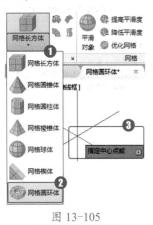

图 13-105

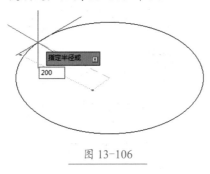

图 13-106

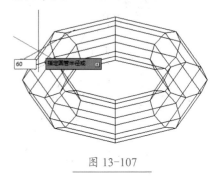

图 13-107

13.5 通过二维图形创建网格模型

AutoCAD 2021 中可以通过各种二维图形来构建三维网格对象，构建网格的命令包括旋转网格、边界网格、直纹网格、平移网格。

13.5.1 旋转网格

使用【旋转网格】命令可以将某些类型的线框对象绕指定的旋转轴进行旋转，根据被旋转对象的轮廓和旋转的路径形成一个指定密度的网格模型，具体操作方法如下。

Step❶ 设置视图为【西南等轴测】，绘制圆和直线，单击【网格】选项卡，单击旋转网格命令按钮 **▦**，如图 13-108 所示。

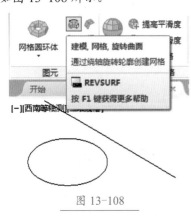

图 13-108

Step❷ 单击选择圆作为要旋转的对象，如图 13-109 所示。

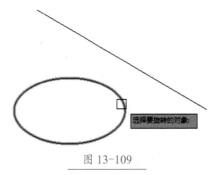

图 13-109

Step❸ 单击选择直线，作为要定义为旋转轴的对象，如图 13-110 所示。

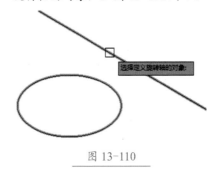

图 13-110

Step❹ 按【空格】键确定起点角度为 0，如图 13-111 所示。

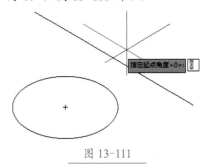

图 13-111

Step❺ 按【空格】键确定夹角角度为 360，如图 13-112 所示。

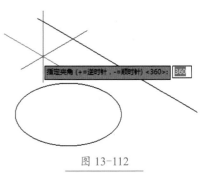

图 13-112

Step⑥ 显示旋转网格效果，如图 13-113 所示。

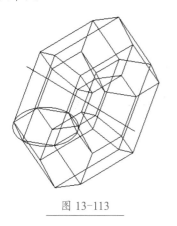

图 13-113

13.5.2　边界网格

【边界网格】命令用边界曲线来构建三维网格，边界曲线可以是直线、圆弧、开放的二维多线段或3D 多段线、样条曲线等，使用边界曲线构建三维网格的具体操作方法如下。

Step① 打开"素材文件\第13章\边界网格 .dwg"，单击【边界网格】命令按钮，如图 13-114 所示。

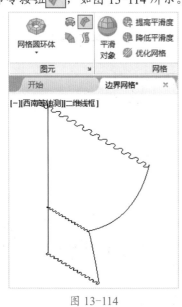

图 13-114

Step② 单击选择用作曲面边界的第一个对象，如图 13-115 所示。

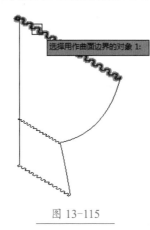

图 13-115

Step③ 单击选择用作曲面边界的第二个对象，如图 13-116 所示。

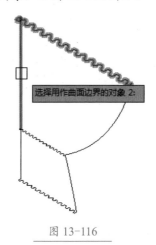

图 13-116

Step④ 单击选择用作曲面边界的第三个对象，如图 13-117 所示。

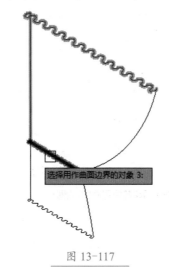

图 13-117

Step⑤ 单击选择用作曲面边界的第

四个对象，如图 13-118 所示。

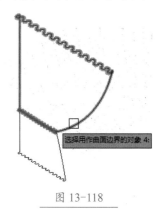

图 13-118

Step⑥ 按【空格】键激活【边界网格】命令，再次单击选择用作曲面边界的第一个对象，如图 13-119 所示。

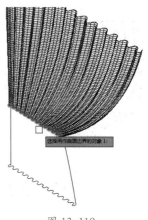

图 13-119

Step⑦ 单击选择用作曲面边界的第二个对象，如图 13-120 所示。

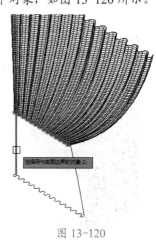

图 13-120

Step08 单击选择用作曲面边界的第三个对象，如图 13-121 所示。

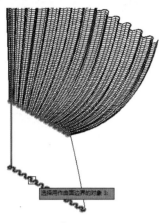

图 13-121

Step09 单击选择用作曲面边界的第四个对象，如图 13-122 所示。

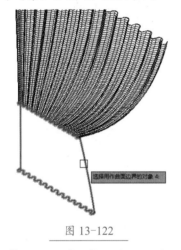

图 13-122

Step10 显示边界网格效果，如图 13-123 所示。

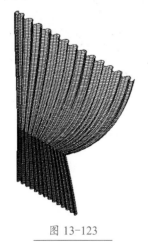

图 13-123

13.5.3 直纹网格

【直纹网格】命令用于在两条曲线之间创建一个三维网格，这是最常用的创建三维网格的命令，具体操作方法如下。

Step01 绘制一个多段线，使用【复制】命令 CO 复制一个多段线并粘贴，选择两条多段线，输入【分解】命令 X，按【空格】键确定，如图 13-124 所示。

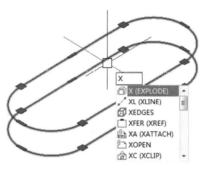

图 13-124

技术看板

【直纹网格】的定义曲线可以是直线、多段线、样条曲线、圆弧，甚至可以是一个点。网格的 N 方向与边界曲线的方向相同，M 方向与网格的方向相同。

Step02 单击【直纹网格】按钮，激活【直纹网格】命令，如图 13-125 所示。

图 13-125

Step03 单击选择第一条定义曲线，如图 13-126 所示。

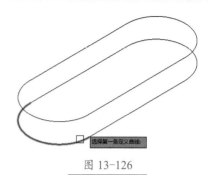

图 13-126

Step04 单击选择第二条定义曲线，如图 13-127 所示。

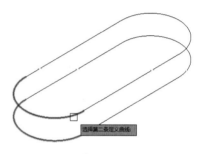

图 13-127

Step05 再次单击选择第一条定义曲线，如图 13-128 所示。

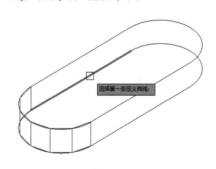

图 13-128

Step06 再次单击选择第二条定义曲线，如图 13-129 所示。

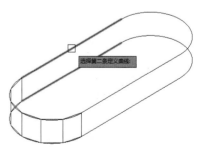

图 13-129

Step⑦ 继续单击选择第一条定义曲线，如图 13-130 所示。

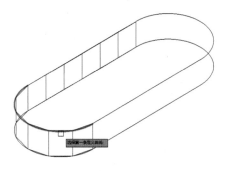

图 13-130

Step⑧ 继续单击选择第二条定义线，如图 13-131 所示。

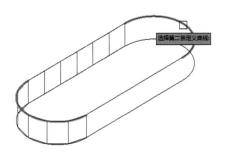

图 13-131

Step⑨ 选中曲面后右击打开快捷菜单，单击【绘图次序】展开按钮，单击【后置】选项，调整绘图顺序，如图 13-132 所示。

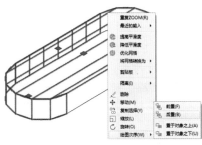

图 13-132

技术看板

如果要重复选择一个对象进行操作，可以调整选择对象的绘图次序，把挡在要选择的对象前面的图形后置，让被遮住的图形显示在最前面。

Step⑩ 继续单击选择第一条定义曲线，如图 13-133 所示。

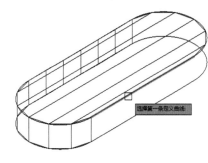

图 13-133

Step⑪ 继续单击选择第二条定义曲线，如图 13-134 所示。

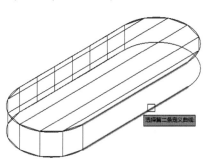

图 13-134

Step⑫ 继续依次选择曲线，如图 13-135 所示。

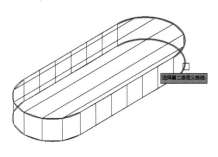

图 13-135

Step⑬ 直纹网格效果如图 13-136 所示。

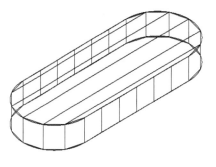

图 13-136

Step⑭ 设置视觉样式为【概念】，效果如图 13-137 所示。

图 13-137

技术看板

在创建边界网格时，一定要先创建下面的网格，然后再创建上面的网格。如果先创建上面的网格，下面的线框就会被网格挡住，不便于选择。

13.5.4 平移网格

使用【平移网格】命令可以创建平移网格。在创建平移网格时，需要先确定被平移的对象和作为方向矢量的对象。如果选择多段线作为方向矢量，则系统将把多段线首个顶点到最后一个顶点的矢量作为方向矢量，而中间的顶点都将被忽略。平移网格的具体操作方法如下。

Step(01) 打开"素材文件\第13章\平移网格 .dwg",使用【直线】命令 L,绘制一条长为 100 的直线,单击【平移网格】按钮,如图 13-138 所示。

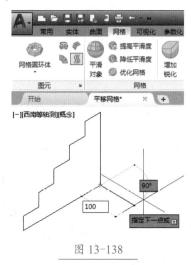

图 13-138

Step(02) 单击选择用作轮廓曲线的对象,如图 13-139 所示。

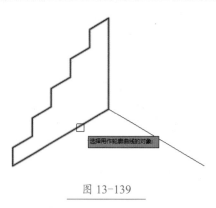

图 13-139

Step(03) 单击选择用作方向矢量的对象,如图 13-140 所示。

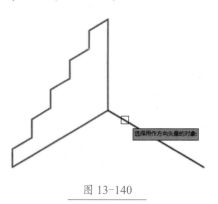

图 13-140

Step(04) 完成效果如图 13-141 所示。

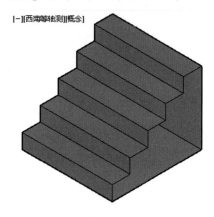

图 13-141

技术看板

方向矢量可位于空间的任何位置。网格的长度与方向矢量的长度相等,若方向矢量是由多段线(非直线)或圆弧组成,则方向矢量的长度由起点和终点的直线距离来决定。平移网格的 M 方向为拉伸方向,N 方向为轮廓曲线的方向。

妙招技法

通过对前面知识的学习,相信读者已经掌握了三维曲面建模命令的相应操作。下面结合本章内容,给大家介绍一些实用技巧。

技巧01 如何使曲面成为实体

使用【加厚】命令可以加厚曲面,从而把它转换成实体,具体操作方法如下。

Step(01) ❶ 单击【曲面】选项卡,❷ 单击【平面曲面】按钮,单击指定第一个角点,移动鼠标输入 100 指定另一个角点,按【空格】键确定,如图 13-142 所示。

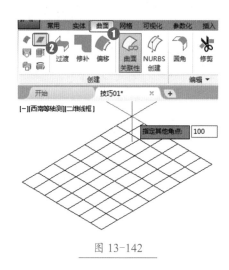

图 13-142

Step(02) 单击选择要加厚的曲面,如图 13-143 所示。

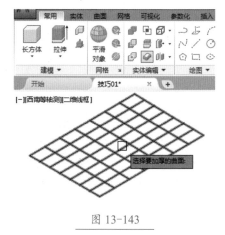

图 13-143

Step③ 输入厚度值，如20，按【空格】键确定，如图13-144所示。

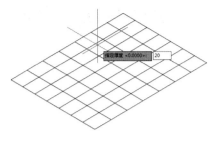

图 13-144

Step④ 完成所选对象的加厚操作，效果如图13-145所示。

图 13-145

技术看板

该命令只能用于由【平面曲面】【拉伸】【扫掠】【放样】或者【旋转】等命令创建的曲面对象。当然，也可以使用【转换为曲面】命令将面域、直线或者圆弧等转换为曲面，再使用【加厚】命令将其转换为实体。

技巧 02　如何将曲面创建为线框对象

可以通过提取曲面或者面域的边，将曲面或面域转换为线框对象，具体操作方法如下。

Step① 新建图形文件，❶ 设置视图为【西南等轴测】，视觉样式为【概念】，绘制一个【网格圆锥体】；❷ 单击【常用】选项卡，❸ 单击【提取边】按钮，如图13-146所示。

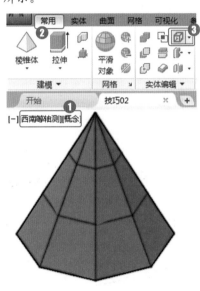

图 13-146

Step② 单击选择对象，按【空格】键确定，如图13-147所示。

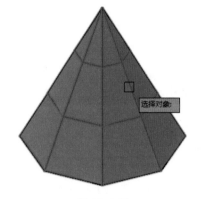

图 13-147

Step③ 选择对象后，使用【移动】命令进行移动，如图13-148所示。

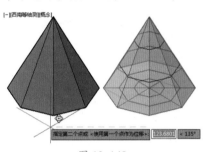

图 13-148

Step④ 效果如图13-149所示。

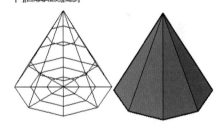

图 13-149

过关练习——绘制六角造型柜

使用【PFACE】命令可以创建多面网格的曲面，它也是一种多段线，但是无法用【编辑多段线】命令进行编辑，最佳的编辑方法是使用夹点，使用【PFACE】命令绘制六角造型柜的具体操作方法如下。

结果文件	结果文件\第13章\六角造型柜.dwg

Step① 新建一个图形文件，将视图调整为【西南等轴测】，绘制一个六边形，指定其半径为300，如图13-150所示。

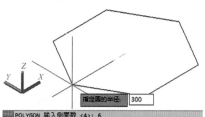

```
POLYGON 输入侧面数 <4>: 6
指定正多边形的中心点或 [边(E)]:
输入选项 [内接于圆(I)/外切于圆(C)] <I>:
POLYGON 指定圆的半径:
```

图 13-150

Step02 使用【复制】命令 CO 复制一个六边形并粘贴，将复制的六边形向上移动 450，按【空格】键确定，如图 13-151 所示。

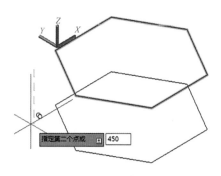

图 13-151

Step03 输入【PFACE】命令，按【空格】键确定，如图 13-152 所示。

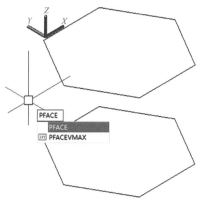

图 13-152

技术看板

使用【PFACE】命令创建多面网格需要输入很多数据，显得有些笨拙；但多面网格具有其独特的优势，具体如下。

（1）可以绘制任意条边的曲面，与只能有 3~4 条边的三维面不同。

（2）整个曲面是一个对象。

（3）同一平面上各截面不显示边，不用考虑这些边的不可见性。

（4）可将多面网格分解成三维面。

（5）如果在多个平面上创建多面网格，则每一个平面可以分别处于不同的图层或具有不同的颜色。这一点对于为渲染分配材质或其他复杂的选择过程非常有用。

Step04 单击指定【顶点 1】的位置，如图 13-153 所示。

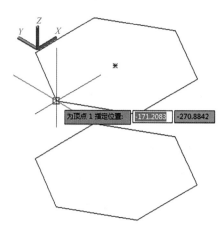

图 13-153

技术看板

【PFACE】命令的提示分为两个阶段：第一个阶段只是询问顶点，第二个阶段要求用户指定哪些顶点构成哪个面（或平面）。虽然第二个阶段对于单个平面上的多面网格毫无意义，但必须要指定这些顶点。

Step05 单击指定【顶点 2】的位置，如图 13-154 所示。

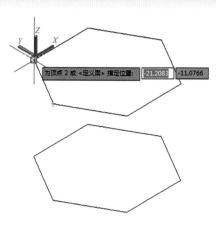

图 13-154

Step06 单击指定【顶点 3】的位置，如图 13-155 所示。

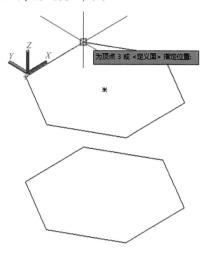

图 13-155

Step07 单击指定【顶点 4】的位置，如图 13-156 所示。

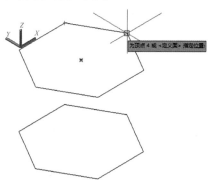

图 13-156

Step08 单击指定【顶点 5】的位置，如图 13-157 所示。

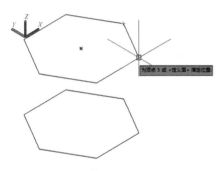

图 13-157

Step⑨ 单击指定【顶点6】的位置，如图 13-158 所示。

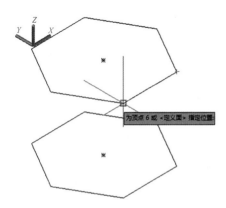

图 13-158

Step⑩ 单击指定【顶点7】的位置，如图 13-159 所示。

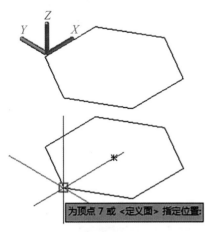

图 13-159

技术看板

根据命令提示先指定所有的顶点，接着指定顶面的六边形，再指

定5条边（柜子的正面是敞开的），最后指定底面的六边形。注意中间的顺序不要出错，否则只能从头再来。

Step⑪ 单击指定【顶点8】的位置，如图 13-160 所示。

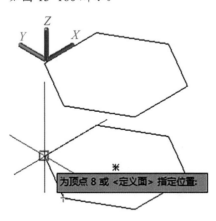

图 13-160

Step⑫ 单击指定【顶点9】的位置，如图 13-161 所示。

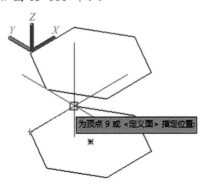

图 13-161

Step⑬ 单击指定【顶点10】的位置，如图 13-162 所示。

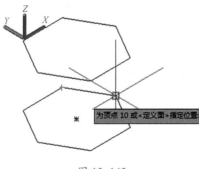

图 13-162

Step⑭ 单击指定【顶点11】的位置，如图 13-163 所示。

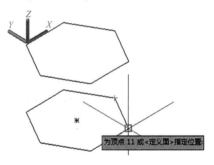

图 13-163

Step⑮ 单击指定【顶点12】的位置，按【空格】键确定，如图 13-164 所示。

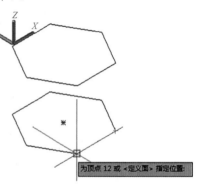

图 13-164

Step⑯ 根据提示输入【顶点1】的编号1，按【空格】键确定，如图 13-165 所示。

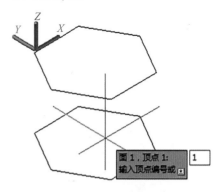

图 13-165

Step⑰ 根据提示输入【顶点2】的编号2，按【空格】键确定，如图 13-166 所示。

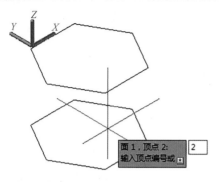

图 13-166

Step18 根据提示输入【顶点3】的编号3，按【空格】键确定，如图13-167 所示。

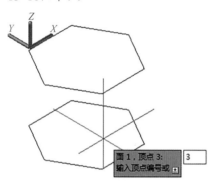

图 13-167

Step19 根据提示输入【顶点4】的编号4，按【空格】键确定，如图13-168 所示。

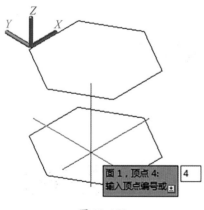

图 13-168

Step20 根据提示输入【顶点5】的编号5，按【空格】键确定，如图13-169 所示。

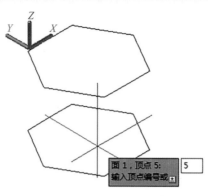

图 13-169

Step21 根据提示输入【顶点6】的编号6，按【空格】键确定，如图13-170 所示。

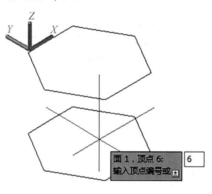

图 13-170

Step22 按【空格】键确定，进入下一个面，如图 13-171 所示。

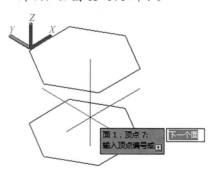

图 13-171

Step23 根据提示输入【顶点1】的编号12，按【空格】键确定，如图13-172 所示。

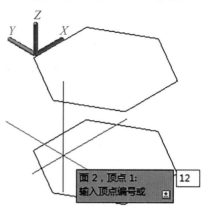

图 13-172

Step24 根据提示输入【顶点2】的编号6，按【空格】键确定，如图13-173 所示。

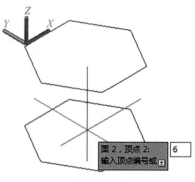

图 13-173

Step25 根据提示输入【顶点3】的编号5，按【空格】键确定，如图13-174 所示。

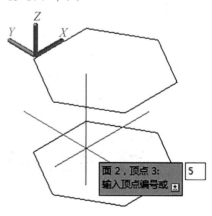

图 13-174

Step26 根据提示输入【顶点4】的编号11，按【空格】键确定，如图13-175 所示。

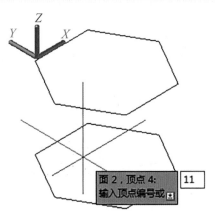

图 13-175

Step㉗ 按【空格】键确定，进入下一个面，如图 13-176 所示。

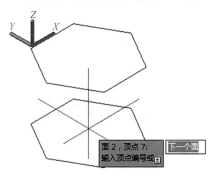

图 13-176

Step㉘ 根据提示输入【顶点 1】的编号 5，按【空格】键确定，如图 13-177 所示。

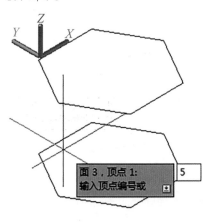

图 13-177

Step㉙ 根据提示输入【顶点 2】的编号 11，按【空格】键确定，如图 13-178 所示。

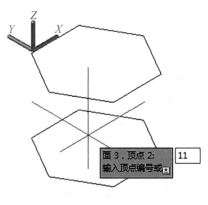

图 13-178

Step㉚ 根据提示输入【顶点 3】的编号 10，按【空格】键确定，如图 13-179 所示。

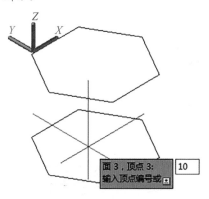

图 13-179

Step㉛ 根据提示输入【顶点 4】的编号 4，按【空格】键确定，如图 13-180 所示。

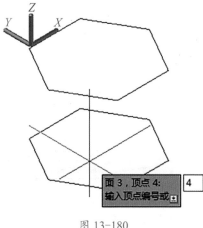

图 13-180

Step㉜ 按【空格】键确定，进入下一个面，如图 13-181 所示。

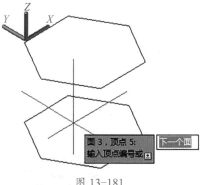

图 13-181

Step㉝ 根据提示输入【顶点 1】的编号 10，按【空格】键确定，如图 13-182 所示。

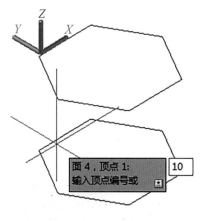

图 13-182

Step㉞ 根据提示输入【顶点 2】的编号 4，按【空格】键确定，如图 13-183 所示。

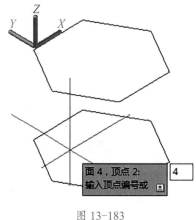

图 13-183

Step**35** 根据提示输入【顶点3】的编号3，按【空格】键确定，如图13-184所示。

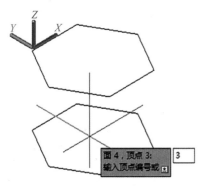

图 13-184

Step**36** 根据提示输入【顶点4】的编号9，按【空格】键确定，如图13-185所示。

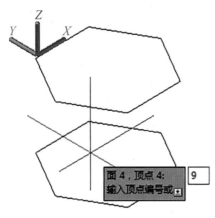

图 13-185

Step**37** 按【空格】键确定，进入下一个面，如图13-186所示。

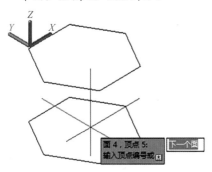

图 13-186

Step**38** 根据提示输入【顶点1】的编号3，按【空格】键确定，如图

13-187所示。

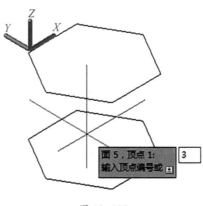

图 13-187

Step**39** 根据提示输入【顶点2】的编号9，按【空格】键确定，如图13-188所示。

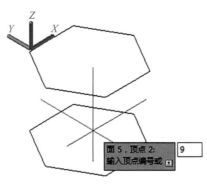

图 13-188

Step**40** 根据提示输入【顶点3】的编号8，按【空格】键确定，如图13-189所示。

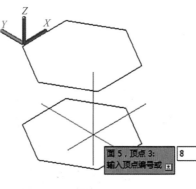

图 13-189

Step**41** 根据提示输入【顶点4】的编号2，按【空格】键确定，如图13-190所示。

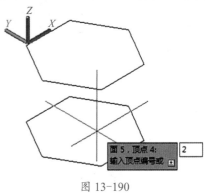

图 13-190

Step**42** 按【空格】键确定，进入下一个面，如图13-191所示。

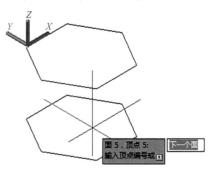

图 13-191

Step**43** 根据提示输入【顶点1】的编号8，按【空格】键确定，如图13-192所示。

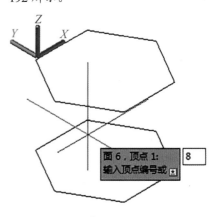

图 13-192

Step**44** 根据提示输入【顶点2】的编号2，按【空格】键确定，如图13-193所示。

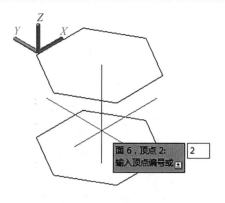

图 13-193

Step45 根据提示输入【顶点3】的编号1，按【空格】键确定，如图13-194所示。

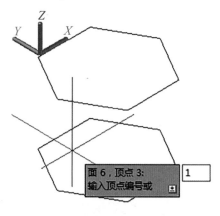

图 13-194

Step46 根据提示输入【顶点4】的编号7，按【空格】键确定，如图13-195所示。

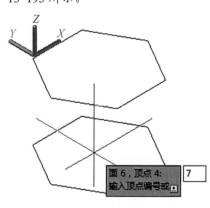

图 13-195

Step47 按【空格】键确定，进入下一个面，如图13-196所示。

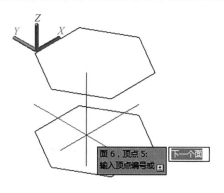

图 13-196

Step48 根据提示输入【顶点1】的编号7，按【空格】键确定，如图13-197所示。

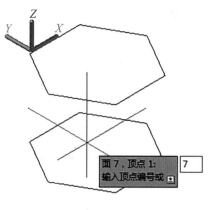

图 13-197

Step49 根据提示输入【顶点2】的编号8，按【空格】键确定，如图13-198所示。

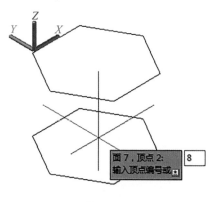

图 13-198

Step50 根据提示输入【顶点3】的编号9，按【空格】键确定，如图13-199所示。

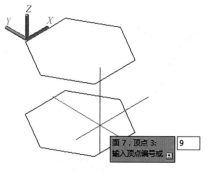

图 13-199

Step51 根据提示输入【顶点4】的编号10，按【空格】键确定，如图13-200所示。

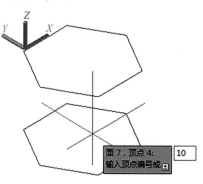

图 13-200

Step52 根据提示输入【顶点5】的编号11，按【空格】键确定，如图13-201所示。

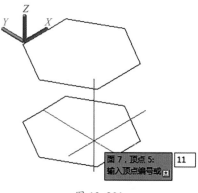

图 13-201

Step53 根据提示输入【顶点6】的编号12，按【空格】键确定，如图13-202所示。

第 1 篇
第 2 篇
第 3 篇
第 4 篇

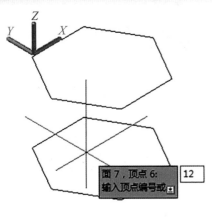

图 13-202

Step54 按【空格】键确定，进入下一个面，如图 13-203 所示。

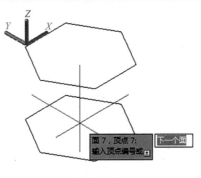

图 13-203

Step55 按【空格】键确定创建面，如图 13-204 所示。

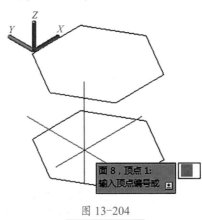

图 13-204

Step56 最终效果如图 13-205 所示。

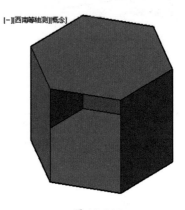

图 13-205

本章小结

　　本章介绍了创建三维曲面的相关知识。在 AutoCAD 中，曲面建模需要通过对曲线进行拉伸、旋转、扫掠、放样等操作，从而生成曲面模型。因此，曲面建模的一般流程是先绘制曲线，然后用曲线创建曲面，再对曲面进行编辑，得到最终模型。

第14章　将二维图形创建为三维模型

➜ 什么是轴测图？

➜ AutoCAD 中如何通过二维图形创建三维实体？

学完这一章的内容，根据 AutoCAD 提供的不同视角和图形显示设置工具，可以在不同的用户坐标系和正交坐标系之间切换，从而绘制和编辑三维图形。使用三维绘图功能，可以直观地表现出物体的实际形状。

14.1　轴测图基本知识

轴测投影图（简称轴测图）可以用二维图形来模拟三维对象。轴测图绘制简单，且具有较好的立体感，便于直观地表达设计人员的空间构思方案。

14.1.1　轴测图的形成

轴测图是采用特定的投射方向，将空间的立体物体用平行投影的方法在投影面上投影得到的投影图。因为采用了平行投影的方法，所以形成的轴测图有以下两个特点。

（1）若两直线在空间中相互平行，则他们的轴测投影仍相互平行。

（2）两平行线段的轴测投影长度与空间实际长度的比值相等。

绘制轴测图必须注意以下 3 个问题。

（1）任何时候用户都只能在一个轴测面上绘图。因此，绘制不同方位的立体面时，必须切换到不同的轴测面上去作图。

（2）切换到不同的轴测面上作图时，十字准线、捕捉与栅格显示都需要进行调整，以便看起来仍像位于当前轴测面上。

（3）正交模式也要被调整。要在某一轴测面上绘制正交线，首先应使该轴测面成为当前轴测面，然后再开启正交模式。

> **技术看板**
>
> 用户只能沿轴测轴的方向进行长度测量，沿非轴测轴方向的测量是不正确的。

★重点 14.1.2　轴向伸缩系数和轴间角

在轴测投影中，坐标轴的轴测投影称为轴测轴，他们之间的夹角称为轴间角。在正等轴测图中，3 个轴向的缩放比例相等，并且 3 个轴测轴与水平方向所成的角度分别为 30°、90° 和 150°。在 3 个轴测轴中，每两个轴测轴定义一个轴测面，分别如下。

➜ 右视平面：也就是右视图，由 X 轴和 Z 轴定义。

➜ 左视平面：也就是左视图，由 Y 轴和 Z 轴定义。

➜ 俯视平面：也就是俯视图，由 X 轴和 Y 轴定义。

轴测轴和轴测面的构成，如图 14-1 所示。

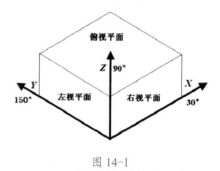

图 14-1

在绘制轴测图时，选择 3 个轴测平面之一将导致"正交"和十字光标沿相应的轴测轴对齐，按快捷键【Ctrl+E】或【F5】可以循环切换各轴测平面。

> **技术看板**
>
> 按快捷键【Ctrl+E】或【F5】可按顺时针方向在【左视平面】【俯视平面】和【右视平面】3 个轴测面之间进行切换。

设置等轴测模式之后，原来的十字光标将随当前所处的不同轴测面而变成夹角各异的交叉线，如图 14-2 所示。

图 14-2

14.1.3 实战：绘制长方体轴测图

实例门类	软件功能

要绘制轴测图，设置视图为等轴测模式后，就可以很方便地绘制出直线、圆、圆弧和文本的轴测图，并由这些基本的图形对象组成复杂形体的轴测投影图。绘制长方体轴测图的具体操作方法如下。

Step01 新建图形文件，设置空间界限为 297×190，如图 14-3 所示。

图 14-3

Step02 打开【草图设置】对话框，在【捕捉和栅格】选项卡中勾选【启用栅格】【等轴测捕捉】和【二维模型空间】选项，设置"捕捉 Y 轴间距"和"栅格 Y 轴间距"（栅格点之间的距离）为 10，如图 14-4 所示。

图 14-4

Step03 勾选【启用栅格】【等轴测捕捉】和【二维模型空间】选项，进入等轴测绘图环境，并且在绘图区域显示栅格点，如图 14-5 所示。

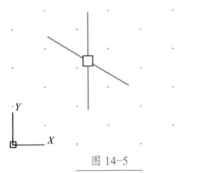

图 14-5

Step04 开启栅格捕捉功能，系统自动捕捉栅格点，使光标按指定的间距移动。开启【正交】模式，按【F5】键切换到右视平面，激活直线命令，单击指定直线起点，如图 14-6 所示。

图 14-6

Step05 右移鼠标，输入 45，按【Enter】键确定绘制直线，如图 14-7 所示。

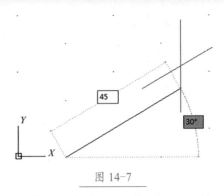

图 14-7

Step06 上移鼠标，输入 7.5，按【Enter】键确定绘制直线，如图 14-8 所示。

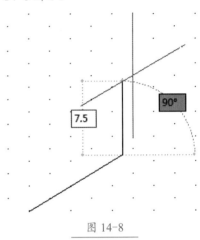

图 14-8

Step07 左移鼠标，输入 45，按【Enter】键确定绘制直线，如图 14-9 所示。

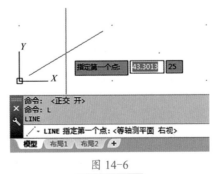

图 14-9

Step08 输入子命令【闭合】C，闭合右视平面，按【Enter】键确定，如图 14-10 所示。

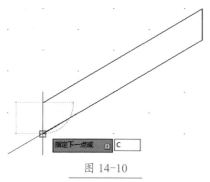

图 14-10

Step⑨ 按【F5】切换到等轴测平面的左视平面，按【空格】键激活【直线】命令，单击指定直线起点，如图 14-11 所示。

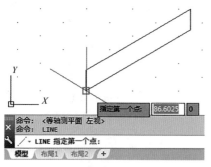

图 14-11

Step⑩ 左移鼠标，输入 50，按【Enter】键确定绘制直线，如图 14-12 所示。

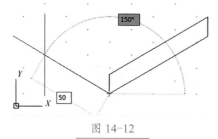

图 14-12

Step⑪ 上移鼠标，输入 7.5，按【Enter】键确定绘制直线，如图 14-13 所示。

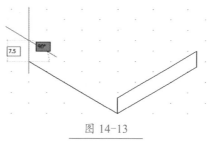

图 14-13

Step⑫ 右移鼠标，输入 50，按【Enter】键确定绘制直线，如图 14-14 所示。

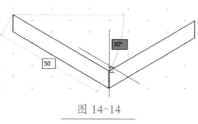

图 14-14

Step⑬ 选择左视平面绘制的 3 条直线，输入【复制】命令 CO，按【Enter】键确定，单击指定复制基点，如图 14-15 所示。

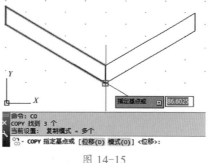

图 14-15

Step⑭ 单击指定要粘贴到的点，复制直线，如图 14-16 所示。

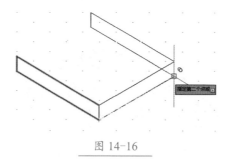

图 14-16

Step⑮ 使用【直线】命令绘制一条连接线，如图 14-17 所示。

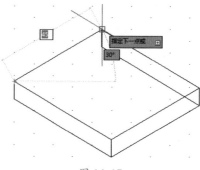

图 14-17

Step⑯ 选择多余的线段，输入【删除】命令 E，按【Enter】键确定，删除多余的线段，如图 14-18 所示。

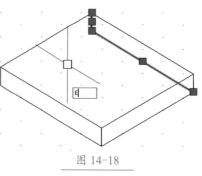

图 14-18

Step⑰ 删除多余的线条后，完成长方体的绘制，效果如图 14-19 所示。

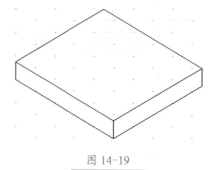

图 14-19

14.2 通过二维对象创建实体

在创建三维实体的操作中，可以直接创建三维基本体，也可以通过对二维图形对象进行拉伸、旋转、扫掠、放样、拖动等操作来创建三维实体。

★重点 14.2.1 实战：拉伸对象创建齿轮

实例门类	软件功能

使用【拉伸】命令可以沿指定路径拉伸对象或按指定高度值和倾斜角度拉伸对象，从而将二维图形拉伸为三维实体。使用二维图形拉伸为三维实体的方法，可以方便创建外形不规则的实体。使用该方法，需要先用二维绘图命令绘制不规则的截面，然后将其拉伸即可创建出三维实体，具体操作方法如下。

Step01 新建一个图形文件，输入并执行【圆】命令，指定圆心坐标为（0,3），如图 14-20 所示。

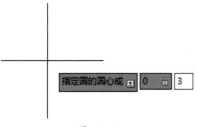

图 14-20

Step02 指定圆的半径为 3，如图 14-21 所示。

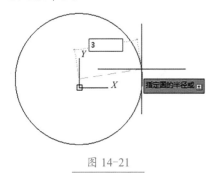

图 14-21

Step03 按【空格】键激活【圆】命令，指定第二个圆的圆心坐标为（3,3），如图 14-22 所示。

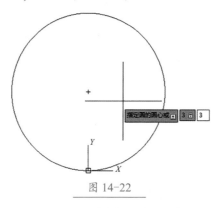

图 14-22

技术看板

输入并执行命令是指输入命令后，按【Enter】键确定。

Step04 指定圆的半径为 0.15，如图 14-23 所示。

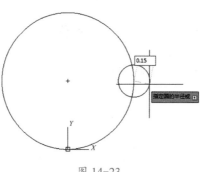

图 14-23

技术看板

系统默认的绘图界限是 420×297，所以此处绘制的圆半径很小，需要把它放大显示，以便进行后续的绘图工作。

Step05 选择绘制的两个圆，输入并执行【复制】命令 CO，如图 14-24 所示。

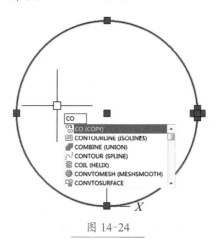

图 14-24

Step06 指定大圆的圆心为复制基点，输入第二点的坐标（-0.3,0），按【空格】键确定，如图 14-25 所示。

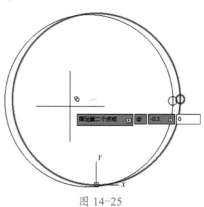

图 14-25

Step07 选择复制得到的两个圆，输入并执行【旋转】命令 RO，如图 14-26 所示。

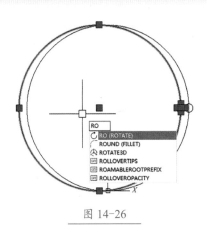

图 14-26

Step08 单击第一个圆的圆心将其指定为旋转基点，如图 14-27 所示。

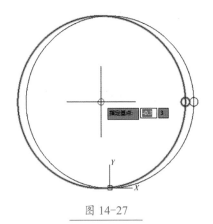

图 14-27

Step09 输入旋转角度值 8.58450，按【空格】键确定，如图 14-28 所示。

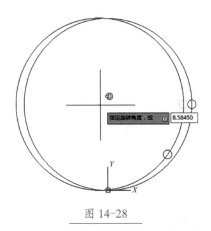

图 14-28

Step10 选择绘制的两个圆，输入并执行【复制】命令 CO，如图 14-29 所示。

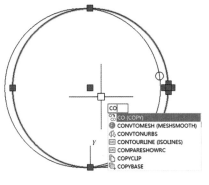

图 14-29

Step11 指定复制基点，输入第二点的坐标（-0.6,0），按【空格】键确定，如图 14-30 所示。

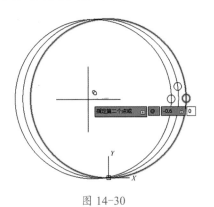

图 14-30

Step12 选择复制得到的两个圆，指定旋转角度为 17.21745，如图 14-31 所示。

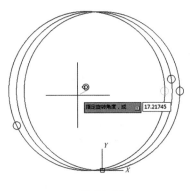

图 14-31

Step13 复制圆，指定复制距离第二点的坐标为（-0.9,0），如图 14-32 所示。

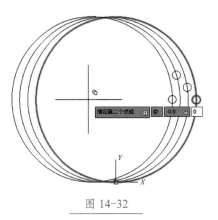

图 14-32

技术看板

圆复制的距离和旋转的角度如下。

复制距离	旋转角度
-0.6	17.21745
-0.9	25.88085
-1.2	34.61085
-1.5	43.43250
-1.8	52.37280
-2.1	61.46190

Step14 选择复制得到的两个圆，指定旋转角度为 25.88085，如图 14-33 所示。

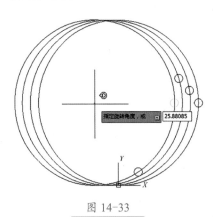

图 14-33

Step15 复制圆，指定复制距离第二点的坐标为（-1.2,0），如图 14-34 所示。

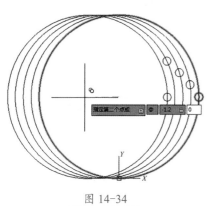

图 14-34

Step⑯ 选择复制得到的两个圆，指定旋转角度为 34.61085，如图 14-35 所示。

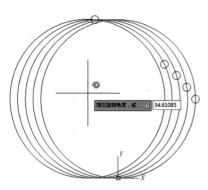

图 14-35

Step⑰ 复制圆，指定复制距离的第二点坐标为（-1.5,0），如图 14-36 所示。

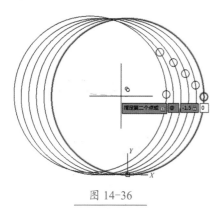

图 14-36

Step⑱ 选择复制得到的两个圆，指定旋转角度为 43.43250，如图 14-37 所示。

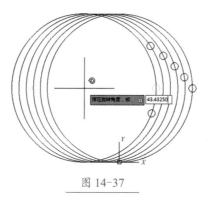

图 14-37

Step⑲ 复制圆，指定复制距离的第二点的坐标为（-1.8,0），如图 14-38 所示。

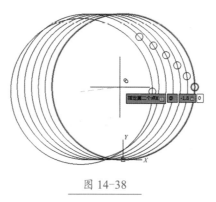

图 14-38

Step⑳ 选择复制得到的两个圆，指定旋转角度为 52.37280，如图 14-39 所示。

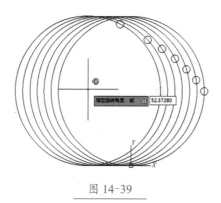

图 14-39

Step㉑ 复制圆，指定复制距离第二点的坐标为（-2.1,0），如图 14-40 所示。

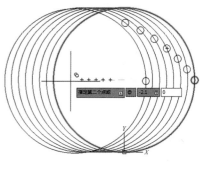

图 14-40

Step㉒ 选择复制得到的两个圆，指定旋转角度为 61.46190，如图 14-41 所示。

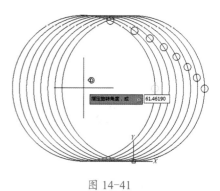

图 14-41

Step㉓ 选择所有大圆，输入并执行【删除】命令 E，如图 14-42 所示。

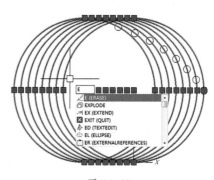

图 14-42

Step㉔ 输入并执行【样条曲线】命令 SPL，单击最上方小圆的圆心将其指定为第一个点，如图 14-43 所示。

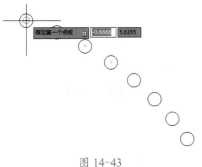

图 14-43

Step㉕ 依次单击各圆的圆心将其指定为下一个点，如图 14-44 所示。完成样条曲线的绘制。

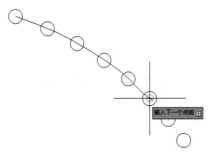

图 14-44

Step㉖ 选择所有小圆，输入并执行【删除】命令 E，只保留上一步绘制的样条曲线，即齿轮的渐近线，如图 14-45 所示。

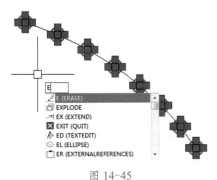

图 14-45

Step㉗ 激活【圆】命令，指定圆心的坐标为【0,0】，如图 14-46 所示。

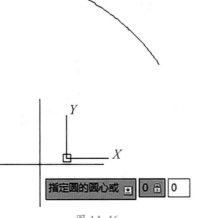

图 14-46

Step㉘ 指定圆的半径为 7.2，按【Enter】键确定，如图 14-47 所示。

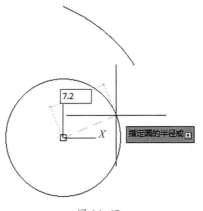

图 14-47

Step㉙ 以坐标【0,0】为圆心，绘制半径为 10.5 的同心圆，如图 14-48 所示。

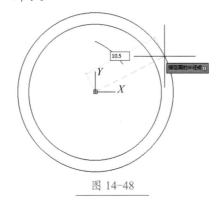

图 14-48

Step㉚ 输入并执行【移动】命令 M，单击指定渐近线上端点为基点，如图 14-49 所示。

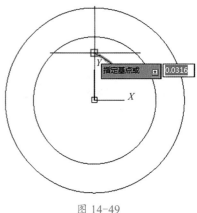

图 14-49

Step㉛ 单击内圆右象限点为要移动到的第二个点，如图 14-50 所示。

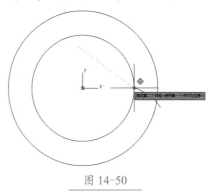

图 14-50

Step㉜ 激活【镜像】命令 MI，❶ 单击选择镜像对象，按【空格】键确定，❷ 单击指定镜像线的第一点坐标为（0,0），如图 14-51 所示。

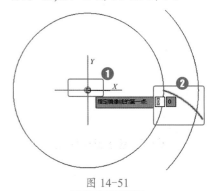

图 14-51

Step㉝ 指定镜像线的第二点为弧线端点，如图 14-52 所示，按【空格】键确认默认选项 N，不删除源对象，即可完成所选对象的镜像复制。

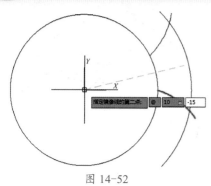

图 14-52

Step34 激活【修剪】命令 TR，选择
界限对象，如图 14-53 所示。

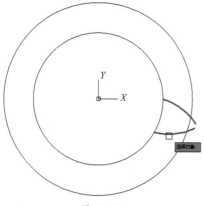

图 14-53

Step35 单击大圆进行修剪，如图
14-54 所示。

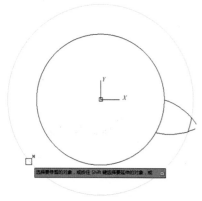

图 14-54

Step36 输入【修剪】命令 TR，按
【空格】键两次，单击要修剪的对
象，生成轮齿，如图 14-55 所示。

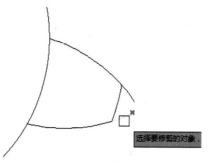

图 14-55

Step37 选择轮齿，激活【阵列】命
令 AR，如图 14-56 所示。

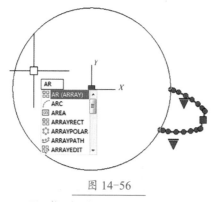

图 14-56

Step38 将轮齿环形阵列 10 份，如图
14-57 所示。

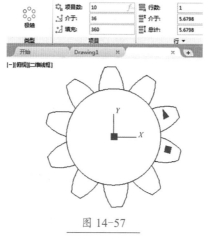

图 14-57

Step39 使用【修剪】命令 TR，剪掉
多余的线条，生成一个连续的封闭
的齿轮截面，如图 14-58 所示。

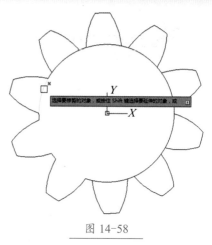

图 14-58

Step40 激活【分解】命令 X，分解
阵列对象，如图 14-59 所示。

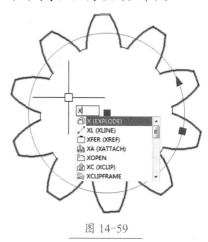

图 14-59

Step41 激活【面域】命令 REGION，
如图 14-60 所示。

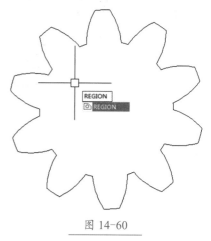

图 14-60

Step42 选择所有图形对象，按【空
格】键确定，将所选图形对象创建

为一个面域，如图 14-61 所示。

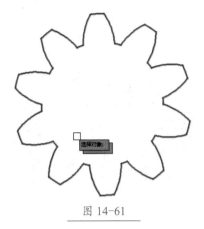

图 14-61

Step43 以点（0,0）为圆心，分别绘制半径为 2.2 和 3.5 的同心圆，如图 14-62 所示。

图 14-62

Step44 激活【矩形】命令 REC，指定矩形第一个角点的坐标（-0.4，0），如图 14-63 所示。

图 14-63

Step45 指定另一个角点的坐标（0.8，2.6），如图 14-64 所示。

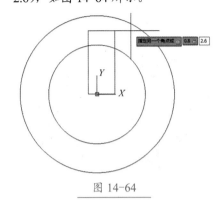

图 14-64

Step46 激活【修剪】命令 TR，修剪圆和矩形；激活【面域】命令 REGION，将齿轮内部的图形对象编辑为可拉伸的面域，如图 14-65 所示。

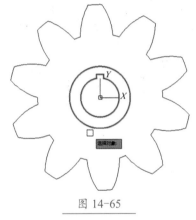

图 14-65

Step47 单击【差集】命令按钮，如图 14-66 所示。

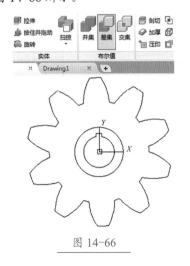

图 14-66

Step48 单击要保留的实体对象，按【空格】键确定，如图 14-67 所示。

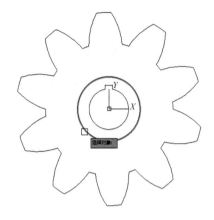

图 14-67

Step49 单击要被减去的实体，按【空格】键确定，将小的面域从大的面域中挖掉，生成齿轮的轴承孔（带键槽），如图 14-68 所示。

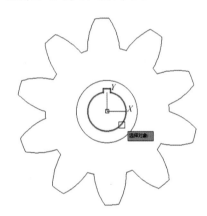

图 14-68

Step50 将视图调整为【西南等轴测】视图，单击【拉伸】命令按钮，如图 14-69 所示。

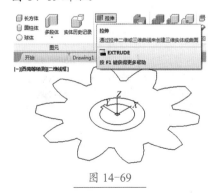

图 14-69

Step51 单击选择要拉伸的对象，按【空格】键确定，如图 14-70 所示。

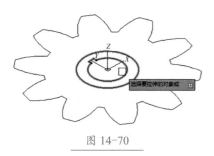

图 14-70

Step52 将表示齿轮轴承孔的面域拉伸 6，按【空格】键确定，如图 14-71 所示。

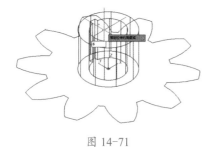

图 14-71

Step53 按【空格】键激活【拉伸】命令，选择拉伸对象，如图 14-72 所示。

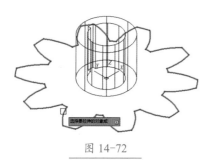

图 14-72

Step54 将齿轮的截面轮廓拉伸 4，如图 14-73 所示。

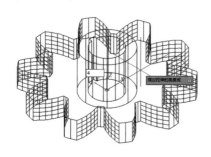

图 14-73

Step55 单击【圆柱体】命令按钮，指定（0,0,0）为底面中心点，如图 14-74 所示。

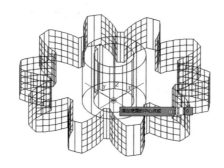

图 14-74

Step56 指定底面半径为 3.5，如图 14-75 所示。

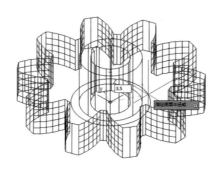

图 14-75

Step57 指定高度为 8，创建圆柱体，如图 14-76 所示。

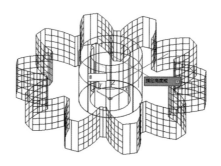

图 14-76

Step58 单击【差集】命令按钮，激活【差集】命令，如图 14-77 所示。

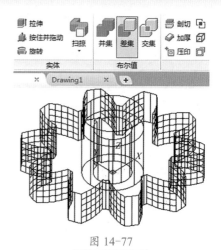

图 14-77

Step59 单击要保留的实体对象，按【空格】键确定，如图 14-78 所示。

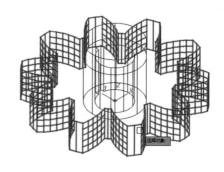

图 14-78

Step60 单击要减去的实体对象，按【空格】键确定，如图 14-79 所示。

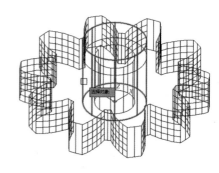

图 14-79

Step61 将高度为 8 的圆柱体从实体中减去，消隐效果如图 14-80 所示。

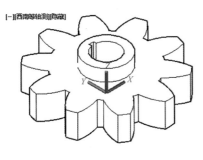

图 14-80

Step 62 激活【移动】命令 M，将带轮齿的实体对象垂直向上移动 1，如图 14-81 所示。

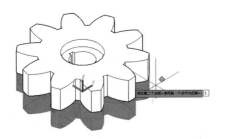

图 14-81

Step 63 单击【并集】命令按钮，如图 14-82 所示。

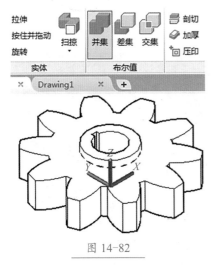

图 14-82

Step 64 单击选择要合并的对象，如图 14-83 所示。

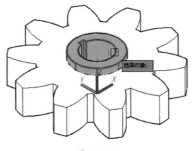

图 14-83

Step 65 继续单击选择要合并的对象，按【空格】键确定，将所有图形对象合并为一个整体，最终效果如图 14-84 所示。

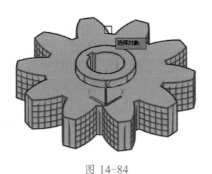

图 14-84

★重点 14.2.2 实战：旋转图形创建竹筒

实例门类	软件功能

使用【旋转】命令可以通过绕轴旋转开放或闭合的平面曲线来创建新的实体或曲面，并且可以旋转多个对象，具体操作如下。

Step 01 输入【多段线】命令 PL，单击指定起点，输入长度值 50，按【Enter】键确定绘制线段，如图 14-85 所示。

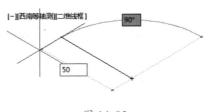

图 14-85

Step 02 上移鼠标并输入距离值 120，按【Enter】键确定绘制线段，如图 14-86 所示。

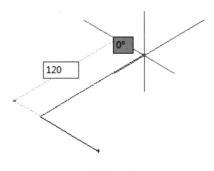

图 14-86

Step 03 下移鼠标并输入距离值 10，按【Enter】键确定绘制线段，如图 14-87 所示。

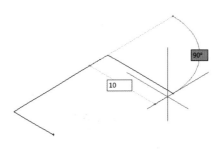

图 14-87

Step 04 左移鼠标并输入距离值 110，按【Enter】键确定绘制线段，如图 14-88 所示。

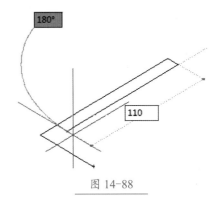

图 14-88

Step 05 右移鼠标并输入距离值 40，按【Enter】键确定绘制线段，如图 14-89 所示。

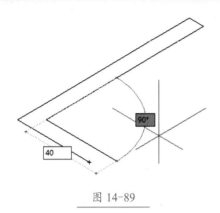

图 14-89

Step 06 输入子命令【闭合】C，按【Enter】键确定绘制线段，如图14-90所示。

图 14-90

Step 07 使用【直线】命令L绘制轴线，如图14-91所示。

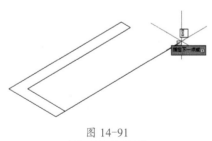

图 14-91

Step 08 单击【旋转】命令按钮，如图14-92所示。

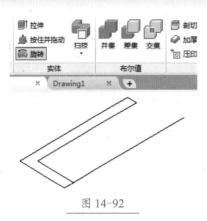

图 14-92

Step 09 单击选择要旋转的对象，按【空格】键确定，如图14-93所示。

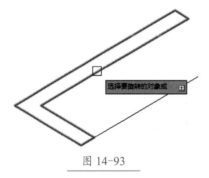

图 14-93

Step 10 单击指定轴起点，如图14-94所示。

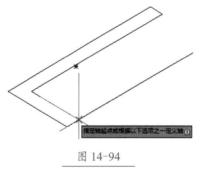

图 14-94

Step 11 单击指定轴端点，如图14-95所示。

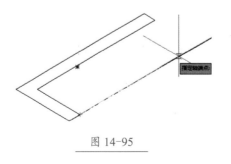

图 14-95

Step 12 输入旋转角度360，按【Enter】键确定，如图14-96所示。

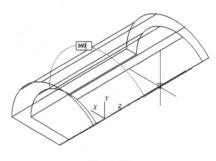

图 14-96

Step 13 设置视图为【东南等轴测】，设置视觉样式为【隐藏】，如图14-97所示。

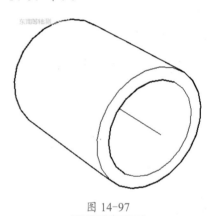

图 14-97

技术看板

若旋转对象只是一条线，那么旋转得到的对象是一个曲面；若旋转对象是有宽度的闭合对象，则旋转得到的对象为实体。

★**重点** 14.2.3　**实战：扫掠图形创建弯管**

实例门类	软件功能

使用【扫掠】命令可以通过沿路径扫掠二维或三维曲线来创建三维实体或曲面，扫掠对象会自动与路径对象对齐，具体操作方法如下。

Step**01** 新建图形文件，切换视图为【西南等轴测】，使用系统变量 ISOLINES 设置实体线框密度值为 12，如图 14-98 所示。

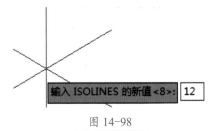

图 14-98

技术看板

在默认情况下，三维实体表面以线框的形式来表示，线框密度由系统变量 ISOLINES 控制。系统变量 ISOLINES 的数值范围为 4 ～ 2047，数值越大，线框越密。

Step**02** 激活【多段线】命令 PL，指定起点坐标为（0,0），按【Enter】键确定，如图 14-99 所示。

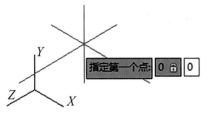

图 14-99

Step**03** 上移鼠标，指定下一点坐标为（0,20），按【Enter】键确认，如图 14-100 所示。

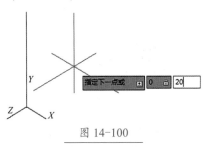

图 14-100

Step**04** 右移鼠标，指定下一点坐标为（60,0），按【Enter】键确认，如图 14-101 所示。

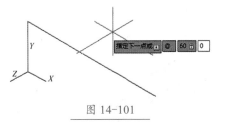

图 14-101

Step**05** 上移鼠标，输入此点至下一点的距离为 20，按【Enter】键确定，再次按【Enter】键结束多段线命令，如图 14-102 所示。

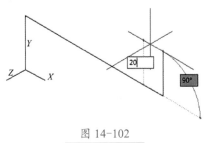

图 14-102

Step**06** 激活【圆角】命令 F，设置圆角半径值为 6，按【Enter】键确定，如图 14-103 所示。

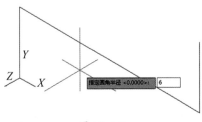

图 14-103

Step**07** 单击选择第一个对象和第二个对象，对线段进行圆角，如图 14-104 所示。

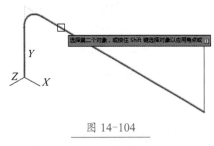

图 14-104

Step**08** 执行【UCS】命令，输入 X，按【Enter】键确定，如图 14-105 所示。

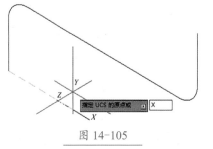

图 14-105

Step**09** 指定绕 X 轴旋转的角度为 90，按【Enter】键确定，如图 14-106 所示。

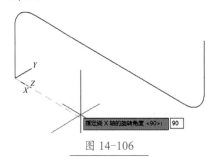

图 14-106

Step**10** 激活【圆】命令 C，单击指定坐标原点为圆心，如图 14-107 所示。

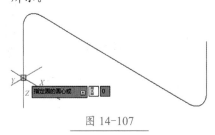

图 14-107

Step**11** 创建半径为 3 的圆，如图 14-108 所示。

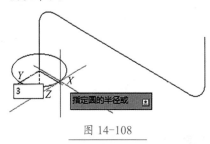

图 14-108

Step**12** 单击【扫掠】按钮，如图 14-109 所示。

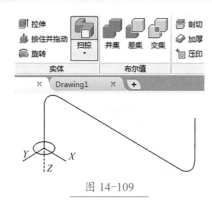

图 14-109

Step⑬ 单击圆作为要扫掠的对象，如图 14-110 所示。

图 14-110

Step⑭ 单击多段线作为扫掠路径，如图 14-111 所示。

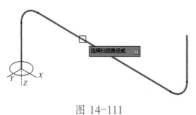

图 14-111

技术看板

在扫掠实体的操作中，扫掠对象可以是一个，也可以是多个；所扫掠出的三维实体对象根据所选择的扫掠对象而变化。

Step⑮ 完成对象的扫掠，效果如图 14-112 所示。

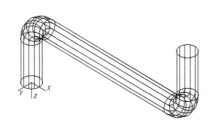

图 14-112

Step⑯ 将模型以【概念】视觉样式显示，效果如图 14-113 所示。

图 14-113

★重点 14.2.4　实战：创建放样实体

实例门类	软件功能

使用【放样】命令可以通过对包含两条或两条以上横截面曲线的一组曲线进行放样来创建三维实体或曲面。其中，横截面决定了放样生成的实体或曲面的形状，它可以是开放的线，也可以是闭合的图形，如圆、椭圆、多边形和矩形等，具体操作如下。

Step① 分别绘制半径为 20，25，30，50，120 的同心圆，切换视图为【西南等轴测】，如图 14-114 所示。

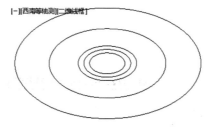

图 14-114

Step② 将半径为 120 的圆向上移动 100，如图 14-115 所示。

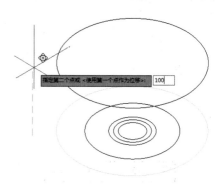

图 14-115

Step③ 将半径为 30 的圆向上移动 220，如图 14-116 所示。

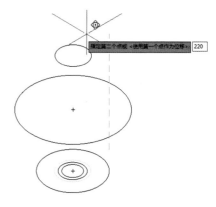

图 14-116

Step④ 将半径为 20 的圆向上移动 180，如图 14-117 所示。

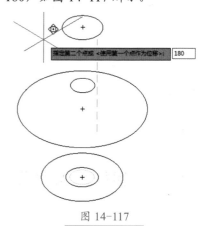

图 14-117

Step⑤ 将半径为 25 的圆向上移动 20，如图 14-118 所示。

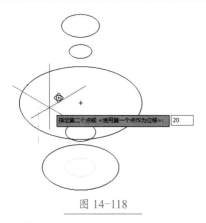

图 14-118

Step⑥ 以半径为 50 的圆的圆心为起点，向上以最上方的圆的圆心为第二点，绘制直线作为放样路径，如图 14-119 所示。

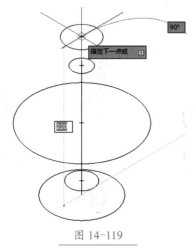

图 14-119

Step⑦ 单击【扫掠】下拉按钮，单击【放样】命令按钮，如图 14-120 所示。

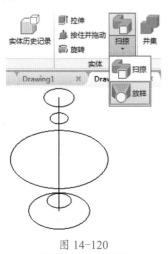

图 14-120

Step⑧ 单击选择第一个横截面，如图 14-121 所示。

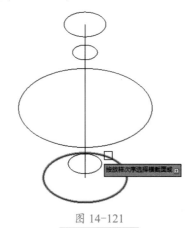

图 14-121

Step⑨ 同时单击选择第二个横截面，如图 14-122 所示。

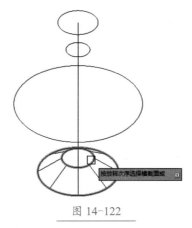

图 14-122

Step⑩ 继续依次单击选择横截面，如图 14-123 所示。

图 14-123

Step⑪ 完成横截面的指定后按【空格】键确定，输入子命令【路径】P，按【空格】键确定，如图

14-124 所示。

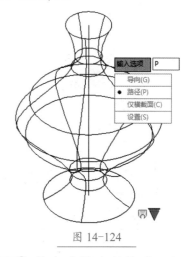

图 14-124

Step⑫ 单击选择路径轮廓，如图 14-125 所示。

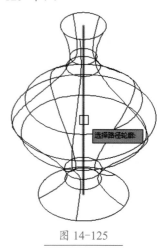

图 14-125

Step⑬ 此时即可完成对象的放样，效果如图 14-126 所示。

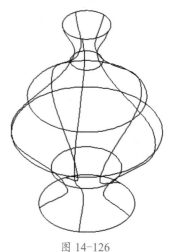

图 14-126

Step⑭ 将模型的视觉样式设置为【概念】，效果如图 14-127 所示。

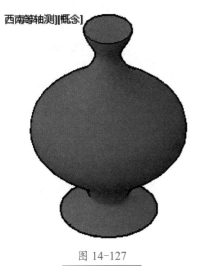

图 14-127

14.2.5 实战：使用按住并拖动命令创建实体

实例门类	软件功能

【按住并拖动】命令主要是通过拉伸和偏移命令动态修改三维实体对象，具体操作如下。

Step① 绘制两个圆角矩形，切换视图为【西南等轴测】视图，如图 14-128 所示。

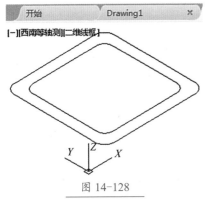

图 14-128

Step② 单击【扫掠】下拉按钮，单击【放样】命令按钮，如图 14-129 所示。

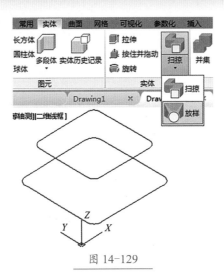

图 14-129

Step③ 依次单击选择横截面，完成两个矩形的放样，效果如图 14-130 所示。

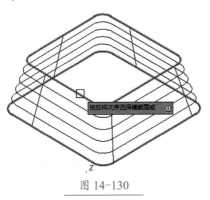

图 14-130

Step④ 单击【按住并拖动】命令按钮，如图 14-131 所示。

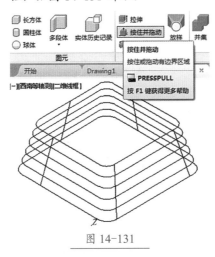

图 14-131

Step⑤ 单击选择对象或边界区域，如图 14-132 所示。

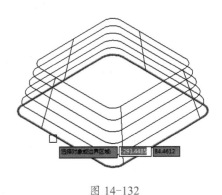

图 14-132

Step⑥ 输入拉伸高度，如 100，按【空格】键确定，如图 14-133 所示。

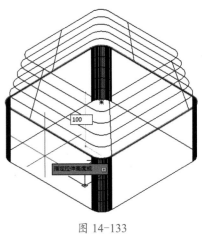

图 14-133

妙招技法

通过对前面知识的学习，相信读者已经掌握了将二维图形创建为三维模型的命令的相应操作，下面结合本章内容，给大家介绍一些实用技巧。

技巧01 如何控制实体模型的显示

AutoCAD 中可以通过相应命令控制三维模型的外观显示，具体操作方法如下。

Step01 打开"素材文件\第14章\技巧02.dwg"，输入系统变量 ISOLINES，按【空格】键确定，如图14-134所示。

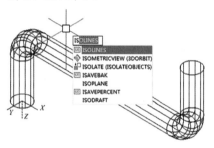

图 14-134

Step02 输入实体线框密度值（ISOLINES 的新值)5，按【空格】键确定，如图14-135所示。

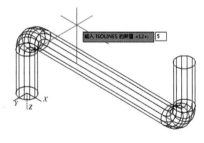

图 14-135

Step03 输入【重生成】命令 RE，按【空格】键确定，如图14-136所示。
Step04 输入系统变量 ISOLINES，按【空格】键确定，输入实体线框密度值20，按【空格】键确定，如图14-137所示。

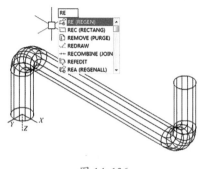

图 14-136

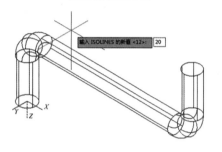

图 14-137

Step05 输入【重生成】命令 RE，按【空格】键确定，效果如图14-138所示。

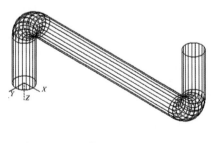

图 14-138

技巧02 通过夹点改变模型外观

在 AutoCAD 中，可以通过对象夹点改变三维模型的外观，具体操作过程如下。

Step01 打开"素材文件\第14章\技巧03.dwg"，如图14-139所示。

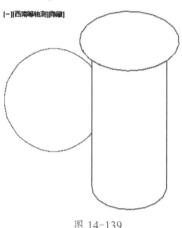

图 14-139

Step02 单击选择圆锥体，将鼠标指向圆锥体的顶点并单击，如图14-140所示。

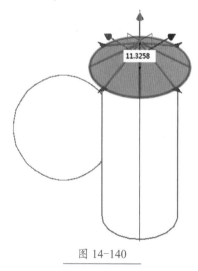

图 14-140

Step03 上移鼠标并单击，指定新顶点位置，如图14-141所示。
Step04 单击选择圆柱体，如图14-142所示。

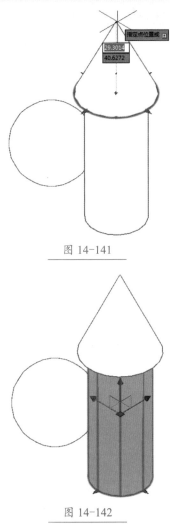

图 14-141

图 14-142

Step05 单击圆柱体底面夹点，向圆心处移动，输入移动值10，如图14-143所示。

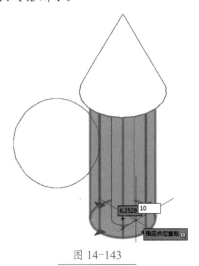

图 14-143

Step06 按【空格】键确定，效果如图 14-144 所示。

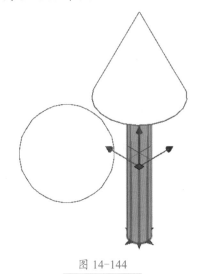

图 14-144

过关练习——绘制机座轴测图

AutoCAD 为绘制等轴测图创造了一个特定的环境。在这个环境中，系统提供了相应的辅助手段，可方便地构建轴测图。还可以使用【绘图设置】命令 DSETTINGS 来设置等轴测绘图环境，具体操作方法如下。

结果文件	结果文件 \ 第 14 章 \ 机座轴测图 .dwg

Step01 新建图形文件，设置图形界限为 190×148，输入 Z 并按【Enter】键，输入 A 并按【Enter】键，将图形界限放大至全屏显示，如图 14-145 所示。

图 14-145

Step02 打开【草图设置】对话框，设置具体内容和参数后，单击【确定】按钮，如图 14-146 所示。

图 14-146

Step03 输入 LA，按【Enter】键确定，打开【图层特性管理器】，新建一个【底座上部】图层和一个【底座下部】图层，将【底座上部】图层设置为当前图层，如图 14-147 所示。

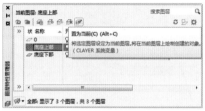

图 14-147

Step04 按【F8】键打开【正交】模式，使用【直线】命令 L，绘制长为 10 的直线，如图 14-148 所示。

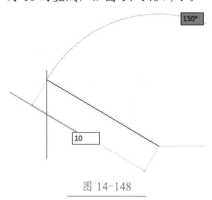

图 14-148

Step05 按下【F5】键切换到等轴测俯视平面，指定直线距离为 20，如图 14-149 所示。

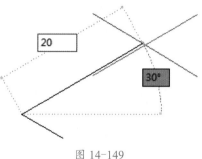

图 14-149

Step06 按下【F5】键切换到等轴测右视平面，指定直线距离为 10，如图 14-150 所示。

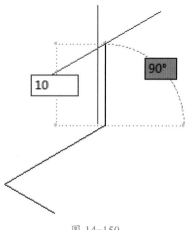

图 14-150

Step07 使用【复制】命令 CO 复制第一条直线，如图 14-151 所示。

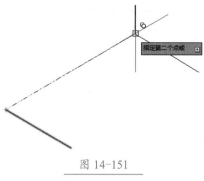

图 14-151

Step08 使用【复制】命令 CO 复制第二条直线，如图 14-152 所示。

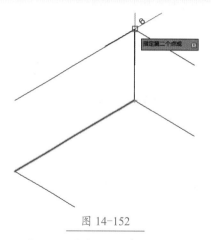

图 14-152

Step09 使用【复制】命令 CO 复制第三条直线，如图 14-153 所示。

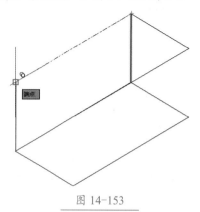

图 14-153

Step10 使用【复制】命令 CO 复制第四条直线，如图 14-154 所示。

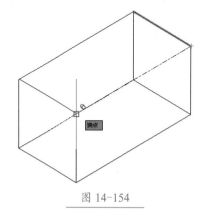

图 14-154

Step11 按下【F5】键切换到等轴测左视平面，单击直线端点，移动鼠标指定拉伸方向，输入拉伸距离 25，按【Enter】键确定，如图 14-155 所示。

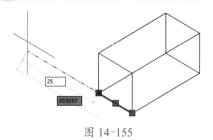

图 14-155

Step⑫ 使用【复制】命令 CO，复制直线和长方体，如图 14-156 所示。

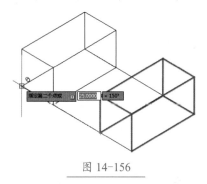

图 14-156

Step⑬ 输入【拉长】命令 LEN，按【Enter】键确定，如图 14-157 所示。

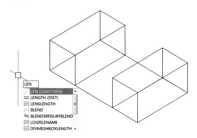

图 14-157

Step⑭ 输入子命令【增量】DE，按【Enter】键确定，如图 14-158 所示。

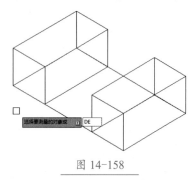

图 14-158

Step⑮ 输入长度增量值 5，按【Enter】键确定，如图 14-159 所示。

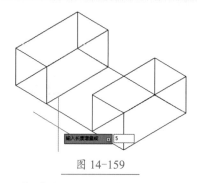

图 14-159

Step⑯ 单击要拉长的直线，如图 14-160 所示。

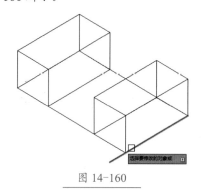

图 14-160

Step⑰ 依次单击要拉长的直线，如图 14-161 所示。

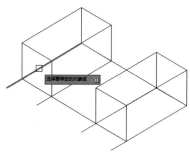

图 14-161

Step⑱ 激活【直线】命令 L，依次绘制 4 条连接直线，如图 14-162 所示。

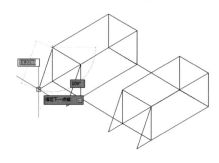

图 14-162

Step⑲ 激活【拉长】命令 LEN，输入子命令【增量】DE，按【空格】键确定，输入长度增量值 15，按【Enter】键确定，如图 14-163 所示。

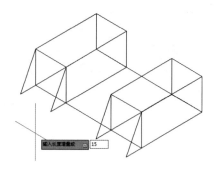

图 14-163

Step⑳ 单击要拉长的直线，如图 14-164 所示。

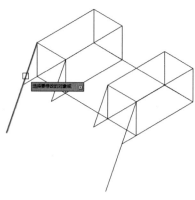

图 14-164

Step㉑ 使用【直线】命令绘制 2 条连接线，如图 14-165 所示。

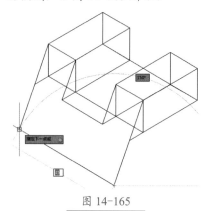

图 14-165

Step㉒ 设置【拉长】命令的增量值为 20，按【Enter】键确定，如图 14-166 所示。

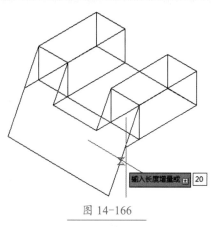

图 14-166

Step㉓ 单击要拉长的直线，如图 14-167 所示。

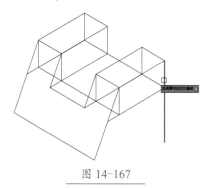

图 14-167

Step㉔ 按下【F8】键打开【正交】模式，按下【F5】键切换到等轴测右视平面，绘制长度为 50 的直线，如图 14-168 所示。

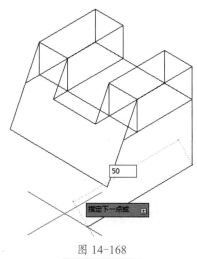

图 14-168

Step㉕ 使用【直线】命令 L 绘制一条辅助线，如图 14-169 所示。

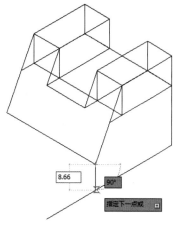

图 14-169

Step㉖ 将直线复制到上端点处，如图 14-170 所示。

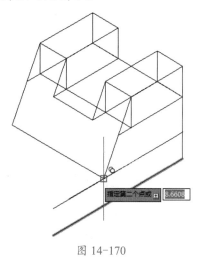

图 14-170

Step㉗ 将辅助线向正前方复制 5，如图 14-171 所示。

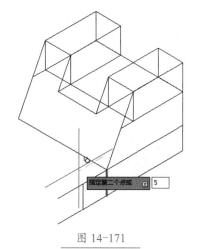

图 14-171

Step㉘ 按下【F5】键切换到左视平面，激活【复制】命令 CO，选择直线，按【空格】键确定，单击指定复制基点，如图 14-172 所示。

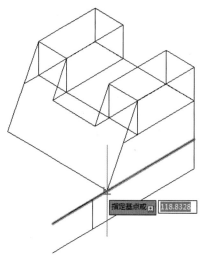

图 14-172

Step㉙ 单击相交线中点处，输入该点至第二点的距离 5，按【Enter】键确定，如图 14-173 所示。

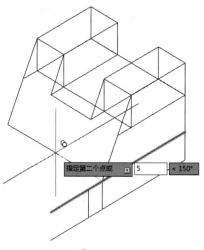

图 14-173

Step㉚ 按【空格】键激活【复制】命令，选择两条直线，按【空格】键确定，单击指定复制基点，如图 14-174 所示。

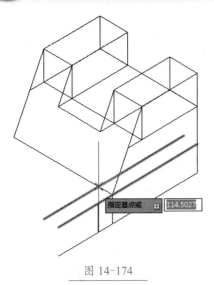

图 14-174

Step31 单击指定第二个点，如图 14-175 所示。

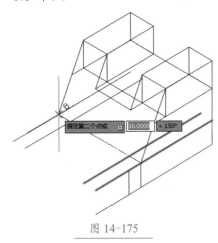

图 14-175

Step32 使用【直线】命令 L 绘制直线，如图 14-176 所示。

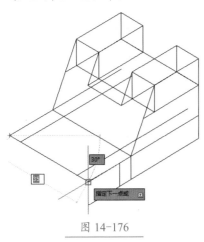

图 14-176

Step33 激活【复制】命令 CO，框选对象，按【空格】键确定，单击指定复制基点，图 14-177 所示。

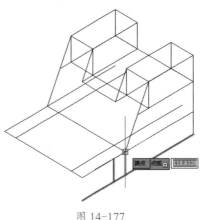

图 14-177

Step34 单击指定第二个点，按【空格】键结束复制命令，如图 14-178 所示。

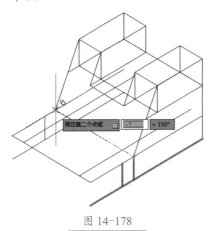

图 14-178

Step35 使用【直线】命令 L 绘制直线，如图 14-179 所示。

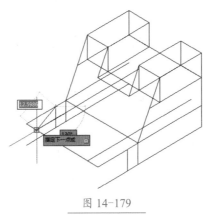

图 14-179

Step36 使用【直线】命令 L 绘制另第二条直线，如图 14-180 所示。

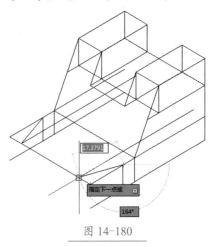

图 14-180

Step37 使用【直线】命令 L 绘制第三条直线，如图 14-181 所示。

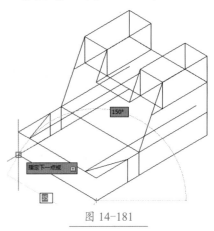

图 14-181

Step38 激活【复制】命令，选择 2 条直线，按【空格】键确定，单击指定复制基点，如图 14-182 所示。

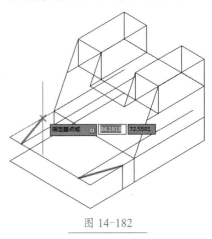

图 14-182

Step㊴ 单击指定第二个点，按【空格】键结束复制命令，如图 14-183 所示。

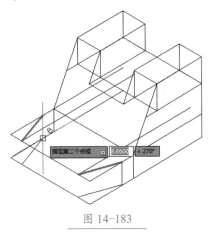

图 14-183

Step㊵ 使用【直线】命令 L 绘制直线，如图 14-184 所示。

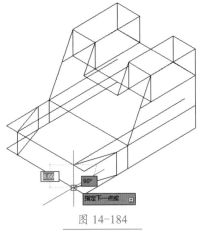

图 14-184

Step㊶ 激活【修剪】命令 TR，修剪多余线段，如图 14-185 所示。

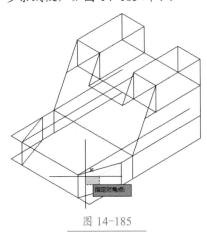

图 14-185

Step㊷ 选择需要删除的线段，输入【删除】命令 E，按【空格】键确定，即可将所选对象删除，如图 14-186 所示。

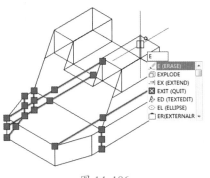

图 14-186

Step㊸ 使用【修剪】命令 TR，将多余线段修剪掉，如图 14-187 所示。

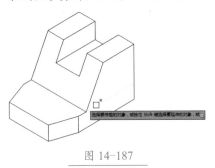

图 14-187

Step㊹ 使用【直线】命令 L 绘制直线，如图 14-188 所示。

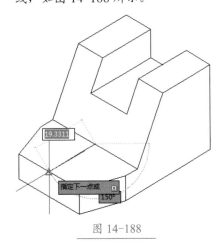

图 14-188

Step㊺ 按下【F5】键切换到俯视平面，激活【椭圆】命令 EL，输入子命令【等轴测圆】I，按【空格】键确定，如图 14-189 所示。

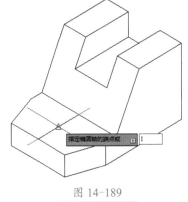

图 14-189

Step㊻ 单击直线中点将其指定为等轴测圆的圆心，如图 14-190 所示。

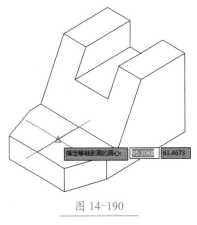

图 14-190

Step㊼ 指定等轴测圆的半径值为2.5，按【Enter】键确定，如图 14-191 所示。

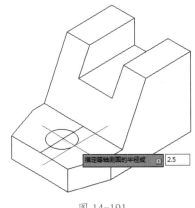

图 14-191

Step㊽ 激活【复制】命令 CO，选择直线对象，单击指定复制基点，并单击指定线段中点为要复制的第二点，如图 14-192 所示。

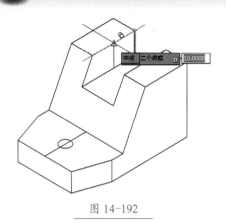

图 14-192

Step49 按下【F5】键切换到等轴测右视平面，激活【椭圆】命令 EL，输入子命令【等轴测圆】I，按【空格】键确定，如图 14-193 所示。

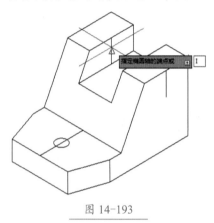

图 14-193

Step50 单击直线中点将其指定为等轴测圆的圆心，输入半径值 2.5，按

【Enter】键确定，如图 14-194 所示。

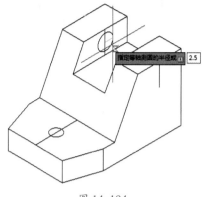

图 14-194

Step51 选择绘制的圆，激活【复制】命令 CO，单击指定复制基点，如图 14-195 所示。

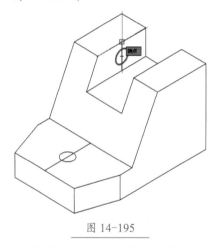

图 14-195

Step52 单击指定要复制到的第二点，

完成圆的复制，如图 14-196 所示。

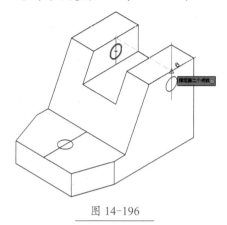

图 14-196

Step53 选择辅助直线，使用【删除】命令 E 将其删除，完成机座轴测图的绘制，最终效果如图 14-197所示。

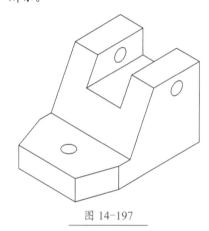

图 14-197

本章小结

本章介绍了如何将二维图形创建为三维实体模型，在本章的练习中，虽然大部分是较复杂的模型，但其创建过程较为简单，都是先绘制二维图形，然后再通过拉伸、旋转等命令生成三维实体模型。这一过程想告诉大家的不仅是命令的使用方法，还包括怎样分析模型，从而选择最为简单的建模方法。

第15章　编辑三维模型

- ➥ AutoCAD 如何编辑实体对象边？
- ➥ AutoCAD 如何编辑实体对象面？
- ➥ AutoCAD 如何编辑实体对象？
- ➥ AutoCAD 中如何对实体对象进行布尔运算？

　　学完这一章的内容，读者会发现不仅可以直接创建三维基本体，还可以通过对二维图形的编辑，创建出各种各样的三维模型。在制作三维模型时，读者还可以根据需要对实体进行编辑，以便得到更好的模型效果。

15.1 编辑三维实体对象边

　　在 AutoCAD 中，不仅可以对三维实体对象进行相应编辑修改，还可以对实体对象的边进行编辑修改。本小节主要讲解编辑实体对象边各命令的相关内容。

15.1.1 圆角边

　　使用【圆角边】命令可以为三维实体对象的边制作圆角。操作中可以选择多条边，输入圆角半径值或单击并拖动圆角夹点即可，具体操作方法如下。

Step01 绘制一个长方体，单击【实体】选项卡，单击【圆角边】按钮，如图 15-1 所示。

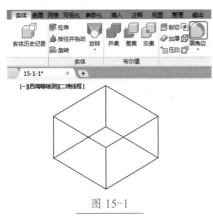

图 15-1

> **技术看板**
>
> 　　使用二维图形的【圆角】命令 F，也可以对三维实体对象的边进行圆角操作。

Step02 单击选择要圆角的边，如图 15-2 所示。

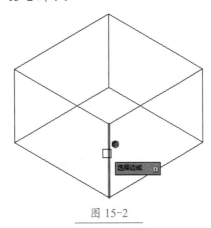

图 15-2

Step03 输入子命令【半径】R，按【Enter】键确定，如图 15-3 所示。

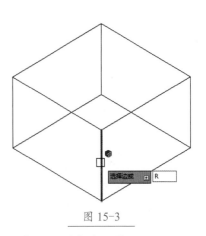

图 15-3

Step04 输入圆角半径值，如 100，如图 15-4 所示。

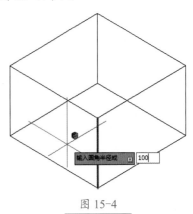

图 15-4

Step05 按【空格】键确定，效果如图 15-5 所示。

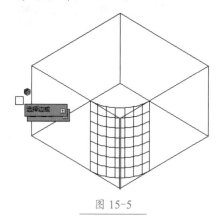

图 15-5

Step06 按【空格】键两次接受圆角设置并结束【圆角】命令，效果如图 15-6 所示。

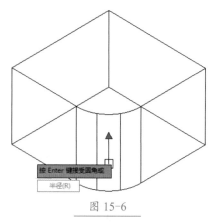

图 15-6

15.1.2 倒角边

使用【倒角边】命令可以为三维实体对象的边制作倒角。操作中可以同时选择属于相同面的多条边，输入倒角距离值，或单击并拖动倒角夹点即可执行倒角操作，具体操作方法如下。

Step01 绘制一个正方体，单击【圆角边】下拉按钮，单击【倒角边】命令，如图 15-7 所示。

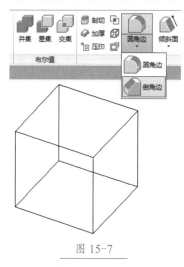

图 15-7

Step02 单击选择要倒角的第一条边，如图 15-8 所示。

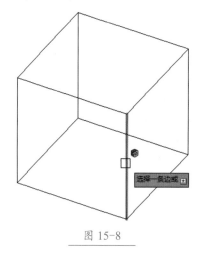

图 15-8

Step03 单击选择要倒角的第二条边，如图 15-9 所示。

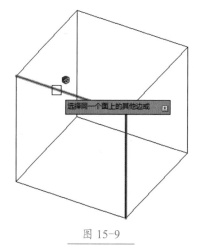

图 15-9

Step04 按【空格】键确定，输入子命令【距离】D，按【空格】键确定，如图 15-10 所示。

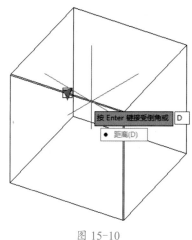

图 15-10

Step05 输入基面倒角距离的值，如 100，按【空格】键确定，如图 15-11 所示。

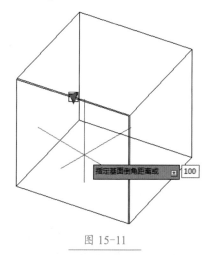

图 15-11

技术看板

使用二维图形的【倒角】命令 CHA 也可以对三维实体对象的边进行倒角操作。

Step06 输入其他曲面倒角距离的值，如 50，按【空格】键确定，如图 15-12 所示。

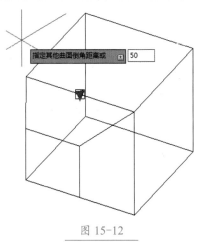

图 15-12

Step07 按【空格】键两次接受倒角并结束【倒角】命令，效果如图15-13所示。

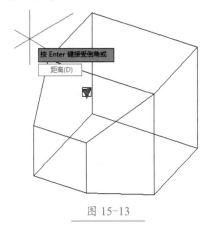

图 15-13

15.1.3 提取边

使用【提取边】命令可提取三维实体、曲面、网格、面域的边并创建线框几何图形，直接选择几何体可提取几何体所有的边，按住Ctrl键则只提取选择的边。具体操作方法如下。

Step01 绘制一个圆锥体，单击【常用】选项卡，单击【提取边】命令按钮 ，如图15-14所示。

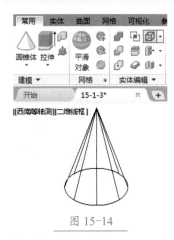

图 15-14

Step02 单击选择要提取边的对象，按【空格】键确定，如图15-15所示。

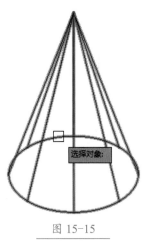

图 15-15

Step03 单击选择要提取的边，如图15-16所示。

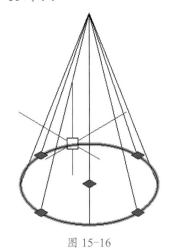

图 15-16

Step04 激活【移动】命令M，将提

取得到的边移动到左侧，如图15-17所示。

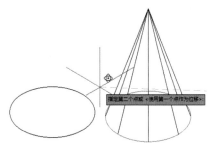

图 15-17

Step05 再次单击圆锥体，效果如图15-18所示。

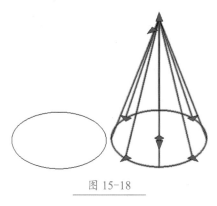

图 15-18

15.1.4 压印

【压印】命令可以压印三维实体或曲面上的二维几何图形，从而在平面上创建其他边。为了使压印操作成功，被压印的对象必须与选定对象的一个或多个面相交。具体操作方法如下。

Step01 绘制一个长方体和一个圆柱体，如图15-19所示。

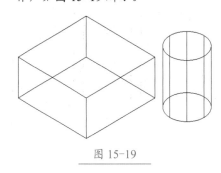

图 15-19

Step 02 将圆柱体移动到长方体中，单击【提取边】命令后的下拉按钮，单击【压印】命令，如图 15-20 所示。

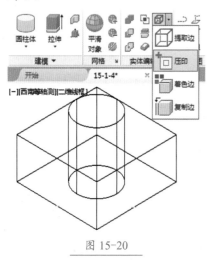

图 15-20

Step 03 单击选择长方体，如图 15-21 所示。

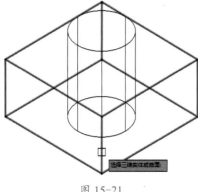

图 15-21

Step 04 单击选择要压印的对象（圆柱体），如图 15-22 所示。

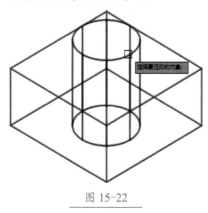

图 15-22

Step 05 输入命令【Y】删除源对象，按【空格】键确定，如图 15-23 所示。

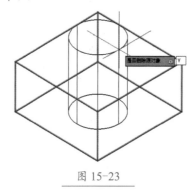

图 15-23

Step 06 再次按【空格】键结束【压印】命令，效果如图 15-24 所示。

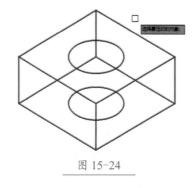

图 15-24

15.1.5 着色边

【着色边】命令可以设置所选边的颜色。使用着色边命令的具体操作方法如下。

Step 01 绘制长方体，单击【提取边】命令后的下拉按钮，单击【着色边】命令，如图 15-25 所示。

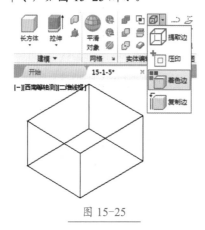

图 15-25

Step 02 单击选择要着色的边，如图 15-26 所示。

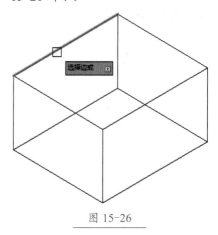

图 15-26

Step 03 依次单击要着色的其他边，如图 15-27 所示。

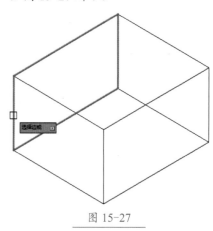

图 15-27

Step 04 按【空格】键确定，打开【选择颜色】对话框，选择红色，单击【确定】按钮，如图 15-28 所示。

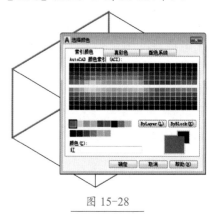

图 15-28

Step **05** 按【空格】键两次接受并结束【着色边】命令，效果如图 15-29所示。

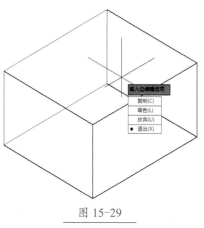

图 15-29

15.1.6 复制边

【复制边】命令可以复制被选中的边。根据实体边的形状不同，可得到直线、圆弧、圆、椭圆或样条曲线。使用复制边命令的具体操作方法如下。

Step **01** 绘制一个楔体，单击【提取边】命令后的下拉按钮，单击【复制边】命令，如图 15-30 所示。

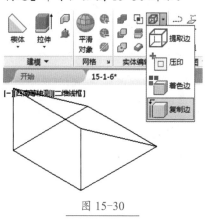

图 15-30

Step **02** 单击选择要复制的边，如图15-31 所示。

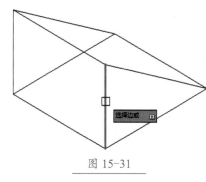

图 15-31

Step **03** 依次单击要复制的边，如图15-32 所示。

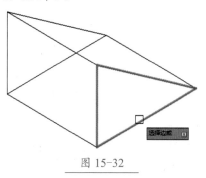

图 15-32

Step **04** 按【空格】键确定，单击指定移动基点，如图 15-33 所示。

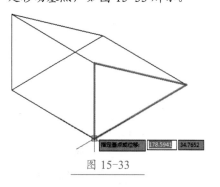

图 15-33

Step **05** 单击指定位移的第二点，如图 15-34 所示。

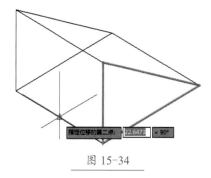

图 15-34

Step **06** 按【空格】键两次接受并结束【复制边】命令，效果如图15-35 所示。

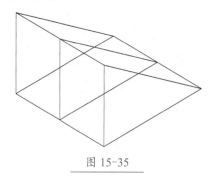

图 15-35

15.2 编辑三维实体对象面

三维面编辑命令可以对实体的面进行拉伸、倾斜、移动、复制、偏移、旋转、着色等操作。

15.2.1 拉伸面

【拉伸面】命令可以按指定的距离或沿某条路径拉伸三维实体的选定平面，具体操作方法如下。

Step01 新建图形文件，设置视图为【西南等轴测】，视图样式为【概念】。绘制一个长方体，单击【拉伸面】命令按钮，如图15-36所示。

图 15-36

Step02 单击选择要拉伸的面，如图15-37所示。

图 15-37

Step03 输入拉伸高度，如50，按【空格】键确定，如图15-38所示。

图 15-38

Step04 输入拉伸的倾斜角度，如20，按【空格】键确定，如图15-39所示。

图 15-39

> **技术看板**
>
> 拉伸高度输入正值可向外侧拉伸面，输入正倾斜角可将边倒角至面。在【路径】选项可设置沿选定的直线或曲线拉伸面。

Step05 按【空格】键两次结束【拉伸面】命令，拉伸后的效果如图15-40所示。

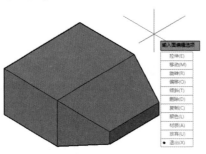

图 15-40

15.2.2 倾斜面

使用【倾斜面】命令可以倾斜实体的面，具体操作如下。

Step01 ❶ 设置视图为【西南等轴测】，视图样式为【概念】，❷ 绘制一个长方体，❸ 单击【拉伸面】命令后的下拉按钮，❹ 单击【倾斜面】命令按钮，如图15-41所示。

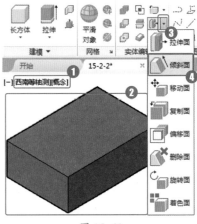

图 15-41

Step02 单击选择要倾斜的面，按【空格】键确定，如图15-42所示。

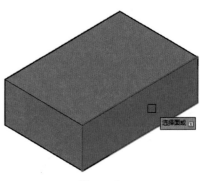

图 15-42

Step03 单击指定倾斜轴的第一个基点，如图15-43所示。

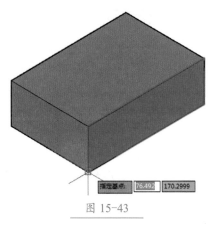

图 15-43

Step04 单击指定倾斜轴的另一个点，如图 15-44 所示。

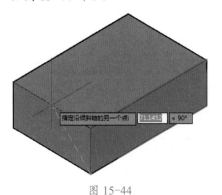

图 15-44

Step05 输入倾斜角度值，如 45，按【空格】键确定，如图 15-45 所示。

图 15-45

Step06 按【空格】键两次结束【倾斜面】命令，效果如图 15-46 所示。

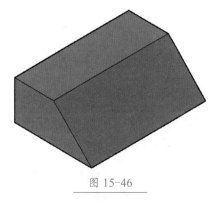

图 15-46

技术看板

倾斜角度为正值将向里倾斜面，角度为负值将向外倾斜面，默认角度为 0。

15.2.3 移动面

【移动面】命令的功能与【移动】命令相似，通过指定基点和目标点来移动面。在移动实体的面的时候，与其相连的面将会被拉伸或压缩，移动面的具体操作方法如下。

Step01 ❶ 绘制一个圆柱体，❷ 单击【拉伸面】命令后的下拉按钮，❸ 单击【移动面】命令按钮，如图 15-47 所示。

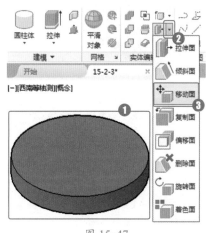

图 15-47

Step02 单击选择要移动的面，按【空格】键确定，如图 15-48 所示。

图 15-48

Step03 单击指定移动基点，如图 15-49 所示。

图 15-49

Step04 输入该基点至第二点的距离，如 100，按【空格】键确定，如图 15-50 所示。

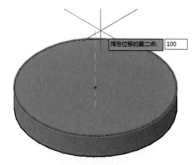

图 15-50

Step05 按【空格】键两次结束【移动面】命令，移动后的效果如图 15-51 所示。

图 15-51

15.2.4 复制面

【复制面】命令可以复制所选中的面。被复制的只是面，而不是三维实体，因此用户不能复制一个圆孔或一个槽，只能复制它们的侧面。复制面的具体操作方法如下。

Step(01) ❶ 打开"素材文件\第 15 章\15-2-4.dwg"，❷ 单击【拉伸面】命令后的下拉按钮，❸ 单击【复制面】命令按钮，如图 15-52 所示。

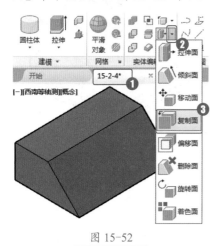

图 15-52

Step(02) 单击选择要复制的面，按【空格】键确定，如图 15-53 所示。

图 15-53

Step(03) 单击指定复制基点，如图 15-54 所示。

图 15-54

Step(04) 单击指定位移的第二点，如图 15-55 所示。

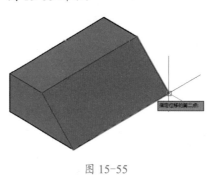

图 15-55

Step(05) 按【空格】键两次结束【复制面】命令，最终效果如图 15-56 所示。

图 15-56

技能拓展——删除面

单击【拉伸面】命令后的下拉按钮，单击【删除面】命令按钮，即可执行【删除面】的相应操作。【删除面】命令可以删除实体中不需要的面。

15.2.5 偏移面

如果被选中的实体面是平面，那么【偏移面】命令的作用与【拉伸面】和【移动面】命令类似，都是通过控制偏移的距离来调整面的位置。偏移面的具体操作方法如下。

Step(01) ❶ 绘制一个长方体，❷ 单击【拉伸面】命令后的下拉按钮，❸ 单击【偏移面】命令按钮，如图 15-57 所示。

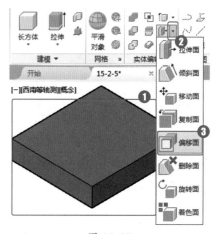

图 15-57

Step(02) 单击选择要偏移的面，按【空格】键确定，如图 15-58 所示。

图 15-58

Step(03) 输入偏移距离，如 100，按【空格】键确定，如图 15-59 所示。

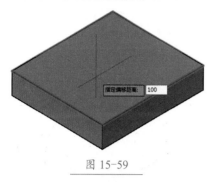

图 15-59

Step04 按【空格】键两次结束【偏移面】命令，如图 15-60 所示。

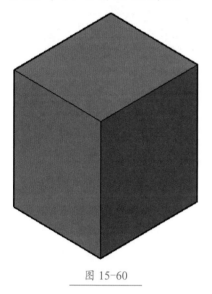

图 15-60

15.2.6 旋转面

【旋转面】命令可以旋转一个或几个面，具体操作方法如下。

Step01 ❶ 绘制一个长方体，❷ 单击【拉伸面】命令后的下拉按钮，❸ 单击【旋转面】命令按钮，如图 15-61 所示。

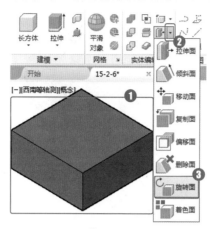

图 15-61

Step02 单击选择要旋转的面，按【Enter】键确定，如图 15-62 所示。

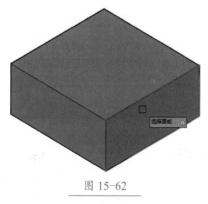

图 15-62

Step03 单击指定旋转的轴点，如图 15-63 所示。

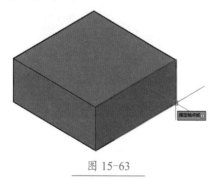

图 15-63

Step04 单击指定旋转轴的第二个点，如图 15-64 所示。

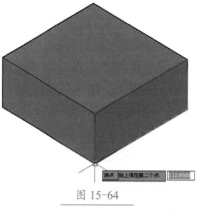

图 15-64

Step05 输入旋转角度，如 45，按【空格】键确定，如图 15-65 所示。

图 15-65

Step06 按【空格】键两次结束【旋转面】命令，旋转后的图形如图 15-66 所示。

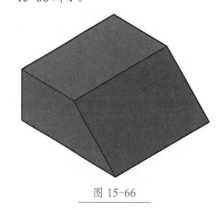

图 15-66

15.2.7 着色面

【着色面】命令可以更改三维实体上选定面的颜色，可用于展示复杂三维实体模型的细节。设置着色面的具体操作方法如下。

Step01 ❶ 打开"素材文件\第 15 章\15-2-7.dwg"，❷ 单击【拉伸面】命令后的下拉按钮，❸ 单击【着色面】命令按钮，如图 15-67 所示。

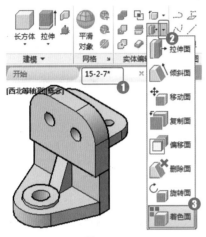

图 15-67

Step02 单击选择要着色的面，按【空格】键确定，如图 15-68 所示。

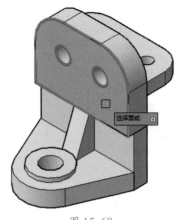

图 15-68

Step03 打开【选择颜色】对话框，❶ 单击红色，❷ 单击【确定】按钮，如图 15-69 所示。

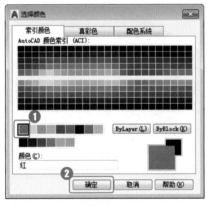

图 15-69

Step04 所选面显示为红色，按【空格】键两次结束【着色面】命令，最终效果如图 15-70 所示。

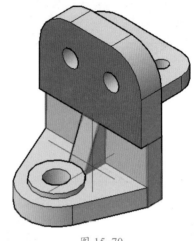

图 15-70

15.3 编辑三维实体对象

在将图形对象从二维对象创建为三维对象，或者直接创建三维对象后，可以对三维对象进行整体编辑，以改变其形状。

15.3.1 剖切

使用【剖切】命令可以通过剖切或分割现有对象创建新的三维实体或曲面，达到编辑三维实体对象的目的，具体操作方法如下。

Step01 ❶ 打开"素材文件\第 15 章\15-3-1.dwg"，❷ 单击【实体】选项卡，❸ 单击【剖切】命令按钮 剖切，如图 15-71 所示。

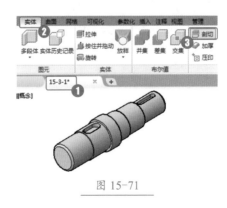

图 15-71

Step02 单击选择要剖切的对象，按【空格】键确定，如图 15-72 所示。

图 15-72

Step03 单击指定切面的起点，如图 15-73 所示。

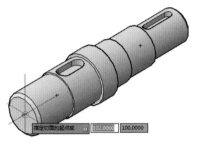

图 15-73

Step04 单击指定切面上的第二个点，如图 15-74 所示。

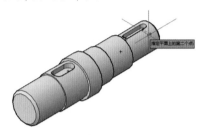

图 15-74

Step05 单击需要保留的对象，如图 15-75 所示。

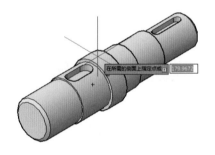

图 15-75

Step06 完成剖切，效果如图 15-76 所示。

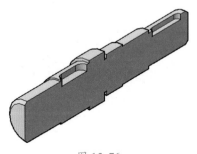

图 15-76

15.3.2 加厚

通过【加厚】命令可以将曲面转换为具有指定厚度的三维实体，即首先创建一个曲面，通过加厚将其转换为三维实体，具体操作方法如下。

Step01 设置视图为【西南等轴测】，单击【曲面】选项卡，单击【平面曲面】按钮，创建一个平面曲面，如图 15-77 所示。

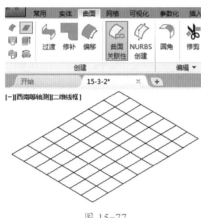

图 15-77

Step02 单击【实体】选项卡，单击【加厚】按钮，如图 15-78 所示。

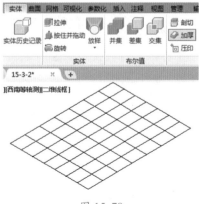

图 15-78

Step03 单击选择要加厚的曲面，按【空格】键确定，如图 15-79 所示。

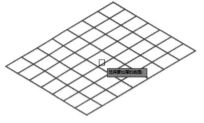

图 15-79

Step04 输入要加厚的厚度，如 300，按【空格】键确定，如图 15-80 所示。

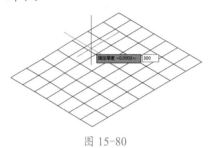

图 15-80

Step05 加厚效果如图 15-81 所示。

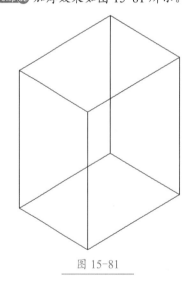

图 15-81

15.3.3 抽壳

使用【抽壳】命令可以将三维实体转换为中空壳体，留下的外壳部分具有指定厚度。在将三维实体转换为壳体之前要先复制对象，若操作中需要进行重大修改，可以使用原对象修改，并再次对其进行抽壳，具体操作方法如下。

Step**01** 创建一个长方体，单击【抽壳】命令，如图 15-82 所示。

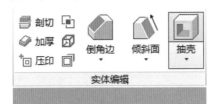

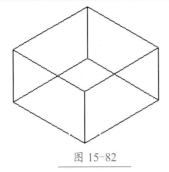

图 15-82

Step**02** 单击选择要抽壳的三维实体，按【空格】键确定，如图 15-83所示。

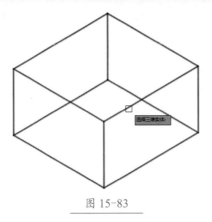

图 15-83

Step**03** 输入抽壳偏移距离，如 20，按【Enter】键确定，如图 15-84所示。

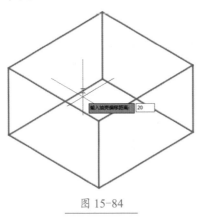

图 15-84

Step**04** 按【空格】键两次结束【抽壳】命令，效果如图 15-85 所示。

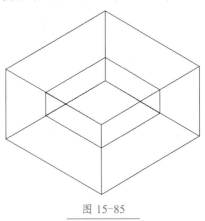

图 15-85

15.4 对实体对象进行布尔运算

布尔运算可以对两个或两个以上的三维实体对象进行并集、差集、交集运算，从而得到新的物体形态。AutoCAD 提供了 3 种布尔运算方式，即并集、交集和差集。

★重点 15.4.1 并集运算

使用并集运算可以将选定的三维实体或二维面域合并，但要合并的物体必须类型相同，具体操作方法如下。

Step**01** 设置视图为【西南等轴测】，绘制两个长方体，单击【并集】命令按钮，如图 15-86 所示。

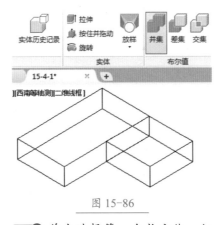

图 15-86

Step**02** 单击选择第一个长方体，如

图 15-87 所示。

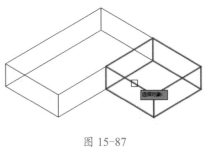

图 15-87

Step**03** 单击选择第二个长方体，如图 15-88 所示。

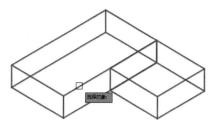

图 15-88

Step04 按【空格】键确定，所选的两个对象合并为一个对象，效果如图 15-89 所示。

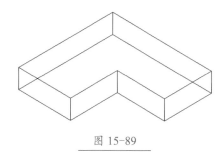

图 15-89

★重点 15.4.2 差集运算

使用【差集】命令可以将一组实体从另一组实体中减去，剩余的实体再形成新的组合实体对象，具体操作方法如下。

Step01 设置视图为【西南等轴测】，设置视图样式为【概念】。绘制一个圆锥体，激活【圆柱体】命令，指定圆锥体底面圆心为圆柱体圆心，如图 15-90 所示。

图 15-90

Step02 绘制圆柱体，单击【差集】命令按钮，如图 15-91 所示。

图 15-91

Step03 单击选择要保留的对象，按【空格】键确定，如图 15-92 所示。

图 15-92

Step04 单击选择要被减去的对象，如图 15-93 所示。

图 15-93

Step05 按【空格】键确定，最终效果如图 15-94 所示。

图 15-94

★重点 15.4.3 实战：交集运算

实例门类	软件功能

使用【交集】命令可以提取一组实体的公共部分，并将其创建为新的对象，具体操作方法如下。

Step01 打开"素材文件\第15章\素材文件\15-4-3.dwg"，如图15-95所示。

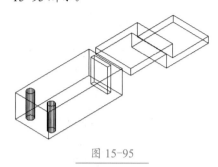

图 15-95

Step02 将 Z 形对象移动至长方体上重叠对齐，单击【交集】按钮，如图15-96所示。

Step03 依次单击选择重叠的两个实体对象，如图15-97所示。

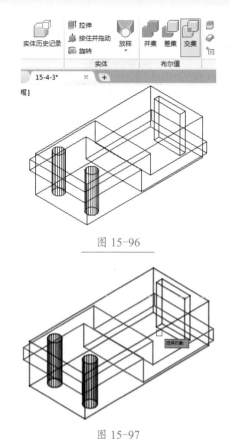

图 15-96

图 15-97

Step04 按【空格】键确定，效果如图15-98所示。

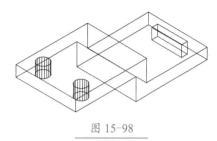

图 15-98

技术看板

【交集】运算可以从选定的重叠实体或面域中创建新的三维实体或二维面域。新实体一旦生成，原始实体就被删除。

对于不相交的实体，交集命令将生成空实体，空实体会立即被删除。交集命令还可以把不同图层上的实体组合为一个新实体，新实体位于第一个被选择的实体所在的图层。

若要生成交集而保留原始实体，可使用【干涉】命令实现。

妙招技法

通过对前面知识的学习，相信读者已经掌握了常用三维图形的编辑方法，下面结合本章内容，给大家介绍一些实用技巧。

技巧 01　如何镜像三维模型

使用【三维镜像】命令可以以任意空间平面为镜像面，创建指定对象的镜像副本，源对象与镜像副本相对于镜像面彼此对称。使用【三维镜像】命令创建对象副本的具体操作方法如下。

Step01 ❶打开"素材文件\第15章\素材文件\技巧01.dwg"，❷单击【三维镜像】命令，如图15-99所示。

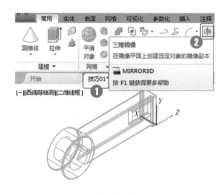

图 15-99

Step02 单击选择要镜像的对象，按【空格】键确定，如图15-100所示。

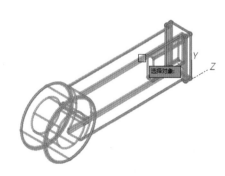

图 15-100

Step03 单击指定镜像平面的第一个点，如图15-101所示。

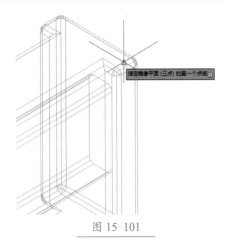

图 15-101

Step04 单击指定镜像平面的第二个点，如图 15-102 所示。

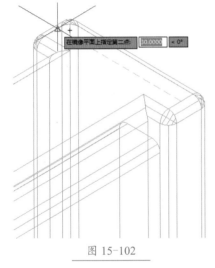

图 15-102

Step05 单击指定镜像平面的第三个点，如图 15-103 所示。

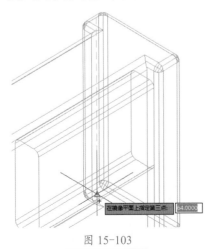

图 15-103

Step06 按【空格】键确定，保留源对象，如图 15-104 所示。

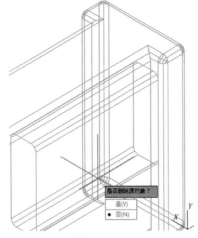

图 15-104

Step07 镜像效果如图 15-105 所示。

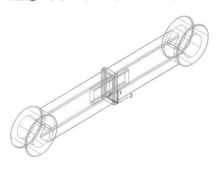

图 15-105

技巧 02　如何对齐三维模型

使用【三维对齐】命令可以在三维空间中将两个图形按指定方式对齐。AutoCAD 将根据用户指定的对齐方式来改变对象的位置，以便能够与其他对象对齐。对齐三维模型的具体操作方法如下。

Step01 创建两个长方体，单击【三维对齐】按钮，单击选择对象并按【空格】键确定，在所选对象上单击指定基点，如图 15-106 所示。

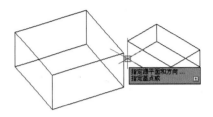

图 15-106

Step02 在所选对象上单击指定第二个点，如图 15-107 所示。

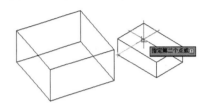

图 15-107

Step03 单击指定第三个点，如图 15-108 所示。

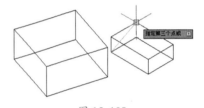

图 15-108

Step04 在另一个对象上单击指定第一个目标点，如图 15-109 所示。

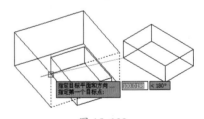

图 15-109

Step05 单击指定第二个目标点，如图 15-110 所示。

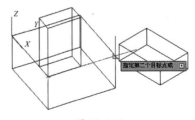

图 15-110

Step06 单击指定第三个目标点，三维模型即可对齐，如图 15-111 所示。

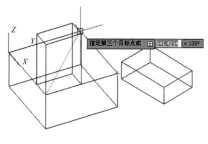

图 15-111

技巧 03　如何旋转三维模型

使用【三维旋转】命令可以在 XY 平面内旋转三维对象。若要在任意其他平面内旋转对象，需要使用【三维旋转】命令，具体操作过程如下。

Step01 设置视图为【西南等轴测】，绘制一个长方体，单击【三维旋转】命令按钮，如图 15-112 所示。

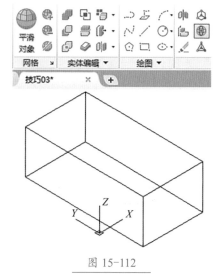

图 15-112

Step02 单击选择要旋转的对象，按【空格】键确定，如图 15-113 所示。

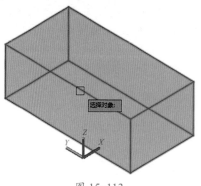

图 15-113

Step03 此时在图形中将出现一个由 3 个圆环组成的旋转小控件，该空间的蓝色圆环表示 Z 轴，绿色圆环表示 Y 轴，红色圆环表示 X 轴，如图 15-114 所示。

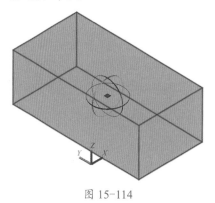

图 15-114

Step04 单击指定旋转基点，旋转小控件将随着基点移动，如图 15-115 所示。

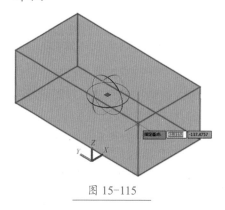

图 15-115

Step05 鼠标指向蓝色圆环，该圆环变为黄色，此时在视图中将出现一根蓝色的轴线，单击蓝色圆环表示长方体将绕 Z 轴旋转，如图 15-116 所示。

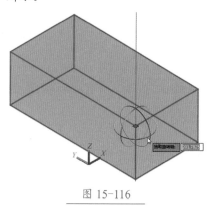

图 15-116

Step06 输入旋转角度，如 90，按【空格】键确定，如图 15-117 所示。

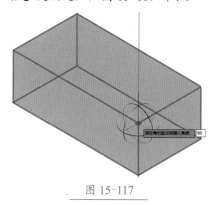

图 15-117

Step07 完成对象的旋转，效果如图 15-118 所示。

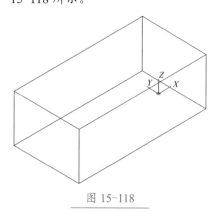

图 15-118

技能拓展——利用三维缩放命令调整大小

在三维视图中，"三维缩放"命令 ⚠ 可以协助缩放三维对象。它可以统一更改三维对象的大小，也可以沿指定轴或平面进行更改。

将网格对象缩放到指定轴的方法如下。

将光标移动到三维缩放小控件的轴上时，将显示表示缩放轴的矢量线。在轴变为黄色时单击该轴，可以指定轴。

拖动光标时，选定的对象和子

对象将沿指定的轴调整大小。

选择要缩放的对象和子对象后，可以约束对象缩放，方法是单击三维小控件轴、平面或所有三条轴之间的小控件的部分。

三维缩放的快捷命令是 3DS。

过关练习——创建六角螺栓和螺母

本例将六边形挤出实体，绘制一个球体与之进行布尔运算求交集，然后使用圆柱倒角等命令完成绘制。具体操作方法如下。

结果文件	结果文件\第15章\创建六角头螺栓和螺母.dwg

Step01 新建图形文件，将视图调整为【西南等轴测】，激活【多边形】命令 POL，设置侧面数为 6，按【空格】键确定，如图 15-119 所示。

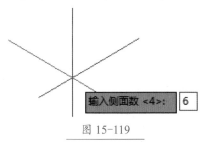

图 15-119

Step02 指定正多边形的中心点，如图 15-120 所示。

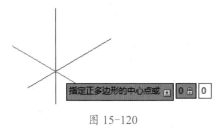

图 15-120

Step03 按【空格】键确定默认选项，如图 15-121 所示。

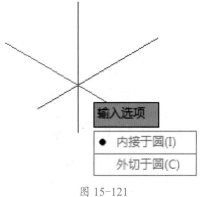

图 15-121

Step04 输入内切圆的半径值 16.6，按【空格】键确定，绘制出六边形如图 15-122 所示。

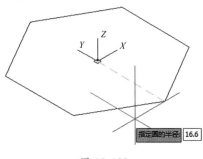

图 15-122

Step05 单击【拉伸】按钮，单击选择六边形作为拉伸对象，输入子命令【模式】MO，按【空格】键确定，如图 15-123 所示。

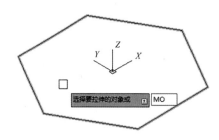

图 15-123

Step06 按【空格】键确定执行默认操作，如图 15-124 所示。

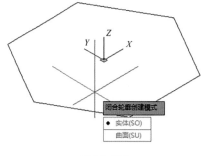

图 15-124

Step07 输入拉伸高度，如 -11.62，按【空格】键确定，如图 15-125 所示。

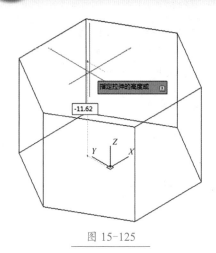

图 15-125

Step08 接下来创建螺帽上的过渡圆角。激活【球体】命令，指定球体中心点，如图 15-126 所示。

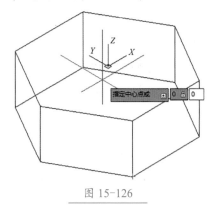

图 15-126

Step09 单击六边形边线中点作为球体半径，如图 15-127 所示。

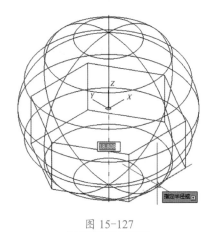

图 15-127

Step10 单击【交集】命令按钮，如图 15-128 所示。

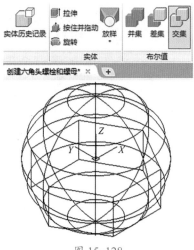

图 15-128

Step11 依次单击选择要执行【交集】命令的对象，如图 15-129 所示。

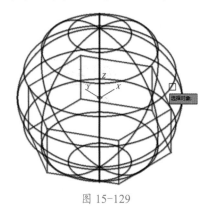

图 15-129

Step12 按【空格】键确定，效果如图 15-130 所示。

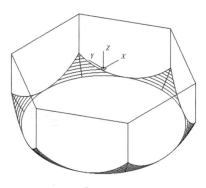

图 15-130

Step13 激活【圆柱体】命令按钮，指定圆柱体底面的中心点，如图 15-131 所示。

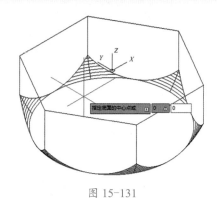

图 15-131

Step14 输入底面半径值，如 8.3，按【空格】键确定，如图 15-132 所示。

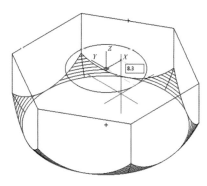

图 15-132

Step15 输入圆柱体高度，如 80，按【空格】键确定，如图 15-133 所示。

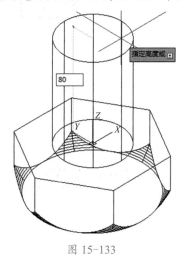

图 15-133

Step16 完成圆柱体的绘制，输入【倒角】命令 CHA，按【空格】键确定，单击选择要倒角的对象，如图 15-134 所示。

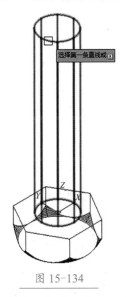

图 15-134

Step⑰ 按【空格】键确定默认选项为【当前】，如图 15-135 所示。

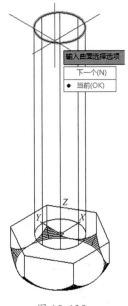

图 15-135

Step⑱ 输入基面倒角距离，如 1.66，按【空格】键确定，如图 15-136 所示。

Step⑲ 按【空格】键确定其他曲面倒角距离，如图 15-137 所示。

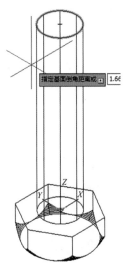

图 15-136

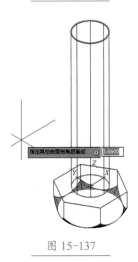

图 15-137

Step⑳ 单击选择要倒角的边，如图 15-138 所示。

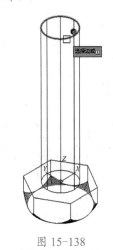

图 15-138

Step㉑ 按【空格】键确定，如图 15-139 所示。

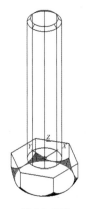

图 15-139

Step㉒ 执行【多边形】命令 POL，指定边数为 6，输入中心点坐标（0，0）并确定，如图 15-140 所示。

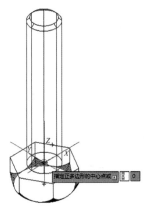

图 15-140

Step㉓ 输入圆的半径值 16.6，按【空格】键确定，如图 15-141 所示。

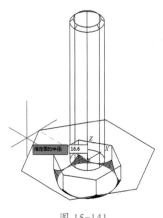

图 15-141

Step❷ 执行【移动】命令M，单击选择六边形，按【空格】键确定，单击指定移动基点，如图15-142所示。

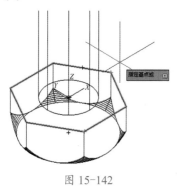

图 15-142

Step❷ 向上移动鼠标，输入距离值20，按【空格】键确定，如图15-143所示。

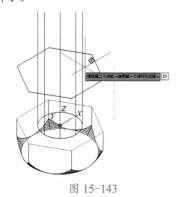

图 15-143

Step❷ 单击【拉伸】命令，单击选择六边形，按【空格】键确定，将六边形向上拉伸13.28，如图15-144所示。

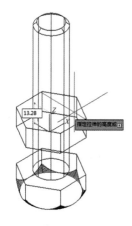

图 15-144

Step❷ 激活【球体】命令，指定球体中心点，如图15-145所示。

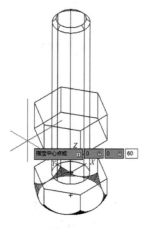

图 15-145

Step❷ 单击新建六边形下侧边线中点作为球体半径，如图15-146所示。

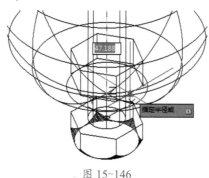

图 15-146

Step❷ 单击【交集】命令按钮，依次单击选择需要进行交集的对象，如图15-147所示。

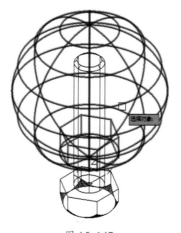

图 15-147

Step❸ 按【空格】键确定，效果如图15-148所示。

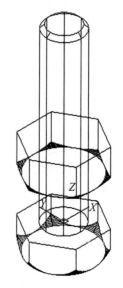

图 15-148

Step❸ 创建螺母上端的过渡圆角。激活【球体】命令，输入球体中心点坐标，如（0,0,-6.72），如图15-149所示。

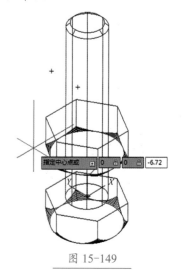

图 15-149

Step❸ 单击新建六边形上侧边线中点，将其指定为球体半径，如图15-150所示。

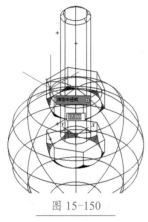

图 15-150

Step33 单击【交集】命令按钮，依次单击选择要进行交集的对象，如图 15-151 所示。

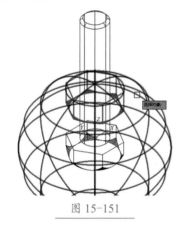

图 15-151

Step34 效果如图 15-152 所示。

图 15-152

Step35 执行【复制】命令 CO，选择螺杆，将下端圆心指定为基点，如图 15-153 所示。

Step36 在该圆心处单击指定第二个点，即可将螺杆在原位置复制一份，如图 15-154 所示。

图 15-153

图 15-154

Step37 单击【差集】命令按钮，单击选择要保留的三维对象，如图 15-155 所示。

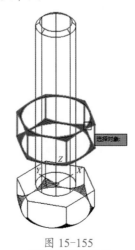

图 15-155

Step38 单击选择要被减去的对象，按【空格】键确定，效果如图 15-156 所示。

图 15-156

Step39 最终效果如图 15-157 所示。

图 15-157

Step40 单击【并集】命令，单击选择螺母，如图 15-158 所示。

图 15-158

Step 41 单击选择螺杆作为执行【并集】命令的另一个对象，如图 15-159 所示。

选对象的合并，效果如图 15-160 所示。

Step 43 设置视觉样式为【隐藏】，效果如图 15-161 所示。

图 15-159

Step 42 按【空格】键确定，完成所

图 15-160

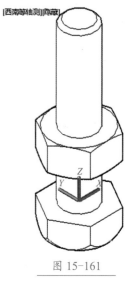

图 15-161

本章小结

通过对本章的学习，相信读者已经掌握了三维编辑命令，这些都是 AutoCAD 三维绘图中常用的三维编辑命令，尤其要注意三维实体对象的操作对象是有厚度的。另外，运用好布尔运算是绘制结构特别复杂的三维实体的诀窍。

第16章　材质与渲染

> ➜ AutoCAD 如何设置灯光？
>
> ➜ AutoCAD 如何创建材质？
>
> ➜ AutoCAD 如何渲染图形？

尽管三维图形比二维图形更逼真，但是看起来还是有些不自然，缺乏色彩和阴影。渲染能使三维图形更加真实。一些更高级的功能还可以创建阴影、使对象透明、添加背景、将二维图像映射到三维模型表面等。通过这一章的学习，读者还可以学会怎样对三维曲面和实体模型进行着色和渲染处理。

16.1　设置灯光

在 AutoCAD 中，不仅可以创建二维图形和三维图形，还可以在完成模型的创建后使用灯光并将模型对象存储为图片。

★重点 16.1.1　新建点光源

【点光源】相当于电灯泡或者蜡烛，它来自特定的位置，向四面八方辐射。点光源会衰减，也就是其亮度会随着距离的增加而减弱。创建点光源的具体操作方法如下。

Step01 打开"素材文件 \ 第 16 章 \ 16-1-1.dwg"，❶ 单击【可视化】选项卡，❷ 单击【创建光源】下拉按钮，❸ 单击【点】按钮，如图 16-1 所示。

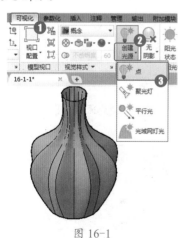

图 16-1

Step02 打开【光源 - 视口光源模式】提示框，单击【关闭默认光源（建议）】命令，如图 16-2 所示。

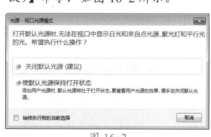

图 16-2

Step03 单击指定点光源的位置，如图 16-3 所示。

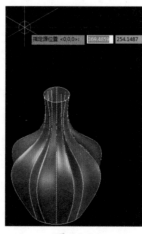

图 16-3

Step04 按【空格】键两次确定，即可创建【点光源】，如图 16-4 所示。

Step05 点光源效果如图 16-5 所示。

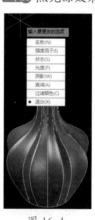

图 16-4　　　　图 16-5

Step06 单击【视觉样式控件】按钮，选择【着色】选项，此时所创建【点光源】的照明情况如图 16-6 所示。

图 16-6

★重点 16.1.2　新建聚光灯

【聚光灯】与【点光源】的区别在于聚光灯只有一个方向。因此，不仅要为聚光灯指定位置，还要指定其目标。新建聚光灯的具体操作方法如下。

Step①　打开"素材文件\第16章\16-1-2.dwg"，单击【可视化】选项卡，❶单击【创建光源】下拉按钮，❷单击【聚光灯】按钮，如图16-7所示。

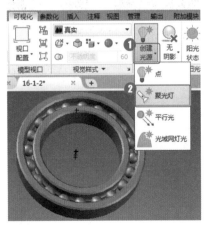

图 16-7

Step②　打开【光源-视口光源模式】提示框，单击【关闭默认光源（建议）】命令，如图16-8所示。

图 16-8

Step③　单击指定聚光灯光源位置，如图16-9所示。

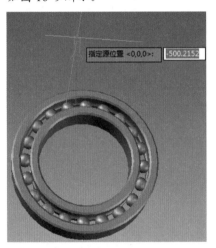

图 16-9

Step④　单击指定目标位置，如图16-10所示。

图 16-10

Step⑤　按【空格】键两次，退出光源编辑状态，如图16-11所示。

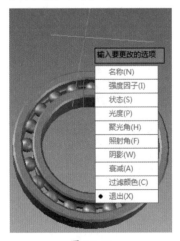

图 16-11

Step⑥ 聚光灯效果如图 16-12 所示。

图 16-12

Step⑦ 如要调整聚光灯位置，单击选择聚光灯，聚光灯即显示夹点，如图 16-13 所示。

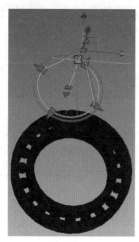

图 16-13

Step⑧ 单击【坐标】夹点，移动鼠标单击指定拉伸点，如图 16-14 所示。

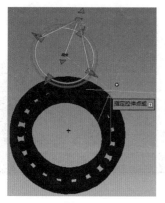

图 16-14

Step⑨ 单击【位置】夹点，移动鼠标单击指定拉伸点，如图 16-15 所示。

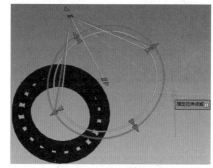

图 16-15

Step⑩ 再次单击【坐标】夹点，移动鼠标单击指定拉伸点，如图 16-16 所示。

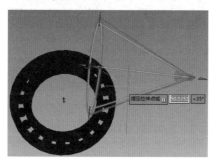

图 16-16

Step⑪ 将聚光灯调整到适当位置，如图 16-17 所示。

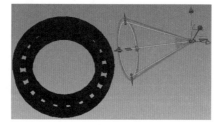

图 16-17

Step⑫ 调整完成后效果如图 16-18 所示。

图 16-18

16.1.3 新建平行光

平行光类似太阳光。由于光线是从很远的地方射来的，因此在实际应用中，它们是平行的。平行光不会衰减，使用平行光的具体操作方法如下。

Step① 打开"素材文件\第 16 章\16-1-3.dwg"，单击【可视化】选项卡，❶ 单击【创建光源】下拉按钮，❷ 单击【平行光】按钮，如图 16-19 所示。

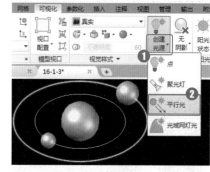

图 16-19

Step② 在弹出的对话框中单击【关闭默认光源（建议）】选项，如图 16-20 所示。

图 16-20

Step03 在【光源－光度控制平行光】对话框中单击【允许平行光】选项，如图 16-21 所示。

图 16-21

Step04 单击指定光源来向，如图 16-22 所示。

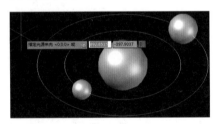

图 16-22

Step05 单击指定光源去向，如图 16-23 所示。

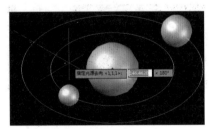

图 16-23

Step06 按【空格】键两次确定，如图 16-24 所示。

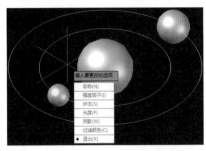

图 16-24

Step07 完成平行光的创建后效果如图 16-25 所示。

图 16-25

技术看板

虽然平行光源的光束辐射得很远，但宽度却没有明显的增加，这些光线互相平行，如激光和太阳光。

★重点 16.1.4 编辑光源

当光源创建完成后，由于其特性都是程序默认的，在很多情况下并不适合当前对象，因此需要对光源进行编辑，具体操作方法如下。

Step01 打开"素材文件＼第 16 章＼16-1-4.dwg"，单击选择灯光，如图 16-26 所示。

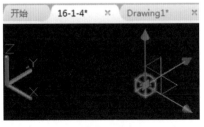

图 16-26

Step02 移动灯光位置，如图 16-27 所示。

图 16-27

Step03 将灯光调整到适当位置，效果如图 16-28 所示。

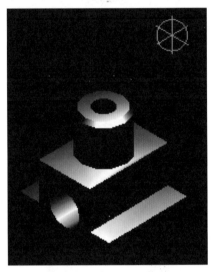

图 16-28

Step04 ❶ 单击【无阴影】下拉按钮，❷ 单击【全阴影】按钮，如图 16-29 所示。

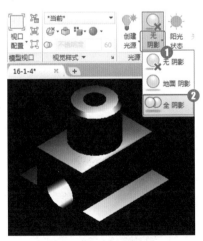

图 16-29

Step⑤ 设置效果如图 16-30 所示。

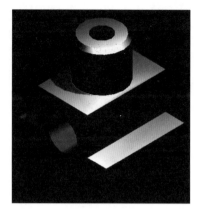

图 16-30

Step⑥ ❶ 单击【光源】下拉按钮，❷ 单击【光线轮廓显示】按钮，如图 16-31 所示。

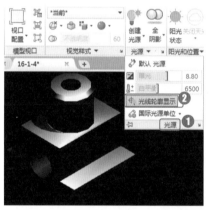

图 16-31

Step⑦ 在显示的菜单中将【曝光】值设置为 7.80，【白平衡】值设置为 6605，如图 16-32 所示。

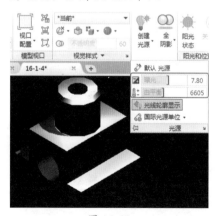

图 16-32

Step⑧ 单击【光源】下拉按钮，如图 16-33 所示。

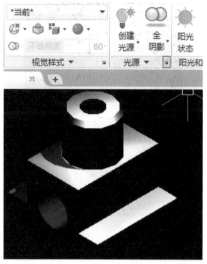

图 16-33

Step⑨ 在打开的面板中双击【点光源3】，如图 16-34 所示。

图 16-34

技术看板

【模型中的光源】面板中列出了图形中的光源。单击【类型】列中的图标，可以指定光源类型（如点光源、聚光灯或平行光），并可以指定它们处于打开状态还是关闭状态；选择列表中的光源名称便可在图形中使用该光源；单击【类型】或【光源名称】列标题可以对列表进行排序。

Step⑩ 打开【特性】面板，如图 16-35 所示。

图 16-35

Step⑪ 在【特性】面板设置光源的强度和颜色。❶ 设置【强度因子】为 2，❷ 将【灯的强度】改为 1000.000Cd，❸ 单击【灯的颜色】后的按钮 ▣，如图 16-36 所示。

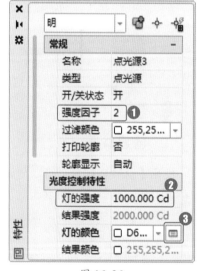

图 16-36

Step⑫ 打开【灯的颜色】对话框，❶ 单击【标准颜色】下拉按钮，❷ 单击 "荧光灯（F）"，❸ 单击【确定】按钮，如图 16-37 所示。

图 16-37

Step⑬ 设置完成后，按【空格】键确定，效果如图 16-38 所示。

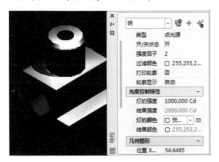

图 16-38

Step⑭ 单击选择光源，如图 16-39 所示。

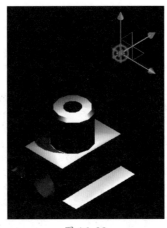

图 16-39

Step⑮ 复制一个点光源并将其调整至适当位置，最终效果如图 16-40 所示。

图 16-40

16.2 设置材质

将材质添加到图形对象上，可以使其效果更加逼真。在材质的选择过程中，不仅要了解对象本身的材质属性，还要配合用途、采光条件等。

16.2.1 创建材质

使用【材质编辑器】可以创建材质，并可以将新创建的材质赋予模型对象，为渲染视图提供逼真效果，具体操作方法如下。

Step① 打开"素材文件\第 16 章\16-2-1.dwg"，单击【材质浏览器】命令按钮，如图 16-41 所示。

图 16-41

Step② 打开【材质浏览器】面板，单击【Autodesk 库】，单击【金属漆】命令，如图 16-42 所示。

图 16-42

Step**03** 将鼠标指向类别颜色，单击【添加到文档】按钮 🔼，在上方的【文档材质】显示区显示新添加的材质，如图 16-43 所示。

图 16-43

Step**04** 单击选择要创建材质的对象，如图 16-44 所示。

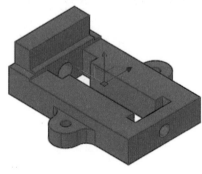

图 16-44

Step**05** 右击添加到文档中的材质类型，单击【指定给当前选择】，如图 16-45 所示。

图 16-45

Step**06** 所选模型对象即完成材质的创建，效果如图 16-46 所示。

图 16-46

Step**07** 单击【材质/纹理】下拉按钮，单击【材质/纹理开】命令，即可显示为对象创建的纹理效果，如图 16-47 所示。

图 16-47

★重点 16.2.2 编辑材质

在实际操作中，当已创建的材质不能满足当前模型的需要时，就需要对材质进行相应的编辑。编辑材质的具体操作方法如下。

Step**01** 打开"素材文件\第16章\16-2-2.dwg"，单击【材质浏览器】命令按钮，如图 16-48 所示。

图 16-48

Step**02** 打开【材质浏览器】面板，单击【Autodesk库】，单击【石料】命令，移动鼠标指向该材质名称，单击【添加到文档】按钮 🔼，上方显示新添加的材质，将该材质指定给对象，如图 16-49 所示。

图 16-49

Step03 ① 单击【Autodesk 库】，② 单击【木材】命令，如图 16-50 所示。

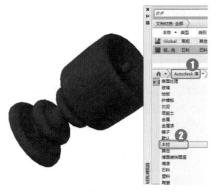

图 16-50

Step04 ① 鼠标指向材质名称，② 单击【添加到文档】按钮 ⬆，③ 上方显示新添加的材质，如图 16-51 所示。

图 16-51

Step05 ① 在新材质名称上单击并按住鼠标左键不放，② 将其拖动到对象上，如图 16-52 所示。

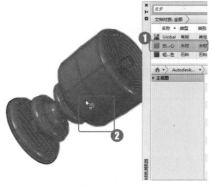

图 16-52

Step06 释放鼠标左键即可将新材质赋予指定对象，效果如图 16-53 所示。

图 16-53

Step07 在已创建的材质空白处双击，如图 16-54 所示。

图 16-54

Step08 打开【材质编辑器】面板，① 单击【图像】下拉按钮，② 单击【木材】选项，如图 16-55 所示。

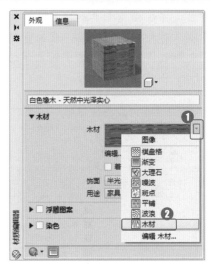

图 16-55

Step09 打开【纹理编辑器 -IMAGE】面板，单击【颜色 1】，如图 16-56 所示。

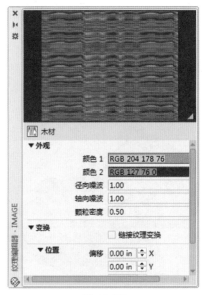

图 16-56

Step10 打开【选择颜色】对话框，① 设置【RGB 颜色】为 210，136，70，② 单击【确定】按钮，如图 16-57 所示。

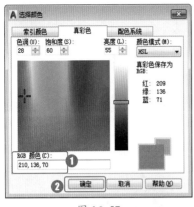

图 16-57

Step11 设置完成后效果如图 16-58 所示。

图 16-58

16.3 渲染图形

与线框模型、曲面模型相比，渲染出来的实体能够更好地表达三维对象的形状和大小，也更容易表达其设计思想。

16.3.1 设置渲染环境

在 AutoCAD 中，通过渲染可以将模型对象的光照效果、材质效果及环境效果等完美地展现出来。设置渲染环境的具体操作方法如下。

Step01 打开"素材文件\第 16 章\16-3-1.dwg"，❶单击【渲染】下拉按钮，❷单击【渲染环境和曝光】命令，如图 16-59 所示。

图 16-59

Step02 打开【渲染环境和曝光】面板，如图 16-60 所示。

图 16-60

Step03 ❶设置环境为【开】，❷单击【基于图像的照明】后的下拉按钮，❸单击【锐化高光】选项，如图 16-61 所示。

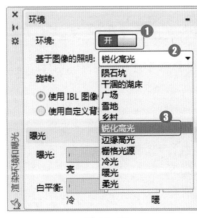

图 16-61

Step04 选择【使用自定义背景】选项，单击【背景】按钮，如图 16-62 所示。

图 16-62

Step05 ❶单击【类型】下拉按钮，❷选择【渐变色】选项，❸单击【确定】按钮，如图 16-63 所示。

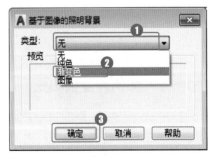

图 16-63

Step 06 打开【基于图像的照明背景】对话框，如图 16-64 所示。

图 16-64

Step 07 ❶ 单击勾选【三色】复选框，❷ 单击【确定】按钮，如图 16-65 所示。

图 16-65

Step 08 绘图区效果如图 16-66 所示。

图 16-66

16.3.2　渲染图形

将渲染环境设置完成后，即可对当前视图中的模型对象进行渲染，具体操作方法如下。

Step 01 打开"素材文件\第16章\16-3-2.dwg"，❶ 单击【渲染】下拉按钮，❷ 单击【渲染到尺寸】命令，如图 16-67 所示。

图 16-67

Step 02 打开【渲染】窗口，显示渲染效果，如图 16-68 所示。

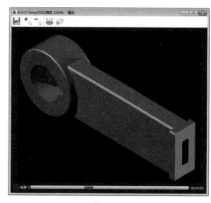

图 16-68

妙招技法

通过对前面知识的学习，相信读者已经掌握了灯光与渲染的创建方法和编辑技巧。下面结合本章内容，给大家介绍一些实用技巧。

技巧 01　如何设置太阳光

【阳光状态】（SUNSTATUS）可以在当前视口打开或关闭日光的光照效果。打开【阳光状态】后，可以对太阳光的位置、日期、时间等内容进行相应设置，具体操作方法如下。

Step 01 打开"素材文件\第16章\技巧01.dwg"，单击【阳光状态】按钮打开太阳光，如图 16-69 所示。

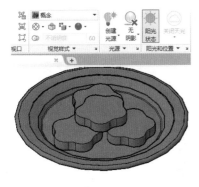

图 16-69

Step02 打开【光源－太阳光和曝光】提示框，单击【调整曝光设置（建议）】命令，如图 16-70 所示。

图 16-70

Step03 ❶ 单击【渲染】下拉按钮，❷ 单击【渲染环境和曝光】命令按钮，如图 16-71 所示。

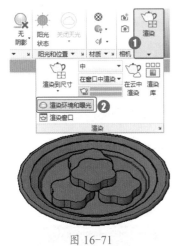

图 16-71

Step04 打开【渲染环境和曝光】对话框，单击【开】按钮，设置【基于图像的照明】为【锐化高光】，

设置【曝光】值为 9，如图 16-72 所示。

图 16-72

Step05 设置完成后效果如图 16-73 所示。

图 16-73

Step06 ❶ 单击【阳光和位置】下拉按钮，❷ 设置日期和时间，最终效果如图 16-74 所示。

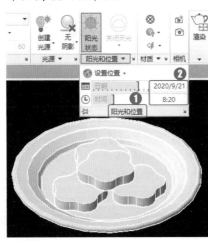

图 16-74

技巧 02 找不到光源对象怎么办

如果找不到光源对象，可以通过设置【光线轮廓】重新找到光源对象。光线轮廓是光源的图形表示，通过【光线轮廓显示】命令启用和禁用表示光线的轮廓显示，具体操作方法如下。

Step01 打开"素材文件\第 16 章\技巧 02.dwg"，绘图区没有光源对象，如图 16-75 所示。

图 16-75

Step02 ❶ 单击【光源】下拉按钮，❷ 单击【光线轮廓显示】命令，如图 16-76 所示。

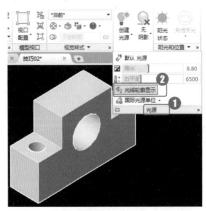

图 16-76

Step03 绘图区显示光源对象，输入【选项】命令 OP，按【空格】键确定，如图 16-77 所示。

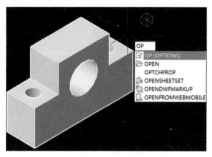

图 16-77

Step04 ❶ 单击【绘图】选项卡，❷ 单击【光线轮廓设置】按钮，如图 16-78 所示。

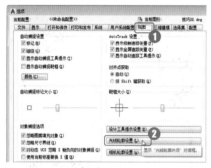

图 16-78

Step05 设置轮廓颜色，拖动【轮廓大小】滑块调整轮廓大小，单击【确定】按钮，如图 16-79 所示。

图 16-79

Step06 在【选项】对话框内单击【确定】按钮，当前视图中光线轮廓按设置的外观显示，效果如图 16-80 所示。

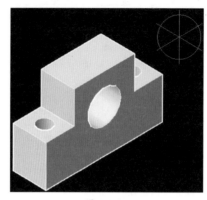

图 16-80

⚙️ **技能拓展——在打印图形中显示光线轮廓**

在打印图形中显示光线轮廓是可选操作，并可以通过打印轮廓特性设置控制光线轮廓显示。通过打印轮廓特性，用户可以指定光线轮廓一次显示一个光源。视口的打印轮廓设置会对所有光源产生全局性影响。

技巧03 如何设置渲染质量

完成模型创建、开始渲染对象时，要根据需要渲染出不同质量的效果。设置渲染质量的具体操作过程如下。

Step01 单击【渲染】下拉按钮，单击【渲染到尺寸】命令，可在下拉菜单中选择需要的尺寸，如果有其他需要，可单击【更多输出设置】，

如图 16-81 所示。

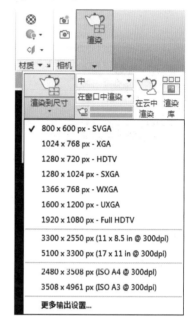

图 16-81

Step02 在打开的对话框中可以调整图像大小、高度和宽度的尺寸、图像单位、图像分辨率等，如图 16-82 所示。

图 16-82

过关练习——创建楼梯材质

本例的主要绘制流程是，先选择预设材质并指定给对象，再给有纹理的对象贴图，然后创建灯光，最后渲染出图。

素材文件	素材文件\第 16 章\楼梯.dwg
结果文件	结果文件\第 16 章\楼梯.dwg

创建楼梯的材质的具体操作方法如下。

Step01 打开"素材文件\第 16 章\楼梯.dwg"，设置视口为 4 个，左上角为俯视图，右上角为左视图，左下角为前视图，右下角为【西南等轴测】视图，如图 16-83 所示。

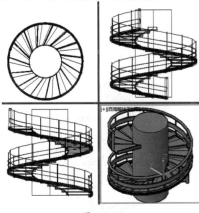

图 16-83

Step02 将【西南等轴测】视图最大化显示，❶单击【可视化】选项卡，❷单击【材质浏览器】按钮，如图 16-84 所示。

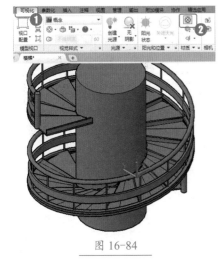

图 16-84

Step03 打开【材质浏览器】面板，添加材质，如图 16-85 所示。

图 16-85

Step04 将材质赋给楼梯中的各个部分，双击材质名称，效果如图 16-86 所示。

图 16-86

Step05 打开【材质编辑器】面板，❶单击【图像】下拉按钮，❷在下拉菜单中单击【图像】命令，如图 16-87 所示。

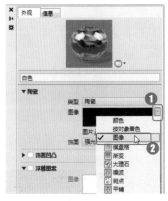

图 16-87

Step06 打开【材质编辑器打开文件】对话框，❶单击选择图片对象，❷单击【打开】按钮，如图 16-88 所示。

图 16-88

Step07 打开【纹理编辑器 -COLOR】面板，设置纹理的位置和比例，如图 16-89 所示。

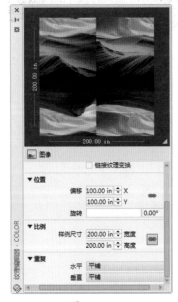

图 16-89

Step⑧ 进入【材质编辑器】面板，图像效果如图 16-90 所示。

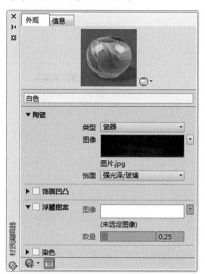

图 16-90

Step⑨ 显示设置效果，如图 16-91 所示。

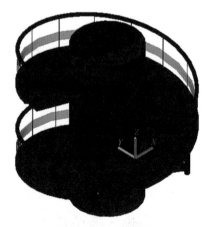

图 16-91

Step⑩ ❶ 单击【可视化】选项卡，❷ 单击【创建光源】下拉按钮，❸ 单击【点】按钮，如图 16-92 所示。

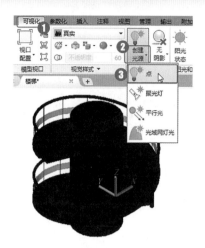

图 16-92

Step⑪ 打开【光源 - 视口光源模式】提示框，单击【关闭默认光源（建议）】命令，如图 16-93 所示。

图 16-93

Step⑫ 依次单击指定光源位置，如图 16-94 所示。

图 16-94

Step⑬ 选择光源名称，调整光源位置，如图 16-95 所示。

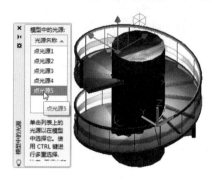

图 16-95

Step⑭ ❶ 单击【创建光源】下拉按钮，❷ 单击【聚光灯】按钮，如图 16-96 所示。

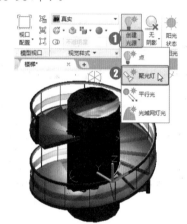

图 16-96

Step⑮ 指定光源位置和目标位置，如图 16-97 所示。

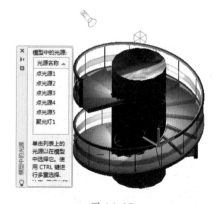

图 16-97

Step⑯ 单击【创建光源】下拉按钮，单击【平行光】按钮，单击指定光源来向和光源去向，按【空格】键两次，完成平行光的创建，效果如图 16-98 所示。

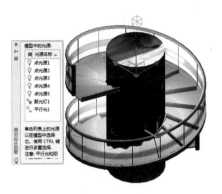

图 16-98

Step⑰ 单击【渲染到尺寸】命令，如图 16-99 所示。

图 16-99

Step⑱ 渲染效果如图 16-100 所示。

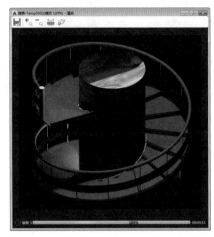

图 16-100

Step⑲ ❶ 单击【将渲染的图像保存到文件】按钮，打开【渲染输出文件】对话框，❷ 输入文件名并设置文件类型，❸ 单击【保存】按钮，如图 16-101 所示。

图 16-101

Step⑳ 打开【JPG 图像选项】对话框，单击【确定】按钮，完成保存，如图 16-102 所示。

图 16-102

本章小结

　　本章内容主要对 AutoCAD 2021 的灯光、材质、渲染的相关命令和内容进行讲解。通过实例使读者可以熟练地使用相应命令，使绘制的图形更完善。

第 17 章

视图高级设置、动画与打印输出

➥ AutoCAD 如何观察模型?
➥ AutoCAD 中的相机如何使用?
➥ AutoCAD 如何创建动画?
➥ AutoCAD 如何进行打印设置?

　　学完这一章的内容,读者可以更加熟练地使用 AutoCAD 创建需要的动画,或者将模型打印出来。本章将介绍视图的高级设置、相机、动画及打印输出等内容。

17.1　观察模型

　　一旦开始在三维环境中绘图,就需要能够从不同的角度观察模型。结合不同的用户坐标系和不同的视点,可以观察和绘制三维空间中的任何对象。

17.1.1　标准视图

　　【视图】选项卡中的【命名视图】区域提供了 10 种标准视图。在任意视图命令上单击,即可切换到该视图,如图 17-1 所示。

图 17-1

　　这些标准视图各自提供了不同的观察角度(也就是视点),使用这些视图就可以完成很多工作。由于标准视图显示仅相对于世界坐标系,而不是当前用户坐标系,因此世界坐标系的用途更广。

★重点 17.1.2　以标准视图观察图形

　　在 AutoCAD 中绘制二维图形时,为了清晰地表示出图形上、下、左、右、前、后的不同形状,根据实际需要,可以通过主视图、俯视图、左视图、右视图、仰视图和后视图 6 个视图来表达一个物体,如图 17-2 所示。

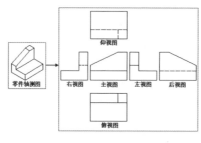

图 17-2

　　而三维模型,由于需要在立体视角下进行查看,因此可以通过西南等轴测、西北等轴测、东南等轴测和东北等轴测视图进行查看。如果用一个立方体代表三维空间中的三维模型,那么各种预置标准视图的观察方向如图 17-3 所示。

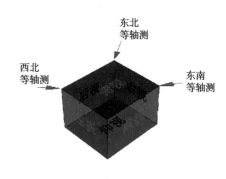

图 17-3

　　例如,用一栋三维房屋来介绍 10 个标准视图,具体如下。

Step01 俯视图与 X 轴的夹角为 270°,与 XY 平面的夹角为 90°。俯视图就是从房屋顶部向下看的平面图,其视点相当于 (0,0,1),如图 17-4 所示。

图 17-4

Step 02 仰视图与 X 轴的夹角为 270°，与 XY 平面的夹角为 -90°。仰视图就是从下向上看的平面图，虽然对于建筑物来说，仰视图没什么用，但是对于三维机械制图来说仰视图却非常有用。其视点相当于 (0,0,-1)，如图 17-5 所示。

图 17-5

Step 03 左视图与 X 轴的夹角为 180°，与 XY 平面的夹角为 0°。左视图显示的是从模型左侧观察的视图，在建筑工程中，这类图叫作立面图。其视点等于 (-1,0,0)，如图 17-6 所示。

图 17-6

Step 04 右视图与 X 轴的夹角为 0°，与 XY 平面的夹角也为 0°。右视图显示的是从模型右侧观察的视图。与左视图一样，右视图也是一个立面图，其视点等于 (1,0,0)，如图 17-7 所示。

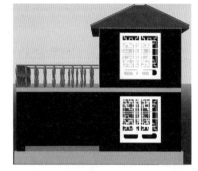

图 17-7

Step 05 前视图与 X 轴的夹角为 270°，与 XY 平面的夹角为 0°。前视图是另一种立面图，它是从正面观察模型的视图，其视点等于 (0,-1,0)，如图 17-8 所示。

图 17-8

Step 06 后视图与 X 轴的夹角为 90°，与 XY 平面的夹角为 0°。后视图也是一种立面图，显示的是从背面观察模型的视图，其视点等于 (0,1,0)，如图 17-9 所示。

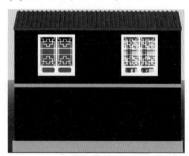

图 17-9

Step 07 西南等轴测视图与 X 轴的夹角为 225°，与 XY 平面的夹角为 35.5°。西南等轴测视图显示的是从全部 3 个轴等角的视点观察模型的视图。注意，此时房子有一个角（左视图和主视图之间的角）离观察点最近，而图形显示为半侧半俯视图。等轴测视图最适合观察图形中的所有三维对象。正如所看到的，比起俯视图及任何侧视图，等轴测视图能显示出更多的对象。其视点等于 (1,1,1)，如图 17-10 所示。

图 17-10

Step 08 西北等轴测视图与 X 轴的夹角为 135°，与 XY 平面的夹角为 35.3°。西北等轴测视图是从位于左视图和后视图之间的角点观察模型的视图，同样也是半侧半俯视图，其视点等于 (1,1,1)，如图 17-11 所示。

图 17-11

Step⑨ 东南等轴测视图与 X 轴的夹角为 315°，与 XY 平面的夹角为 35.3°。东南等轴测视图显示的也是从 3 个轴等角的视点观察模型的视图，是从位于右视图和主视图之间，以及侧视图和俯视图半中间的角点来观察的图形，其视点等于（1,1,1），如图 17-12 所示。

图 17-12

Step⑩ 东北等轴测视图与 X 轴的夹角为 45°，与 XY 平面的夹角为 35.3°。东北等轴测视图是从位于右视图和后视图之间的角点观察的视图，同样也是半侧半俯视图，其视点等于（1,1,1），如图 17-13 所示。

图 17-13

17.1.3 视点预设

如果标准视图不能满足工作需求，那么【视点预设】命令

VPOINT 可以提供更精确、更灵活的视图。具体操作方法如下。

Step① 输入【视点预设】命令VPOINT，按【空格】键确定，打开【视点预设】对话框，如图 17-14 所示。

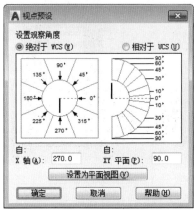

图 17-14

技术看板

对话框中黑色指针指示当前视图的角度。改变角度时，黑色指针会移动指向新值，但最初的指针仍然保持指示当前角度，如下图所示，用户可随时看到当前角度作为参考。

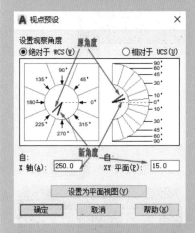

刻度盘下方的文本框可以反映用户所进行的选择，也可以在文本框中输入所需的角度。

如果多次改变模型角度后感觉模型有些混乱，则可单击对话框底部的【设置为平面视图】按钮，就能快速返回到平面视图。

Step② 输入 X 轴的角度45，设置 XY 平面角度为 32，单击【确定】按钮，如图 17-15 所示。

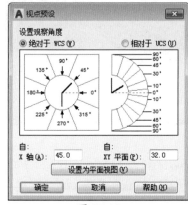

图 17-15

技术看板

对话框左侧确定 XY 平面距离 X 轴的角度为 270°（前视图）、0°（右视图）、90°（后视图）、180°（左视图）。其他角度可获得这些视图之间的视点。例如，315° 角就是在主视图和右视图之间观察图形，也就是东南等轴测视图的视角。

对话框右侧确定在 Z 轴方向上距离 XY 平面的角度。根据左侧设置不同，0° 角指从正面、背面或一侧（立面图）观察图形。如要从上方观察图形，90° 角会显示平面视图。0°~90° 的角度得到从上方以一定的斜角观察的图形，类似标准等轴测视图之一（等轴测视图设置自平面的角度为 35.3°）。

Step③ 设置视点后，视图显示为【自定义视图】，坐标效果如图 17-16 所示。

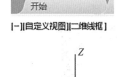

图 17-16

Step④ 可以通过进入三维动态观察器单击鼠标右键控制当前视图是平

行模式还是透视模式。平行模式如图 17-17 所示。

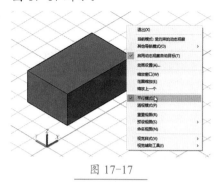

图 17-17

Step05 切换到透视模式，效果如图 17-18 所示。

图 17-18

技术看板

视角的设置可以基于世界坐标系，也可以是正在使用的不同的用户坐标系，默认情况是基于世界坐标系。不过，有时确实需要基于用户自己创建的用户坐标系观察图形，要做到这一点，需单击【相对于 UCS】选项。

17.2 相机

相机可以定义和保存视图。在使用【视图】命令保存命名视图时，要先显示需要保存的视图，然后保存该视图。AutoCAD 在图形中放置了一个相机符号，可以选择该相机符号并使用夹点来编辑相机特性。

17.2.1 创建相机

可以将相机放置到图形中以定义三维视图。在图形中可以打开或关闭相机并使用夹点来编辑相机的位置、目标或焦距。可以通过位置 *XYZ* 坐标、目标 *XYZ* 坐标和视野 / 焦距（用于确定倍率或缩放比例）定义相机，还可以定义剪裁平面，以建立关联视图的前后边界。使用相机时，要通过定义一个位置和一个目标来定义视图，具体操作如下。

Step01 在面板空白处右击，弹出快捷菜单，单击【显示选项卡】命令，单击【可视化】选项，如图 17-19 所示。

Step02 ❶ 单击【可视化】选项卡，❷ 单击【创建相机】按钮，如图 17-20 所示。

图 17-19

图 17-20

技术看板

使用【创建相机】命令后，将激活【相机显示】命令 📷。在默认情况下【相机显示】命令为关闭状态。

Step03 单击指定相机位置，如图 17-21 所示。

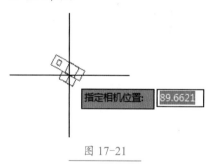

图 17-21

Step04 单击指定目标位置，如图 17-22 所示。

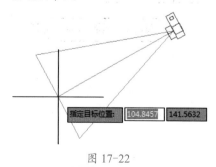

图 17-22

Step05 输入子命令【高度】H，按【Enter】键确定，如图 17-23 所示。

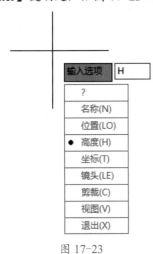

图 17-23

Step06 输入相机高度值，如 200，按【Enter】键确定，如图 17-24 所示。

图 17-24

Step07 按【空格】键两次退出相机创建命令，如图 17-25 所示。

图 17-25

Step08 相机创建完成，效果如图 17-26 所示。

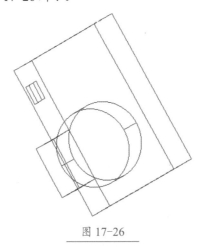

图 17-26

★重点 17.2.2 编辑相机

相机创建后，可以根据视角的需要进行相应调整，具体操作如下。

Step01 创建相机，如图 17-27 所示。

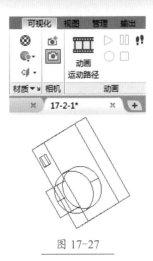

图 17-27

Step02 鼠标指向相机，如图 17-28 所示。

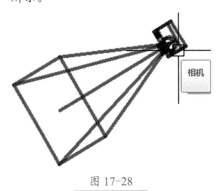

图 17-28

Step03 单击显示夹点，如图 17-29 所示。

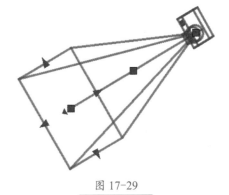

图 17-29

Step04 打开【相机预览】对话框，显示该相机视图的预览，如图 17-30 所示。

图 17-30

Step05 单击【相机位置】的夹点，如图 17-31 所示。

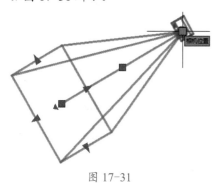

图 17-31

Step06 拖动即可指定新的相机位置，如图 17-32 所示。

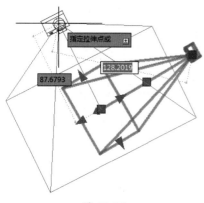

图 17-32

Step07 单击【坐标位置】夹点，如图 17-33 所示。

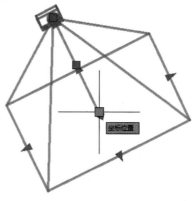

图 17-33

技术看板

编辑相机时，按【ESC】键，即可退出相机的选取状态。

Step08 拖动即可指定新的坐标位置，如图 17-34 所示。

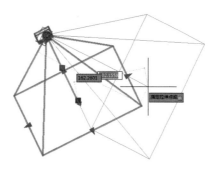

图 17-34

Step09 同时选择相机和坐标位置夹点，如图 17-35 所示。

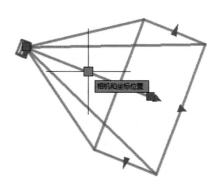

图 17-35

Step10 拖动即可指定相机的新位置，如图 17-36 所示。

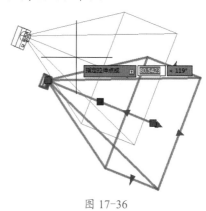

图 17-36

Step11 单击【焦距/FOV】夹点，如图 17-37 所示。

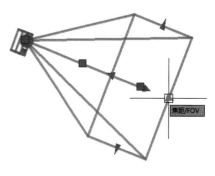

图 17-37

Step12 拖动即可调整焦距，如图 17-38 所示。

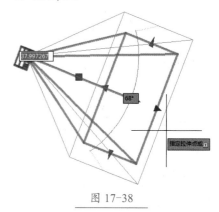

图 17-38

17.3 动画

在 AutoCAD 中，不仅可以创建二维图形和三维图形，还可以使用二维线条创建简单的动画，本小节主要讲解制作动画的方法和过程。

★重点 17.3.1 创建动画

在 AutoCAD 中，创建动画主要使用【动画运动路径】命令，该命令可以创建动画的对象，包括直线、圆弧、椭圆弧、椭圆、圆、多段线、三维多段线或样条曲线，具体操作方法如下。

Step01 打开"素材文件\第 17 章\17-3-1.dwg"，单击【视图】-【运动路径动画】菜单，如图 17-39 所示。

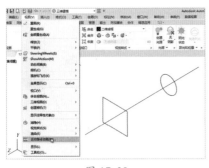

图 17-39

Step02 打开【运动路径动画】对话框，如图 17-40 所示。

图 17-40

Step03 选择【路径】单选项，单击相机选项板中【选择对象】按钮 ✛，如图 17-41 所示。

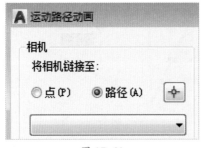

图 17-41

Step04 单击选择路径，如图 17-42 所示。

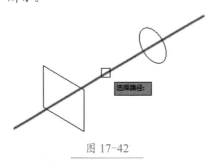

图 17-42

Step05 打开【路径名称】对话框，输入名称，如【相机路径 1】，单击【确定】按钮，如图 17-43 所示。

图 17-43

Step06 单击选择目标路径，如图 17-44 所示。

图 17-44

Step07 单击选择路径，如图 17-45 所示。

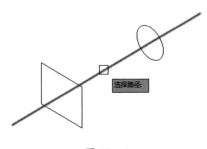

图 17-45

Step08 打开【路径名称】对话框，❶ 输入名称，如【路径 1】，❷ 单击【确定】按钮，如图 17-46 所示。

图 17-46

Step09 单击【预览】按钮，如图 17-47 所示。

图 17-47

Step**10** 打开【动画预览】对话框，即可查看动画效果，如图 17-48 所示。

图 17-48

17.3.2 动画设置

【运动路径动画】对话框的右侧是动画设置的相关内容，调整其中参数，可改变动画效果，通过【预览】按钮查看设置效果，具体操作方法如下。

Step**01** 打开"素材文件\第 17 章\17-3-2.dwg"，单击【视图】-【运动路径动画】，打开【运动路径动画】对话框，更改【动画设置】栏的内容后，单击【预览】按钮，如图 17-49 所示。

图 17-49

Step**02** 打开【动画预览】对话框，查看动画效果，如图 17-50 所示。

图 17-50

Step**03** 关闭【动画预览】对话框，在【运动路径动画】对话框中，勾选【反向】复选框，如图 17-51 所示。

图 17-51

Step**04** 单击【预览】按钮，打开【动画预览】对话框，查看动画效果，如图 17-52 所示。

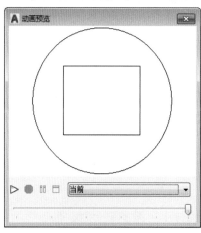

图 17-52

Step**05** 关闭【动画预览】对话框，单击【确定】按钮，打开【另存为】对话框，❶ 指定存储位置，❷ 在【文件名】后的文本框输入文件名，如"运动路径动画 1"，❸ 单击【保存】按钮，如图 17-53 所示。

图 17-53

Step**06** 保存后打开文件夹，可以查看保存的"运动路径动画 1"文件，效果如图 17-54 所示。

运动路径动画1

图 17-54

技术看板

保存创建的动画时，文件名默认为"wmv1.wmv"，可直接使用默认文件名，也可更改文件名。保存格式默认为".wmv"。

17.4 打印设置

图形绘制完成后，通常要打印到图纸上，同时也可以生成一份电子图纸，以便在互联网上查看。打印的图形可以包含图形的单一视图，也可以包含更为复杂的视图排列及内容。根据需要，可以打印一个或多个视口，或设置打印的内容和图像在图纸上的布置。

17.4.1 设置打印设备

为了获得更好的打印效果，在打印图纸之前，即对打印机进行设置，具体操作方法如下。

Step 01 ❶ 单击【菜单浏览器】按钮，❷ 单击【打印】菜单按钮，❸ 单击【打印】命令（快捷命令为 Ctrl+P 或者 PLOT），如图 17-55 所示。

图 17-55

Step 02 打开【打印 - 模型】对话框，❶ 单击【打印机 / 绘图仪】区域内的【名称】下拉按钮，❷ 单击选择可用的打印机，如图 17-56 所示。

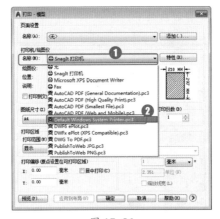

图 17-56

Step 03 单击【名称】下拉按钮后的【特性】按钮，如图 17-57 所示。

图 17-57

Step 04 打开【AutoCAD 警告】对话框，单击【确定】按钮，如图 17-58 所示。

图 17-58

Step 05 打开【绘图仪配置编辑器】对话框，根据需要进行设置，完成设置后单击【确定】按钮，如图 17-59 所示。

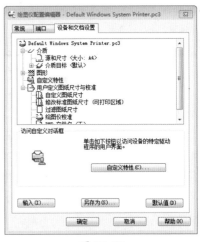

图 17-59

技术看板

在 AutoCAD 中设置打印设备时，只有选择了可用的打印设备后，【特性】按钮才能使用。没有选择打印设备之前此按钮为灰色不可单击状态。

17.4.2 设置图纸尺寸

在打印图纸的过程中，会根据打印机和纸张的情况判断当前应该设置的图纸尺寸，【图纸尺寸】选项组中会显示所选打印设备可用的标准图纸尺寸。设置图纸尺寸的具体操作方法如下。

Step01 在【打印-模型】对话框中单击【图纸尺寸】下拉按钮，在下拉菜单中选择【ISO A3（420.00×297.00毫米）】选项，如图 17-60 所示。

图 17-60

Step02 预览框会显示尺寸效果，如图 17-61 所示。

图 17-61

17.4.3 设置打印区域和图形方向

AutoCAD 文件没有绘图界限限制，打印前必须设置图形打印区域，以便更准确地打印图形，具体操作方法如下。

Step01 【打印区域】选项中的【打印范围】列表框包括【窗口】

【图形界限】【显示】3 个选项，如图 17-62 所示。

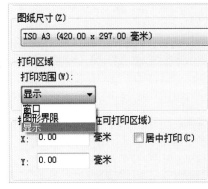

图 17-62

Step02 单击【更多选项】按钮 ⊙（快捷命令为 Alt+ Shift+>），在【图形方向】选项组中可以设置图形的打印方向，包括【纵向】【横向】【上下颠倒打印】，如图 17-63 所示。

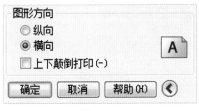

图 17-63

> **技术看板**
>
> 使用打印范围的【窗口】选项时，如果当前所指定的窗口区域和需要打印的界限有偏差，可以单击【窗口】按钮，暂时退出【打印-模型】对话框进入绘图区，此时可以重新指定打印界限，框定窗口区域后会自动返回【打印-模型】对话框。

17.4.4 设置打印比例

通常情况下，在绘制图形时一般按 1:1 的比例绘制，而在打印图形时则需要根据图纸尺寸确定打印比例。系统默认的是"布满图纸"，即程序自动调整缩放比例使所绘制的图形布满图纸。设置合适的打印

比例，可在出图时使图形更完整地显示出来。打印比例有绘图比例和出图比例两种。

绘图比例：指在 AutoCAD 绘制图形过程中所采用的比例。如果在绘图过程中用 1 个单位的图形长度代表 500 个单位的真实长度，那么绘图比例为 1:500。

出图比例：指出图时图纸上单位尺寸与实际绘图尺寸之间的比值，如果绘图比例为 1:1000，而出图比例为 1:1，则图纸上 1 个单位长度代表 1000 个实际单位的长度；若绘图比例为 1:1，而出图比例为 1000:1，则图纸上 1 个单位长度代表 0.001 个实际单位长度。大比例的出图尺寸，一般是在将大型机械设计图打印到小图纸时使用。

在【打印比例】选项组中可以设置图形的打印比例。打印比例是将图形按照一定的比例放大或缩小，并不改变图形的形状，只是改变了图形在图纸上的大小。

> **技术看板**
>
> 勾选【布满】复选项后，无法进行打印比例的设置，取消该选项后，才可以设置打印比例。设置图形比例时可以在【比例】列表框中选择标准比例值，或者在【自定义】选项中对应的两个数值框中设置打印比例。其中，第一个文本框表示图纸尺寸单位，第二个文本框表示图形单位。

17.4.5 预览打印效果

完成图纸打印设置后，还可以预览打印效果，如果不满意可以重新设置。AutoCAD 会按照当前的页面设置、绘图设备设置及绘图样式

表等，在屏幕上显示出最终要打印的图形效果。设置打印预览的具体操作方法如下。

Step01 打印效果设置完成后单击【预览】按钮，如图 17-64 所示。

图 17-64

Step02 打开预览界面，预览对话框中的效果如图 17-65 所示。

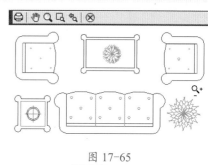

图 17-65

妙招技法

通过对前面知识的学习，相信读者已经掌握了视图、相机、动画与打印方面的相关基础知识。下面结合本章内容，给大家介绍一些实用技巧。

技巧 01 如何创建并命名视图

观察视图时，可以将经常使用的视图保存下来，具体操作方法如下。

Step01 新建图形文件并调整视图，单击选择视图，如图 17-66 所示。

图 17-66

Step02 ❶ 单击【视图】选项卡，❷ 单击【未保存的视图】下拉按钮，❸ 单击【视图管理器】命令，如图 17-67 所示。

图 17-67

技术看板

在【视图类别】部分，如果图形是图纸集的一部分，系统将列出该图纸集的视图类别。可以向列表添加类别或从中选择类别。

【边界】部分包括两个选项：【当前显示】指包括当前可见的所有图形；【定义窗口】指保存部分当前显示。在图形中使用定点设备指定视图的对角点时，该对话框将关闭。

Step03 打开【视图管理器】对话框，单击【新建】按钮，如图 17-68 所示。

图 17-68

Step04 打开【新建视图/快照特性】对话框，❶ 输入视图名称，如"底侧视图"，❷ 单击【视图类型】下拉按钮，❸ 选择【静止】选项，❹ 单击【确定】按钮，如图 17-69 所示。

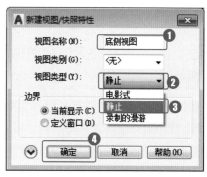

图 17-69

Step**05** 返回【视图管理器】对话框，单击【确定】按钮，如图 17-70 所示。

图 17-70

技巧 02 如何快速查看运动轨迹

在 AutoCAD 中创建视口后，可以通过播放窗口快速查看视口的运动轨迹，具体操作方法如下。

Step**01** 新建图形文件，设置 2 个视口，❶ 单击【视图】选项卡，❷ 单击【视口工具】下拉按钮，❸ 单击【显示运动】按钮，如图 17-71 所示。

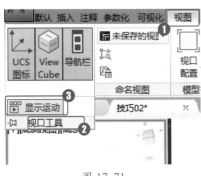

图 17-71

Step**02** 在绘图窗口显示两个动画预览播放窗口，窗口下方显示命令按钮，如图 17-72 所示。

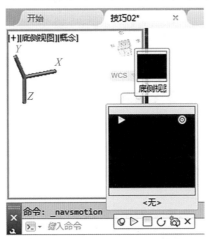

图 17-72

Step**03** 单击窗口左上角的【播放】按钮，视口即显示图形的运动轨迹，如图 17-73 所示。

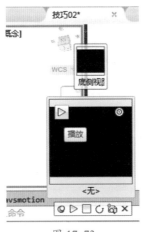

图 17-73

Step**04** 单击【暂停】按钮，即可暂停视口的当前显示效果，如图 17-74 所示。

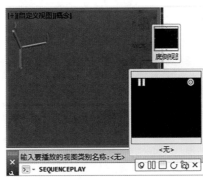

图 17-74

Step**05** 单击选择视口，鼠标指针指向另一个播放窗口，即可切换播放窗口，如图 17-75 所示。

图 17-75

Step**06** 单击窗口左上角的【播放】按钮，视口即显示运动轨迹，如图 17-76 所示。

图 17-76

Step**07** 单击【暂停】按钮，即可暂停视口的当前显示效果，如图 17-77 所示。

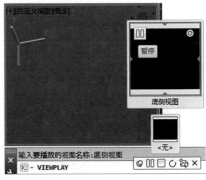

图 17-77

Step**08** 单击选择视口，单击底部的【全部播放】命令按钮，视口即显示运动轨迹，如图 17-78 所示。

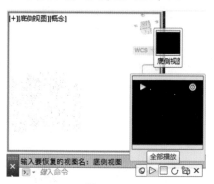

图 17-78

Step09 单击【关闭】按钮，即可关闭播放窗口，如图 17-79 所示。

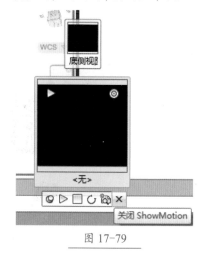

图 17-79

技巧 03 如何使用布局

布局是用于创建图纸的二维工作环境。布局内的区域称为图纸空间，可以在其中添加标题栏，显示布局视口内模型空间的缩放视图，并为图形创建表格、明细表、说明

和标注。

可通过单击【模型】选项卡右侧的【布局】选项卡，访问一个或多个布局。可以使用多个布局选项卡，按多个比例和不同的图纸大小显示各种模型组件的详细信息，具体操作过程如下。

Step01 新建图形文件，单击【布局1】选项卡，如图 17-80 所示。

图 17-80

Step02 进入布局页面，如图 17-81 所示。

图 17-81

Step03 单击选择布局框，在夹点上单击并拖动，指定拉伸点，如图 17-82 所示。

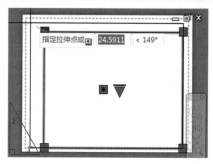

图 17-82

Step04 右击布局框，打开快捷菜单，单击【最大化视口】命令，如图 17-83 所示。

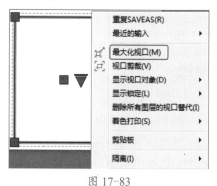

图 17-83

Step05 效果如图 17-84 所示。

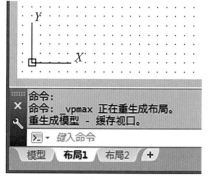

图 17-84

本章小结

通过对本章知识的学习，相信读者已经掌握了观察模型、相机、动画、打印设置等内容，相机和动画的应用可以极大地扩展 AutoCAD 的学习深度。

第 4 篇

实战应用篇

在前面章节中，读者系统地学习了 AutoCAD 辅助设计的模块功能、工具及命令应用。本篇主要结合 AutoCAD 的常见应用领域，举例讲解相关行业辅助设计的实战应用，巩固并强化 AutoCAD 软件的综合应用能力。

第 18 章　AutoCAD 制图规范

- ➥ AutoCAD 如何绘制室内设计图纸？
- ➥ AutoCAD 如何绘制建筑设计图纸？
- ➥ AutoCAD 如何绘制机械设计图纸？
- ➥ AutoCAD 如何绘制园林景观设计图纸？
- ➥ AutoCAD 如何绘制电气设计图纸？

学完这一章的内容，读者可以了解如何使用 AutoCAD 绘制各行业的设计图纸，以及绘图时需要注意的内容和各种规范。本章将介绍如何绘制室内设计图纸、建筑设计图纸、机械设计图纸、园林景观设计图纸、电气设计图纸。

18.1　绘制室内设计图纸

在室内设计中，图样是表达设计师设计理念的重要工具，也是室内装饰施工的必要依据，室内设计制图多沿用建筑制图的方法和标准，因为室内设计是室内空间和环境的再创造，所以其图样的绘制又有自身的特点。在图样的绘制过程中，应该遵循统一的制图规范。

★重点 18.1.1　室内设计制图规范

在室内设计中，绘制图样应该遵循如下制图规范。

1. 图纸幅面规格

图纸幅面指图纸大小。根据国家规定，按照图面的长和宽来确定图幅大小的等级。室内设计经常使用的图幅有 A0（也称 0 号图幅，下面以此类推）、A1、A2、A3、A4 等。其中，A3 和 A4 为最常用的图纸幅面尺寸。

绘图时，应优先采用如表 18-1 所示的图纸幅面标准尺寸规定的基本图幅。其中，B、L 分别表示图样的短边和长边（即宽和长），短边与长边之比为 1:1.4；A、C 分别表示图框线到图幅边缘的距离，E 表示不留装订线的图框线到图幅边缘的距离。

表 18-1　图纸幅面标准尺寸

单位：毫米

图纸幅面标准尺寸					
尺寸代号	幅面代号				
	A0	A1	A2	A3	A4
B（宽）× L（长）	841× 1189	594× 841	420× 594	297× 420	210× 297
A	25				
C	10			5	
E	20		10		

　　单项工程中每一个专业所用的图纸不宜超过两种幅面，但主要用于记录目录、变更、修改等表格类的 A4 幅面不在此限。

　　按房屋建筑制图统一标准规定，有特殊需要可按长边 1/8 模数加长尺寸；短边不得加长，长边可加长，加长尺寸应符合如表 18-2 所示的"图样长边加长尺寸"的规定。

表 18-2　图样长边加长尺寸

单位：毫米

图样长边加长尺寸		
幅面尺寸	长边尺寸	长边加长后尺寸
A0	1189	1486、1783、2080、2378
A1	841	1051、1261、1471、1682、1892、2102
A2	594	743、891、1041、1189、1338、1486、1635、1783、1932、2080
A3	420	630、841、1051、1261、1471、1682、1892

　　一般 A1～A3 的图纸宜横式，必要时也可立式使用，如图 18-1 所示。

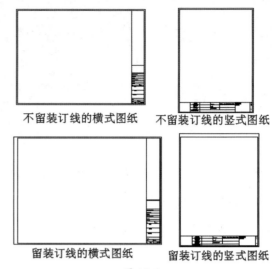

不留装订线的横式图纸　　不留装订线的竖式图纸

留装订线的横式图纸　　留装订线的竖式图纸

图 18-1

技术看板

　　图签即图纸的标题栏，它包括设计单位名称、工程名称、签字区、图名区及图号区等内容。如今不少设计单位采用自己设计的图签格式，但是必须包括设计单位名称、工程名称、图号、签字和图名这几项内容。

　　会签栏是审核后签名用的表格，它包括专业、姓名、日期等内容，具体内容根据需要设置，对于不需要会签的图样，可以不设此栏。

2. 图线内容设置

　　工程图样主要采用粗线、细线和线型不同的图线来表达不同的设计内容，并用以分清主次。因此，熟悉图线的类型及用途，掌握各类图线的画法是室内设计制图最基本的要求。下面讲解线型的种类和用途。

技术看板

　　需要微缩的图纸，不宜采用 0.18 毫米及更细的线宽；在同一张图纸内，各不同线宽组中的细线，可统一采用较细的线宽组中的细线。

　　（1）常用线型的种类和用途

　　为了使图样主次分明、形象清晰，建筑装饰制图常用线型有实线、虚线、折断线、点划线等，按线宽度一般分粗线、中粗线、细线 3 种。各类图线的线型、宽度和用途如表 18-3 所示。

表 18-3　图线的线型、宽度及用途

单位：毫米

图线的线型、宽度及用途			
名称	线型	线宽	一般用途
粗实线	——	0.35	构筑物的外轮廓线、剖切位置线、地面线、详图符号及图纸的图框线、标题与会签栏
中粗实线	——	0.25	家具装饰结构的轮廓线、标注尺寸的起止短划线
细实线	——	0.18	家具和装饰结构的辅助线、标注尺寸线、材料说明文字引出线、绘制索引符号的圆圈
最细实线	——	0.07	填充线
粗虚线	- - - -	0.35	总平面图及运输图中的地下建筑物或构筑物边缘
中粗虚线	- - - -	0.25	需要画出的看不到的轮廓线
细虚线	- - - -	0.18	平面图上高窗的位置线、搁板（吊柜）的轮廓线
粗点划线	—·—·—	0.35	结构图中梁或构架的位置线
细点划线	—·—·—	0.18	中心线、定位轴线、对称线
细双点划线	—··—··—	0.18	假想轮廓线、成型前原始轮廓线
折断线	——⌇——	0.18	用以表示假想折断的边缘，在局部详图中用得最多

（2）图线的画法要求

线型设置完成后开始绘图时，要注意以下几点。

①在同一张图纸内，相同比例的图样，应选用相同的线宽组，同类线应粗细一致。

②相互平行的图线，其间隔不宜小于其中的粗线宽度，且不宜小于 0.7 毫米。

③虚线、点划线或双点划线的线段长度和间隔宜各自相等。

④点划线或双点划线在较小的图形中绘制有困难时，可用实线代替。

⑤点划线或双点划线的两端不应是点。点划线与点划线交接或点划线与其他图线交接时，应是线段交接，如图 18-2 所示。

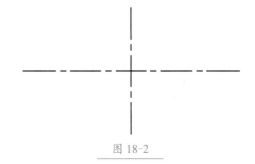

图 18-2

⑥虚线与虚线交接或虚线与其他图线交接时，应是线段交接。虚线为实线的延长线时，不得与实线连接，如图 18-3 所示。

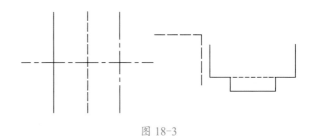

图 18-3

⑦图线不得与文字、数字或符号等重叠、混淆，不可避免时，应首先保证文字等清晰，如图 18-4 所示。

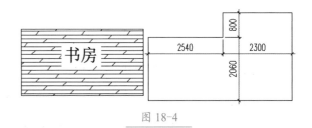

图 18-4

（3）线宽与绘图色彩的对应

线宽与绘图色彩相对应能使图面更清晰明了。线宽往往是一定的，但颜色可根据自己的需要来设置。线宽的绘图色彩及用途如表 18-4 所示。

表 18-4　线宽的绘图色彩及用途

单位：毫米

图层名称	颜色	线宽	用途
墙线	黄色	0.35	主要绘制墙线
门窗线	青色	0.25	门线、窗线、阳台线的绘制
中心线	紫色	0.18	中心线、定位轴线、对称线
家具线	绿色	0.18	家具和装饰结构的辅助线
标注线	默认	默认	标注尺寸线、索引符号的圆圈

续表

单位：毫米

图层名称	颜色	线宽	用途
电器线	红色	0.2	总平面图及运输图中的地下建筑物或构筑物
文字线	默认	默认	材料说明文字、文字引出线
植物线	绿色	0.18	植物的边缘线
灰线	灰色 8	0.07	填充线

3. 详图及索引符号

图样中的某一局部或一个构件和其他构件间的构造如需另见详图，应附以符号索引，也就是在需要另外绘制详图的部位编上索引符号，并在所绘制的详图上编上详图符号，两者必须一致，以便看图时查找相应的有关图样。

（1）详图索引符号及详图符号

在室内平面图、立面图、剖面图中，在需要另设详图的部位标注一个索引符号，以表明该详图的位置，这就是详图的索引符号。详图索引符号采用细实线绘制，A0、A1、A2 图幅索引符号的圆直径为 12，A3、A4 图幅索引符号的圆直径为 10，如图 18-5 所示。

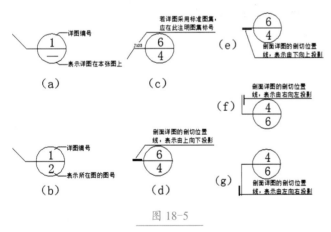

图 18-5

图（d）—图（g）用于索引剖面详图。当详图就在本张图样中时，采用图（a）的形式；详图不在本张图样时，采用图（b）—图（g）的形式。

详图符号即详图的编号，用粗实线绘制，圆直径为 14。

剖视的剖切符号应符合以下几个规定。

①剖视的剖切符号应由剖切线及投射方向线组成，均应以粗实线绘制。剖切线的长度宜为 6 ~ 10；投射方向线应垂直于剖切线，长度应短于剖切线，宜为 4 ~ 6；绘制时，剖切符号不应与其他图线相接触。

②在剖视图中剖切符号的编号宜采用阿拉伯数字，按顺序由左至右、由下至上连续编排，并应注写在剖视方向线的端部。

③需要转折的剖切线，应在转角的外侧加注与该符号相同的编号。

④建（构）筑物剖面图的剖切符号，宜标注在 ±0.000 标高的平面图上。

（2）引出线

引出线可用于详图符号、标高等符号的索引，箭头圆点直径、圆点尺寸和引线宽度可根据图幅及图样比例调节，引出线在标注时应保证清晰，在满足标注准确、功能齐全的前提下，尽量保证图面美观。

常见的几种引出线标注方式如图 18-6 所示。

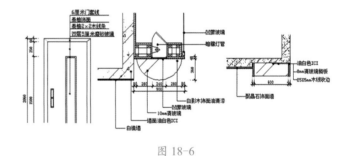

图 18-6

引出线均采用水平向的 0.25 宽细线，文字说明均写于水平线之上。同时引出几个相同部分的引出线宜互相平行。

（3）立面指向符

在房屋建筑中，一个特定的室内空间领域是由竖向分隔来界定的。因此，根据具体情况，就有可能出现绘制 1 个或多个立面来表现隔断、构配件、墙体及家具的情况。立面索引符号标注在平面图中，包括视点位置、方向和编号 3 个信息，用于建立平面图和室内立面图之间的联系。立面索引指向符号的形式如图 18-7 所示，图中立面图编号可用英文字母或阿拉伯数字表示，黑色的箭头表示立面的方向；图（a）为单向内视符号，图（b）为双向内视符号，图（c）和图（d）为四向内视符号。

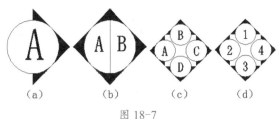

图 18-7

4. 文字标注

在一幅完整的图样中，用图线方式表现得不充分和无法用图线表示的地方，就需要进行文字标注，如材料名称、构配件名称、构造做法、统计表及图名等。文字标注是图样内容的重要组成部分，制图规范对文字标注中的字体、字号、字体字号搭配作了具体规定。

（1）一般原则为字体端正，排列整齐，清晰准确，美观大方，避免过于个性化。

（2）字体：一般标注推荐使用仿宋字，标题可以使用楷体、隶书、黑体字等。尽量不使用 TureType 字体，以加快图形的显示，缩小图形文件。同一图形文件中字体数目不要超过 4 种。

（3）文字大小：标注的文字高度要适中。同一类型的文字大小要统一，较大的字用于概括性地说明内容，较小的字用于较细致地说明内容。说明文字一般位于图面右侧。

5. 常用比例

比例是指图样中的图形与实物之间的线性尺寸之比，比例应以阿拉伯数字表示，字号应该比图名字号小一号或两号。

常用的绘图比例如下，可以根据实际情况灵活运用。

平面图常用比例：1:50、1:100、1:200 等。

立面图常用比例：1:20、1:30、1:50、1:100 等。

顶面布置图常用比例：1:50、1:100 等。

构造详图常用比例：1:1、1:2、1:10、1:20 等。

同一张图纸中，不宜出现 3 种以上的比例，比例标注置于图名右侧。

🏷 技术看板

建筑物形体庞大，必须采用不同的比例来绘制。对于整幢建筑物、构筑物的局部和细部结构应分别予以缩小绘

出，特殊细小的线脚等有时不缩小，甚至需要放大绘出。一般情况下，一个图样应使用一种比例，但在特殊情况下，由于专业制图的需要，同一种图样也可以使用两种不同的比例。

6. 标注注释

在图样中除了按比例正确绘制出图形外，还必须标出完整的实际尺寸，施工时应该以图样上所标注的尺寸为准，不得从图形上量取尺寸作为施工依据。

建筑装修图上的尺寸一般都以毫米为单位，若无特殊情况，下文不再标注单位。

图样上一个完整的尺寸标注包括尺寸线、尺寸界线、尺寸起止符号、尺寸数字 4 个部分，如图 18-8 所示。

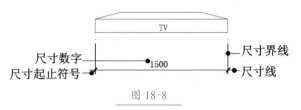

图 18-8

尺寸线：表示图形尺寸度量方向的直线，用细实线绘制，在圆弧上标注半径尺寸时，尺寸线应通过圆心。它与被标注对象之间的距离不宜小于 10，且互相平行的尺寸线之间的距离要保持一致。

尺寸界线：表示所度量图形尺寸的边界，一般也用细实线绘制，且与尺寸线垂直，末端约超出尺寸线外 2，在此情况下，也允许以轮廓线及中心线为尺寸界线。

尺寸起止符号：此符号一般采用与尺寸界线成顺时针倾斜 45° 的中粗实线或细实线表示，长度宜为 2 ~ 3，在某些情况下，如标注圆弧半径的时候，可以用箭头作为起止符号。

尺寸数字：徒手书写的尺寸数字不得小于 2.5 号，尺寸数字应标注在尺寸线的上方。尺寸数字一律使用阿拉伯数字，同一张图纸上的尺寸数字大小要一致。图样上的尺寸单位，除建筑标高和总平面等建筑图纸以米为单位之外，其他均应以毫米为单位。

在进行标注时，尺寸应该力求准确、清晰、美观大方，同一张图样中标注风格应该保持一致。尺寸线应尽量标注在图样轮廓线以外，从内到外依次标注从小到大的尺寸，不能把大尺寸标在内，把小尺寸标在外。

（1）尺寸标注的线型

①尺寸标注线型为 0.15 宽的细实线。

②尺寸界线、尺寸线应用细实线绘制，端部出头值为 2。尺寸起止符号用斜中粗实线绘制，其倾斜方向与尺寸线成顺时针 45°，长度为 2～3。

（2）尺寸数字

在一般情况下，当尺寸线为水平方向时，数字注写于尺寸线的上方；当尺寸线为垂直方向时，数字注写于尺寸线的左边。数字大小为绘图比例的两倍。

（3）尺寸标注的注意事项

①尺寸数字宜标注于图样轮廓线以外，不宜与图纸、文字及符号等相交。

②互相平行的尺寸线，小尺寸线应距轮廓线较近，大尺寸线应距轮廓线较远。

③标注数字为黑体。

7. 图标及标高

室内设计常用符号和图例如表 18-5 所示。

表 18-5　室内设计常用符号和图例

符号	说明	符号	说明
0.000 / 2.500	标高符号，数字为当前标高值。上图为地面水平线，下图表示层高 2.5 米		指北针
	楼板开方孔或天窗		电梯
原始平面图1:50	图名和比例		单扇推拉门
	单扇平开门		双扇推拉门
	双扇平开门		四扇推拉门
	子母门		首层楼梯
	窗		中间层楼梯
	阳台		顶层楼梯

标高符号以等腰三角形表示，凡三角形尖角无横线者，可用于平面图、顶面图；有横线者，其横线应指向被标注的剖面和立面的高度；尖角可指向上或指向下，以米为单位。

在房屋的底层平面图上，应绘出指北针来表明房屋的朝向。其符号应按国际标准规定绘制，细实线圆的直径一般以 24 为宜，箭尾宽度宜为圆直径的 1/8，即 3，圆内指针应涂黑并指向正北。

8. 认识填充图例

在室内设计中经常应用材料图例来表示材料，若无法用图例表示则采用文字注释。一定要遵照房屋建筑制图统一标准和总图制图标准绘制图形。

常用图例如表 18-6 所示。

表 18-6　常用图例

图例	说明	图例	说明
	混凝土		块砖顺砌
	钢筋混凝土		绝缘材质
	瓷砖或类似材料		砖块呈人字形图案 @45 度角
	大理石		板岩和石材
	木地板		镶木地板
	玻璃		实体填充
	角钢		随机的点和石头

技能拓展——填充图例

在使用 AutoCAD 中的填充图例绘制图形时，每一种图例都代表一种材料或一种物质，但因为行业或习惯的不同，其中一部分相近的图例可能会有差别，可参考国际标准或国内标准进行绘制。

9. 灯光照明图例

在实际绘图中，各种装置或设备中的元部件都是用图形符号表示的，同时用文字符号、安装代号来说明电气装置等相关内容，具体如表 18-7 所示。

表 18-7 灯光照明图例

图例	说明	图例	说明
	吊灯		单联双控开关
	餐厅灯		单联单控开关
	吸顶灯		双联单控开关
	石英灯		多联多控开关
	筒灯		多联单控开关
	壁灯		暗装二、三插座
	排风扇	F	暗装排气扇插座
	感应开关	k	暗装空调插座
	镜前灯	WB	暗装微波炉插座
	暗槽灯	A	暗装抽油烟机插座
	豪华吊灯	R	暗装热水器插座
	射灯	X	暗装消毒碗柜插座
	方形吸顶防雾灯	B	暗装冰箱插座
	日光灯	H	暗装电话插座
	户外球形灯	T	暗装电视插座
	电话接线盒		电铃
	有线电视接线盒		分户配电箱
	浴霸		双极插座带接地（暗装）
	立面图射灯		双极插座带接地（明装）

技术看板

建筑施工图一般是按照正投影原理及视图、剖视和断面等基本图示方法绘制的，所以为了保证制图的质量、提高制图效率、表达统一和便于识读，我国制定了《建筑制图标准》，在绘制施工图时，应严格遵守标准中的相关规定。

18.1.2 室内设计制图内容

在工程上，通常使用正投影法绘制建筑物的正投影图，正投影图反映空间物体的形状和大小，如建筑平面图、立面图和剖面图等。

技术看板

在建筑装饰制图中，如果所绘制的建筑物形体比较复杂，有时为了便于绘图和识图，需要画出形体的六面投影图，其中正面投影称为正立面图，水平投影称为平面图，左侧面投影称为左侧立面图，其他投影根据投射方向称为右侧立面图、底面图和背立面图。

平行投射线由上向下垂直投影而产生的投影图称为水平投影图；投射线由前向后垂直投影而产生的投影图称为正面投影图；由左向右垂直投影而产生的投影图称为侧面投影图，这些投影图的关系分别如下。

①长对正：正面投影图和水平投影图的长度相等。

②高平齐：正面投影图和侧面投影图的高度相等。

③宽相等：水平投影图和侧面投影图的宽度相等。

"长对正、高平齐、宽相等"是绘制和识读物体正投影图必须遵循的投影规律。

在工程制图中，常用的投影图除三面正投影图外，还有镜像投影图、展开投影图、剖视图、断面图等。

1. 方案图册内容

建筑施工图是指导建筑施工的重要依据，建造一幢房屋或者装饰一套房屋，需要使用很多张图作为施工依据，建筑工程施工图和室内装饰设计图一般的编排顺序是图纸封面、图纸目录、总说明、建筑施工图、结构施工图、设备施工图。主要介绍如下。

（1）建筑施工图

主要表示房屋的建筑设计内容，如房屋总体布局、内外形状、大小、构造等，它包括总平面图、平面图、立面图、剖视图、详图等。

（2）结构施工图

结构施工图用来表示房屋的结构设计内容，如房屋承重构件的布置和构件的形状、大小、材料、构造等，包括结构布置图、构件详图、节点详图等。

（3）设备施工图

设备施工图用来表示建筑物内管道与设备的位置与安装情况，包括给排水、采暖通风、电气照明等各种施工图，其内容有各工种的平面布置图、系统图等。

一套完整的房屋施工图，其内容和图纸数量很多。工程的规模和复杂程度不同，工程的标准化程度不同，都可能导致图样数量和内容的差异。一般在能够清楚表达工程对象的前提下，一套图样的数量及内容越少越好。

2. 平面图

平面图是表达设计意图最基本的图示，包括原始结构图、平面设计图、平面布置图3种。

（1）原始结构图

是指在对房屋进行实地丈量之后，由室内设计师将丈量结果在图纸上绘制出来的图样。在图样上必须将原始房屋的框架结构、各空间之间的关系、门洞窗洞的具体位置及尺寸等交代清楚；平面布置图、地面布置图都在此基础上进行绘制。绘制原始结构图时必须要标明承重墙、柱子、梁的位置。

（2）平面设计图

如果因为客户的需要，必须进行房屋墙体的更改，那么需要进行拆建的墙体要在图样上清楚地表示

出来，方便施工。若原始结构图的户型和各方面要求完全符合标准，可不做此图，直接做平面布置图即可。

（3）平面布置图

是指在原始结构图或者平面设计图的基础上，设计师为了表达自己的设计意图及设计构思，对各个功能区进行划分及定位室内设施而绘制的一种图样，并会根据业主的需求进行一定的改动与调整。

3. 地面布置图

地面布置图用来表示地面的铺贴材质和铺贴方式，如木地板、地砖、地毯等使用的材料、尺寸、施工工艺，以及铺贴花样等。布置过的每一个地方都必须使用文字说明将其材质和尺寸标注出来。

4. 顶面图

主要包括对梁、吊顶、电路走向、灯具布置等内容的处理。图样上所要表示的内容包括使用的装饰材料、施工工艺、各种造型，以及灯具的尺寸等，并用标注文字及标高加以说明，有时根据需要绘制某处的剖面详图来更详细地表达构造和施工方法。

5. 开关插座布置图

主要用来表示室内各区域的配电情况，包括照明、插座及开关的铺设方式和安装说明等。

6. 给排水布置图

在家庭的内部装修中，管道有给水和排水两个部分，通俗的说法是上水和下水；同时又包括热水系统和冷水系统。绘制给排水布置图来说明室内给水管道和排水管道等用水设施的布置和安装情况。

7. 立面图

立面图是一种与垂直界面平行的正投影图，它能够反映垂直界面的形状、装修方法和其上的陈设。一般是将房屋内各重要墙面绘制并标注出来，通常需要绘制立面图的部分，包括玄关立面图、餐厅立面图、电器背景墙、沙发背景墙、主卧立面图、各柜体立面图等。每一个立面图都必须标明尺寸、文字说明等内容。

8. 施工图

施工图可以分为立面图、剖面图和节点图3种类型。

（1）立面图

立面图是室内墙面与装饰物的正投影图，它标明了室内的标高，吊顶装修的尺寸以及梯次造型的相互关系尺寸，墙面装饰的式样、材料和位置尺寸，墙面与门、窗、隔断的高度尺寸，墙与顶、地的衔接方式等。

（2）剖面图

剖面图是将装饰面剖切，以表达结构构成的方式、材料的种类和主要支承构件的相互关系等。剖面图中标注有详细的尺寸、工艺做法以及施工要求等。

（3）节点图

节点图是两个以上装饰面的交点按垂直或水平方向切开，以标明装饰面之间的对接方式和固定方式的图纸。节点图详细表现出装饰面连接处的构造，注有详细的尺寸和收口、封边的施工方法。

在设计施工图时，无论是剖面图还是节点图，都应在立面图上标示清楚，以便正确指导施工。

18.2 绘制建筑图纸

使用 AutoCAD 绘制的建筑图纸，主要分为平面图、立面图、剖面图等几大分类，本节主要介绍绘制这些建筑图纸的基础知识。

18.2.1 建筑物的组成

在建筑行业，每一栋建筑的使用要求、空间组合、外形处理、结构形式、构造方式及规模大小都不同，但是构成建筑物的主要部分是一样的，它们都是由基础、墙或柱、楼面、屋顶、出入口、窗等组成。另外，结构施工图中还有台阶、雨篷、阳台、雨水管、散水，以及室内安装的各种配件和装饰等。

建筑物的各个组成部分的功能如下。

➥ 基础：房屋建筑最根本的一部分，建筑物所有的重力都压在基础上，所以基础的好坏直接影响该建筑物整体质量。

➥ 柱：起着承重、连接的作用，是楼房的外轮廓。

➥ 楼板及内外墙：有分隔、维护、隔热、保温等作用，属于内部结构。

➥ 门窗：一般设在墙面上，根据需求不同有不同的型号，分别起采光和通风作用。

➥ 楼梯：起连接上下屋的作用。

➥ 阳台：房屋的外部结构，可以起到承载的作用。

➥ 台阶和雨篷：一般设在入口处。

➥ 踢脚和勒脚：起保护墙脚的作用。

18.2.2 建筑图纸的分类

在设计建筑物时，用图形来表达构思方案的图称为房屋图。在设计过程中用来研究和比较房屋功能组合和设计意图的图样被称为设计图。在施工时，根据具体情况进行施工的图被称为施工图，在建筑绘图中按类型又分为建施图、结施图及设施图。

建施图即建筑施工图，主要表达新建房屋的规划位置、房屋的外部造型、内部各房间的布置、室内外装修、细部结构及施工要求等，包括建筑总平面图、建筑平面图、立面图、剖面图及详图。

结施图即结构施工图，主要表达房屋承重结构的结构类型、结构的布置及各构件的外形、材料、大小、数量和做法等内容，包括结构设计说明书、结构平面布置图和结构构件详图等。

设施图即设备施工图，主要表达房屋的给水、排水、电气、采暖通风等设备的布置和施工要求，包括各种设备的平面布置图、系统图和详图。

另外，每一幅完整的图纸还应包括封面、目录及施工总说明。

1. 平面图

房屋的水平剖视图简称平面图，主要表示建筑物的平面形状、水平方向和各部分布置情况等。

➥ 楼层平面图：一般情况下，多层房屋应该绘制各层平面图，但当有些楼层的平面布置相同或仅有局部不同时，则只需要绘制出共同的平面图，也就是通常所说的标准层平面图。

➥ 局部平面图：当某些楼层平面图的布置基本相同而只有局部不同时，则不同部分可以使用局部平面图来表示。如果某些局部布置由于比例较小且固定设施较多，或者内部组合比较复杂，可以另行绘制比例较大的平面图。

➥ 屋顶平面图：除了各层平面图外，一般还要绘制出屋顶平面图。由于屋顶平面图比较简单，因此可以使用较小的比例来绘制。在屋顶平面图中，一般要表示出屋顶形状、屋面排水方向、坡度、天沟或檐口的位置、女儿墙和屋脊线、雨水管的位置、屋顶避雷针的位置等。

建筑平面图表明建筑物形状、内部状态及朝向等，其基本内容包括建筑物的平面形状，各种房间的布置及相互关系，入口、走道、楼梯的位置等。从外围看可以知道建筑的外形、总长、总宽以及面积，向内看可以看到内墙布置、楼梯间、卫生间、房间名称等。

从平面图上还可以了解开间尺寸、门窗位置、室内地面标高、门窗型号尺寸，以及标明所用详图的符号等。

底层平面图中还应标注出室外台阶和散水等尺寸、建筑剖面图的剖切位置及剖面图的编号。在平面图中如果某个部位需要另见详图，需要用详图索引符号注明要画详图的位置、详图的编号及详图所在图纸的编号。平面图中各房间的用途宜用文字标出。

建筑平面图表达的内容很多，如建筑物的平面形式、房间的数量、大小、用途及房间之间的联系、门窗类型及布置情况等。建筑平面图是施工放线和编制工程预算的依据。

2. 立面图

建筑立面图是平行于建筑物各方向外墙面的正投影图，用来表示建筑物的外貌及外墙面的装饰要求等。

房屋有多个立面图，通常把房屋主要入口或表现房屋外貌主要特征的立面图称为正立面图，在它背后的立面图称为背立面图，两侧分别为左侧面图与右侧面图。

根据立面图的类型分为土建立面图、装饰立面图，给排水工程、电气工程、采暖工程中对应的则是系统轴测图。

立面图是房屋的外形图，主要用来表现建筑立面处理方式、各类门窗的位置和形式及外墙面各种粉刷的做法等问题。

建筑立面图的识读可分为以下5个步骤。

Step01 看图名、比例，并对照平面图了解立面图是房屋的哪一个方向的立面。

Step02 看立面的分割方式。

Step03 查看门窗设置及形式。

Step04 查看粉刷类型及做法，如立面图中粉刷做法可从文字注解中看出，凡突出的套房、屋间腰线均用白色瓷砖贴面，窗间墙则采用浅绿色水刷石粉面等。

Step05 查看立面尺寸。立面图中尺寸主要用来说明粉刷面积和少量其

他尺寸，而屋顶、檐口、雨篷及窗台等重要表面则用标高表示。

3. 剖面图

建筑剖面图是指用一个或多个假想垂直于外墙轴线的铅锤剖切面剖切房屋所得的正投影图，表示建筑物垂直方向的房屋的各部分的形状、尺度构造和组合方式。从剖面图中可以看到与建筑物剖切位置有关的各部位的层数、层高、垂直方向、建筑空间的组合方式和利用方式，以及在建筑剖视位置上的主要结构形式、构造方式和做法。

建筑剖面图主要用于表明建筑物从地面到屋面的内部构造及其空间组合情况，以及表示建筑物主要承重构件的位置及其相互关系，即各层的梁板、柱及墙体的连接关系；表示各层楼地面、内墙面、屋顶、顶棚、吊顶、散水、台阶、女儿墙压顶等的构造做法；表示屋顶的形式及流水坡度等。

建筑剖面图的数量是根据房屋的具体情况和施工实际需要决定的。剖切面一般横向，即平行于侧面，必要时也可纵向，即平行于正面。其位置应在能反映出房屋内部构造比较复杂的部位，并应通过门窗洞的位置。

在建筑剖面图中，使用标高和竖向尺寸表示建筑物总高、层高、各层楼地面的标高、室内外地坪标高以及门窗等各部位的标高。建筑剖面图中的高度尺寸也有三道，具体如下。

（1）第一道尺寸靠近外墙，从室外地面开始分段标出窗台、门窗洞口等尺寸。

（2）第二道尺寸注明房屋各层

层高。

（3）第三道尺寸为建筑物的总高度。

剖面图一般应设置在房屋构造比较复杂的部位或具有代表性的房间。建筑剖面图的识读可分为以下4个步骤。

Step01 根据剖面图的名称，对照底层平面图，查找剖切位置线和投影方向，明确剖面图所剖切的房间或空间。

Step02 看清剖面图中各处所涂颜色表示的材料或构造。

Step03 查看详图索引。

Step04 识读竖向尺寸，剖面中层高、室内外地坪及窗台等重要表面都应标出标高。

剖面图的剖切面一般为横向，即平行于侧面，必要时也可为纵向，即平行于正面。其位置应选择能反映房屋内部构造比较复杂与典型的部位。剖面图的名称应与平面图上所标注的一致。

建筑剖面图常用的比例为1:50、1:100、1:200。剖面图中的室内外地坪用特粗实线表示；剖切到的部位，如墙、楼板、楼梯等用粗实线画出；没有剖切到的可见部分用中实线表示；其他如引出线用细实线表示。习惯上，基础部分用折断线省略，另画结构图表达。

★重点 18.2.3 建筑制图的规定

本小节将介绍一些建筑设计的制图基础知识，从而使读者了解并掌握建筑设计的相关技巧。

1. 建筑施工图图纸图号编排方法

为了便于图纸的保存和查阅，

必须对每张图纸进行编号。房屋施工图按照建筑施工图、结构施工图、设备施工图分别分类进行编号。如在建筑施工图中分别编写出"建施1""建施2";在结构施工图中分别编写"结施1""结施2";在设备施工图中分别编写"设施1""设施2"。

2. 建筑施工图中的有关规定

建筑施工图中的有关规定主要有以下几个方面。

（1）定位轴线及编号

建筑施工图中表示建筑物的主要结构构件位置的点划线称为定位轴线,它是施工定位、放线的重要依据。定位轴线的画法及编号的规定是定位轴线用细点划线表示。

为了方便看图和查阅,定位轴线需要编号。沿水平方向的编号采用阿拉伯数字从左到右依次注写,沿垂直方向的编号采用大写的拉丁字母从下向上依次注写。为了避免和水平方向的阿拉伯数字混淆,垂直方向的编号不能用I、O、Z这3个字母。

定位轴线的端部用细实线绘制一个直径为8的圆,里面写上阿拉伯数字或拉丁字母,如图18-9所示。

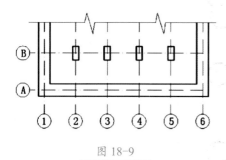

图 18-9

如果一个详图同时适用于几根轴线,应将各有关轴线的编号注明,

如图18-10所示。该图中的A图表示用于两根轴线,B图表示用于3根以上的轴线,C图表示用于3根以上连续编号的轴线。

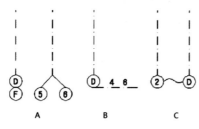

图 18-10

对于次要位置的确定,可以采用附加定位轴线的编号,编号用分数表示。分母表示前一轴线的编号,为阿拉伯数字或大写的拉丁字母;分子表示附加轴线的编号,一律用阿拉伯数字顺序编写,如图18-11所示。该图中的A图表示在3号轴线之后附加的第1根轴线,B图表示在B轴后附加的第3根轴线。

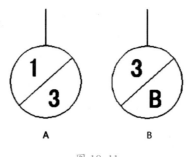

图 18-11

（2）标高

建筑物中的某一部分与所确定的水准基点的高差称为该部位的标高。在图纸中,某一部位的标高采用标高符号来表示。标高符号用细实线绘制,如图18-12中的A图所示。标高符号为一个等腰直角三角形,三角形的高为3。三角形的直角尖角指向需要标注的部位,长的

横线之上或之下注写标高的数字。标高以米为单位。

标高数字在单体建筑物的建筑施工图中注写到小数点后的第三位,在总平面图中注写到小数点后的第二位。零点的标高注写成±0.000,负数标高数字前必须加注负号（-）,正数标高数字前不加注任何符号,如图18-12中的B图所示。

如需要同时标注几个不同的标高,其标注方法如图18-12中的C图所示。

总平面图和底层平面图中的室外平整地面标高符号为涂黑的三角形,三角形的尺寸同前不加长横线,标高数字注写在右上方或右面和上方均可,如图18-12中的D图所示。

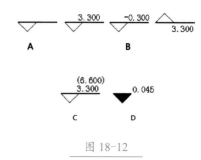

图 18-12

标高有绝对标高和相对标高两种。一般在总平面图上标注绝对标高,其他各图均标注相对标高,两者之间的关系可从总平面图或总说明中查阅。

➡ 绝对标高:我国把青岛附近黄海的平均海平面定为绝对标高的零点,其他各地的标高都以它作为基准。

➡ 相对标高:在建筑物的施工图中,如果都用绝对标高,不但数字烦琐,而且不易得出各部分的高差。因此,除了总平面图外,一般都

采用相对标高，即把底层室内主要地坪标高定为相对标高的零点，再由当地附近的水准点（绝对标高）来测定拟建建筑物底层地面的标高。

技术看板

在阅读或绘制房屋施工图时，经常会遇到建筑上的常用术语，简单解释如下。

● 开间：指一间房屋两条横向轴线间的距离。
● 进深：指一间房屋两条纵向轴线间的距离。
● 层高：楼房本层地面到相应上一层地面垂直方向的尺寸。
● 埋置深度：指室外地面到基础底面上的埋深。
● 地坪：多指室外自然地面。
● 红线：规划部门批给建设单位的占地面积，一般用红笔画在图纸上，具有法律效力。

（3）建筑出图比例的规定

房屋建筑图应按如表 18-8 所示的规定比例进行出图。

表 18-8　建筑出图比例

图名	常用比例	可用比例 （特殊情况下）
总平面图	1:500，1:1000，1:2000，1:5000	1:2500，1:10000
竖向布置图、管线综合图、断面图等	1:100，1:200，1:500，1:1000，1:2000	1:300，1:5000
平面图、立面图、剖面图、结构布置图、设备布置图	1:50，1:100，1:200	1:150，1:300，1:400
内容较为简单的平面图	1:200，1:400	1:500
详图	1:1，1:2，1:5，1:20，1:25，1:50	1:3，1:15，1:30，1:40，1:60

（4）字体的规定

图及说明用的汉字，应采用长仿宋体，宽度及高度的关系应符合如表 18-9 所示的规定，汉字用简化字，必须遵守国务院公布的《汉字简化方案》中的规定。

表 18-9　字体宽度及高度

字高	20	14	10	7	5	3.5	2.5
字宽	14	10	7	5	3.5	2.5	1.8

（5）建筑施工图常用符号列表

建筑施工图作为专业的建筑图纸，具有一套严格的符号使用规则，这种专用的行业语言是保证不同的建筑施工人员能够读懂图纸的必要手段。建筑施工图常用的符号如表 18-10 所示。

表 18-10　建筑施工图常用符号列表

名称	线型符号	说明
剖切符号		1. 表示剖切位置，以剖切线的经过表示 2. 有编号的一侧表示剖视方向，如剖面 1-1 表示从右往左看。其中 1、2 剖线表示剖面图的全面剖视，3、4 剖线表示局部断面图的剖视
索引符号（一）		1. 圈外水平线表示标准图的图册编号，非标准图则不用圈水平线 2. 圈内上部数字表示详图编号 3. 圈内下部数字表示详图所在图纸号，若详图在本页，可用水平细实线表示
索引符号（二）		只适用钢筋、杆件、零件等设备的编号
详图符号		表示详图与被索引的图样同在一张图纸内，数字为详图编号
		表示详图与被索引的图样不在同一张图纸内，上面数字为详图号，下面数字为被索引的图纸号

续表

名称	线型符号	说明
引出线		说明文字写在横线上
		共有同一种文字说明的引出线
		多层构造说明的引出线
对称符号		用两组平行线表示，平行线距离2~3；平行线两侧长短相等，总长度为6~10
定位轴线		表示建筑构造在图上的平面位置，横向从左到右，用阿拉伯数字表示；纵向从下至上，用大写拉丁字母表示

续表

名称	线型符号	说明
尺寸线		1. 尺寸单位如未注明，通常采用毫米；水平尺寸宜写在线上，纵向尺寸宜写在线左侧 2. 在侧面标注时，圆柱用 φ 表示，正方形用口表示
坡度		1. 百分数表示坡度比例 2. 下图多用于屋面
标高		1. 表示建筑构造的高度位置，以三角形尖所指的位置为准 2. 用于一般图为空心三角形，如为全黑三角形，只用于总平面图

18.3 绘制机械设计图纸

可以使用 AutoCAD 绘制各个行业需要的图形，行业不同、需求不同，图纸的绘制和要求也有区别。本节讲解绘制机械图纸的标注和制图要求。

★重点 18.3.1 机械制图的标准

在各工业部门，为了科学地进行生产和管理，对图纸的各个方面，如视图安排、尺寸标注、图纸大小、图线粗细等，都有统一的规定，这些规定就是制图标准。

机械制图的代号形式与国家标准是一致的。制图标准是直接为生产服务的，因此在绘图时应该严格遵守。

本节将介绍图幅、比例、字体、图线、剖面符号、尺寸标注等基本规定。

1. 图纸幅面规格

图纸幅面和格式由国家标准 GB/T 14689-2008《技术制图图纸幅面和格式》规定，包括以下内容。

（1）图纸幅面尺寸

绘制机械图纸时，应优先采用如表 18-11 所示的幅面。

表 18-11 图纸幅面及图框尺寸

单位：毫米

幅面代号	A0	A1	A2	A3	A4
B（宽）× L（长）	841× 1189	594× 841	420× 594	297× 420	210× 297
a	25				
c	10			5	
e	20		10		

图纸幅面尺寸必要时还可以沿边长加长，对于 A0、A2 和 A4 幅面的加长量应按 A0 幅面长边的 1/8 倍数增加；对于 A1、A3 幅面的加长量应按 A0 幅面短边的 1/4 倍数增加；A0 和 A1 幅面也允许同时加长两边。

使用时，图纸可以竖放，也可以横放，如图 18-13 所示。

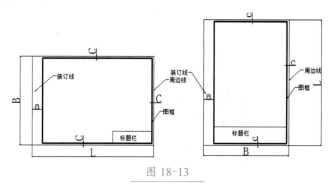

图 18-13

（2）标题栏和明细表

在工程制图中（包括机械制图、建筑制图等），每张图纸都应有标题栏，其位置通常在图纸的右下角。

图纸标题栏的具体格式、内容和尺寸等可根据实际的设计需要而定，如图 18-14 所示的标题栏格式可供参考。

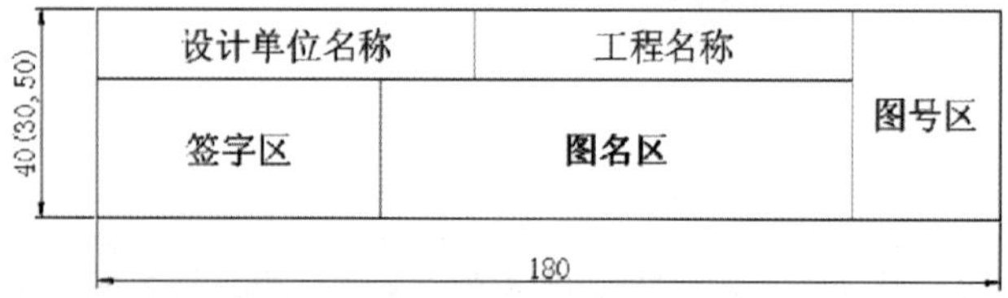

设计单位名称		工程名称		图号区
签字区		图名区		

图 18-14

技术看板

上述标题栏尺寸并不是绝对的，如果在较大图纸中仍然使用这个尺寸，标题栏就会过小，比例失调。所以大家要根据绘制对象的大小来灵活调整标题栏的尺寸，这样才会使图纸在整体上比较协调。

图纸标题栏长边的长度一般为 180，短边的长度一般采用 30、40 和 50（这是手工绘图的要求，采用计算机制图可以不遵循这个要求）。

每张图纸上都必须画出标题栏，装配图要有明细表。标题栏的绘制和填写如图 18-15 所示。

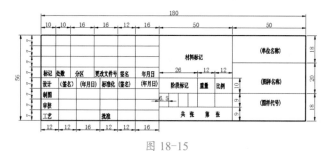

图 18-15

明细表的绘制和填写如图 18-16 所示，其中表格外框线是粗实线，内部的分割线是细实线。

材料明细表

工程编号：			设备名称：				修理类别： ___	
序号	材料名称	型号及规格	单位	数量	准备方案		备注	
					库领	外购		

编制： 审核：

图 18-16

标题栏中和明细表中的字体应按国家规定填写，需注意以下几点。

①书写字体必须做到字迹工整、笔画清楚、间隔均匀、排列整齐。

②字体的号数，即字体高度 h，其公称尺寸为 1.8，2.5，3.5，5，7，10，14，20。

③汉字应写成长仿宋体字，并采用国家推行的简化字。汉字的高度 h 不应小于 3.5，其字宽一般为 $0.7h$。

④汉字书写的要点在于横平竖直，注意起落，结构均匀，填满方格。

⑤字母和数字分为 A 型和 B 型。A 型字体的笔画宽度 d 为字高 h 的 1/14，B 型字体笔画宽度为字高 h 的 1/10。在同一图样上只允许选用一种形式的字体。字母和数字可写成斜体或正体，但全图要统一。斜体字字头向右倾斜，与水平基准线成 75° 角。

（3）会签栏

会签栏是图纸会审后签名用的，如图 18-17 所示的会签栏格式可供参考。

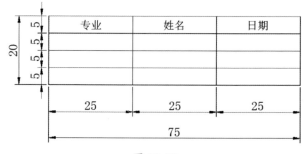

图 18-17

会签栏内应填写会签人员所代表的专业、姓名、日期（年、月、日）；一个会签栏不够用时，可另加一个，两个会签栏应并列；不需会签的图纸，可不设会签栏。

2. 绘图比例

图样中机件要素的线性尺寸与实际机件相应要素的线性尺寸之比称为比例，比例＝图形长度尺寸大小：实物相应长度尺寸大小，具体分为以下3种情况。

图形尺寸和实物尺寸一样大，比例为1:1（一样大）。

图形尺寸是实物尺寸的一半，比例为1:2（缩小）。

图形尺寸是实物尺寸的两倍，比例为2:1（放大）。

绘制图样时，应尽可能按机件的实际大小绘制，以方便看图，如果机件太大或太小，则可用如表18-12所示的缩小或放大的比例画图。

表18-12 绘图所用的比例

与实物相同	1:1
常用比例	1:1, 1:2, 1:5, 1:10, 1:20, 1:50, 1:100, 1:200, 1:500, 1:1000, 1:2000, 1:5000, 1:10000, 1:20000, 1:50000, 1:100000, 1:200000
可用比例	1:3, 1:15, 1:25, 1:30, 1:40, 1:60, 1:150, 1:250, 1:300, 1:400, 1:600, 1:1500, 1:2500, 1:3000, 1:4000, 1:6000, 1:15000, 1:30000

绘制同一个机件，各个视图应该采用相同的比例，并在标题栏的"比例"一栏中填写比例值。当某个视图需要采用不同的比例时，需要另行标注。

3. 字体

图样中书写的字体必须做到字体端正、笔画清楚、排列整齐、间隔均匀。汉字应写成长仿宋体，并应采用简体中文。

字体的号数，即字体的高度（单位为毫米），分为20、14、10、7、5、3.5、2.5共7种，字体的宽度约等于字体高度的2/3。数字及字母的笔画宽度约为字高的1/10。

斜体字字头向右倾斜，与水平线约成75°角。

指数、分数、极限偏差、注脚等的数字及字母，一般采用小一号字体。

4. 图线及画法

绘制图样时，应该采用如表18-13所示的图线。图线宽度分为粗细两种。粗线的宽度A应按照图样的大小和复杂程度，设定为0.5～2，细线的宽度约为粗线的1/3。图线宽度为0.18、0.25、0.35、0.5、0.7、1、1.4和2。

表18-13 图线及画法

单位：毫米

图线名称	图线型式及代号	图线宽度	一般应用
粗实线	A	B 0.5~2	A1 可见轮廓线 A2 可见过渡线
细实线	B	约b/3	B1 尺寸线及尺寸界线 B2 剖面线 B3 重合剖面的轮廓的齿根线 B4 螺纹的牙底线及齿轮的齿根线 B5 引出线 B6 分界线及范围线 B7 弯折线 B8 辅助线 B9 不连续的同一表面的连线 B10 成规律分布的相同要素的连线
波浪线	C	约b/3	C1 断裂处的边界线 C2 视图和剖视的分界线
双折线	D	约b/3	D1 断裂处的边界线
虚线	F	约b/3	F1 不可见轮廓线 F2 不可见过渡线
细点划线	G	约b/3	G1 轴线 G2 对称中心线 G3 轨迹线 G4 节圆及节线
粗点划线	J	b	J1 有特殊要求的线或表面的表示线
双点划线	K	约b/3	K1 相邻辅助零件的轮廓线 K1 极限位置的轮廓线 K1 坯料的轮廓线或毛坯图中的制成品的轮廓线 K1 假想投影轮廓线 K1 试验或工艺用结构（成品上不存在）的轮廓线 K1 中断线

同一图样中同类图线的宽度应基本一致。点划线、双点划线、虚线的线段长度和间隔应大致相等。

5. 剖面符号

在剖视图和剖面图上，为了分清机件的实心部分和空心部分，规定被切到的部分应画上剖面符号。不同的材料，采用不同的符号。金属材料的剖面符号，其剖面线应该画成与水平线成 45° 角的细实线。同一金属零件的所有剖面和剖视图，其剖面线的方向、间隔应该相同。

机械工程上常用的几种材料的剖面符号如表 18-14 所示。

表 18-14　机械工程制图中常用的填充图案

材料名称	剖面符号	材料名称	剖面符号
金属材料（已有规定剖面符号者除外）		型砂、填砂、砂轮、陶瓷刀片、硬质合金刀片、粉末冶金等	
线圈绕组原件		格网	
转子、电机、变压器和电抗器等的叠钢片		玻璃及供观察用的其他透明材料	
塑料、橡胶、油毡等非金属材料（已有规定剖面符号者除外）		胶合板	

> **技术看板**
>
> 在实际工作中，不同图纸的同类型填充图案可能会有一些形式上的出入，以当前图纸上的具体规定为准。

6. 尺寸标注

国标中规定了标注尺寸的规则和方法，在绘制图样的时候必须遵守这些规定，否则会引起混乱，并给生产带来损失。

（1）基本图形的尺寸标注

常用的基本图形有长方形、圆柱、圆锥、球等。这些基本图形的尺寸标注方法及应用标注的尺寸数目如图 18-18 所示。在标注基本体的尺寸时，要注意定出长、

宽、高 3 个方面的大小。

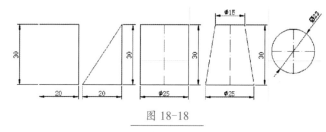

图 18-18

（2）简单图形的尺寸标注

简单图形的尺寸标注方法是先将简单物体分解为基本图形，再标注出各基本图形所需要的尺寸，然后分别标注出变化部分的尺寸。

带圆角的长方形板如图 18-19 所示，其上打了 4 个孔，因此标注尺寸时，应首先标注长方形板的尺寸（长 30、宽 20、厚 6），然后再标注圆角半径 R5。

在标注 4 个孔的尺寸时，不仅应标注出孔本身形状的尺寸（称为定形尺寸），即尺寸 4-Ø5 和 6，而且还应标注出决定孔的位置的尺寸（称为定位尺寸），即 20 和 10。

从这个例子可以看出，简单物体的尺寸可分为以下两类。

①定形尺寸：决定组成简单物体的各基本体的形状及大小的尺寸。

②定位尺寸：决定各基本体在简单物体上的相互位置的尺寸。

两者都标注，简单物体的形状及大小才能确定。

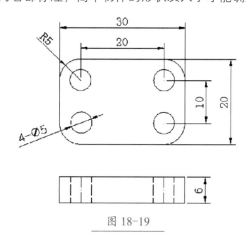

图 18-19

（3）组合图形的尺寸标注

标注组合图形尺寸的基本方法是形体分析法。如图 18-20 所示，这是一个支架的三视图。

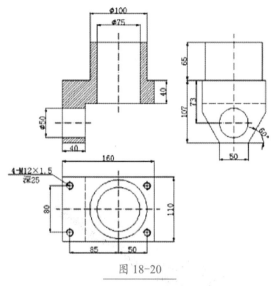

图 18-20

在标注尺寸的时候，可以参考如图 18-21 所示的 B 图，把这个组合体分解成 3 个简单物体：长方形底板、多边形板和圆筒。

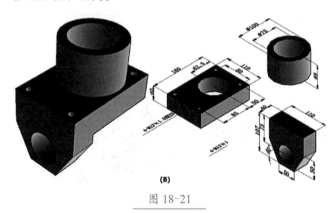

(B)

图 18-21

可以运用标注简单物体尺寸的方法，先逐个标注出每个简单物体的尺寸；然后标注出确定各简单物体之间相互位置的定位尺寸，以及确定组合体的总长、总宽、总高的总体尺寸；最后加以适当调整，就完成了组合图形的尺寸标注。

当组合体具有交线时，不能直接标注交线的尺寸，而应该标注产生交线的形体或截面的定形尺寸和定位尺寸。两圆柱相交的尺寸标注方法如图 18-22 中左图所示，图 18-22 中右图所标注的尺寸 10、8 和 R15 是错误的。

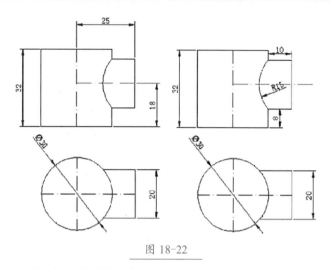

图 18-22

（4）尺寸的清晰布置

为了看图方便，在标注尺寸时，应当使尺寸的布置整齐清晰，这里给出几种常见的处理方法，以供参考。

➡ 为了使图面清晰，应当将多数尺寸标注在视图外面，如图 18-23 所示。与两视图有关的尺寸标注在两视图之间（如图 18-23 中的尺寸 100）。图 18-23 右图中的尺寸标注得不够清晰，请大家仔细对比二者之间的差异，领会清晰标注的要点。

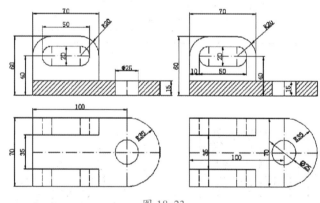

图 18-23

➡ 零件上每一形体的尺寸，应尽可能集中地标注在反映该形体特征的视图上。同心圆柱的尺寸，最好标注在非圆的视图上，如图 18-24 所示。法兰盘的同心圆柱的尺寸基本上都标注在剖视图上，而不是标注在左视图上。

335

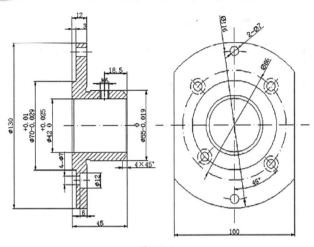

图 18-24

➡ 尽量避免尺寸线与尺寸线或尺寸界线相交。相互平行的尺寸应该按照大小循序排列，小的在内，大的在外，并使它们的尺寸数字互相错开，如图 18-25 所示。

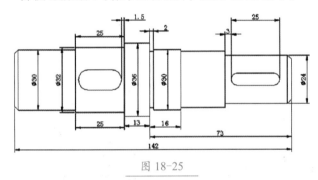

图 18-25

➡ 内形尺寸与外形尺寸最好分别标注在视图的两侧，如图 18-26 所示。

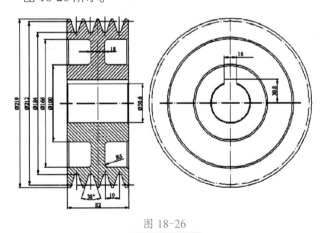

图 18-26

★重点 18.3.2 **机械零件的基本知识**

在进行正式绘图之前，需要了解一些机械零件的基

本知识。

1. 零件的分类

零件的分类包括以下内容。

（1）典型零件

在机械工程中，比较典型的零件有以下 4 类。

➡ 轴类零件：它的主要作用就是支撑传动件，并通过传动件（如齿轮、带轮等）来实现旋转运动或者传递扭矩运动，如图 18-27 所示。

图 18-27

➡ 盘类零件：这一类零件主要包括各种手轮、带轮、法兰盘及圆形端盖等，如图 18-28 所示。

图 18-28

➡ 叉杆类零件：这一类零件主要包括拨叉、连杆及拉杆等，一般用于机器变速系统、操作系统等机构，用来完成一定的动作，如图 18-29 所示。

图 18-29

→ 箱体类零件：它是组成机器及其部件的主要零件，一
　般形状比较复杂，如图 18-30 所示。

图 18-30

（2）连接件和常用件

　　在各种机器和仪器上，经常会用到一些连接件和常
用件，如弹簧、齿轮、齿条、滚动轴承、螺母、键、销
等，齿轮和弹簧如图 18-31 所示。这些零件的使用量很
大，它们的结构和尺寸都已部分或者全部标准化，以便
于制造和使用。

图 18-31

　　机械零件很多，也比较复杂，上面所述仅仅是比较
常用的一些。

2. 机械零件形状的表现方法

　　表现零件的方法有很多种，如可以用零件图来表
示，或者用轴测图来表示，或者用剖视图来表示等。选
择什么样的表现方法，要根据零件的特点、实际的需求
来确定。

→ 通过视图进行表现：如果要准确地表达机械零件的
　外部形状和位置，建议通过视图进行表达，如图
　18-32 所示。如果 AutoCAD 提供的 6 个基本视图仍
　然不足以表达机械零件的形状，还可以采用斜视图、
　局部视图、旋转视图等进行补充。

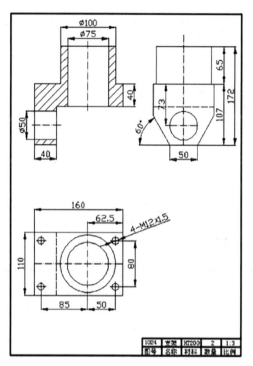

图 18-32

→ 通过剖视进行表现：如果机械零件的内部形状比较复
　杂，且通过视图表现比较混乱时，建议采用剖视进
　行表现。用一个剖切面，通过机械零件的对称中心
　把零件剖开，这样就可以观察到零件的内部结构了，
　如图 18-33 所示。

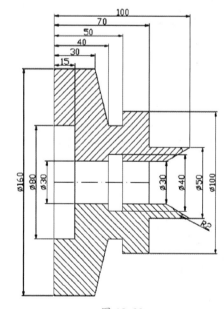

图 18-33

> **技术看板**
>
> 　　在视图中，如果机械零件的内部有孔，则必须用虚线表示出来；如果机械零件的内部形状比较复杂，则视图上就会出现很多虚线，显得很混乱，不便于识图，因此产生了剖视的概念。

➥ **通过剖面进行表现**：如果想要表达机械零件某一局部的断面形状，如机械零件上的肋、轮辐、轴上的键槽和孔等，建议采用剖面进行表现，如图 18-34 所示。

求等其他信息，识图者可以通过零件图了解很多相关零件的信息。简单来说，零件图是多种视图组合而成的。

➥ **通过轴测图进行表现**：如果想要直观地表达某个机械零件，让识图者容易看懂，建议采用轴测图来表达机械零件，尽管这种方法常常不能反映物体的真实形状和真实角度，但是轴测图富有立体感，一看就能明白图纸要表达的是什么，如图 18-35 所示。由于轴测图本身的局限性，因此它一般仅作为辅助图形。

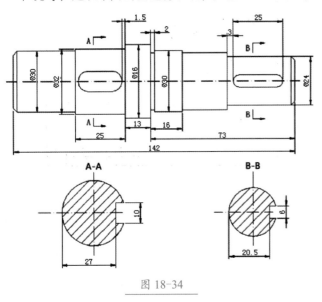

图 18-34

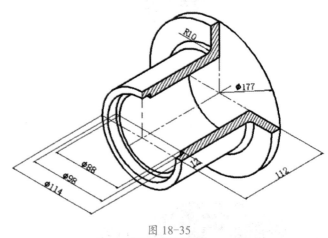

图 18-35

> **技术看板**
>
> 　　零件图是机械制图中最常见的图纸。其实，零件图就是通过一组视图（包括视图、剖视图、剖面图等）来把零件各部分形状表达清楚，而且还有诸如尺寸标注、技术要

> **技术看板**
>
> 　　装配图是表示机械部件或机器的图样，不是表达机械零件的图示方法。其配图主要用来表示机械部件或机器的工作原理、零件之间的装配关系和相互位置，以及装配、检验、安装时所需要的尺寸数据和技术要求的技术文件。简单地说，装配图表示的是一个机器，而不是某个单独的零件。

18.4　绘制园林景观设计图纸

　　景观施工图是景观设计到景观施工的桥梁，是完美体现设计者设计思路的工具，是施工的凭证，是想法在现实中的完美体现。按国家制定的行业标准进行设计，能完整提供园林景观施工所需要的全部图纸及所应达到的可供施工的设计深度，施工图纸一般应包括园建、绿化、水电等方面的图纸。

★重点 18.4.1　园建

　　园建指园林景观建设，园林景观制图包括封面和目录，具体情况根据实际需要，包括以下内容。

1. 设计说明

　　一个园林景观施工图制作完成后，需要配备一些文字说明，即景观施工图设计说明书。主要包括以

下内容。

（1）项目概况

　　工程位置：不同的城市中心、住宅小区、邻郊区域及开发地，有

着不同的地理环境和技术条件要求，尽管如此，城市建设和宅地绿化在其不同的地域变化中也是有统一的技术指标和普遍性做法的。只是在风格形式、经济物质、环境变化上有一些变化，增加其合理的环境因素，变不利为有利。

（2）设计依据

（3）设计内容及范围

景观施工图设计内容包括用地红线以内的屋顶花园、公共住宅绿地、沿地沿街风景异观 3 个部分。在这 3 个部分之中又包含每部分的所有道路、铺装、建筑物、台阶、绿化、小品、人工水景、景观照明、给排水、电气等。

（4）设计技术说明

（5）竖向设计说明

主要解决气候、地形和给排水问题。交通便捷，给排水顺畅是竖向设计的首要问题，竖向必须设计合理。

（6）施工要求

施工图的设计文件要完整，图纸要准确清晰，整个文件要经过严格校审，避免错漏。

（7）图纸编排说明及图纸使用说明

（8）其他需要注意事项

2．总图

总图主要包括以下内容。

（1）总平面图

总图的绘制是以建筑底图为准，彩平方案作为一个参照来进行推敲。在推敲的过程中，一些数据是依据设计规范和方案的意图来确定的，具体位置的确定则是依据甲方提供的底图中已有不变的物体确定，如建筑、消防的登高面、附属

构筑物、红线、市政道路等。

（2）分区索引平面图

①地形太长太窄的图，要分段索引，分段画图。

②索引时要将"索引框"内的东西都"抠"出来。

③即使有标准断面图，也要在索引"圈"中标明"详见某某某"。

（3）分区竖向平面图

①道路标高：交叉点、转弯点、变坡点标高，以及坡度、坡长和坡向；若无道路剖面可表示横断面坡向时，也需标明；须有道路中心线。

②场地（硬地）标高：仅标控制点标高和坡向，不需要标坡度和坡长；若一个广场内有坡度，则要把最高标高和最低标高标一下，再加坡向即可。

③绿地标高：当绿地、场地标高关系与标准详图不一致时才需标示，仅标控制点标高即可；如绿地、场地标高关系与标准详图一致，当坡地放坡有变化时，则需表示坡向、最缓坡度和最陡坡度；大面积造型坡地加等高线，文字角度可与等高线相平。

④挡土墙标高：仅标角点和控制点标高。

⑤水体标高：分"水面 / 水底"标高，在同一标高点上标注。

⑥需标出雨水口和地漏位置，排水沟用双虚线图例表示。

（4）分区尺寸平面图

①尺寸标注与小品界限必须保持距离，以免打印出来后两者混淆。

②尺寸标注的线型建议采用最细的线，出图时容易区分。

③尺寸标注不是越多越好，要标出重要的放样数据。

（5）分区网格平面图

①作为放样依据的平面控制点必须明确标识出，且其位置必须在整个施工过程中较外固定（且无障碍）的点，如固定的构筑物上。

②放样图名称下要标注网格间距（如 5 米 × 5 米,10 米 × 10 米）。

③小广场网格放样图也要有基准点，即使是相对的基准点。

（6）分区铺装平面图

① AutoCAD 填充图案必须与现场施工时的一致，注意规格、表面、角度。

②大面积拼花广场铺装，应有具体规格、尺寸、角度、厚度、表面以及铺装的放样。

（7）分区家具平面图

家具主要包括雕塑、指示牌、花钵、花箱、垃圾箱、成品桌椅等。

3．详图

详图包括以下内容。

（1）铺装详图

①图纸内需体现定位平面、铺装材料。

②图纸详细尺寸标注以毫米为单位，较总图应更为详尽，铺装样式及材料分割线均需要体现。

③铺装尺寸需与材料规格结合考虑，不宜出现小于 1/3 的碎砖，控制在 1/2 最佳。

④直线段硬质铺设要求对缝整齐，缝隙宽度一致，板材之间完成面高差应控制在验收标准范围内，曲线段铺装要求曲线圆滑，采用弧形切割。特殊节点有的需要石材编号拼贴组合。

⑤碎拼铺装按常规要求采用碎角料拼接，效果往往难以把控，宜排版编号切割，杜绝"阴角"石材，

往往能得到更佳效果。

（2）景观详图

①图纸图名建议按照具体构筑物名称另取，如"弧形廊架平面图""观景亭详图"。

②景观详图要与索引总图对应，详图总尺寸（坐标）与总图节点定位尺寸（坐标）要一致。

③有对应的剖面、立面和做法，立面需要反映各看面的贴面样式、材料及尺寸。

④剖面、立面节点及异形材料断面在单体图纸无法表示清楚的，需要增加大样图，曲线异形及LOGO等铭牌还需要增加网格放样。

⑤大样及剖立面详图可采用相对标高，但要标明 ±0.00 的绝对标高值。

⑥在大样平面图中，水底铺装要用铺装线来画，并且保证水池喷头及水底射灯在铺装的中心位置。

⑦构筑物定位以柱中心为轴线，在总图上显示其轴线并标注轴线相交点的绝对坐标。

⑧如果门窗比较多，需要出门窗表，门窗表包括门窗的数量、材料及开关方式等。

⑨一些特殊材料或做法图纸上不能表达清楚的，须在图右下角注明两个问题，一是所有钢结构均为单面或双面贴角满焊，焊缝高不小于 6，焊口除毛刺后挫平，防锈漆两道；二是防腐木作防腐处理，连接方式为榫接，榫接处采用高性能胶粘结。

⑩注意一些配套工程的驻留及美化，如空调机箱、预埋管线等。

（3）通用大样

①硬质广场（分车行和人行）、道路（分主干道、次干道、园路、汀步）、路缘石做法（平地面、高出地面，道牙、降坡）、各种硬质相接的细部做法、伸缩缝处理等。

②绿地收边做法，绿地与道路广场硬质相接做法，绿地与木质平台相接做法、木质平台与硬质相接做法。

③通用树池、种植池、坐凳等做法，局部侧面需要增加细部处理的，还需要增加立面节点详图。

④停车位做法，井盖做法（分为硬质中井盖及绿化中井盖两种）。

⑤栏杆、台阶通用做法（含各种防护栏杆的节点做法）。

⑥水景防水做法（横跨地库边界和落与素土上两种情况）、坡道、挡土墙等。

⑦灯具、标识、家私或小品等非成品设计基座通用做法。

18.4.2 绿化

园林绿化不但满足了现代城市居民向往大自然和返璞归真的愿望，也为人们游憩、锻炼、娱乐、社交活动提供了良好的场所。绿色环境可以给人一种安宁祥和的感觉，有益人类的身心健康，因此，在城市规划中要重视城市园林绿化的规划。

1. 设计说明

园林绿化的设计说明主要包括以下内容。

①选用苗木的要求（品种、养护措施）。

②栽植地区客土层的处理，客土或栽植土的土质要求。

③施肥要求。

④苗木供应规格发生变动的处理。

⑤重点地区采用大规格苗木的编号与现场定位的方法。

⑥非植树季节的施工要求。

2. 苗木统计表

对区域内绿化苗木的统计，包括以下内容。

①种类或品种。

②规格、胸径以厘米为单位，写到小数点后一位。

③冠径、高度以米为单位，写到小数点后一位。

④观花类标明花色。

⑤苗木数量。

3. 乔木布置平面图

将所有植物图层中除了乔木之外的其他植物图层关闭，对乔木的名称、数量等进行标注。

4. 花、灌木布置平面图

将所有植物图层中除了花、灌木之外的其他植物图层关闭，对花和灌木的名称、数量、面积等进行标注（太过拥挤时，将地被植物单独做一张平面图）。

18.4.3 水电

水电设计图纸主要包括以下内容。

1. 电气说明

讲述电气设计原则及其实施质量要求。

2. 电气布置平面图

包括灯具布置、灯具种类、灯具规格和数量，交代灯具、控制箱等电气设施的布置位置及回路连接方式，加上文字说明。

3. 给排水设计说明

讲述给排水设计原则及其实施质量要求。

4. 给水布置平面图

景观给水一般分为两种，即景观用水和灌溉用水。标出用水点、水管线路、取水点、管径用水、管底标高、坡度等。

5. 排水布置平面图

景观排水一般分为两种，即雨水和污水。在雨水聚集点布置好雨水篦子、收集池等设施，标出管径大小、管底标高、坡度等。

绘制施工图是个再设计的过程，我们在绘制施工图的过程中要把握细节，在平时的学习中也需要多积累。

18.5　绘制电气设计图纸

电气图形符号、文字符号国家均有标准，但由于行业不同，在绘制电路图时很难严格按标准要求的细则来绘制，这就导致不同行业、不同公司的电气工程师绘制的图纸差别很大，很难统一；要想使电气设计图纸具有较好的通读性、适用性，就要尽量标准化电气设计图纸。

18.5.1　电气制图的概念

电气控制线路图是工程技术的通用语言，它由各种电器元件的图形、文字符号要素组成。

1. 电气图定义

电气图是用来阐述电气工作原理，描述电气产品的构造和功能，并提供产品安装和使用方法的一种简图，主要以图形符号、线框或简化外表来表示电气设备或系统中各有关部分的连接方式。

2. 电气制图标准

电气制图及电气图形符号国家标准主要包括电气制图、电气简图用图形符号、电气设备用图形符号、主要的相关国家标准，以及《电气制图国家标准》GB/T6988、《电气简图用图形符号》GB/T4728、《电气设备用图形符号》GB /T 5465.1-2009。

其中，电气设备用图形符号是指用在电气设备上或与其相关的部位上、用以说明该设备或该部位的用处和作用的标志。

3. 配电柜 / 箱制图相关要求

首先要了解设计院蓝图配电柜 / 箱号的基本命名方式，如表 18-15 所示。

表 18-15　电气箱柜名称

名称	编号	名称	编号
高压开关柜	AH	计量箱柜	AW
高压计量柜	AM	励磁箱柜	AE
高压配电柜	AA	低压漏电断路器箱柜	ARC
高压电容柜	AJ	双电源自动切换箱柜	AT
低压电力配电箱柜	AP	多种电源配电箱柜	AM
低压照明配电箱柜	AL	刀开关箱柜	AK
应急电力配电箱柜	APE	电源插座箱	AX
应急照明配电箱柜	ALE	建筑自动化控制器箱	ABC
低压负荷开关箱柜	AF	火灾报警控制器箱	AFC
低压电容补偿柜	ACC/ACP	设备监控器箱	ABC
直流配电箱柜	AD	住户配线箱	ADD
操作信号箱柜	AS	信号放大器箱	ATF
控制屏台箱柜	AC	分配器箱	AVP
继电保护箱柜	AR	接线端子箱	AXT

18.5.2　电气工程图的种类

电气工程图用来阐述电气工程的构成和功能，描述电气装置的工作原理，提供安装和维护信息。

1. 制图内容

一份完整的电气工程图应主要包括以下内容。

（1）图纸总目录

（2）技术说明

（3）电气设备平面布置图（供电组合，拼柜）

（4）电气系统图

（5）电气原理图

①电气控制柜（箱）外形尺寸图。

②电气原理图。

③电气元件面板图。

④接线端子排图。

⑤设备接线图（或接线电缆表）。

⑥电气元件清单（单台明细表）。

（6）电气设备使用说明书

2. 图册内容

（1）目录与前言

①目录：便于检索图纸，由序号、图纸名称、编号、张数等构成。

②前言：包括设计说明、图例、设备材料明细表、工程经费概算等。

（2）电气平面图

电气平面图表示电气工程中电气设备、装置和线路的平面布置，一般在建筑平面图中绘制出来。根据用途不同，电气平面图可分为供电线路平面图、变电所平面图、动力平面图、照明平面图、弱电系统平面图、防雷与接地平面图等。

（3）电气系统图和框图

电气系统图用于表示整个工程或该工程中某一项目的供电方式和电能输送关系，也可表示某一装置各主要组成部分的关系。

（4）布置图

布置图主要表示各种电气设备和装置的布置形式、安装方式及位置之间的尺寸关系，通常由平面图、立面图、断面图、剖面图等组成。这种图按三视图原理绘制，与一般的机械图没有大的区别。

（5）电路图

电路图主要表示系统或装置的电气工作原理，又称为电气原理图。绘制原则为从上到下、从左到右。

（6）大样图

大样图表示电气工程中某一部件、构件的结构，用于指导加工和安装。部分大样图为国家标准图。

（7）接线图

接线图主要用于表示电气装置内部各元件之间及其与外部其他装置之间的连接关系，便于制作、安装和维修人员接线、检查。

（8）产品使用说明书用电气图

厂家在产品说明书中附上电气工程图，供用户了解产品的组成和工作过程注意事项，以便正确使用、维护和检修产品。

（9）其他电气图

在一些较复杂的电气工程中，为了补充和详细说明某一局部工程，还需要使用一些特殊的电气图，如功能图、逻辑图、印制板电路图、曲线图、表格等。

（10）设备元件和材料表

把某一电气工程所需要的主要设备、元件、材料和有关的数据列成表格，包括其名称、符号、型号、规格、数量等。这种表格主要用于说明图上符号所对应的元件名称、作用、功能和有关数据等，要与图联系起来阅读。

18.5.3　电气工程图的特点

1. 清楚

用图形符号、连线或简化外形来表示系统或设备中各组成部分之间的相互关系及其连接关系。

2. 简洁

用电气元件或设备的图形符号、文字符号和连线表示，没有必要画出电气元件的外形结构。

3. 独特性

表示成套装置或设备中各元件之间的电气连接关系。

4. 布局合理

电气图的布局依据图所表达的内容而定。电路图、系统图是按功能布局，只考虑方便看出元件之间的功能关系，而不考虑元件实际位置，要突出设备的工作原理和操作过程，按照元器件动作顺序和功能作用，从上到下、从左到右布局。对于接线图、平面布置图，则要考虑元器件的实际位置，所以应按位置布局。

5. 多样性

在某一个电气系统或电气装置中，各种元件、设备、装置之间，从不同角度、不同侧面去考察，存在不同的关系，构成下面4种物理流。

（1）能量流 —— 电能的流向和传递

（2）信息流 —— 信号的流向、传递和反馈

（3）逻辑流 —— 表征相互间逻辑关系

（4）功能流 —— 表征相互间功能关系

物理流有的是实际存在的或有形的，如能量流、信息流等；有的则是概念化或抽象的，如逻辑流、功能流等。

在电气设计中，根据需要，会以不同的物理流，用合适的形式来描述电气功能。

★重点 18.5.4 电气工程图设计规范

1. 图纸格式

一张完整的图纸由边框线、图框线、标题栏、会签栏等组成。

➜ 标题栏：用来确定图纸的名称、图号、张次、更改和有关人员签名等内容，位于图纸的下方或右下方，也可放在其他位置。图纸的说明、符号均应以标题栏的文字方向为准。我国没有统一规定标题栏的格式，但通常标题栏要包含设计单位、工程名称、项目名称、图名、图别、图号等。

➜ 会签栏：留给相关的水、暖、建筑、工艺等专业设计人员会审图纸时签名用。

2. 图幅尺寸

图幅尺寸选择：要满足电气图的规模与复杂程度要求，能够清晰地反映电气图的细节，整套图纸的幅面尽量保持一致，便于装订和管理。

图框线：根据图纸是否需要装订及图纸幅面的大小确定。

3. 图幅分区

对各种幅面的图纸进行分区，以表示电气图中各个组成部分在图上的位置，便于直观了解绘图的范围及确定相互之间的关系。

4. 图线

国家标准规定 8 种基本图线，即粗实线、细实线、波浪线、双折线、虚线、细点划线、粗点划线、双点划线，并分别用代号 A、B、C、D、F、G、J、K 表示。

5. 字体

汉字采用长仿宋体，字母、数字可用直体、斜体，字体号数（字体高度，单位为毫米）分为 20，14，10，7，5，3.5，2.5。字体宽度约等于字体高度的 2/3，而数字和字母的笔画宽度约为字体高度的 1/10。因汉字笔画较多，不宜用 2.5 号字。

6. 箭头和指引线

电气图中箭头有两种形式：开口箭头表示电气连接上能量或信号的流向；实心箭头表示力、运动、可变性方向，如图 18-36 所示。

开口箭头　　　实心箭头

图 18-36

指引线用于指示注释的对象，其末端指向被注释处，并在其末端加注以下标记：若指在轮廓线内，用一黑点表示；若指在轮廓线上，用一箭头表示；若指在电气线上，用一短线表示，如图 18-37 所示。

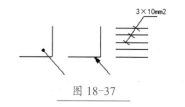

图 18-37

7. 图框

图框用于集中表示功能单元、结构单元或项目组，通常用点划线框表示。

图框的形状可以是不规则的，但不能与元件符号相交。

8. 比例

图上所画图形符号的大小与物体实际大小的比值称为比例。电气线路图一般不按比例绘制，但位置平面图按比例或部分按比例绘制。

9. 尺寸标注

电气图标注的尺寸是电气工程施工和构件加工的重要依据。图纸上的尺寸单位通常为毫米，除特殊情况外，图上一般不另外标注单位。

10. 注释

在图形符号表达不清楚的地方或不便表达的地方可以加上注释。注释有两种，一种是直接放在所要说明的对象附近，另一种是加标记，将注释放在另外的位置或另一页。

11. 详图

详图实质上是用图形来进行注释，相当于机械制图的剖面图，即将电气装置中某些零件、连接点等结构和安装工艺等放大并详细表达出来。

本章小结

本章主要讲解了 AutoCAD 制图规范的相关内容，这些都是制图必备知识，是绘制图形的前提，一定要牢牢掌握。

在机械制图部分，本章介绍了一些机械零件的绘制过程，除了让大家了解机械方面的一些知识外，也是对前面知识的综合运用。当然，机械中的零件远远不止本章所讲述的这些，本章只是列举了一部分，供大家参考和学习。

在建筑制图部分，本章对建筑设计图的规定和标准及几种不同类型的图纸的绘制方法进行了详细讲解。在实际的建筑制图工作中，具体的绘制方法必须根据具体的情况来决定。

第19章 实战：室内设计

➥ 家装设计包括哪些内容？
➥ 公装设计包括哪些内容？

室内设计是指为满足人们使用功能及视觉感受的要求，对建筑物内部空间进行加工、改造的过程。室内设计可分为居家和公共建筑空间两大类别，本章将讲解二者的区别和共同点。

19.1 家装设计

实例门类	二维图形绘制 + 标注注释

对建筑内部空间所进行的设计装饰称为室内设计。室内设计是根据建筑物的使用性质、所处环境和相应标准，运用技术手段和建筑设计原理，创造功能合理、舒适优美、满足人们生活需要的室内环境。室内设计是从建筑设计中的装饰部分演变而来，是对建筑物内部环境的再创造，可分为家装设计和公共建筑空间设计两大类别，本节将介绍如何绘制室内家装设计图，完成后的效果如图19-1所示。

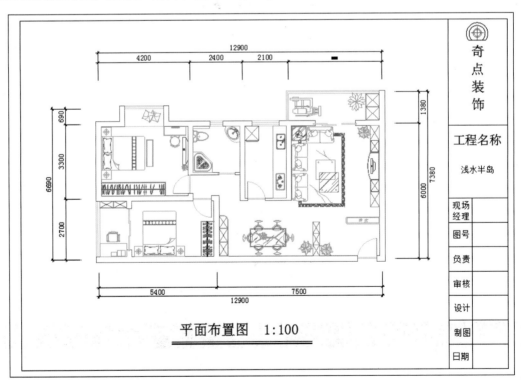

图 19-1

19.1.1 绘制原始户型图

原始户型图是室内家装设计的基础。本例主要是根据所得到的户型图或根据现场丈量尺寸绘制出原始平面图，并标注尺寸，配置图框等内容，具体操作方法如下。

Step 01 在 AutoCAD 2021 中设置图形的单位为【毫米】；输入【图层特性管理器】命令 LA，按【空格】键确定；单击【新建】按钮新建图层，创建轴线、墙线、门窗线、家具线、灰线、辅助线、电器和标注线等图层，然后将轴线图层设置为当前图层，如图 19-2 所示。

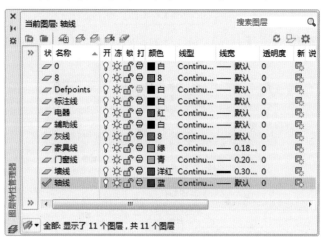

图 19-2

Step 02 关闭【图层特性管理器】对话框，按【F8】键打开【正交】模式；使用【构造线】命令 XL 绘制一条水平线，使用【偏移】命令 O 将线段向上依次偏移 2700、1080、2220、810、630，效果如图 19-3 所示。

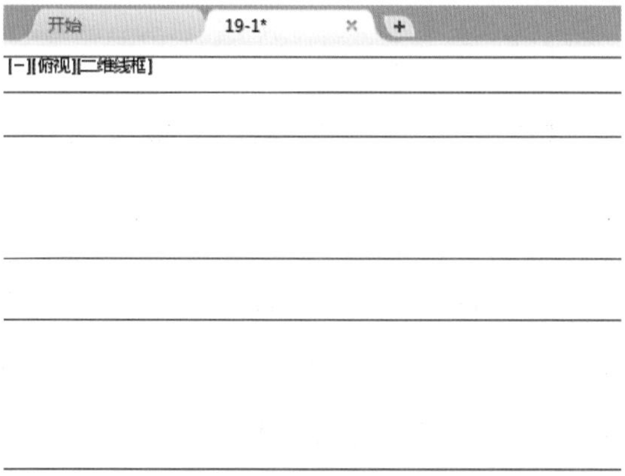

图 19-3

Step 03 绘制一条垂直线，使用【偏移】命令 O 将垂直线段从左向右依次偏移 1380、2820、1190、1210、2100、

4200，效果如图 19-4 所示。

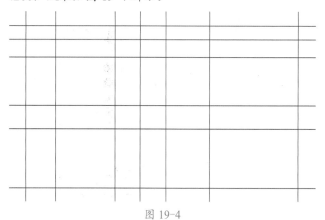

图 19-4

Step 04 锁定【轴线】图层，选择【墙线】图层为当前图层，输入【多段线】命令 PL，按【空格】键确定；沿轴线绘制墙线的中线，如图 19-5 所示。

图 19-5

Step 05 使用【偏移】命令 O 将多段线向内向外各偏移 120，如图 19-6 所示。

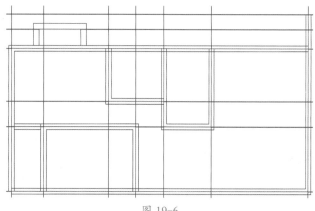

图 19-6

Step⑥ 关闭【轴线】图层，如图 19-7 所示。

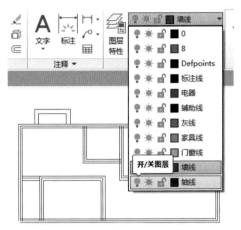

图 19-7

Step⑦ 删除墙线中间的中线多段线，效果如图 19-8 所示。

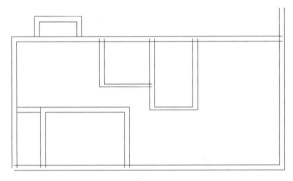

图 19-8

Step⑧ 使用【修剪】命令 TR，依次修剪出门和窗的位置，使用【直线】命令 L 绘制直线封闭墙体，效果如图 19-9 所示。

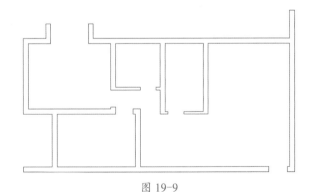

图 19-9

Step⑨ 设置【门窗线】为当前图层，分别使用【矩形】命令 REC，【直线】命令 L，【圆弧】命令 A 绘制各门窗线，使用【移动】命令 M 将各门窗移动到相应的位置，效果如图 19-10 所示。

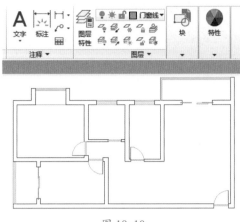

图 19-10

Step⑩ 设置【标注线】为当前图层，使用【多行文字】命令 T，创建各房间名称，如图 19-11 所示。

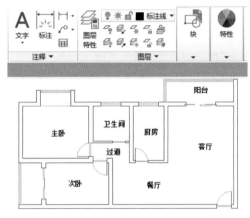

图 19-11

Step⑪ 使用【线性】尺寸标注命令 DLI，【连续】标注命令 DCO，创建户型图的尺寸标注；使用【多段线】命令 PL 和【文字】命令 T 创建户型图名称，最终效果如图 19-12 所示。

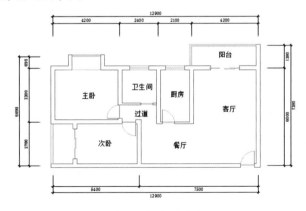

原始平面图 1:100

图 19-12

19.1.2　绘制平面设计图

本实例首先绘制平面户型图；然后打开素材文件和图库，从图库中选择对象添加到当前文件中，做适当修改后移动到相应的位置；接着给整个室内布置相应的软装饰和绿化植物；最后根据平面布置图绘制立面图，完成整体制作。

Step01 打开"素材文件\第 19 章\19-1-2.dwg"，如图19-13 所示。

原始平面图　1:100

图 19-13

Step02 复制对象，并将标注及文字删除，效果如图19-14 所示。

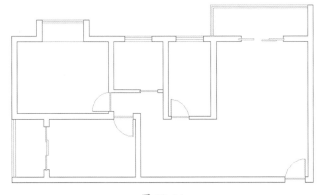

图 19-14

Step03 打开"素材文件\第 19 章\图库 .dwg"，选择其中的沙发图案，按快捷键【Ctrl+C】复制所选对象，按转换文档的快捷键【Ctrl+Tab】，从"图库 .dwg"转换到"19-1-2.dwg"。在空白处单击将对象粘贴到当前文件中，如图 19-15 所示。

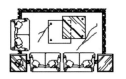

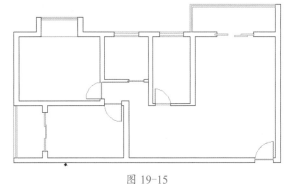

图 19-15

Step04 将对象旋转后使用【移动】命令 M 将对象移动到适当位置，如图 19-16 所示。

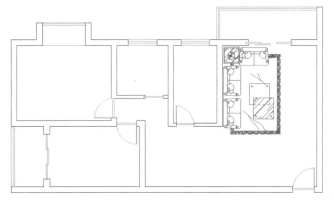

图 19-16

Step05 从"图库 .dwg"中选择电视柜复制到当前文件中，修改尺寸后放置到适当位置，然后绘制鞋柜及矮柜，如图 19-17 所示。

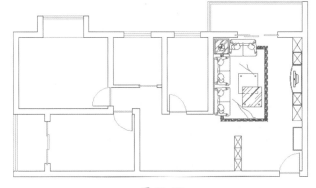

图 19-17

Step 06 从"图库 .dwg"中选择餐桌复制到当前文件中，修改尺寸后放置到适当位置，然后绘制酒柜，如图 19-18 所示。

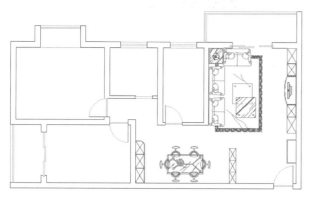

图 19-18

技能拓展——实现客厅餐厅分区

在本实例中，客厅和餐厅没有明确的分区，而且两个厅的面积都很大，尤其是餐厅，因为太过狭长，所以需要加上适当的隔断。使用隔断不仅能将客厅和餐厅各自的功能发挥出来，而且能弥补餐厅过长的缺点，在视觉上显得更加美观；另外在此处添加隔断，隔断下部可以做成鞋柜，隔断上部可以做成博古架，增加了其功用性。

Step 07 使用【多段线】命令 PL，绘制宽为 600 的橱柜，从"图库 .dwg"中选择水槽、煤气炉、冰箱复制到当前文件中，修改尺寸后放置到适当位置，效果如图 19-19 所示。

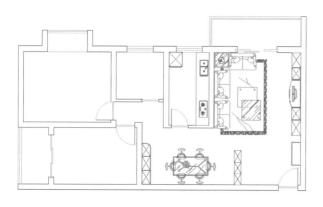

图 19-19

Step 08 从"图库 .dwg"中选择洗手盆、坐便器、淋浴房复制到当前文件中，修改尺寸改后放置到适当位置，如图 19-20 所示。

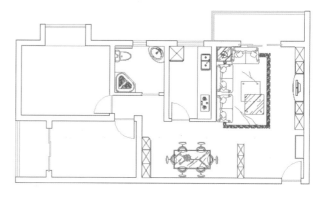

图 19-20

技术看板

布置卫生间的卫浴洁具时，要注意必须使物品和墙相交的面紧贴墙壁，避免后期出现漏水现象。

卫生间里物品的布置必须严格按照人体工程学中的人体尺寸和人体运动尺寸中最舒适的尺寸来布置。

Step 09 从"图库 .dwg"中选择床复制到当前文件中，修改尺寸后放置到适当位置，如图 19-21 所示。

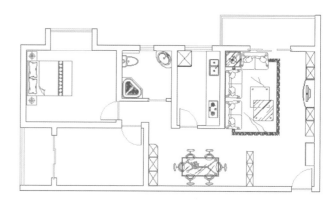

图 19-21

Step 10 使用【多线段】命令 PL 在主卧绘制宽为 600 的衣柜，所有柜板厚度都为 20；然后从"图库 .dwg"中选择衣架复制到当前文件中，修改尺寸后放置到适当位置，如图 19-22 所示。

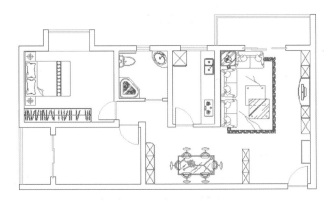

图 19-22

技术看板

在布置主卧家具时，所有可以移动的家具都不要紧靠墙壁，其一是因为当家具在摆放时，因为各种限制，不会紧靠墙壁，若在布置平面图时将家具紧靠墙壁，就会出现尺寸偏差；其二是在简装的室内，很多墙壁都是只使用乳胶漆而没有使用其他保护墙的物品，紧靠墙壁会对墙壁造成损坏。

Step⑪ 从"图库.dwg"中选择梳妆柜、电视复制到当前文件中，修改尺寸后放置到适当位置，如图 19-23 所示。

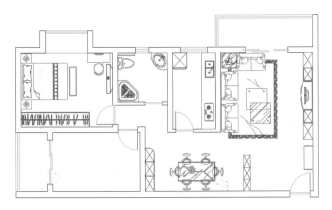

图 19-23

Step⑫ 在主卧中将床和衣柜复制到次卧，调整角度和尺寸后放置到适当位置，如图 19-24 所示。

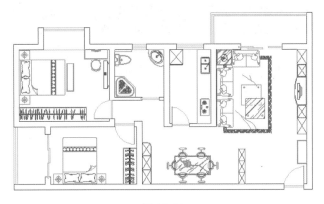

图 19-24

Step⑬ 次卧中阳台在室内，而且面积比较大，所以可以利用起来设计成书房。绘制书桌、书，在后方可以绘制一个书柜，如图 19-25 所示。

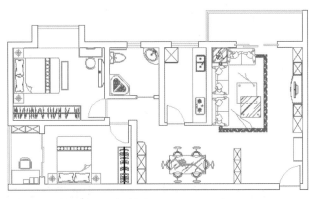

图 19-25

Step⑭ 当平面布置图绘制完成后，可以放置适当的装饰品及一些健身器材，从"图库.dwg"中选择抱枕、健身器材，修改尺寸后放置到适当位置，在阳台上绘制一个储物柜，如图 19-26 所示。

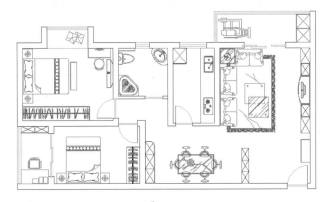

图 19-26

软装饰是指装修后，利用易更换、易变动位置的饰物与家具，如窗帘、沙发套、靠垫、工艺台布及装饰工艺品等，对室内进行陈设与布置。软装饰可以根据居室空间的大小和形状及主人的生活习惯、兴趣爱好和经济情况，从整体上综合策划装饰装修设计方案，体现出主人的个性品位，不必花很多钱重新装修或更换家具，就能呈现出不同的面貌。

Step⑮ 从"图库.dwg"中选择植物添加到当前文件中，修改尺寸后放置到适当位置；删除矮柜，绘制鱼缸，如图 19-27 所示。

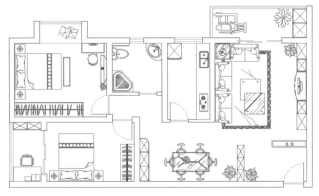

图 19-27

此处将进门的矮柜改为正对门摆放的鱼缸，可以和左侧的博古架形成一个门厅的效果。

室内绿化的布置在不同的场所，有不同的要求，应根据不同的任务、目的和作用，采取不同的布置方式。根据空间位置的不同，绿化的作用和地位也随之变化，可分为处于重要地位的中心位置（如大厅中央）、处于较为主要的关键部位（如出入口处）、处于一般的边角地带（如墙边角隅）。在设计时应根据不同部位，选好相应的植物品色。

Step⑯ 使用【线性】尺寸标注命令 DLI 和【连续】标注命令 DCO，创建户型图的尺寸标注；使用【多段线】命令 PL 和【文字】命令 T，创建户型图名称，给平面图添加标注，最终效果如图 19-28 所示。

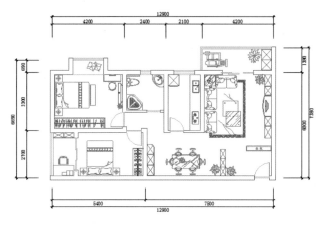

平面布置图　1:100

图 19-28

★重点 19.1.3　绘制地面铺装图

地面铺装图是指材料的铺装示意图，如地板、地砖等材质的拼接和排列。本小节主要讲解绘制地面铺装图的方法。客厅、餐厅和卧室安装木地板，厨房、卫生间和阳台铺贴 300×300 的地砖，飘窗填充大理石。具体绘图方法如下。

Step① 打开"素材文件 \ 第 19 章 \19-1-3.dwg"，执行【填充】命令 H，选择填充图案 DOLMIT，如图 19-29 所示。

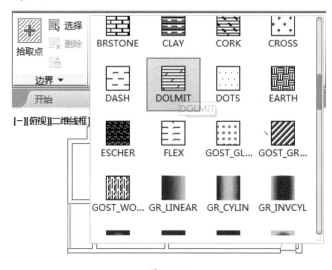

图 19-29

Step② 单击【拾取点】按钮，单击拾取卧室区域为填充区域，如图 19-30 所示。

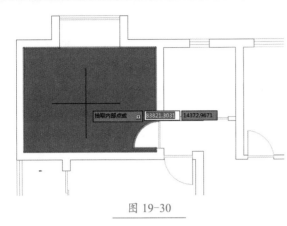

图 19-30

Step③ 选择填充图案 DOLMIT，依次单击拾取其他卧室和客厅区域进行填充，选择已填充区域，设置角度为 90，比例为 24，效果如图 19-31 所示。

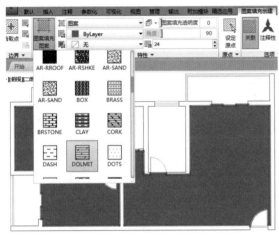

图 19-31

Step④ 确认填充，设置完成后效果如图 19-32 所示。

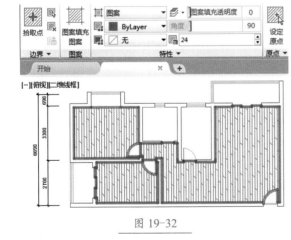

图 19-32

Step⑤ 选择填充图案 NET，依次单击拾取厨房、卫生间和阳台区域进行填充，效果如图 19-33 所示。

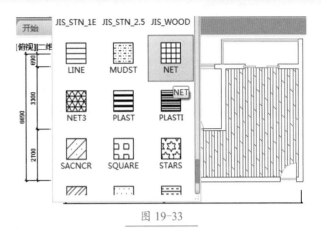

图 19-33

Step⑥ 选择已填充区域，设置角度为 45，比例为 128，效果如图 19-34 所示。

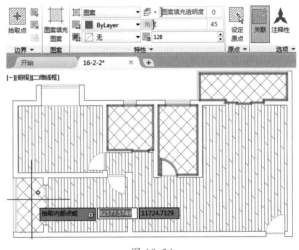

图 19-34

Step⑦ 选择填充图案 AR-SAND，设置角度为 45，比例为 3，单击选择飘窗区域进行填充，效果如图 19-35 所示。

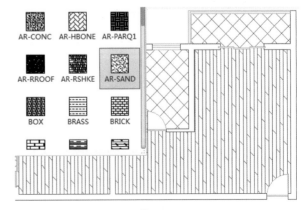

图 19-35

Step 08 使用【线性】尺寸标注命令 DLI 和【连续】标注命令 DCO，创建户型图的尺寸标注；使用【多段线】命令 PL 和【文字】命令 T，创建户型图名称，最终效果如图 19-36 所示。

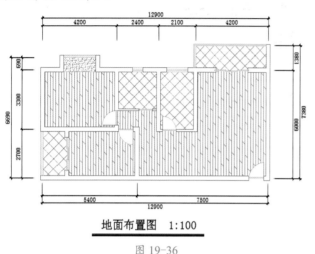

地面布置图　1:100

图 19-36

★重点 19.1.4　绘制顶面布置图

本小节讲解绘制顶面布置图的方法，顶面布置图主要是将各个功能区，如客厅餐厅、卧室书房、厨房卫生间等顶面的吊顶及灯具布置绘制出来。要注意根据每个房间的功能及实际情况绘制吊顶，再根据吊顶的情况配置灯具。

Step 01 打开"素材文件＼第 19 章＼19-1-4.dwg"，选择【电器】图层，如图 19-37 所示。

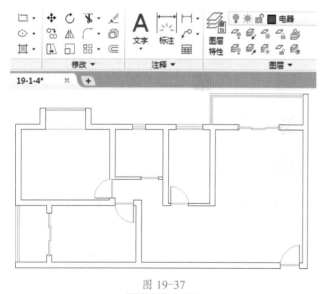

图 19-37

Step 02 绘制浴霸，使用【移动】命令 M 将其移动到适当位置，如图 19-38 所示。

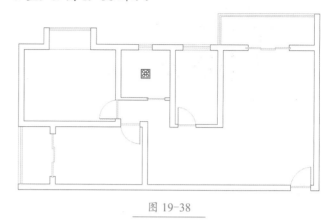

图 19-38

Step 03 依次绘制厨房的灯、客厅的灯、餐厅的灯，并将其移动到适当位置，如图 19-39 所示。

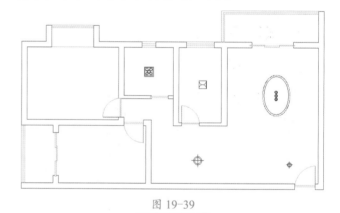

图 19-39

Step 04 依次绘制各卧室的灯，并将其移动到适当位置，如图 19-40 所示。

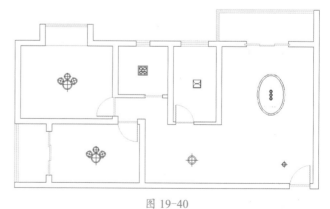

图 19-40

Step 05 依次绘制各过道和阳台的灯，并将其移动到适当位置，如图 19-41 所示。

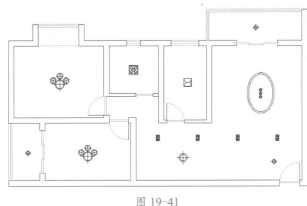

图 19-41

Step 06 绘制边角的灯，效果如图 19-42 所示。

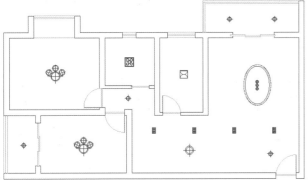

图 19-42

Step 07 使用【多段线】命令 PL，绘制室内各区域的吊顶线，如图 19-43 所示。

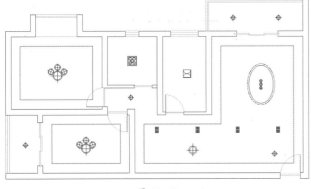

图 19-43

Step 08 使用【偏移】命令 O，将多段线向内侧偏移 100，偏移完成后依次选中这些多段线，如图 19-44 所示。

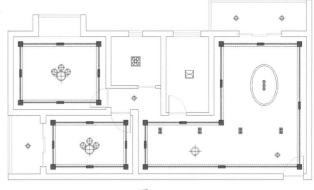

图 19-44

Step 09 打开【线型管理器】对话框，加载线型，单击选中加载的线型，设置【全局比例因子】为 500，单击【确定】按钮，如图 19-45 所示。

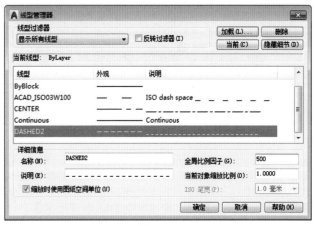

图 19-45

Step 10 此时即可显示设置后的线型效果，如图 19-46 所示。

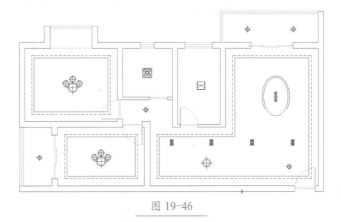

图 19-46

Step 11 创建筒灯并依次复制筒灯，将其布置在客厅和餐厅的相应位置，如图 19-47 所示。

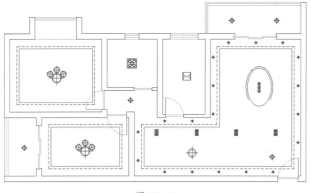

图 19-47

Step 12 复制筒灯，并布置在室内的相应位置，如图 19-48 所示。

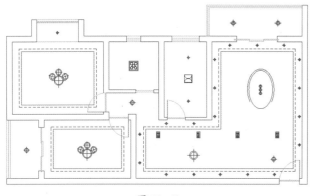

图 19-48

Step 13 使用【线性】尺寸标注命令 DLI 和【连续】标注命令 DCO，创建户型图的尺寸标注；使用【多段线】命令 PL 和【文字】命令 T，创建户型图名称，给平面图添加标注，如图 19-49 所示。

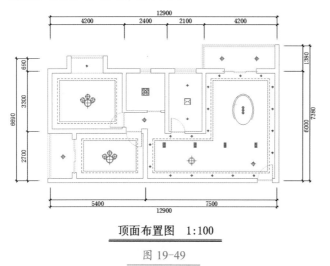

顶面布置图　1:100

图 19-49

Step 14 创建图框，效果如图 19-50 所示。

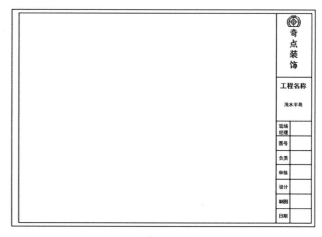

图 19-50

Step 15 给顶面布置图配置图框，最终效果如图 19-51 所示。

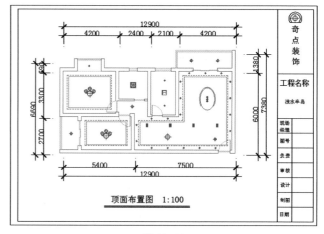

图 19-51

★重点 19.1.5　绘制立面布置图

本小节主要讲解立面布置图的绘制方法。在使用图形表现装修装饰效果时，只用平面图往往不够精确，所以需要将户型中最重要的几个墙面单独划分出来创建立面图，使客户更清晰地了解设计效果，具体操作方法如下。

Step 01 将图层转换到【墙线】图层，复制平面布置图，绘制两条剖切线，将剖切线左侧和上方的多余部分删除，沿墙线和主体物件绘制立面轮廓辅助线，如图 19-52 所示。

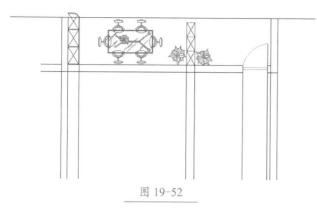

图 19-52

Step02 沿轮廓辅助线创建立面图的轮廓线，使用【修剪】命令 TR 将多余线段修剪掉，效果如图 19-53 所示。

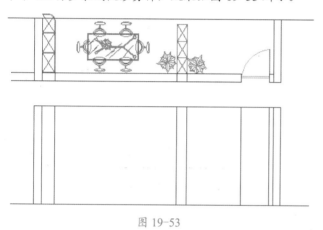

图 19-53

技术看板

绘制立面图时要先确定所绘制物体的尺寸，立面图中门的尺寸高度不低于 2000，不超过 2400，否则有空洞感；一般住宅入户门宽为 900～1000，房间门宽为 800～900，厨房、卫生间门宽为 700～800，这里所用的单位均为毫米。

Step03 将图层转换到【家具线】图层，从"图库.dwg"中选择门添加到当前文件中，修改尺寸后放置到适当位置，如图 19-54 所示。

图 19-54

Step04 使用【直线】命令 L 和【修剪】命令 TR，将柜体侧面轮廓绘制出来，柜体内的隔板厚度为 20，如图 19-55 所示。

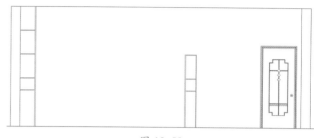

图 19-55

Step05 从"图库.dwg"中选择餐桌和椅子添加到当前文件中，修改尺寸后放置到适当位置，如图 19-56 所示。

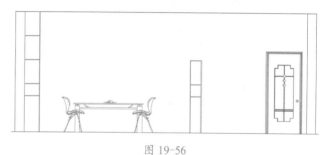

图 19-56

Step06 从"图库.dwg"中选择装饰画添加到当前文件中，修改尺寸后放置到适当位置，如图 19-57 所示。

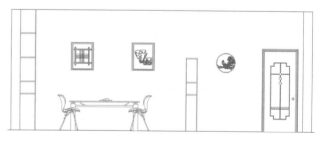

图 19-57

技能拓展——处理画框

此处主要讲解室内两居室的设计方案，因为本套案例风格主要以简约为主，所以墙面全部用乳胶漆，没有造型墙，但是可以通过各种软装达到美化墙面的目的，如使用画框或者私人照片制作造型墙，此处不再——讲解。

Step 07 使用【直线】命令L绘制吊顶及灯带，从"图库.dwg"中选择射灯和餐厅的灯添加到当前文件中，修改尺寸后放置到适当位置，如图19-58所示。

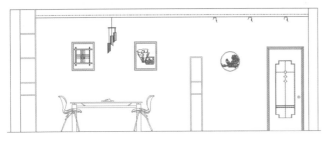

图 19-58

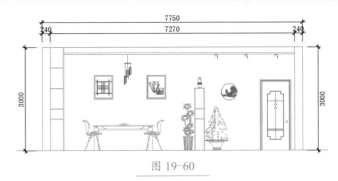

图 19-60

Step 10 给顶面布置图配置图框，最终效果如图19-61所示。

技术看板

在室内家居平面图中，根据平面布置图绘制立面图时，要注意立面图中家具的风格和形状必须和平面图中一致。

Step 08 从"图库.dwg"中选择植物和装饰品添加到当前文件中，修改尺寸后放置到适当位置，如图19-59所示。

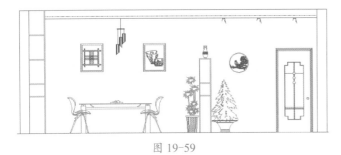

图 19-59

Step 09 给立面图添加相应的标注，效果如图19-60所示。

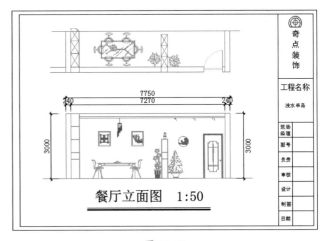

餐厅立面图 1:50

图 19-61

技能拓展——绘制其他立面图

此处餐厅立面图即绘制完成，读者可以根据前面所讲述的方法，绘制其他各方向的立面图；需要绘制立面图的部分包括电视立面墙、沙发立面墙、餐厅立面墙、主卧立面墙、书房立面墙；需要绘制立面图的家具包括衣柜、酒柜、书柜、博古架等。

19.2 公装设计

实例门类 软件功能＋综合应用

公装室内设计是区别于家装的空间组织设计，公装设计包括办公室、卖场、酒店、咖啡屋、酒吧等各种场所的室内外设计。公装室内设计是用个人的观点去接近大众的口味，如酒吧空间应生动、丰富，给人以轻松雅致的感觉。一个理想的酒吧环境需要在空间设计中创造出特定氛围，最大限度地满足人们的心理需求，完成后的效果如图19-62所示。

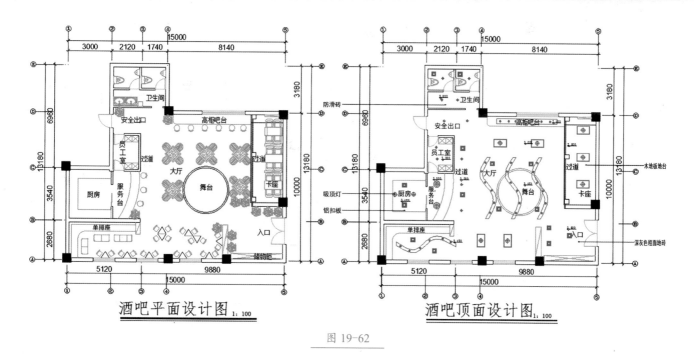

酒吧平面设计图 1:100　　　　酒吧顶面设计图 1:100

图 19-62

19.2.1　酒吧平面设计图

本实例主要讲解酒吧平面设计图的绘制方法。平面图主要用来表达酒吧内部区域的划分。首先打开素材文件，然后创建功能分区，再设计家具摆放位置，最后添加植物，完成平面图的绘制，具体操作方法如下。

Step01 ❶ 打开"素材文件\第 19 章\酒吧原始平面图 .dwg"，复制当前图形，双击图名打开【增强属性编辑器】对话框，❷ 更改图名为【酒吧平面设计图】，❸ 单击【确定】按钮，如图 19-63 所示。

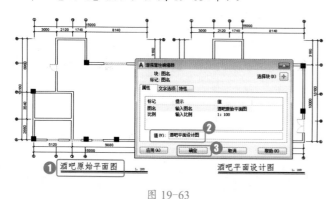

图 19-63

Step02 结合【直线】命令 L、【样条曲线】命令 SPL、【修剪】命令 TR、【偏移】命令 O，将酒吧进行重新分区，如图 19-64 所示。

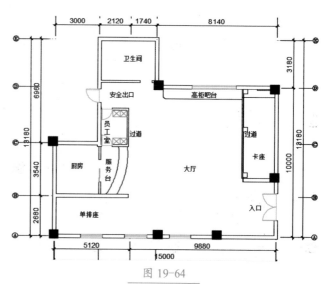

图 19-64

Step03 打开"素材文件\第 19 章\图库 .dwg"，使用【复制】命令 CO 复制桌椅到适当位置；使用【直线】命令 L 绘制储物柜，如图 19-65 所示。

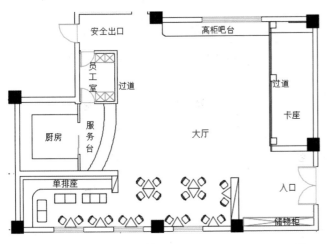

图 19-65

Step04 从"素材文件 \ 第 19 章 \ 图库 .dwg"中复制家具图例并粘贴到当前文件中，布置服务台、卫生间、高柜吧台、大厅的家具，如图 19-66 所示。

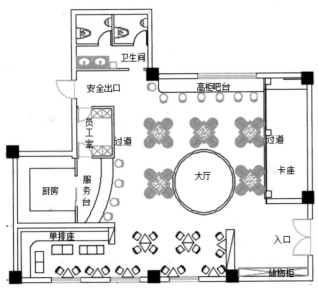

图 19-66

Step05 使用同样的方法绘制卡座，在当前图形中使用【移动】命令 M 使图例摆放得更加合理，如图 19-67 所示。

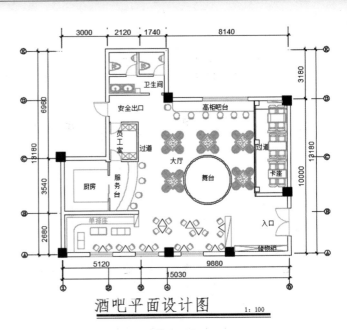

酒吧平面设计图　　　　1：100

图 19-67

Step06 在"素材文件 \ 第 19 章 \ 图库 .dwg"中复制植物并粘贴到当前图形中并重新摆放，如图 19-68 所示。

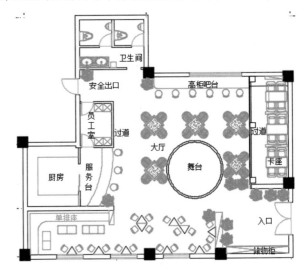

图 19-68

Step07 执行【填充】命令 H，选择填充图案 NET，选择【拾取点】命令，单击拾取卫生间进行填充，如图 19-69 所示。

Step08 选择已填充区域，设置比例为 92，填充效果如图 19-70 所示。

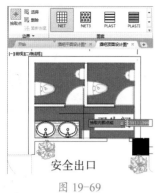
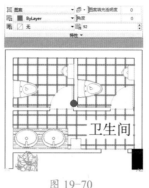

图 19-69　　　　　图 19-70

技术看板

　　在公装的地面设计中，要注意使用的材料一般都是有防水功能的，而且要耐磨并方便清洁，所以一般情况下都使用大尺寸的地砖。

Step09 使用【多段线】命令 PL，沿酒吧大厅绘制填充边缘线，执行【填充】命令 H，选择填充图案 NET，设置角度为 45，比例为 260，选择【选择对象】按钮，单击选择多段线，如图 19-71 所示。

Step11 单击选择中间不需要填充的对象，如图 19-73 所示。

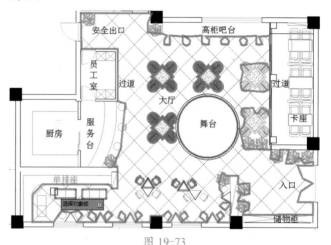

图 19-73

Step12 删除辅助填充的多段线，选择【标注线】图层，使用【尺寸标注】命令给图形添加标注，关闭【轴线】图层，效果如图 19-74 所示。

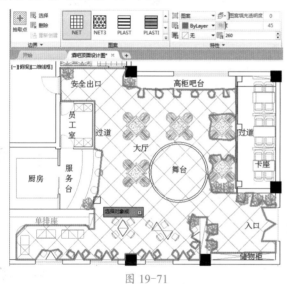

图 19-71

Step10 单击选择中间不需要填充的对象，将其修剪，如图 19-72 所示。

图 19-72

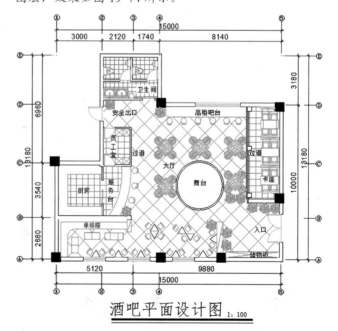

酒吧平面设计图 1:100

图 19-74

19.2.2 酒吧顶面布置图

打开素材文件，从图库素材中选择合适的灯具复制到当前文件中，将各种灯具按不同的组合方式进行排列，完成酒吧顶部的设计，具体操作方法如下。

Step01 打开"素材文件\第19章\酒吧平面设计图.dwg"，复制当前图形；❶双击图名打开【增强属性编辑器】对话框，❷更改图名为【酒吧顶面设计图】，❸单击【确定】按钮，如图19-75所示。

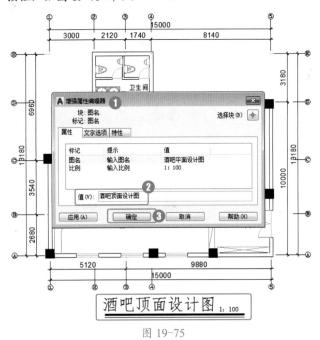

图 19-75

Step02 选择【电器】图层，打开"素材文件\第19章\图库.dwg"，使用【复制】命令CO复制灯具到入口、大厅、单排座区域，如图19-76所示。

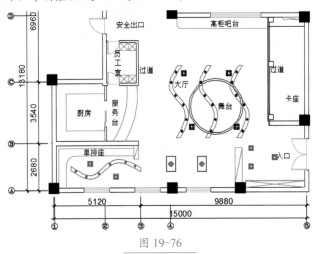

图 19-76

Step03 使用【复制】命令CO复制灯具到服务台、厨房、员工室、过道区域的相应位置，如图19-77所示。

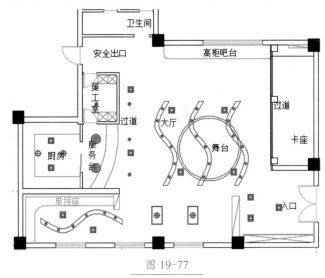

图 19-77

Step04 使用【复制】命令CO复制灯具到卫生间、高柜吧台、卡座区域，如图19-78所示。

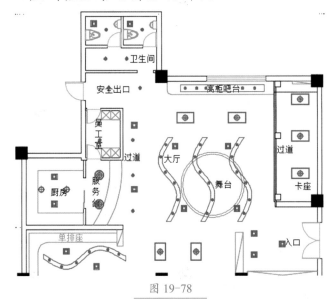

图 19-78

Step05 选择【文字说明】图层，使用【直线】命令L、【单行文字】命令DT创建标高符号，对酒吧内各区域吊顶的高度进行标注，如图19-79所示。

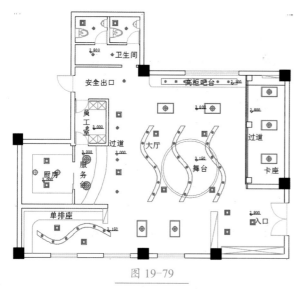

图 19-79

Step 06 选择【标注】图层，使用【尺寸标注】命令创建水平标注，使用【引线】标注命令 LE 创建引线标注，对顶面的材质进行标注，如图 19-80 所示。

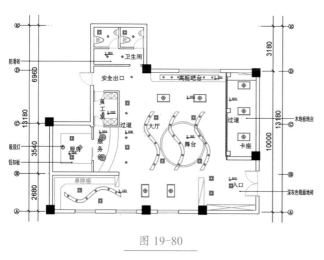

图 19-80

Step 07 使用【尺寸标注】命令创建垂直标注，关闭【轴

线】图层，完成顶面设计图的绘制，最终效果如图 19-81 所示。

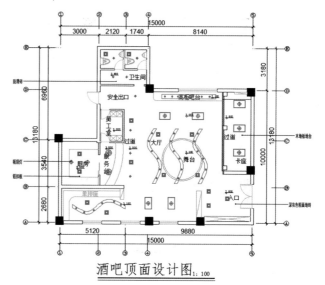

酒吧顶面设计图 1：100

图 19-81

技术看板

在装修过程中，厨房和卫生间一般都采用集成吊顶，最常用的材料为铝扣板吊顶，所以不用再单独绘制吊顶效果。

19.3 专卖店设计

实例门类	软件功能＋综合应用

专卖店是专门经营某一种或某一品牌的商品及提供相应服务的商店，它是满足消费者对某种商品多样性需求及零售要求的商业场所。专卖店可以按销售品种、品牌来分类，其商品品种全、规格齐，挑选余地比较大。这种集形象展示、沟通交流、产品陈列和推广等各种功能于一体的店铺，在商品售卖中发挥着重要的作用。专卖店设计图完成后的效果如图 19-82 所示。

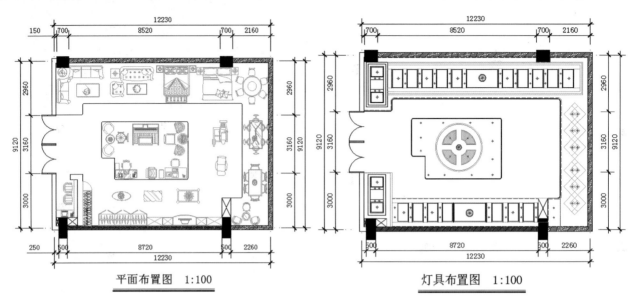

平面布置图 1:100　　　　灯具布置图 1:100

图 19-82

19.3.1 家具店平面设计图

本实例主要讲解家具专卖店的内部设计。首先制作建筑平面图，根据建筑平面图绘制平面设计图；接着制作地面布置图，绘制平面布置图；然后制作顶面布置图和灯具布置图；最后绘制立面图，完成图纸制作。具体操作步骤如下。

Step01 在 AutoCAD 2021 中设置图形的单位为【毫米】；输入【图层特性管理器】命令 LA，按【空格】键确定，打开【图层特性管理器】对话框；单击【新建】按钮，新建图层，如图 19-83 所示。

图 19-83

Step02 创建轴线、墙线、门窗线、家具线、灰线和标注线等图层，将轴线图层设置为当前图层，如图 19-84 所示。

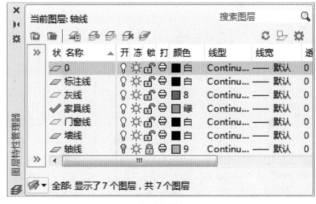

图 19-84

Step03 关闭【图层特性管理器】对话框，按【F8】键打开【正交】模式；使用【构造线】命令 XL 绘制一条水平线段和一条垂直线段，使用【偏移】命令 O 将垂直线段向右依次偏移 500，8720，2760，如图 19-85 所示。

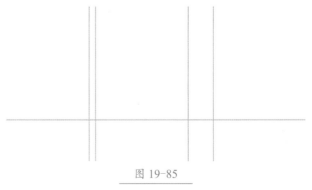

图 19-85

Step04 使用【偏移】命令O将水平线段向上依次偏移3000，3160，2960，如图19-86所示。

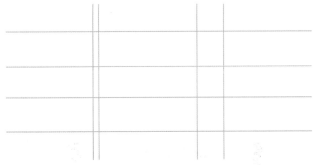

图 19-86

Step05 锁定【轴线】图层，选择【墙线】图层为当前图层，输入【多段线】命令PL，按【空格】键确定；在轴线最外沿交点绘制闭合对象，如图19-87所示。

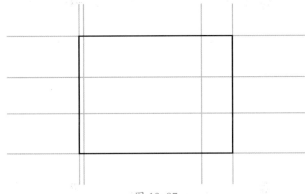

图 19-87

Step06 使用【偏移】命令O将多段线向内向外各偏移120，然后删除中间的多段线，如图19-88所示。

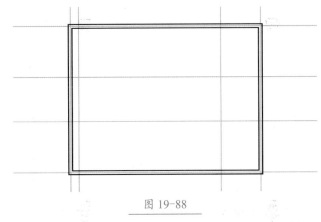

图 19-88

Step07 绘制一个长为700、宽为600的矩形，沿对角绘制一条直线；再绘制一个长为500、宽为1120的矩形，沿对角绘制一条直线，如图19-89所示。

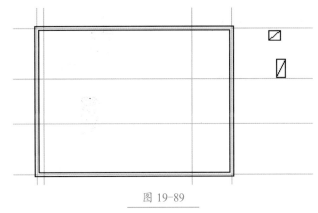

图 19-89

Step08 使用【填充】命令H，将图案SOLID填充到所绘制的矩形中，完成两个柱子的绘制，如图19-90所示。

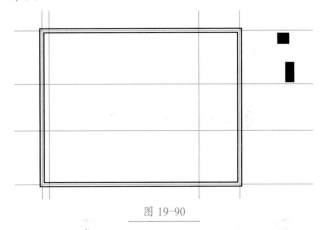

图 19-90

Step09 选择需要组块的柱子，输入创建块命令B，按【空格】键确定打开【块定义】对话框，输入名称"柱1"，单击【拾取点】按钮，如图19-91所示。

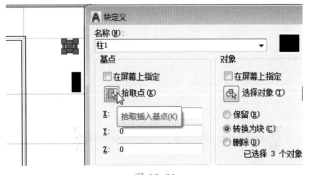

图 19-91

Step10 单击指定对象的中点，单击【确定】按钮，将对象定义为"柱1"；使用同样的方法，将另一个柱子定义为"柱2"，输入【移动】命令M，按【空格】键确定，单击指定块的中点作为移动基点，如图19-92所示。

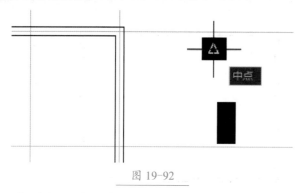

图 19-92

Step⑪ 将柱子移动到指定位置并复制粘贴，效果如图 19-93 所示。

图 19-93

Step⑫ 关闭【轴线】图层，填充墙体；将门口两边的墙体拆除，安装玻璃，效果如图 19-94 所示。

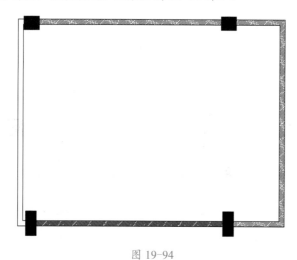

图 19-94

Step⑬ 使用【矩形】命令 REC 和【圆弧】命令 A 绘制门，使用【镜像】命令 MI 将门镜像复制，做成两扇双开门的效果，如图 19-95 所示。

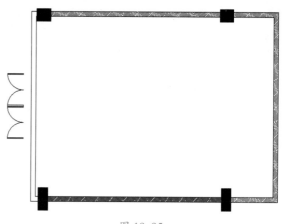

图 19-95

Step⑭ 将门移动至适当位置，使用【修剪】命令 TR 将多余部分修剪掉，如图 19-96 所示。

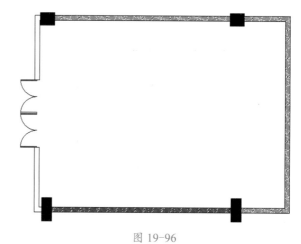

图 19-96

Step⑮ 在平面图中指定收银台位置，如图 19-97 所示。

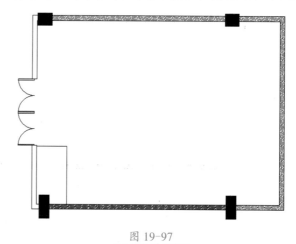

图 19-97

收银台是顾客付款结账的地方，它是顾客在专卖店中购物活动的终点，因此，一般收银台都安排在店面的最里面。当然，也有将收银台安排在出口处，这样，顾客充分选购商品后，在出口付款结账。

Step 16 使用【多段线】命令 PL 绘制物品展区外轮廓，如图 19-98 所示。

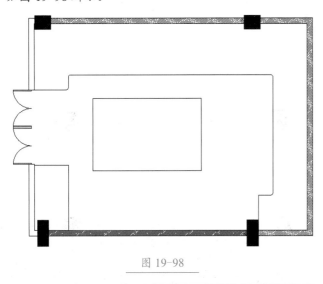

图 19-98

在指定物品展区轮廓的操作中，要注意每一个主通道都必须预留最少 1000 的距离，方便通行。

Step 17 使用【直线】命令 L 和【修剪】命令 TR 调整中央展区的形状，留出通道，如图 19-99 所示。

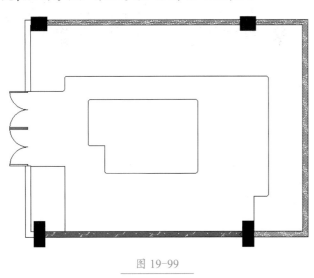

图 19-99

通道是指顾客和销售人员在专卖店中通行的空间，合理的通道规划是实现合理功能分区的必要手段，是顾客方便购物的前提。

专卖店通道设计原则就是"便捷、引导"。入口处和店内通道的设计都要充分考虑顾客的进出是否方便。专卖店内的通道也要留以合理的空间，方便顾客到达每一个角落，避免产生死角。

Step 18 新建标注样式【室内设计】，设置完成后将展区内各部分标注出来，效果如图 19-100 所示。

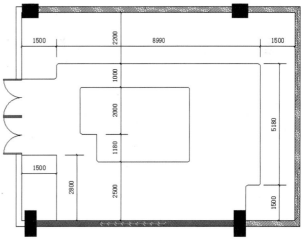

图 19-100

Step 19 将所有对象选中并复制粘贴，在原对象上将所有标注删除；使用【直线】命令 L 沿梁柱绘制两个文件柜，如图 19-101 所示。

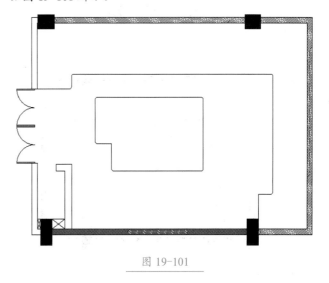

图 19-101

Step 20 在适当位置使用【直线】命令 L 绘制木柜和灯箱，效果如图 19-102 所示。

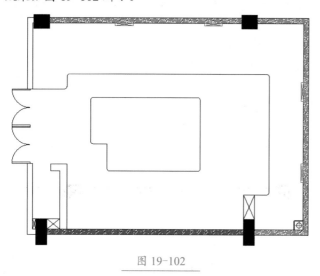

图 19-102

技术看板

此时，在建筑平面图基础上绘制的平面设计图已经完成，展厅是专卖店的核心区域，是展示产品、顾客选购的场所，空间布局安排的合理性会直接影响商店的商品销售。接下来绘制地面布置图，根据需要绘制木地板，用地砖和马赛克进行填充。

Step 21 输入【填充】命令 H，按【空格】键确定；选择填充图案 NET，将比例设为 192，单击【拾取点】按钮，如图 19-103 所示。

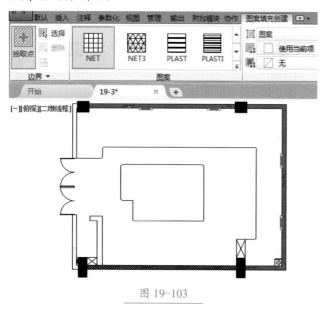

图 19-103

Step 22 单击指定大厅主过道区域，即填充 600×600 的地砖，按【空格】键确定，如图 19-104 所示。

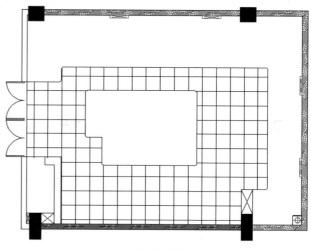

图 19-104

Step 23 按【空格】键激活填充命令，选择图案 DOLMIT，比例设置为 20，按【空格】键确定，如图 19-105 所示。

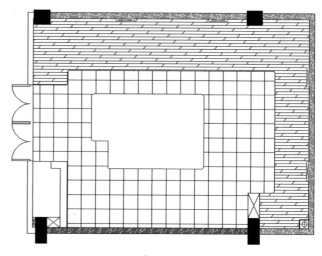

图 19-105

Step 24 使用同样的方法将服务区地面填充为马赛克效果，图案为 ANGLE，比例为 5，效果如图 19-106 所示。

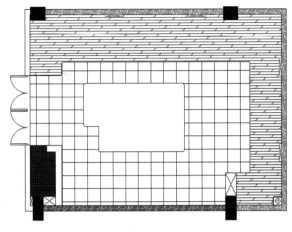

图 19-106

Step 25 选择地面布置图中的所有对象，复制并将其移动至平面设计标注图旁边，将原对象中的所有地面填充对象删除，如图 19-107 所示。

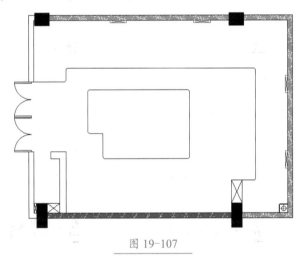

图 19-107

Step 26 打开"素材文件\第 19 章\图库 .dwg"，选择其中的沙发图案，按快捷键【Ctrl+C】复制所选对象，如图 19-108 所示。

图 19-108

Step 27 按转换文档的快捷键【Ctrl+Tab】，将文件从"图库 .dwg"转换到"19-3.dwg"中，在空白处单击将对象粘贴到当前文件中，如图 19-109 所示。

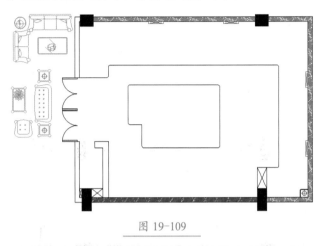

图 19-109

技术看板

此处要将【图库】中选择的对象复制到当前文件中，同一个程序中文件之间互相转换的快捷键为【Ctrl+Tab】。

Step 28 从素材文件"图库 .dwg"中选择床并复制粘贴到当前文件中，将其移动到适当位置，如图 19-110 所示。

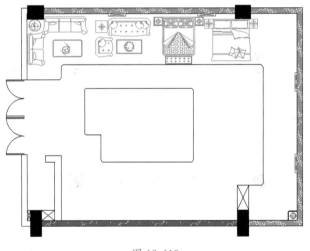

图 19-110

Step 29 从素材文件"图库 .dwg"中选择餐桌并复制粘贴到当前文件中，将其移动到适当位置，如图 19-111所示。

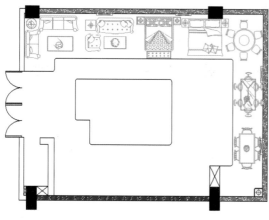

图 19-111

Step 30 将素材"衣柜""电视柜""休闲桌椅"等添加至当前文件中，并将其移动至适当位置，如图 19-112 所示。

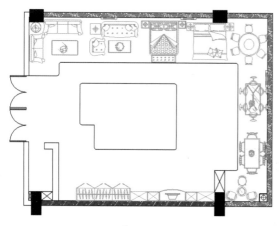

图 19-112

Step 31 将素材"健身器""沙滩椅""茶几""沙发"等添加至当前文件中，并将其移动至适当位置，如图 19-113 所示。

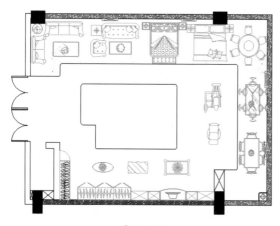

图 19-113

Step 32 将各类"休闲桌椅""钢琴""电脑桌椅""椅子"素材添加至当前文件，并将其移动至适当位置，如图 19-114 所示。

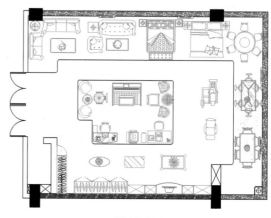

图 19-114

Step 33 将素材"盆栽"复制并粘贴到当前文件中，将其设置相应比例后移动到适当位置，效果如图 19-115 所示。

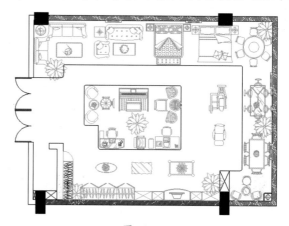

图 19-115

Step 34 服务台的工作区域绘制完成，如图 19-116 所示。

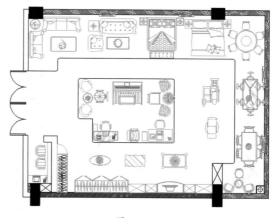

图 19-116

Step 35 打开【轴线】图层，选择【标注线】图层，使用【尺寸标注】命令给图形加上标注，关闭【轴线】图层，效果如图19-117所示。

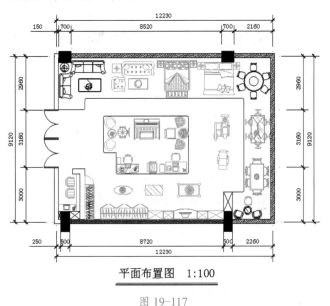

平面布置图　1:100

图 19-117

19.3.2　家具店顶面布置图

Step 01 给展厅绘制顶面布置图，效果如图19-118所示。

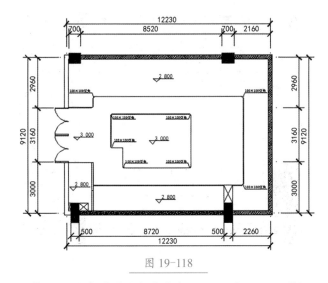

图 19-118

Step 02 给顶面布置图添加文字标注，如图19-119所示。

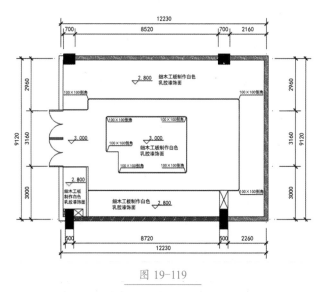

图 19-119

Step 03 从素材文件中选择需要的对象，按相应标准绘制上方的灯组，如图19-120所示。

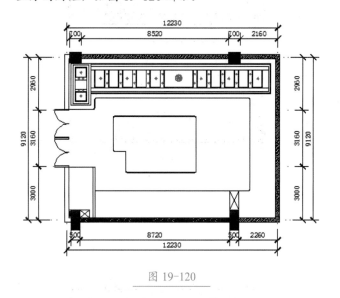

图 19-120

技能拓展——设计灯光

　　想要创造独特个性的专卖店展示空间，灯光是至关重要的因素。光线可以使购物场所形成明亮、愉快的氛围，也可以使商品鲜明夺目，引起顾客进店购买的欲望。自然光源受建筑物采光和天气变化影响，不能满足经营性场所的需要，大型专卖店多以人工照明为主。专卖店的人工照明可分为基本照明、特殊照明和装饰照明。

- 基本照明：是指为保持店内能见度、方便顾客选购商品而设计的照明灯组。目前基本照明多采用吊灯、吸顶灯和壁灯的组合，来创造一个整洁宁静、光线适宜的购物环境。设计灯具的原则是灯光不宜平均使用，要突出重点、突出商品陈列部位，总照明亮度要达到一定强度。

● 特殊照明：也称商品照明，是为突出商品特质，吸引顾客注意而设置的灯具，如在出售珠宝饰品的位置，采用定向集束灯光照射，能使商品更晶莹耀眼、名贵华丽；在时装出售位置，采用底灯、背景灯，可强调商品的轮廓线条。

● 装饰照明：这是营业场所现场广告的组成部分，用霓虹灯、电子显示屏或旋转灯吸引顾客注意力。一般而言，营业场所灯光照明应在不同位置配以不同的亮度，纵深处高于门厅，陈列商品处高于通道，这样可以吸引顾客。

Step04 按相应标准绘制下方的灯组，效果如图 19-121 所示。

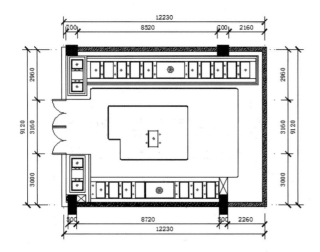

图 19-121

Step05 按相应标准，使用与上一步相同的方法绘制右方的灯组，如图 19-122 所示。

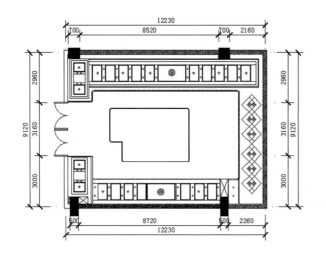

图 19-122

Step06 给展厅布置主灯，完成展厅顶面灯具布置图，最终效果如图 19-123 所示。

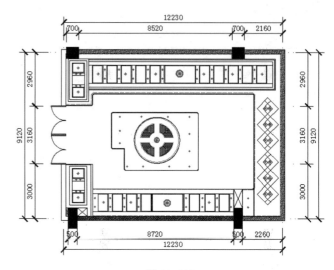

图 19-123

19.3.3　绘制立面图

Step01 复制地面布置图并将其移动至适当位置，在右侧面绘制一条垂直线，激活【修剪】命令 TR，将绘制的垂直线作为修剪界限，如图 19-124 所示。

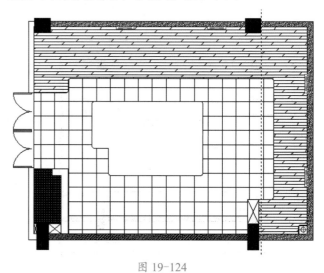

图 19-124

Step02 将垂直线左侧的对象修剪并删除，如图 19-125 所示。

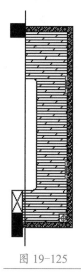

图 19-125

Step03 旋转修剪后的对象并绘制立面轮廓辅助线，如图 19-126 所示。

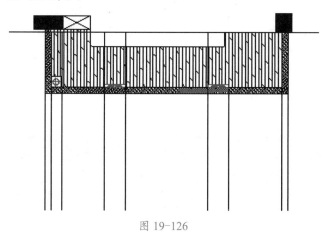

图 19-126

Step04 根据辅助线绘制立面轮廓，如图 19-127 所示。

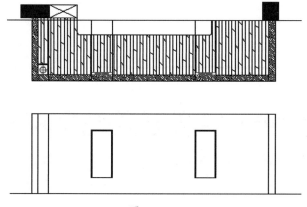

图 19-127

Step05 选择地面线，向上偏移 100 作为踢脚线，将多余线段删除，选择素材柜体及灯具，将其复制到当前文件

中并移动至适当位置，如图 19-128 所示。

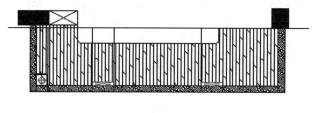

图 19-128

Step06 绘制立面灯箱效果图，如图 19-129 所示。

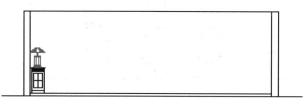

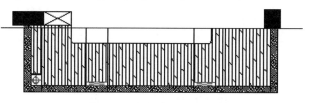

图 19-129

Step07 使用【直线】命令 L 和【填充】命令 H 绘制墙面效果，如图 19-130 所示。

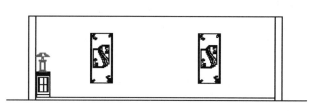

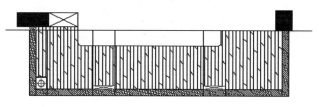

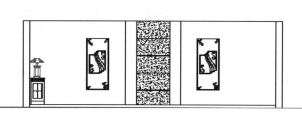

图 19-130

Step08 使用素材装饰墙面，如图 19-131 所示。

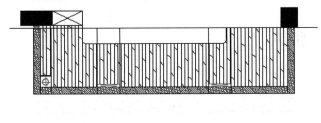

图 19-131

Step⑨ 将最上面的线向下偏移 200，修剪掉多余部分，完成吊顶的绘制；再将最上面的线向下偏移 50，改为红色的虚线，完成灯带的绘制，如图 19-132 所示。

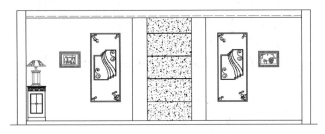

图 19-132

Step⑩ 在墙面空白处填充墙纸，完成后效果如图 19-133 所示。

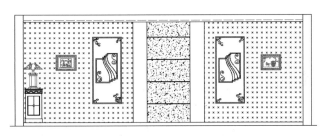

图 19-133

Step⑪ 给立面图添加尺寸标注，如图 19-134 所示。

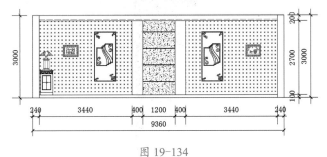

图 19-134

Step⑫ 给立面图添加文字标注，最终效果如图 19-135 所示。

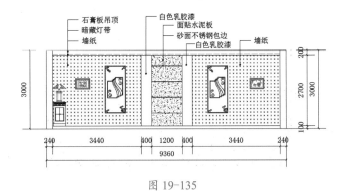

图 19-135

技术看板

至此，家具专卖店墙体的立面图绘制完成，其他面的立面图用同样的方法绘制即可。

本章小结

室内空间设计包括室内居住空间设计和室内公共空间设计两部分。室内空间设计包括地面、墙面和顶面，以及相关装修装饰等内容。在室内环境设计中要坚持"以人为本"的设计原则，综合考虑功能性、安全性、可行性、经济性、美观性，模拟实际建成效果，使空间能够更好地为人们提供服务。

第 20 章

实战：建筑设计

- ➡ 住宅建筑设计包括哪些内容？
- ➡ 别墅设计包括哪些内容？
- ➡ 办公楼设计包括哪些内容？

建筑为人们提供了各种各样的活动场所，人类社会在建筑的保护下得以健康发展。建筑是人类通过技术手段建造起来的、力求满足自身活动需求的各种空间环境，这一章将对建筑设计进行详细讲述。

20.1 住宅建筑设计

实例门类	软件功能 + 综合应用

住宅建筑设计是建筑设计中最基本的内容，要遵守各类建筑设计标准规范的要求及相关防火、防水、节能、隔声、抗震及安全防范等要求，坚持适用、经济、美观的设计原则，符合绿色建筑的要求，对有抗震设计要求的建筑，其建筑的体型、平面布置及构造应符合抗震设计的相关要求。本节绘制住宅建筑设计图，完成后的效果如图 20-1 所示。

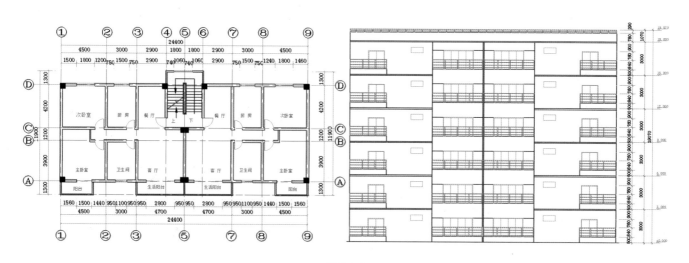

图 20-1

20.1.1 绘制建筑平面图

建筑平面图是建筑施工图的基本样图，它是用一个水平的剖切面沿门窗洞位置将房屋剖切后，对剖切面以下部分所作的水平投影图。通过绘制建筑平面图可以直观地反映出房屋的平面形状、大小和布局，墙、柱的位置，门窗的类型和位置等。

建筑制图的制作步骤和室内装潢制图的步骤一样。首先创建建筑标准平面图的轴线，然后创建墙体、门窗以及标注说明等，具体操作方法如下。

Step 01 执行【LA】命令，打开【图层特性管理器】对话框，新建图层并设置图层特性，如图 20-2 所示。

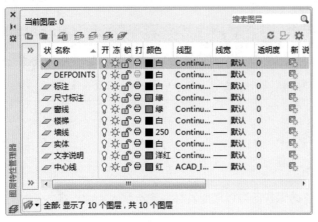

图 20-2

Step02 设置【中心线】为当前图层，执行【直线】命令 L，绘制两条相交直线。水平线段长度为 24600，垂直线段长度为 12300，如图 20-3 所示。

图 20-3

Step03 执行【偏移】命令 O，将直线按图示尺寸进行偏移，如图 20-4 所示。

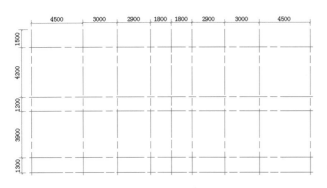

图 20-4

Step04 执行【多线】命令 ML，设置多线样式比例为 240，【对正】方式为无，依次绘制墙线，如图 20-5 所示。

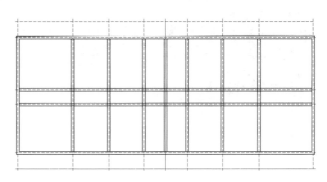

图 20-5

Step05 执行【分解】命令 X，将多线进行分解处理；然后执行【直线】命令 L、【偏移】命令 O 创建墙体，尺寸如图 20-6 所示。

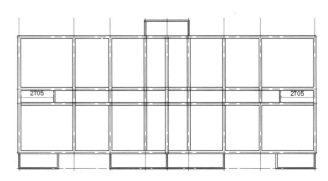

图 20-6

Step06 设置【实体】为当前图层；执行【多段线】命令 PL，设置多段线起点宽度为 500，端点宽度为 500，绘制一个长 500 的多段线作为墙柱，然后复制，效果如图 20-7 所示。

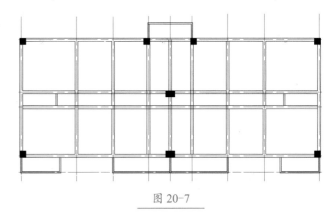

图 20-7

Step07 关闭【中心线】图层，然后执行【偏移】命令 O，将墙体线向左偏移，尺寸如图 20-8 所示。

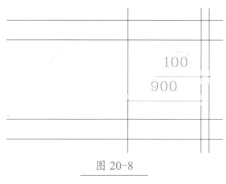

图 20-8

Step 08 执行【修剪】命令 TR 修剪对象，创建门洞，效果如图 20-9 所示。

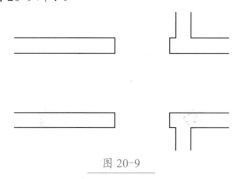

图 20-9

Step 09 使用同样的方法根据门洞和窗洞的大小进行偏移、修剪操作，尺寸及效果如图 20-10 所示。

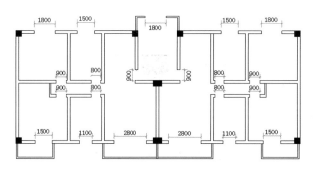

图 20-10

Step 10 设置【窗线】图层为当前图层，按照前面所讲的方法创建平开门，效果如图 20-11 所示。

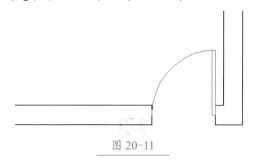

图 20-11

Step 11 执行【矩形】命令 REC，在阳台墙体的中点处指定矩形的第一个角点，输入坐标值（700,40），绘制矩形并复制，创建推拉门，效果如图 20-12 所示。

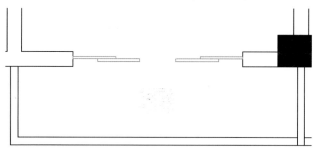

图 20-12

Step 12 执行【直线】命令 L，连接卧室的窗洞；执行【偏移】命令 O，将绘制的线段向下偏移 3 次，偏移距离为 80，创建窗户图形，效果如图 20-13 所示。

图 20-13

Step 13 用同样的方法创建其他门窗，效果如图 20-14 所示。

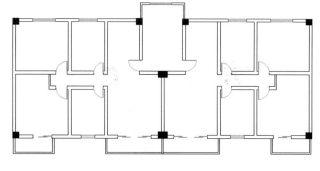

图 20-14

Step 14 设置【楼梯】为当前图层，执行【偏移】命令 O，偏移出楼梯过道的距离 1500，效果如图 20-15 所示。

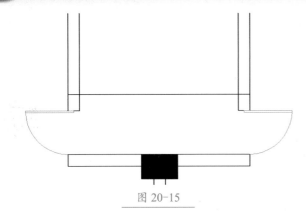

图 20-15

Step⑮ 按【空格】键重复执行【偏移】命令 O，输入偏移距离 280，偏移踏步，效果如图 20-16 所示。

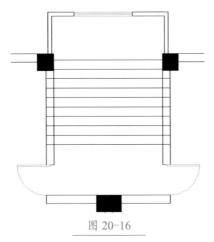

图 20-16

Step⑯ 执行【直线】命令 L，捕捉踏步线段的中点，绘制一条中线；然后选择线段，通过夹点编辑分别向外延伸 140，如图 20-17 所示。

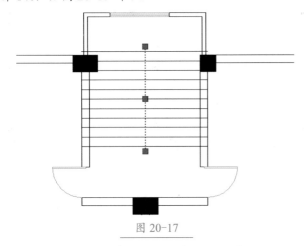

图 20-17

Step⑰ 执行【偏移】命令 O，将中线向左右各偏移 110，然后执行【直线】命令 L，连接线段两端，删除中线，如图 20-18 所示。

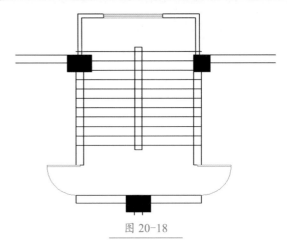

图 20-18

Step⑱ 执行【修剪】命令 TR，修剪矩形内的直线对象；执行【偏移】命令 O，将矩形向内偏移 60，效果如图 20-19 所示。

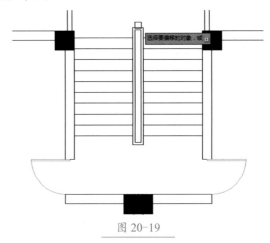

图 20-19

Step⑲ 执行【直线】命令 L，绘制折断线，效果如图 20-20 所示。

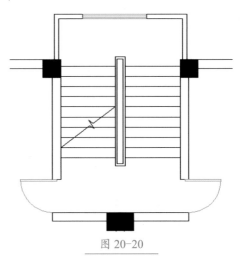

图 20-20

技术看板

　　画平面图时，假想建筑物被水平方向剖切后，往下看，这时楼梯被切断了。一个平面图上的楼梯实际并不属于同一层，所以要画折断线。

Step20 单击【注释】下拉面板，单击【多重引线样式】下拉按钮，单击【管理多重引线样式】按钮，如图20-21所示。

图 20-21

Step21 打开【多重引线样式管理器】对话框，单击【修改】按钮，如图20-22所示。

图 20-22

Step22 单击【引线格式】选项卡，设置箭头类型为【直线】，符号为【实心闭合】；设置箭头大小，如500，如图20-23所示。

图 20-23

Step23 单击【引线结构】选项卡，设置最大引线点数，如4，单击【确定】按钮，如图20-24所示。

图 20-24

Step24 单击【引线】命令，在楼梯处指定引线箭头的位置，按照系统的提示，绘制多重引线，效果如图20-25所示。

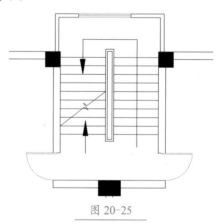

图 20-25

Step25 执行【标注样式】命令D，打开【新建标注样式】对话框，新建标注样式，设置名称为【AXIS】，单击【线】选项卡，设置尺寸界线，如图20-26所示。

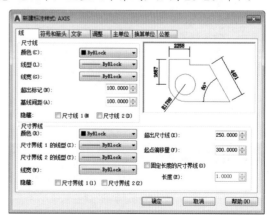

图 20-26

Step⑳ 单击【符号和箭头】选项卡,设置符号和箭头样式,以及箭头大小,如图 20-27 所示。

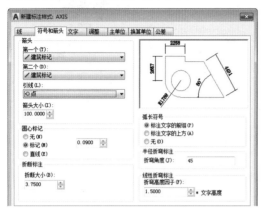

图 20-27

Step㉗ 单击【文字】选项卡,设置【文字高度】为 400、【从尺寸线偏移】为 150,如图 20-28 所示。

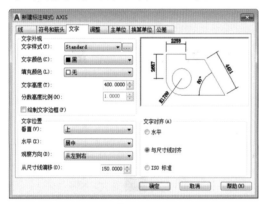

图 20-28

Step㉘ 单击【调整】选项卡,设置文字和箭头符号的位置关系,如图 20-29 所示。

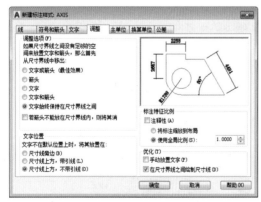

图 20-29

Step㉙ 单击【主单位】选项卡,设置单位精度为 0,单击【确定】按钮,如图 20-30 所示。返回【新建标注样

式】对话框,将新建的标注样式设置为当前,并关闭对话框。

图 20-30

Step㉚ 打开【墙线】图层,设置【尺寸标注】为当前图层,如图 20-31 所示。

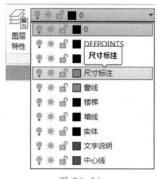

图 20-31

Step㉛ 执行【线性标注】命令 DLI、【连续标注】命令 DCO,捕捉轴线端点,对图形进行标注,效果如图 20-32 所示。

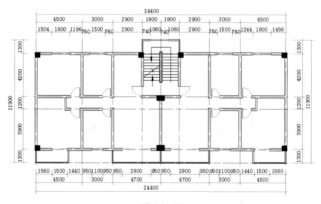

图 20-32

Step㉜ 执行【直线】命令 L,捕捉轴线端点,绘制长为 3000 的定位轴线,效果如图 20-33 所示。

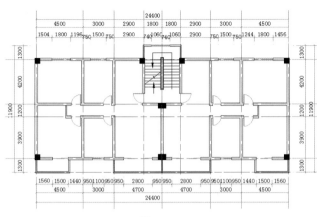

图 20-33

建筑立面图用于表达建筑物的外观效果，是按正投影法在与房屋立面平行的投影面上所作的投影图。建筑立面图应包括投影方向可见的建筑外轮廓线和墙面线脚、构配件、外墙面及必要的尺寸与标高等，绘制建筑立面图的方法如下。

Step01 复制建筑平面图，执行【直线】命令 L、【修剪】命令 TR，在平面图中合适位置绘制一条线段，删除多余的图形，如图 20-36 所示。

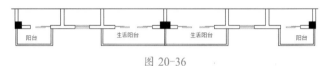

图 20-36

Step33 打开"素材文件\第 20 章\【定位轴线编号】图块.dwg"，执行【复制】命令 CO，复制图块；双击定位轴线编号，打开【增强属性编辑器】对话框，修改标号数值，效果如图 20-34 所示。

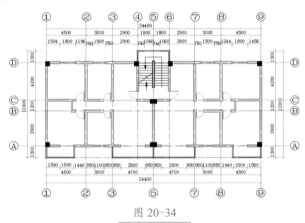

图 20-34

Step02 执行【直线】命令 L，根据平面图绘制立面墙线，高为 19070；执行【偏移】命令 O，将水平线段按照图上的尺寸依次向上偏移；然后执行修剪命令，修剪对象，效果如图 20-37 所示。

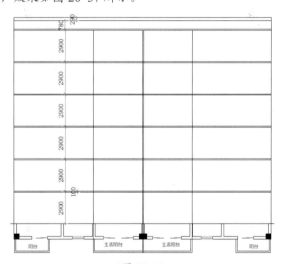

图 20-37

Step34 设置【文字说明】图层为当前图层。执行【多行文字】命令 T，设置文字高度为 350，输入文字即可，效果如图 20-35 所示。

Step03 创建生活阳台的立面图。执行【偏移】命令 O，将下端水平线向上依次偏移 500、1670、1330、1670、1330，效果如图 20-38 所示。

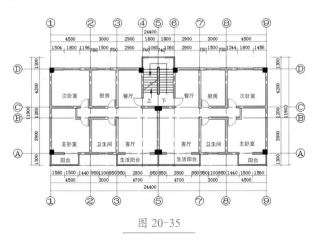

图 20-35

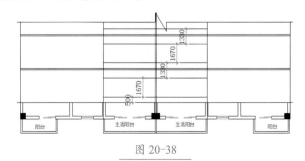

图 20-38

Step④ 执行【修剪】命令 TR，对偏移对象进行修剪处理，效果如图 20-39 所示。

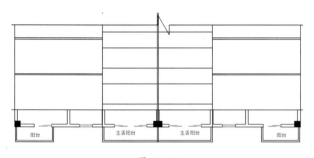

图 20-39

Step⑤ 执行【直线】命令 L，按照平面图绘制立面界线，如图 20-40 所示。

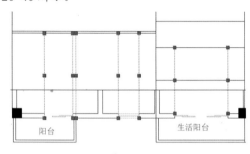

图 20-40

Step⑥ 执行【多段线】命令 PL，绘制门窗立面图，门高为 2100，窗高 1913；执行【偏移】命令 O，使门窗向内偏移 50，效果如图 20-41 所示。

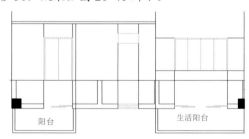

图 20-41

Step⑦ 结合【直线】命令 L、【偏移】命令 O、【修剪】命令 TR，绘制护栏，尺寸如图 20-42 所示。

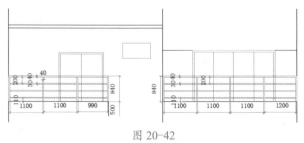

图 20-42

Step⑧ 结合【直线】命令 L、【偏移】命令 O、【修剪】命令 TR，创建楼顶女儿墙的护栏，尺寸如图 20-43 所示。

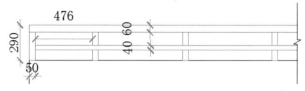

图 20-43

Step⑨ 执行【复制】命令 CO，复制绘制好的护栏并粘贴，效果如图 20-44 所示。

图 20-44

Step⑩ 执行【镜像】命令 MI，对绘制好的护栏执行镜像操作，效果如图 20-45 所示。

图 20-45

建筑立面图大致包括东、西、南、北立面图四部分，若建筑各立面的结构有丝毫差异，都应绘制出对应立面的立面图来诠释所设计的建筑。

Step⓫ 设置标注样式的参数，将文字高度改为 300；执行【线性标注】命令 DLI、【连续标注】命令 DCO，在图形右侧进行标注，效果如图 20-46 所示。

图 20-46

Step⓬ 标注完成后，执行【直线】命令 L，绘制标高的标注线，效果如图 20-47 所示。

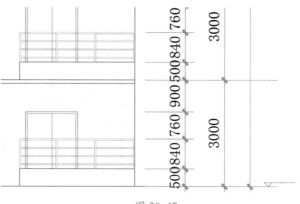

图 20-47

Step⓭ 执行【插入】命令 I，打开"素材文件 \ 第 20 章 \ 标高 .dwg"，复制标高；根据已有标注，双击标高，修改标高属性参数，完成建筑立面图的绘制，效果如图 20-48 所示。

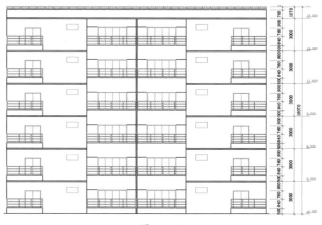

图 20-48

20.2 别墅设计图

实例门类	软件功能 + 综合设计

别墅除"居住"这个基本功能外，更主要的是体现生活品质及享用特点。别墅大多是以华丽的装饰、精美的造型为主。本实例设计的 3 层别墅为简欧风格，运用拱门、大窗户、修长的立柱等元素获得华贵的装饰效果，如图 20-49 所示。

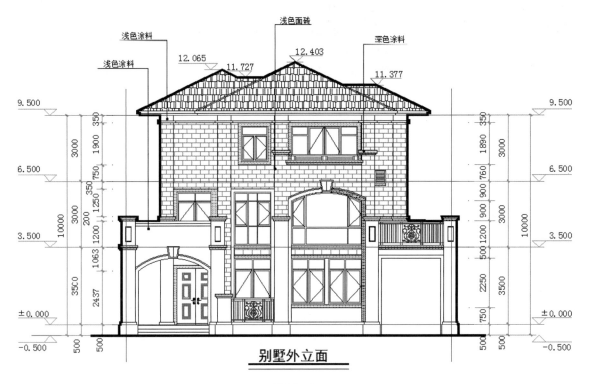

浅色涂料   浅色面砖   深色涂料

浅色涂料

图 20-49

20.2.1 绘制别墅立面设计图

本实例首先需要绘制出别墅的立面宽度范围和层高,接着绘制开间、柱体,把门窗预留出来,待别墅立面绘制完成后,再单独绘制门、栏杆、窗户等图形。具体操作方法如下。

Step 01 执行【图层特性】命令 LA,打开【图层特性管理器】选项板,新建【中心线】图层,设置颜色为红色,如图 20-50 所示。

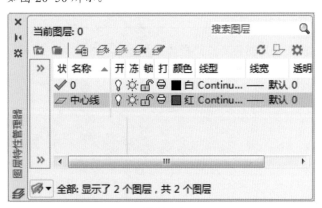

图 20-50

Step 02 设置【中心线】图层为当前图层,执行【直线】命令 L,绘制一条水平直线,执行【偏移】命令 O,将直线向上依次偏移 500、3500、3000、3000,如图 20-51 所示。

图 20-51

Step 03 执行【直线】命令 L,绘制一条垂直于水平线的直线,然后执行【偏移】命令 O,将直线向右偏移 15200,如图 20-52 所示。

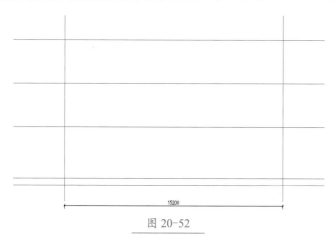

图 20-52

Step 04 执行【图层特性】命令 LA，新建并设置【LM-墙体】为当前图层；执行【直线】命令 L，捕捉最下端水平轴线，绘制一条重合直线，然后选择该直线，执行【偏移】命令 O，使直线向上依次偏移 150、150、150、50、100，如图 20-53 所示。

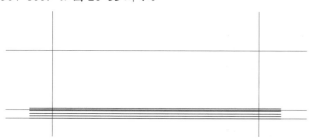

图 20-53

Step 05 执行【直线】命令 L，捕捉左侧垂轴线，绘制一条重合直线，然后选择该直线，执行【偏移】命令 O，将其依次向左偏移 225、50、50，然后向右依次偏移 475、50、50，如图 20-54 所示。

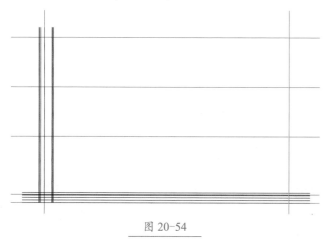

图 20-54

Step 06 执行【直线】命令 L，捕捉右侧垂轴线，绘制一

条重合直线，然后选择该直线，执行【偏移】命令 O，依次向右偏移 225、50、50，向左偏移 375、50、50，如图 20-55 所示。

图 20-55

Step 07 执行【偏移】命令 O，将左侧的柱体轴线向右依次偏移 4300、300、2700、4175、3725，如图 20-56 所示。

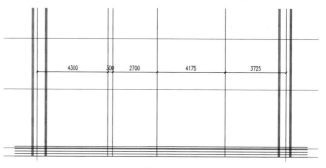

图 20-56

Step 08 执行【偏移】命令 O，从左到右，将柱体中线依次向右偏移 325、50、50，向左偏移 325、50、50，如图 20-57 所示。

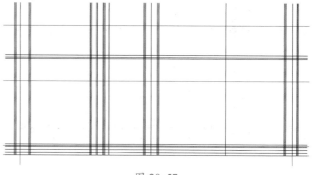

图 20-57

Step 09 执行【偏移】命令 O，从右到左，将第二根柱体中线依次向左偏移 300、50、50，然后向右偏移 300、50、50，如图 20-58 所示。

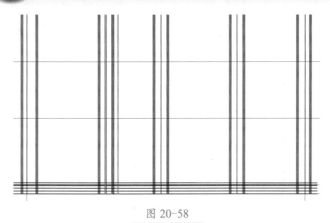

图 20-58

Step⑩ 执行【偏移】命令 O，将最下端水平线向上偏移 5400，然后选择该偏移线，向下依次偏移 125、75，如图 20-59 所示。

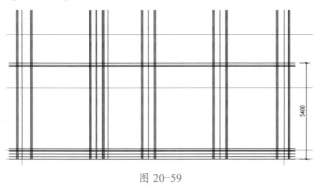

图 20-59

Step⑪ 执行【修剪】命令 TR，修剪对象，并删除多余线段，效果如图 20-60 所示。

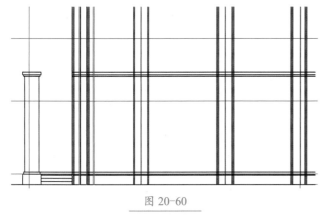

图 20-60

Step⑫ 重复执行【修剪】命令 TR，修剪对象，效果如图 20-61 所示。

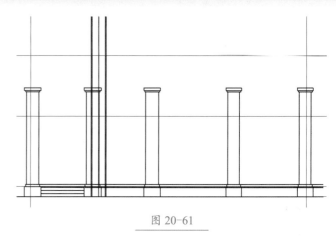

图 20-61

Step⑬ 执行【偏移】命令 O，将最下端水平线向上偏移 1888，然后选择该偏移线，向下依次偏移 120、70，如图 20-62 所示。

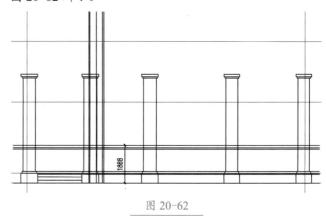

图 20-62

Step⑭ 执行【修剪】命令 TR，修剪对象，效果如图 20-63 所示。

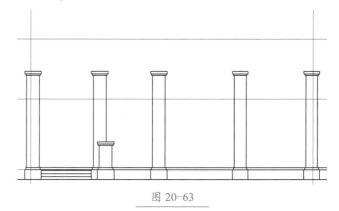

图 20-63

Step⑮ 执行【复制】命令 CO，从左到右将前两个柱子的柱头复制并向下移动 1300，并修剪对象，效果如图 20-64 所示。

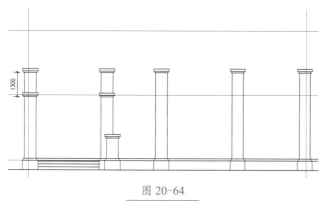

图 20-64

Step⑯ 执行【偏移】命令 O，将左边第一根柱子的右侧线向右偏移，并通过夹点延伸线段长度，偏移尺寸如图 20-65 所示。

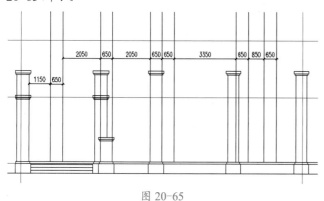

图 20-65

Step⑰ 隐藏【中心线】图层，然后执行【偏移】命令 O，将最下端水平线依次向上偏移 3500、150、250、75、125，如图 20-66 所示。

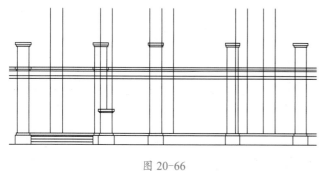

图 20-66

Step⑱ 执行【偏移】命令 O，偏移尺寸如图 20-67 所示。

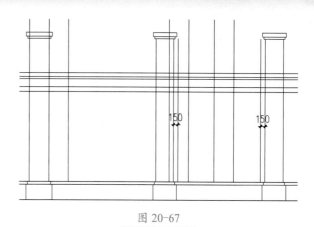

图 20-67

Step⑲ 执行【修剪】命令 TR，修剪对象，并通过夹点调整对象，如图 20-68 所示。

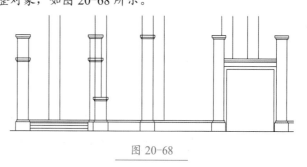

图 20-68

Step⑳ 执行【直线】命令 L，绘制延长直线，如图 20-69 所示。

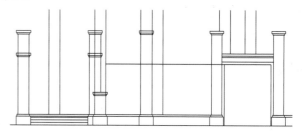

图 20-69

Step㉑ 执行【偏移】命令 O，将绘制的延长直线向上依次偏移 152、298、150，如图 20-70 所示。

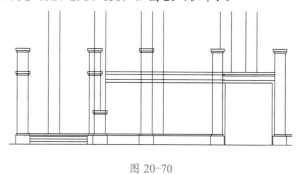

图 20-70

第 1 篇　第 2 篇　第 3 篇　第 4 篇

Step22 执行【修剪】命令 TR，修剪对象，然后执行【偏移】命令 O，偏移对象，尺寸如图 20-71 所示。

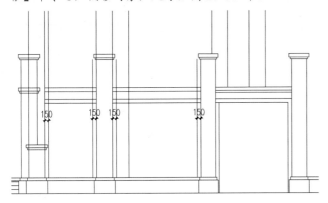

图 20-71

Step23 执行【修剪】命令 TR，修剪偏移后与之相交的对象，效果如图 20-72 所示。

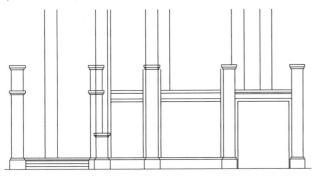

图 20-72

Step24 执行【偏移】命令 O、【直线】命令 L，绘制窗框，尺寸如图 20-73 所示。

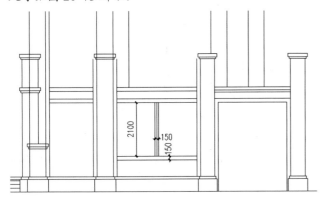

图 20-73

Step25 连接柱头两端点绘制一条直线，然后对其进行偏移操作，尺寸如图 20-74 所示。

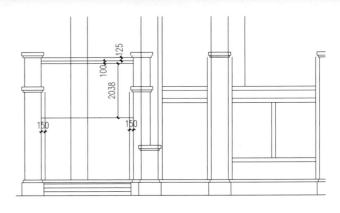

图 20-74

Step26 执行【圆弧】命令 A，通过两端点和方向绘制圆弧，输入角度值 38，如图 20-75 所示。

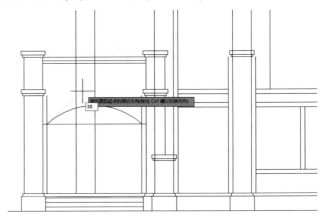

图 20-75

Step27 执行【偏移】命令 O，将圆弧向上偏移 150、50，结合修剪、删除、延伸工具调整图形，效果如图 20-76 所示。

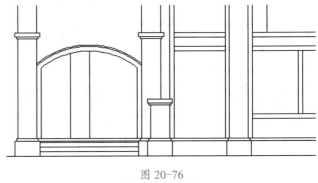

图 20-76

Step28 按照上述方法，结合偏移、修剪工具，绘制门框和柱脚，效果如图 20-77 所示。

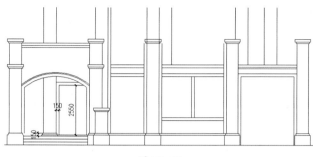

图 20-77

Step29 执行【复制】命令 CO，将柱头以中点为基点复制至合适的位置，然后修剪图形，如图 20-78 所示。

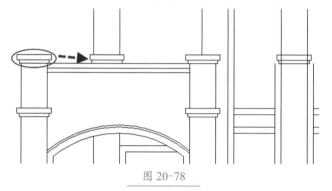

图 20-78

Step30 按尺寸绘制、修改图形，如图 20-79 所示。

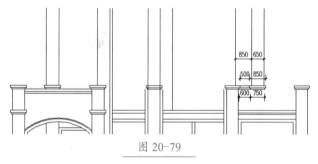

图 20-79

Step31 按照前面所讲的方法，使用直线、偏移、修剪命令绘制窗框，尺寸如图 20-80 所示。

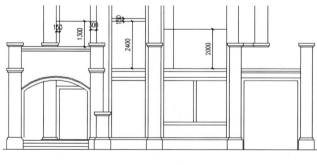

图 20-80

Step32 执行【圆弧】命令 A，通过两端点和方向绘制圆弧，输入角度值 28，将两圆弧向上分别偏移 150、50。最后结合修剪、删除等命令调整图形，效果如图 20-81 所示。

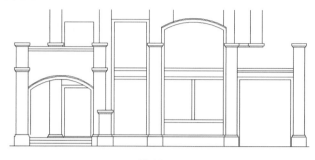

图 20-81

Step33 执行【偏移】命令 O，将最底端的水平线向上分别偏移 9650、100、250，如图 20-82 所示。

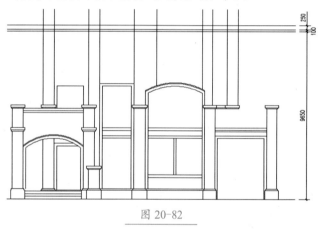

图 20-82

Step34 按照前面所述的方法，绘制窗户和柱子图形，尺寸如图 20-83 所示。

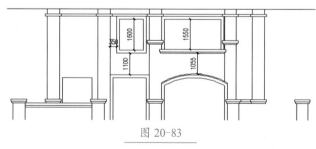

图 20-83

Step35 执行【偏移】命令 O，将最上端的水平线向下依次偏移 100、100，效果如图 20-84 所示。

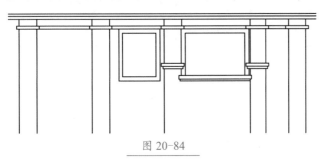

图 20-84

Step36 执行【直线】命令 L，根据柱子的位置绘制辅助直线，如图 20-85 所示。

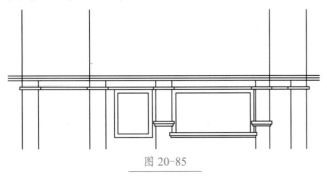

图 20-85

Step37 执行【偏移】命令 O 偏移直线，偏移尺寸如图 20-86 所示。

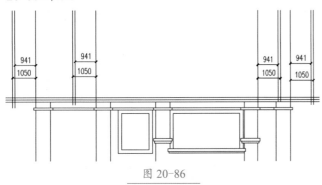

图 20-86

Step38 结合直线、修剪、偏移命令绘制屋顶，尺寸如图 20-87 所示。

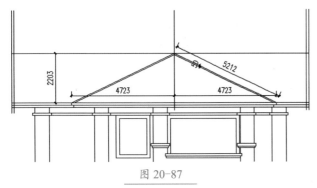

图 20-87

Step39 结合直线、修剪、偏移命令，继续绘制其他屋顶，尺寸如图 20-88 所示。

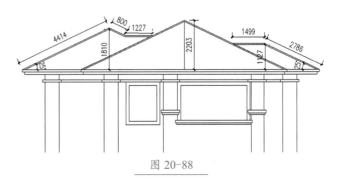

图 20-88

Step40 新建并设置【窗线】图层的颜色为蓝色，将其设置为当前图层；执行【直线】命令 L，绘制 1550×2100 的矩形，结合偏移、修剪命令绘制窗户立面图形，效果如图 20-89 所示。

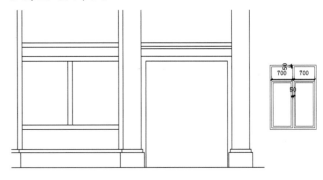

图 20-89

Step41 执行【直线】命令 L，绘制对角折线，表示窗户开启的方向，然后选择该线，在功能区【特性】面板的颜色下拉列表中选择【颜色 8】，效果如图 20-90 所示。

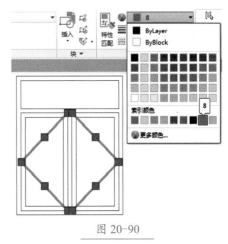

图 20-90

Step42 执行【创建块】命令 B，将绘制好的窗户创建成图块图形，执行【移动】命令 M，将窗户图形移动至预留窗口，如图 20-91 所示。

图 20-91

Step43 执行【复制】命令 CO，将窗户复制到右侧合适的位置，效果如图 20-92 所示。

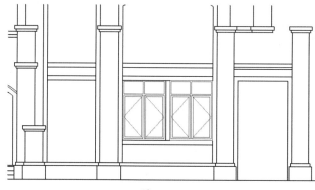

图 20-92

Step44 执行【偏移】命令 O，将二楼预留的弧形窗口内线向内偏移 50，其余按尺寸偏移对象，如图 20-93 所示。

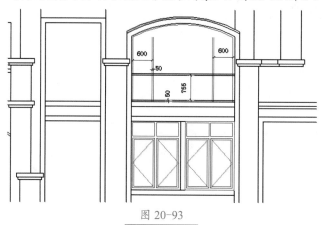

图 20-93

Step45 执行【延伸】命令 EX，选择弧形为边界线，延伸两组直线，执行【修剪】命令 TR，修剪并调整图形，效果如图 20-94 所示。

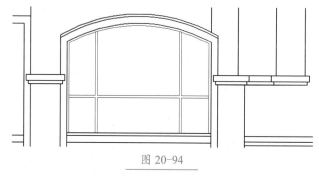

图 20-94

Step46 执行【偏移】命令 O，将两侧的窗户向内偏移 50，执行【修剪】命令 TR，修剪并调整图形，效果如图 20-95 所示。

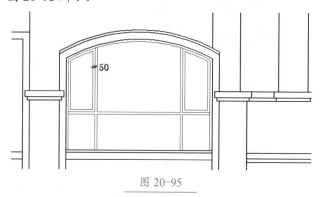

图 20-95

Step47 使用同样的方法，可绘制门窗、栏杆等图形，打开"素材文件 \ 第 20 章 \ 立面素材 .dwg"，依次选择图形，复制并粘贴至别墅立面图中，然后调整图形至合适的位置，效果如图 20-96 所示。

图 20-96

中文版 AutoCAD 2021 **完全自学教程**

Step48 执行【图层特性】命令 LA，新建并设置【墙体填充】为当前图层，执行【图案填充】命令 H，激活【图案填充编辑器】上下文功能选项卡，选择图案"AR-B816"，设置比例为 1，填充图案，效果如图 20-97 所示。

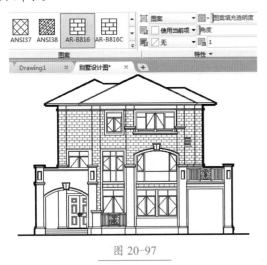

图 20-97

Step49 重复执行【图案填充】命令 H，选择图案【AR-RSHKE】，设置比例为 1，填充图案，效果如图 20-98 所示。

图 20-98

Step50 重复执行【图案填充】命令 H，选择图案【DOTS】，设置比例为 30，填充图案，效果如图 20-99 所示。

图 20-99

技术看板

在比较复杂的图形中，有时会无法选择需要填充的区域，此时可以使用多段线工具绘制一个需要填充的封闭区域，然后选取多段线对象进行填充。

Step51 按照下图尺寸，绘制矩形图形，然后向内偏移 2 次，偏移距离为 10，如图 20-100 所示。

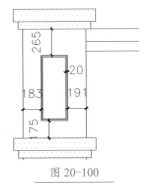

图 20-100

Step52 执行【直线】命令 L，连接大小矩形的左上角端点，用同样的方法绘制另外三条线，表示凹凸效果，如图 20-101 所示。

图 20-101

Step53 执行【复制】命令 CO，复制柱头的图案并粘贴，效果如图 20-102 所示。

图 20-102

20.2.2 标注图形

填充外立面图案后，接下来要标注立面的尺寸和材质说明，立面尺寸的标注分为门窗、层高和总体尺寸，具体操作方法如下。

Step01 执行【图层特性】命令 LA，新建【PUB-DIM】图层并将其设置为当前图层，然后显示【中心线】图层，如图 20-103 所示。

图 20-103

Step02 执行【标注样式】命令 D，新建标注样式【DIMN01】，并单击【继续】按钮，创建新样式，如图 20-104 所示。

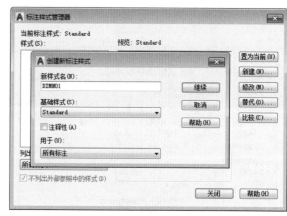

图 20-104

Step03 单击【线】选项卡，设置参数，如图 20-105 所示。

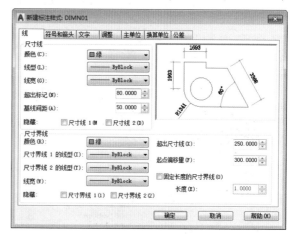

图 20-105

Step04 单击【符号和箭头】选项卡，设置参数，如图 20-106 所示。

图 20-106

Step⑤ 单击【文字】选项卡，设置参数，如图 20-107 所示。

图 20-107

Step⑥ 单击【调整】选项卡，设置参数，如图 20-108 所示。

图 20-108

Step⑦ 单击【主单位】选项卡，设置参数，单击【确定】按钮，如图 20-109 所示。

图 20-109

Step⑧ 返回【标注样式管理器】对话框，单击【置为当前】按钮，设置该样式为当前样式，如图 20-110 所示。

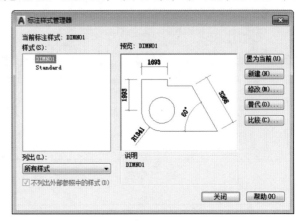

图 20-110

Step⑨ 打开【中心线】图层，选择【标注线】为当前图层，执行【线性】命令 DLI，标注图形；接着执行【连续】命令 DCO，依次连续标注图形。标注完成后，通过辅助线和夹点调整标注位置，效果如图 20-111 所示。

图 20-111

Step⑩ 执行【图层特性】命令 LA，新建并设置【标高标注】为当前图层。执行【直线】命令 L，首先绘制一条水平标高基线，然后绘制相对标高符号，并根据图形调整标高符号的大小和位置，如图 20-112 所示。

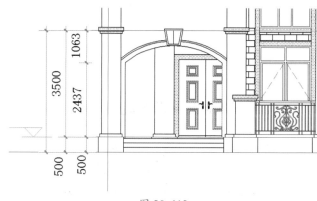

图 20-112

Step⑪ 执行【多行文字】命令 T，设置文字高度为 300，输入【±】符号代码 %%P，然后输入地面标高值，最后将其标高复制到左侧其他位置，并修改参数，效果如图 20-113 所示。

图 20-113

Step⑫ 按照上一步的方法，标注右侧尺寸及标高，标注完成后关闭【中心线】图层，效果如图 20-114 所示。

图 20-114

Step⑬ 单击【注释】下拉按钮，单击【多重引线样式】按钮，打开【多重引线样式管理器】对话框，新建多重引线样式，命名为"标注说明"，如图 20-115 所示。

图 20-115

Step⑭ 单击【引线格式】选项卡，设置箭头栏中的符号为【点】，箭头大小为 100，如图 20-116 所示。

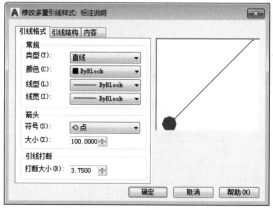

图 20-116

Step⑮ 单击【引线结构】选项卡，设置最大引线点数为 3，如图 20-117 所示。

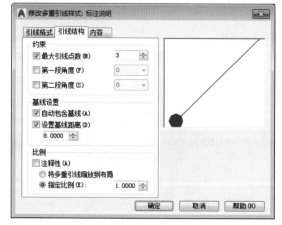

图 20-117

Step⑯ 单击【内容】选项卡，在【多重引线类型】下拉列表中，选择【无】命令，单击【确定】按钮，如图 20-118 所示。

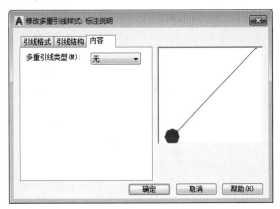

图 20-118

Step⑰ 执行【多重引线】命令 MLEA，绘制引线，如图 20-119 所示。

图 20-119

Step⑱ 执行【多行文字】命令 T，设置文字高度为 250，输入文字内容，效果如图 20-120 所示。

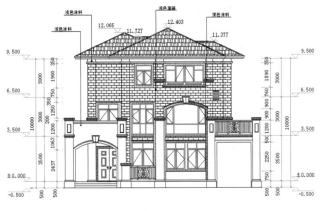

图 20-120

Step⑲ 执行【多段线】命令 PL，设置宽度为 80，捕捉建筑外立面，勾画出外立面轮廓和地面线，效果如图 20-121 所示。

图 20-121

Step⑳ 执行【多段线】命令 PL，设置宽度为 50，在图形下方绘制一条多段线；执行【多行文字】命令 T，设置文字高度为 450，设置文字为【黑体】。创建文字，最终效果如图 20-122 所示。

图 20-122

20.3 办公楼设计图

实例门类	软件功能 + 综合设计

本节设计的办公楼为 6 层，外墙设计虚实结合，色彩为白色和灰色的对比，简洁的外立面可以使建筑更有庄重感。通过设置屋顶构架使大楼顶部空间和体量产生变化，避免单调感，如图 20-123 所示。

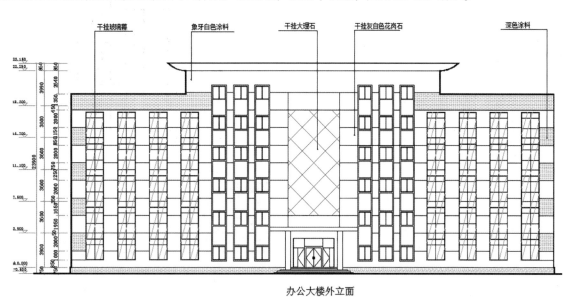

图 20-123

20.3.1 绘制办公大楼立面图

本实例首先绘制立面分割线，然后绘制左侧的玻璃幕，接着将左侧图形镜像到右侧，最后进行调整、填充。具体操作方法如下。

Step01 执行【图层特性】命令 LA，打开【图层特性管理器】面板，新建图层，设置【墙线】为当前图层，如图 20-124 所示。

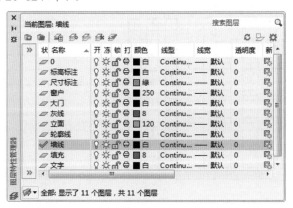

图 20-124

Step02 执行【直线】命令 L，绘制一条长 56600 的水平线和一条长 23900 的垂直线，如图 20-125 所示。

图 20-125

Step03 执行【偏移】命令 O，将水平线向上依次偏移 750、850、1000、2000、2000、2000、2000、2000、2000、2000、2000、1800、200、2440、860，效果如图 20-126 所示。

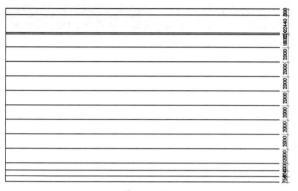

图 20-126

Step 04 执行【偏移】命令 O，将垂直线向右依次偏移 100、1700、2100、1600、2100、1600、2100、1600、2100、1480、1740、760、1740、760、1740、2080、3000，效果如图 20-127 所示。

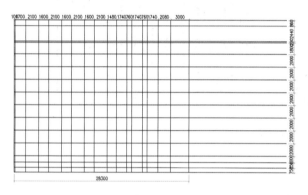

图 20-127

Step 05 结合【偏移】命令 O、【修剪】命令 TR，按照如图 20-128 所示的尺寸绘制图形。

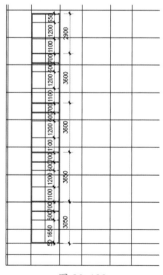

图 20-128

Step 06 执行【复制】命令 CO，选择合适的基点复制对象，效果如图 20-129 所示。

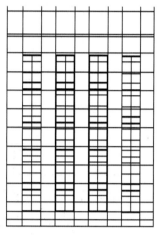

图 20-129

Step 07 结合偏移、修剪工具，按照下图尺寸绘制图形，如图 20-130 所示。

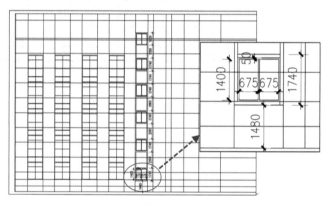

图 20-130

Step 08 执行【复制】命令 CO，窗选对象，然后选择合适的复制基点，将对象复制到适当位置，效果如图 20-131 所示。

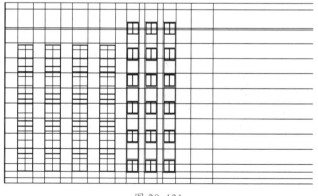

图 20-131

Step⑨ 执行【修剪】命令 TR，修剪对象，然后删除多余的线段，效果如图 20-132 所示。

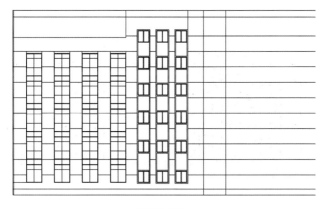

图 20-132

Step⑩ 结合偏移、修剪工具，调整屋顶的尺寸，然后执行【起点、端点、方向】命令绘制圆弧，效果如图 20-133 所示。

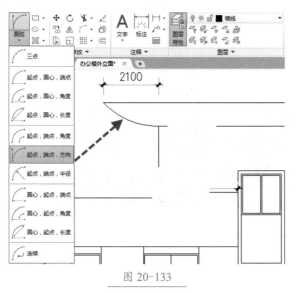

图 20-133

Step⑪ 执行【镜像】命令 MI，以中线为镜像线复制对象，效果如图 20-134 所示。

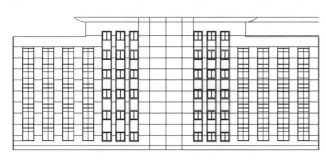

图 20-134

Step⑫ 执行【修剪】命令 TR，修剪对象，然后删除多余的线段，效果如图 20-135 所示。

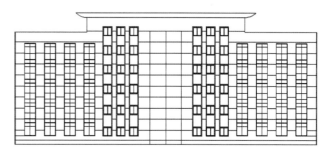

图 20-135

Step⑬ 执行【偏移】命令 O，将最底端的水平线向上偏移 5 次，偏移距离为 150，然后根据中线向左右各依次偏移 2727、600、600、350、350，效果如图 20-136 所示。

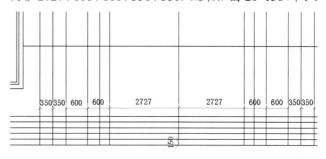

图 20-136

Step⑭ 执行【修剪】命令 TR，修剪对象，然后删除多余线段，效果如图 20-137 所示。

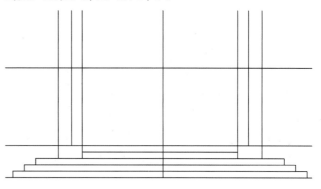

图 20-137

Step⑮ 使用偏移、修剪、删除工具，调整图形，效果如图 20-138 所示。

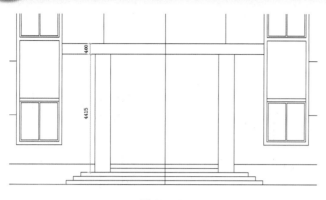

图 20-138

Step⑯ 使用偏移、修剪、删除工具，按如图 20-139 所示尺寸绘制办公大楼的门。

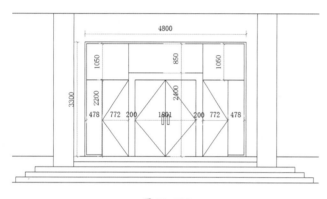

图 20-139

Step⑰ 使用修剪、删除工具，完善办公楼立面图，效果如图 20-140 所示。

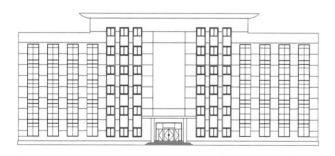

图 20-140

Step⑱ 执行【图案填充】命令 H，激活【图案填充编辑器】上下文功能选项卡，选择图案【ANSI37】，设置颜色为 8 号颜色，比例为 600。填充图案，效果如图 20-141 所示。

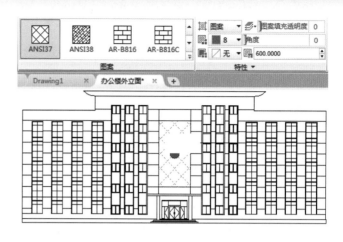

图 20-141

Step⑲ 重复执行【图案填充】命令 H，选择图案【DOTS】，设置颜色为 8 号颜色，比例为 100。填充图案，效果如图 20-142 所示。

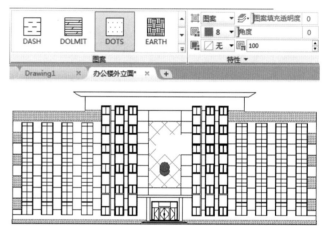

图 20-142

Step⑳ 执行【多段线】命令 PL，绘制玻璃幕墙封闭区域，如图 20-143 所示。

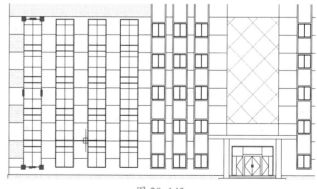

图 20-143

Step 21 执行【图案填充】命令H，在【边界】面板中单击【选择】按钮，然后选择图案【STEEL】，设置颜色为青色，比例为500，角度为30，在图形中选择多段线，填充图案。用同样的方法填充其他图形，最终效果如图20-144所示。

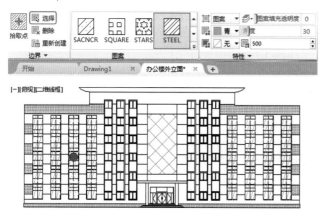

图 20-144

20.3.2　标注图形

填充外立面图案后，接下来要标注立面的尺寸和材质说明。由于本实例外观具有对称性，所以标注一侧即可，具体操作方法如下。

Step 01 执行【直线】命令L，在图形左侧绘制一条与底端对齐的水平线段，然后执行偏移命令O，依次向上偏移750、3900、3600、3600、3600、3600、3990、860，效果如图20-145所示。

图 20-145

Step 02 按照前面讲解的别墅立面的标注方法，设置标注尺寸样式，只需将文字高度的参数修改为450即可。标注大楼外立面图尺寸及标高，效果如图20-146所示。

图 20-146

Step 03 设置多重引线，绘制引线，然后执行【多行文字】命令T，设置文字高度为500，输入文字内容，效果如图20-147所示。

图 20-147

Step 04 执行【多段线】命令PL，设置宽度为100，然后捕捉建筑外立面，勾画出外立面轮廓和地面线，如图20-148所示。

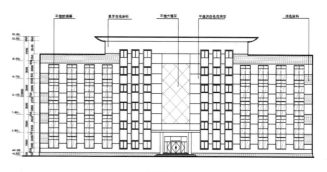

图 20-148

Step 05 执行【多段线】命令PL，设置宽度为80，在立面图下方合适位置绘制一条多段线，执行【多行文字】命令T，设置文字高度为800，文字设置为【黑体】。输入文字内容标注图名，效果如图20-149所示。

图 20-149

本章小结

　　本章主要讲解了住宅建筑、别墅、办公楼这 3 种建筑物的设计图绘制方法，通过 AutoCAD 的二维绘图和编辑命令绘制平面、立面和剖面设计图，最后使用标注功能标注对象。重点要掌握二维绘图命令和编辑命令的综合使用技巧，以及标注图形的方法，要善于综合运用 AutoCAD 提供的工具和命令。

第21章　实战：机械设计

➡ 绘制二维机械图形的要点是什么？

➡ 三维机械模型如何绘制？

绘制二维机械图形，可以先确定各部件及其零件的外形和基本尺寸，以及各部件之间的连接，再用三维创建命令和编辑命令将二维图形创建为直观的三维模型。本章将对此进行详细讲解。

21.1　二维机械图形

实例门类	软件功能 + 综合设计

机械设计是一门集实用技术学和营销学为一体的设计科学，不仅能使产品既安全又实用，现如今其更是一种强有力的营销工具。绘制二维机械图形，可以先确定其各部件及其零件的外形及基本尺寸，以及各部件之间的连接。二维机械图形绘制完成后的效果如图 21-1 所示。

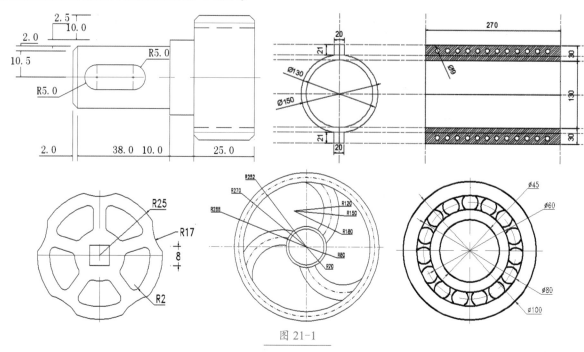

图 21-1

21.1.1　绘制齿轮轴

绘制齿轮轴的过程中，先使用【直线】命令 L 和【偏移】命令 O 绘制出齿轮轴上半部分框架，然后使用【镜像】命令 MI 对图形进行

镜像复制，获得齿轮轴的下半部分，再使用【圆】命令 C、【偏移】命令 O 和【修剪】命令 TR 绘制整体图形，最后对图形进行标注。具体操作方法如下。

Step01 使用【图层】命令 LA，打开【图层特性管理器】，新建一个"点划线"图层，设置其【线型】为 CENTER，【颜色】为红色，如图 21-2 所示。

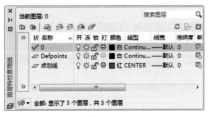

图 21-2

Step 02 新建一个【隐藏线】图层，设置其【线型】为 HIDDEN，【颜色】为黑色，如图 21-3 所示。

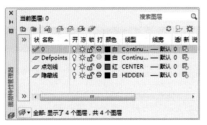

图 21-3

Step 03 将【点划线】图层设置为当前层，执行【直线】命令 L，绘制一条长为 100 的水平线，再绘制一条长为 50 的垂直线，并将垂直线放入 0 图层，如图 21-4 所示。

图 21-4

Step 04 执行【偏移】命令 O，将垂直线向左依次偏移 25、10、40，效果如图 21-5 所示。

图 21-5

Step 05 执行【偏移】命令 O，将水平线向上依次偏移 12.5、2.5、10，并将偏移后的水平线放入 0 图层，如图 21-6 所示。

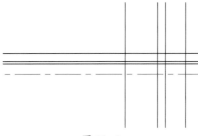

图 21-6

Step 06 执行【修剪】命令 TR，对图形进行修剪，效果如图 21-7 所示。

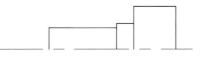

图 21-7

Step 07 执行【偏移】命令 O，将最左侧垂直线向右偏移 2，效果如图 21-8 所示。

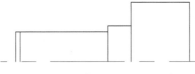

图 21-8

Step 08 执行【倒角】命令 CHA，设置倒角距离为 2，对左侧线段和左上方的水平线段进行倒角，效果如图 21-9 所示。

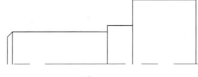

图 21-9

Step 09 执行【偏移】命令 O，将点划线向上分别偏移 20、2，并将偏移 20 的水平线放入【隐藏线】图层，效果如图 21-10 所示。

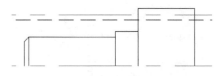

图 21-10

Step 10 执行【修剪】命令 TR，对图形进行修剪，效果如图 21-11 所示。

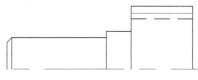

图 21-11

Step 11 执行【倒角】命令 CHA，设置倒角距离为 2，对图形右方的线段进行倒角，效果如图 21-12 所示。

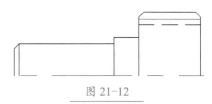

图 21-12

Step 12 执行【镜像】命令 MI，选择点划线上方的所有图形，捕捉点划线左端点和右端点作为镜像的第一个点和第二个点，然后对图形进行镜像复制，效果如图 21-13 所示。

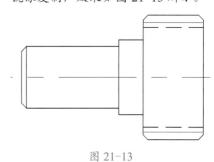

图 21-13

Step 13 执行【偏移】命令 O，选择图形左侧垂直线段向右依次偏移 10、15，然后将偏移后的线段都放入【隐藏线】图层，效果如图 21-14 所示。

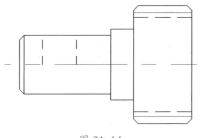

图 21-14

Step⑭ 执行【偏移】命令 O，选择点划线分别向上和向下偏移 5，并将偏移后的直线放入 0 图层，如图 21-15 所示。

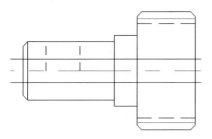

图 21-15

Step⑮ 执行【圆】命令 C，捕捉偏移直线与点划线的交点为圆心，依次绘制两个半径为 5 的圆，效果如图 21-16 所示。

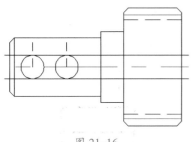

图 21-16

Step⑯ 执行【修剪】命令 TR，对图形进行修剪，效果如图 21-17 所示。

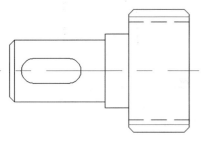

图 21-17

Step⑰ 执行【直线】命令 L，以圆弧和直线的交点为端点，绘制两条线段，并将其放入【隐藏线】图层中，效果如图 21-18 所示。

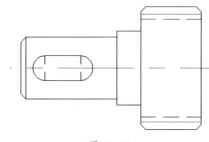

图 21-18

Step⑱ 执行【标注样式】命令 D，打开【标注样式管理器】对话框，❶ 单击【新建】按钮，❷ 打开【创建新标注样式】对话框，在【新样式名】下输入"齿轮轴"，❸ 单击【继续】按钮，如图 21-19 所示。

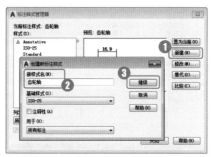

图 21-19

Step⑲ 打开【新建标注样式：齿轮轴】对话框，在【线】选项卡中设置标注颜色为蓝色，超出尺寸线的值为 2，起点偏移量的值为 3，如图 21-20 所示。

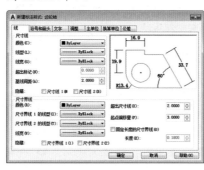

图 21-20

Step⑳ 选择【符号和箭头】选项卡，设置箭头为【实心闭合】，设置箭头大小为 0.5，如图 21-21 所示。

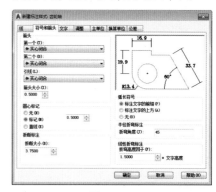

图 21-21

Step㉑ 选择【文字】选项卡，设置【文字高度】为 3，文字的垂直位置为【上】，设置【从尺寸线偏移】的值为 1，如图 21-22 所示。

图 21-22

Step㉒ 选择【主单位】选项卡，设置【精度】值为 0 并确定，如图 21-23 所示。

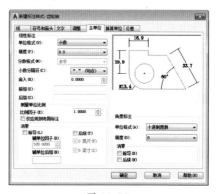

图 21-23

Step23 执行【线性标注】命令 DLI，捕捉图形左下方及其相邻的端点，标注该段倒角的长度，如图 21-24 所示。

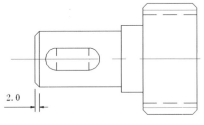

图 21-24

Step24 继续使用【线性标注】命令 DLI，对图形其他部分的长度进行标注，效果如图 21-25 所示。

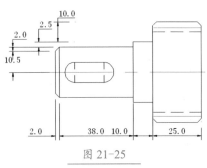

图 21-25

Step25 使用【半径标注】命令 DRA 对图形中左方圆弧进行半径标注，如图 21-26 所示。

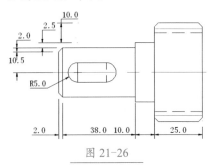

图 21-26

Step26 使用【半径标注】命令 DRA，对图形中右方圆弧进行半径标注，完成实例的制作，最终效果如图 21-27 所示。

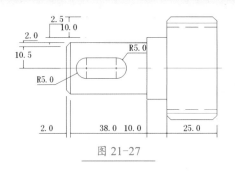

图 21-27

21.1.2 绘制球轴承二视图

实例的绘制过程中，需要绘制球轴承的主视图和剖视图两个部分的图形，具体绘制方法如下。

Step01 执行【图层】命令 LA，打开【图层特性管理器】对话框，再创建 5 个新图层，并设置各图层的颜色、线型和线宽，如图 21-28 所示。

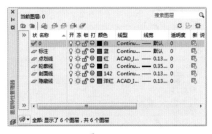

图 21-28

在绘图过程中，需要注意以下 3 个关键点：一是创建所需要的图层；二是使用常用的绘图和修改命令绘制好主视图轮廓，并对图形进行填充；三是参照主视图的各个轮廓线，绘制剖视图的辅助线，并绘制出剖面图。

Step02 单击界面右下角的【自定义】按钮▤，单击【线宽】命令。① 右击状态栏的【显示/隐藏线宽】按钮显示线宽，② 单击【线宽设置】命令，打开【线宽设置】对话框，③ 设置内容，设置完毕后，④ 单击【确定】按钮，如图 21-29 所示。

图 21-29

Step03 将【轮廓线】图层设置为当前层，执行【矩形】命令 REC，在绘图区绘制长为 26、宽为 100、圆角半径为 1 的圆角矩形，效果如图 21-30 所示。

图 21-30

Step04 执行【分解】命令 X，选择所绘制的圆角矩形，将其分解为各个独立的对象。使用【偏移】命令 O 对矩形上方的边进行 3 次向下偏移操作，偏移距离分别设置为 8、9、10，如图 21-31 所示。

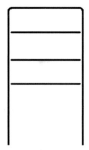

图 21-31

Step05 执行【延伸】命令 EX，选择矩形的左右边线作为延伸边界，对偏移得到的线进行延伸，效果如图 21-32 所示。

图 21-32

Step06 使用【圆角】命令 F 对下方偏移得到的线段进行圆角操作，如图 21-33 所示。

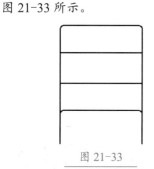

图 21-33

Step07 使用【圆】命令 C 绘制一个半径为 6 的圆，将其放在如图 21-34 所示的位置。

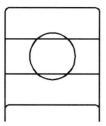

图 21-34

Step08 执行【修剪】命令 TR，以绘制的圆作为剪切边界，剪掉圆内的轮廓线，效果如图 21-35 所示。

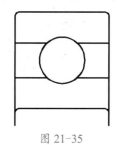

图 21-35

Step09 执行【镜像】命令 MI，在矩形左右两边的中点位置指定镜像线，如图 21-36 所示。

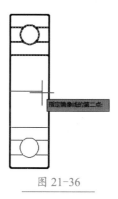

图 21-36

Step10 对偏移得到的 3 条线段和圆进行镜像复制，效果如图 21-37 所示。

图 21-37

Step11 将【剖面线】图层设置为当前图层，执行【图案填充】命令 H，输入子命令【设置】T，打开【图案填充和渐变色】对话框，❶ 设置填充图案为 ANSI31，❷ 设置填充比例为 1.5，❸ 单击【确定】按钮，如图 21-38 所示。

图 21-38

Step12 对主视图剖面图进行填充，效果如图 21-39 所示。

图 21-39

Step13 执行【图案填充】命令 H，输入子命令【设置】T，❶ 在【图案填充和渐变色】对话框中将填充角度修改为 90，其他参数保持不变，❷ 单击【确定】按钮，如图 21-40 所示。

图 21-40

Step14 继续对主视图进行填充，效果如图 21-41 所示。

图 21-41

Step⑮ 将【点划线】图层设置为当前图层，执行【构造线】命令 XL，根据球轴承主视图各轮廓线的位置，绘制构造线作为辅助线，如图 21-42 所示。

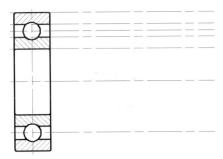

图 21-42

Step⑯ 执行【偏移】命令 O，将左方的垂直点划线向右偏移 100，效果如图 21-43 所示。

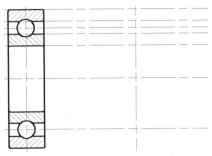

图 21-43

Step⑰ 设置【轮廓线】为当前图层，执行【圆】命令 C，O 点为圆心，如图 21-44 所示。

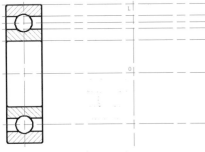

图 21-44

Step⑱ 以线段 OL 为半径绘制一个圆，效果如图 21-45 所示。

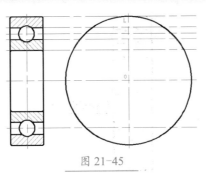

图 21-45

Step⑲ 执行【圆】命令 C，仍以 O 点为圆心，依次再绘制 4 个圆，如图 21-46 所示。

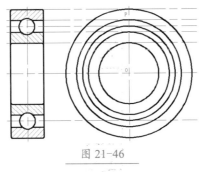

图 21-46

Step⑳ 执行【圆】命令 C，以 P 点为圆心，绘制半径为 6 的圆，作为滚珠轮廓线，效果如图 21-47 所示。

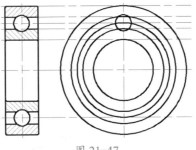

图 21-47

Step㉑ 执行【修剪】命令 TR，以圆1 和圆 2 为修剪边界，如图 21-48 所示。

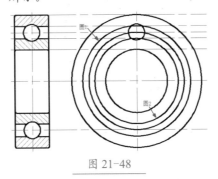

图 21-48

Step㉒ 对刚绘制的圆进行修剪，效果如图 21-49 所示。

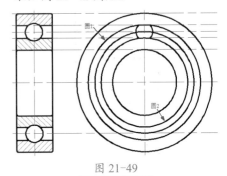

图 21-49

Step㉓ 单击【环形阵列】命令 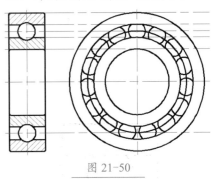，选择修剪后的两段圆弧，以圆心为阵列中心点，对选择的图形进行环形阵列，设置阵列的数目为15，阵列效果如图 21-50 所示。

图 21-50

Step㉔ 使用【修剪】命令 TR 修剪辅助线，使用【删除】命令 E 删除不需要的辅助线，效果如图 21-51 所示。

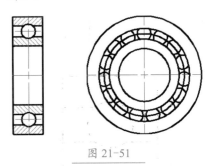

图 21-51

Step㉕ 选择圆形，将其放入【隐藏线】图层中，如图 21-52 所示。

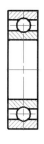
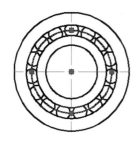

图 21-52

Step 26 执行【拉长】命令 LEN，将其中的点划线向两端分别拉长 5，效果如图 21-53 所示。

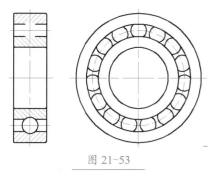

图 21-53

Step 27 将【标注】图层设置为当前图层，执行【线性标注】命令 DLI，对球轴承各段的长度进行标注，如图 21-54 所示。

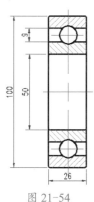

图 21-54

Step 28 使用【直径标注】命令 DDI 对球轴承的各个圆形进行直径标注，完成实例的制作，如图 21-55 所示。

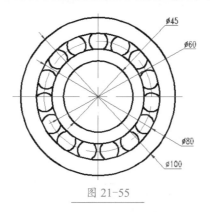

图 21-55

> **技术看板**
>
> 在对图形进行标注之前，需要设置好标注的样式。在机械设计图中，对于图形尺寸相近的机械图，其标注样式的参数也基本相同，用户可以参考上一个案例中的方法，创建新的标注样式，个别特殊的机械图只需对标注样式中的文字高度进行适当调节即可。

21.1.3 绘制手轮

在绘制手轮图形的过程中，先使用【圆】命令 C、【偏移】命令 O 和【阵列】命令 AR 绘制出手轮的整体轮廓，然后通过【偏移】命令 O、【圆】命令 C 和【修剪】命令 TR 等对图形进行修改，具体绘制方法如下。

Step 01 执行【图层】命令 LA，新建一个【点划线】图层，设置其【线型】为 CENTER，【颜色】为红色，然后双击该图层，将其设为当前图层，如图 21-56 所示。

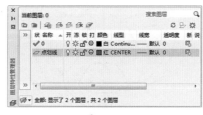

图 21-56

Step 02 执行【直线】命令 L，绘制一

条长为 50 的水平线和一条长为 60 的垂直线，如图 21-57 所示。

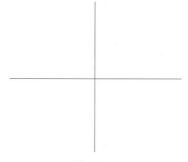

图 21-57

Step 03 将 0 图层设置为当前层，执行【圆】命令 C，以两条直线的交点为圆心，绘制半径分别为 10、20、25 的同心圆，效果如图 21-58 所示。

图 21-58

Step 04 执行【偏移】命令 O，将垂直点划线分别向左和向右各偏移 2.5，并将偏移后的直线放入 0 图层，效果如图 21-59 所示。

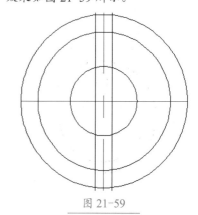

图 21-59

Step 05 执行【修剪】命令 TR，对图

形进行修剪，效果如图 21-60 所示。

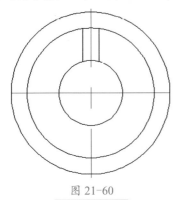

图 21-60

Step 06 执行【偏移】命令 O，将水平点划线向上偏移 40，如图 21-61 所示。

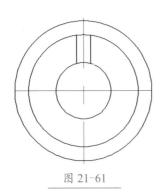

图 21-61

Step 07 执行【圆】命令 C，以偏移直线的中点为圆心，绘制半径为 17 的圆，如图 21-62 所示。

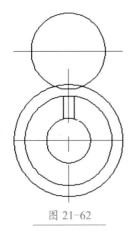

图 21-62

Step 08 执行【修剪】命令 TR，对绘

制的圆形进行修剪，然后执行【删除】命令 E，将最外圆上方的辅助线删除，效果如图 21-63 所示。

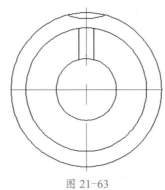

图 21-63

Step 09 执行【阵列】命令 AR，选择修剪后的圆弧并确定，在弹出的菜单中选择【极轴】选项，然后设置阵列的数目为 5，填充角度为 360，阵列效果如图 21-64 所示。

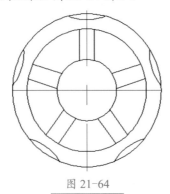

图 21-64

Step 10 执行【修剪】命令 TR，对图形进行修剪，然后执行【圆角】命令 F，设置圆角半径为 2，对图形进行圆角处理，效果如图 21-65 所示。

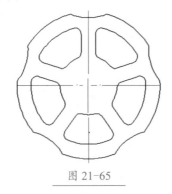

图 21-65

Step 11 执行【多边形】命令 POL，以圆心为中心点绘制外切于圆、半径为 4 的正四边形，效果如图 21-66 所示。

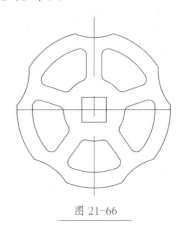

图 21-66

Step 12 使用【线性标注】命令 DLI 和【半径标注】命令 DRA 对图形进行标注，完成实例的制作，效果如图 21-67 所示。

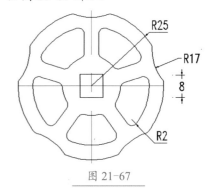

图 21-67

21.1.4 绘制方向盘

首先绘制出方向盘的主体轮廓和一个把手，然后对把手进行环形阵列操作，再删除多余的图形，即可完成方向盘的绘制。

Step 01 使用【LA】命令打开【图层特性管理器】，新建【点划线】图层，设置其【线型】为 CENTER，【颜色】为红色；新建【隐藏线】图层，设置其【线型】为 DIVIDE，【颜色】为黑色，如图 21-68 所示。

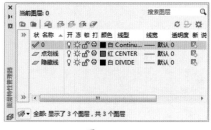

图 21-68

Step 02 将【点划线】图层设置为当前图层，执行【直线】命令 L，绘制两条互相垂直的直线，效果如图 21-69 所示。

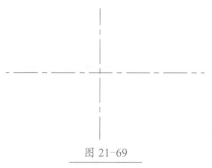

图 21-69

Step 03 执行【圆】命令 C，以点划线交点为圆心，绘制半径分别为 70、80、270 的同心圆，效果如图 21-70 所示。

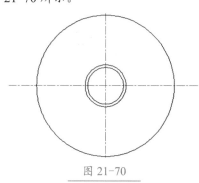

图 21-70

Step 04 执行【偏移】命令 O，将半径为 270 的圆向外和向内分别偏移 18，并将半径为 270 的圆放入【隐藏线】图层，效果如图 21-71 所示。

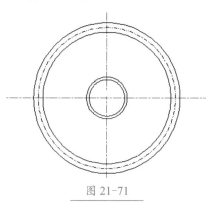

图 21-71

Step 05 执行【偏移】命令 O，将水平点划线向上偏移 140，将垂直点划线向左偏移 50，效果如图 21-72 所示。

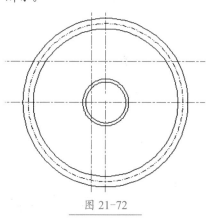

图 21-72

Step 06 执行【圆】命令 C，参照下图，以交点 O 为圆心，绘制半径分别为 120、150、180 的同心圆，然后将半径为 150 的圆放入【隐藏线】图层，如图 21-73 所示。

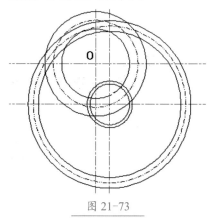

图 21-73

Step 07 执行【修剪】命令 TR，对图形进行修剪，效果如图 21-74 所示。

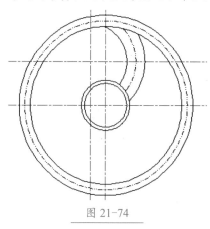

图 21-74

Step 08 执行【阵列】命令 AR，选择修剪后的 3 条圆弧并确定，在快捷菜单中选择【极轴】选项，设置阵列的数目为 3、填充角度为 360，阵列效果如图 21-75 所示。

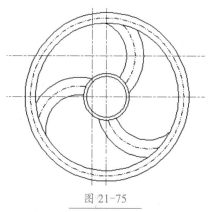

图 21-75

Step 09 执行【删除】命令 E，删除多余的辅助线，效果如图 21-76 所示。

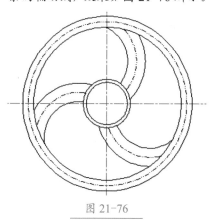

图 21-76

Step⑩ 使用【半径标注】命令 DRA 标注图形的半径，完成实例的制作，如图 21-77 所示。

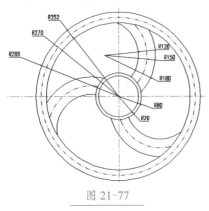

图 21-77

21.1.5 绘制电主轴套图

首先绘制平面图，用来表达机件的外部结构，再绘制电主轴套剖面图，最后对电主轴套图进行尺寸标注。具体操作方法如下。

Step① 使用【LA】命令打开【图层特性管理器】，❶ 新建【标注线】【辅助线】【轮廓线】图层；❷ 设置辅助线颜色为【红色】，【线型】为【ACAD-ISO08W100】，如图 21-78 所示。

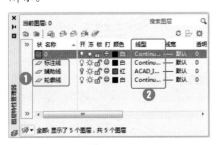

图 21-78

Step② ❶ 设置【辅助线】图层为当前图层，按【F8】键打开【正交】模式，执行【构造线】命令 XL，❷ 绘制相交线，如图 21-79 所示。

图 21-79

Step③ ❶ 设置当前图层为【轮廓线】；❷ 执行【圆】命令 C，以相同圆心绘制一个半径为 75 的圆和一个半径为 65 的圆，如图 21-80 所示。

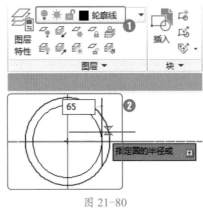

图 21-80

Step④ 执行【矩形】命令 REC，绘制长 20、宽 30 的矩形；执行【移动】命令 M，将矩形对象移至内圆相切，如图 21-81 所示。

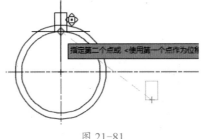

图 21-81

Step⑤ 执行【修剪】命令 TR，按【空格】键两次；在需要被修剪的矩形边上单击，如图 21-82 所示。

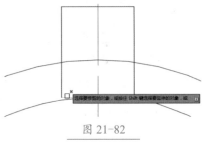

图 21-82

Step⑥ 在没有结束修剪命令的前提下，继续在需要被修剪的矩形边上单击，即可修剪被单击的边，如图 21-83 所示。

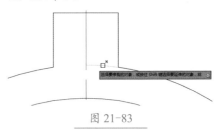

图 21-83

Step⑦ 执行【直线】命令 L，绘制矩形的中线，如图 21-84 所示。

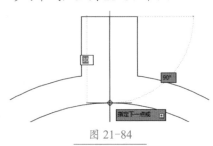

图 21-84

Step⑧ 选择绘制的矩形中线，执行【镜像】命令 MI，单击指定圆心为镜像线的第一点，在圆的右象限点单击指定镜像线的第二点，如图 21-85 所示。

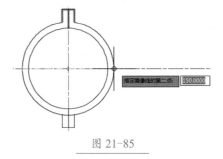

图 21-85

Step⑨ 执行【修剪】命令 TR，对矩形与圆相交的线段进行修剪，并删除多余的线段，如图 21-86 所示。

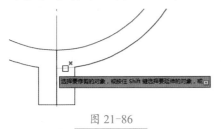

图 21-86

Step⑩ 单击【图层】下拉按钮，单击【辅助线】图层前的"灯泡"关闭【辅助线】图层，设置【辅助线】图层为当前图层，如图 21-87 所示。

图 21-87

Step⑪ 执行【复制】命令 CO，按照平面图复制辅助线，效果如图 21-88 所示。

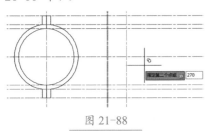

图 21-88

Step⑫ 设置【轮廓线】为当前图层；执行【直线】命令 L，绘制宽度为 270 的剖面轮廓图形，如图 21-89 所示。

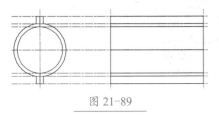

图 21-89

Step⑬ 执行【圆】命令 C，绘制一个直径为 9 的圆；执行【移动】命令 M，将圆向右侧移动 25，如图 21-90 所示。

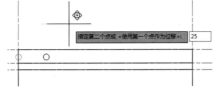

图 21-90

Step⑭ 执行【矩形阵列】命令 AR，指定行数为 1，列数为 12，间距为 20，并取消【关联】状态，将圆阵列后的效果，如图 21-91 所示。

图 21-91

Step⑮ 执行【图案填充】命令 H，单击【图案】下拉按钮，选择【ANSI31】图案，其他设置保持默认；单击拾取内部点，如图 21-92 所示。

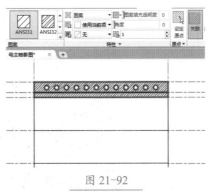

图 21-92

Step⑯ 填充套筒和螺座图案，效果如图 21-93 所示。

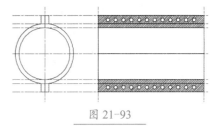

图 21-93

技术看板

假想用剖切面剖开物体，将处在观察者和剖切面之间的部分移去，而将其余部分向投影面投射所得的图形，称为剖视图。

Step⑰ 输入并执行命令【D】打开【标注样式管理器】对话框，单击【新建】按钮；输入新样式名"机械标注"；单击【继续】按钮，如图 21-94 所示。

图 21-94

Step⑱ 单击【线】选项卡，设置【超出尺寸线】为 3，设置【起点偏移量】为 3，如图 21-95 所示。

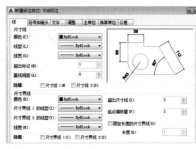

图 21-95

Step⑲ 单击【符号和箭头】选项卡，设置符号和箭头样式及箭头大小，如图 21-96 所示。

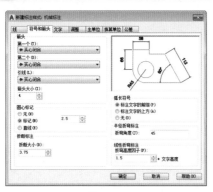

图 21-96

Step 20 单击【文字】选项卡，设置文字外观和文字位置，如图 21-97 所示。

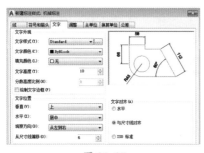

图 21-97

Step 21 ❶ 单击【主单位】选项卡，❷ 设置单位精度为 0；❸ 单击【确定】按钮，如图 21-98 所示。返回【标注样式管理器】对话框，将新建标注样式置为当前，并关闭窗口。

图 21-98

Step 22 选择【标注线】图层，执行【线性标注】命令 DLI、【连续标注】命令 DCO、【直径标注】命令 DDI，对图形进行标注，效果如图 21-99 所示。

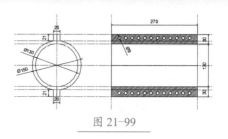

图 21-99

技术看板

机件真实大小应以图样上所标注的尺寸数据为依据，与图形的大小及绘图的准确度无关。机件的第一尺寸一般只标注一次，并应标注在反映该结构的最清晰的图形上。

21.2 三维机械模型

实例门类 软件功能 + 综合设计

机件（包括零件、部件和机器）的结构形状是多种多样的，有些机件的外形和内形都比较复杂，仅用 3 个视图不可能完整、清晰地把它们表达出来，而有些机件又不必通过 3 个视图表达，为此，国家标准规定了机件的各种表达方法，在绘制机件图样时，可根据具体情况选用。机械图形三维效果如图 21-100 所示。

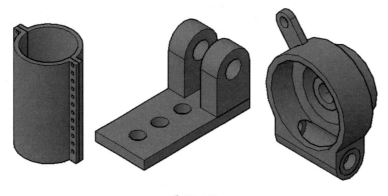

图 21-100

21.2.1 绘制带螺孔的套筒

本实例是将绘制完成的电主轴套平面图创建为直观的三维模型。切换至三维建模空间，创建多个视口及视图样式，再隐藏标注、辅助线图层，最后根据平面图创建套筒，具体操作方法如下。

Step01 ❶ 打开"素材文件\第21章\电主轴套图.dwg"，❷ 设置【轮廓线】图层为当前图层；❸ 关闭【辅助线】和【标注线】图层，如图21-101所示，另存文件并命名为"创建带螺孔的套筒.dwg"。

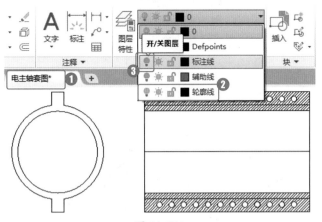

图 21-101

Step02 切换到【三维建模】工作空间，设置视口为【四个：相等】，设置每个视口的视图和视觉样式。在建模面板中单击【按住并拖动】按钮，如图21-102所示。

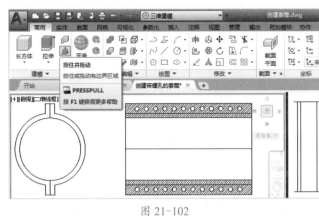

图 21-102

Step03 单击选择要拉伸的对象，按【空格】键确定，如图21-103所示。

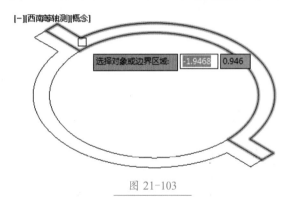

图 21-103

Step04 上移鼠标输入拉伸高度，如250，按【空格】键确定，如图21-104所示。

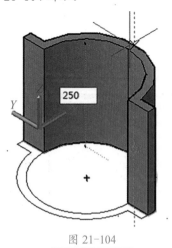

图 21-104

Step05 使用同样的方法绘制左侧的套筒，如图21-105所示。

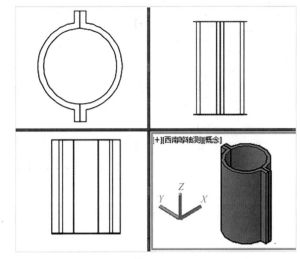

图 21-105

Step06 设置视口为【三个：左】，单击【圆柱体】命令，单击指定圆柱体的底面半径为4.5，按【空格】键确定，

413

如图 21-106 所示。

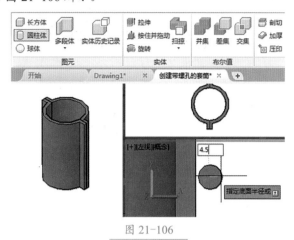

图 21-106

Step 07 指定圆柱体的高度为 40，按【空格】键确定，如图 21-107 所示。

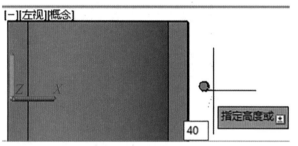

图 21-107

Step 08 结合 3 个视口中的视图，执行【移动】命令 M，将圆柱体移动至合适的位置，如图 21-108 所示。

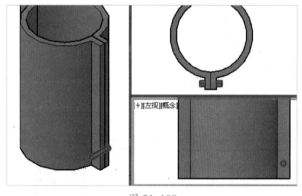

图 21-108

Step 09 激活【西南等轴测】视图；执行【矩形阵列】命令 AR，指定阵列的行数为 1，列数为 1，级别为 12，介于为 20，取消【关联】，如图 21-109 所示。

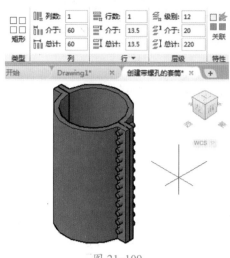

图 21-109

Step 10 激活【俯视】视图，执行【镜像】命令 MI，以圆的中线为镜像轴，将阵列的圆柱体进行镜像复制，如图 21-110 所示。

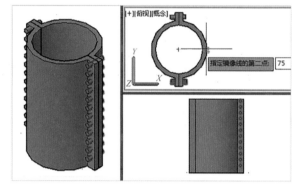

图 21-110

Step 11 单击【差集】命令，依次单击选择运算后要保留的对象，按【空格】键确定，如图 21-111 所示。

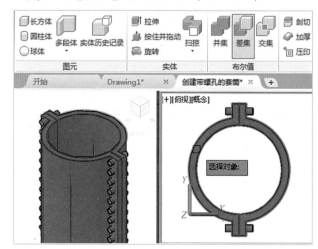

图 21-111

Step⑫ 单击选择运算后将被删除的对象（阵列圆柱体），如图 21-112 所示。

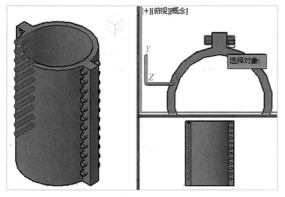

图 21-112

Step⑬ 选择另外一侧的圆柱，如图 21-113 所示。

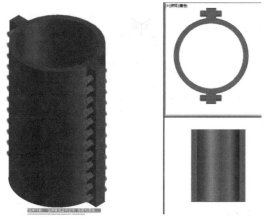

图 21-113

Step⑭ 按【空格】键确定执行差集命令即可减去这些圆柱体，创建螺孔，如图 21-114 所示。

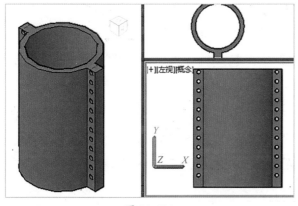

图 21-114

Step⑮ 在【常用】选项卡中，单击【剖切】按钮，选择剖切对象后，按【空格】键确定；选择套筒的圆心、上

中点和下中点，如图 21-115 所示。

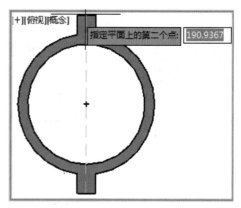

图 21-115

Step⑯ 在图形的左侧单击，即可切除右侧实体模型，如图 21-116 所示。

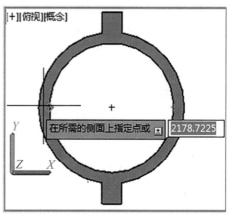

图 21-116

Step⑰ 剖切的效果如图 21-117 所示。

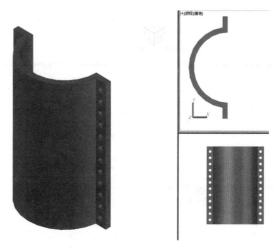

图 21-117

Step⑱ 剖切完成后，执行【镜像】命令 MI 复制套筒对

象，完成套筒模型的创建，如图 21-118 所示。

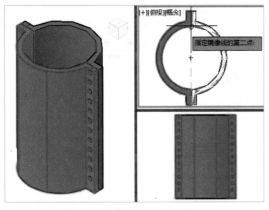

图 21-118

21.2.2 绘制支承座三维模型

在 AutoCAD 中，可以直接通过构建三维模型来进行产品设计，设计完成后，也可以通过软件投影生成二维图，具体操作方法如下。

Step 01 新建文件并设置视图，选择【三维建模】工作空间，使用【长方体】命令（快捷命令为 BOX）绘制长为 130，宽为 60，高为 10 的长方体，如图 21-119 所示。

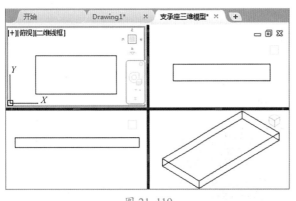

图 21-119

Step 02 按【空格】键重复【长方体】命令，在前视图中单击矩形右上角将其指定为起点，绘制长为 40，宽为 40，高为 20 的长方体，如图 21-120 所示。

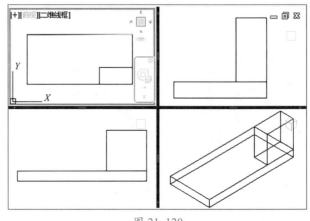

图 21-120

Step 03 单击【圆柱体】命令按钮（快捷命令为 CYL），单击长方体上方的中点将其指定为圆心，输入半径值 20，如图 21-121 所示。

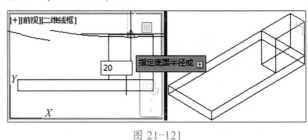

图 21-121

Step 04 按【空格】键确定，输入圆柱体的高度，如 -20，按【空格】键确定，如图 21-122 所示。

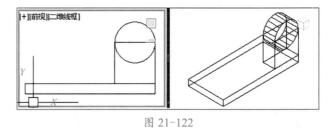

图 21-122

Step 05 设置【ISOLINES】值为 20，以相同圆心绘制一个半径为 10 的圆柱体，如图 21-123 所示。

图 21-123

Step 06 使用【并集】命令 合并上方的长方体和外圆

柱体，使用【差集】命令 将内部圆柱体减去，如图21-124所示。

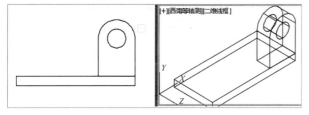

图 21-124

Step 07 执行【镜像】命令 MI，选择镜像对象，选择底面长方体的两点为镜像基点，如图 21-125 所示。

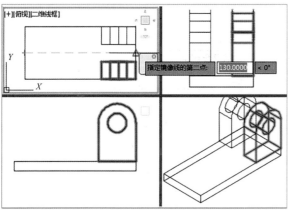

图 21-125

Step 08 在俯视图底面长方体的中点处绘制一条辅助线，在适当位置单击指定圆心，绘制半径为 8，高度为 10 的圆柱体，如图 21-126 所示。

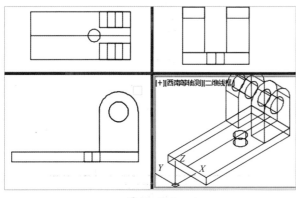

图 21-126

Step 09 执行【复制】命令 CO，将圆柱体向左复制两个并粘贴，如图 21-127 所示。

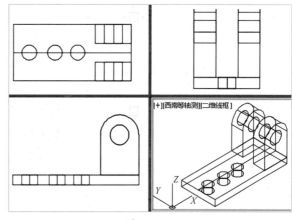

图 21-127

Step 10 单击【差集】命令按钮 ，选择要被减去某部分的对象，按【空格】键确定，如图 21-128 所示。

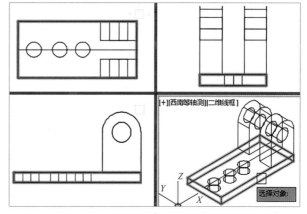

图 21-128

Step 11 依次单击选择三个半径为 8 的圆柱体，作为要减去的对象，按【空格】键确定，如图 21-129 所示。

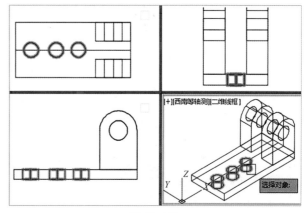

图 21-129

Step 12 完成差集运算，效果如图 21-130 所示。

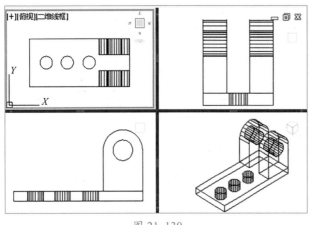

图 21-130

Step13 输入【消隐】命令 HI，按【空格】键确定，最终效果如图 21-131 所示。

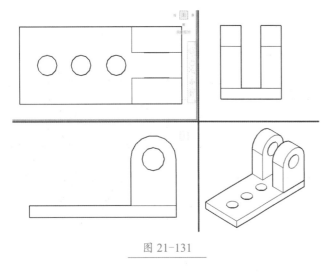

图 21-131

21.2.3 绘制蜗轮箱

本实例首先使用二维命令绘制蜗轮箱主体二维对象，使用旋转命令将其旋转为实体，再使用二维命令绘制各个零部件的二维形状，将这些形状使用三维创建和编辑命令创建为三维实体。使用并集、差集运算，将各个零部件创建完成后，删除多余线段，蜗轮箱绘制完成，具体操作方法如下。

Step01 新建图形文件，执行【直线】命令 L，输入直线起点坐标（0,0），按【空格】键确定，如图 21-132 所示。

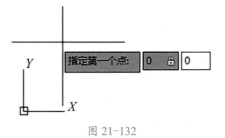

图 21-132

Step02 左移鼠标，输入起点至直线下一点的距离，如 26，按【空格】键两次，如图 21-133 所示。

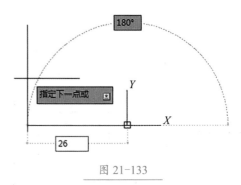

图 21-133

Step03 输入【多段线】命令 PL，按【空格】键确定，按住【Shift】键的同时单击鼠标右键，打开快捷菜单，单击【自】命令，如图 21-134 所示。

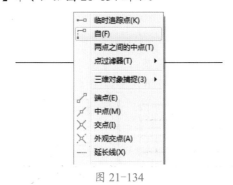

图 21-134

Step04 单击指定线的左端点为基点，如图 21-135 所示。

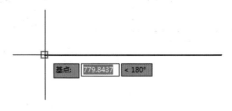

图 21-135

Step05 输入偏移值（@0,9），按【空格】键确定，如图 21-136 所示。

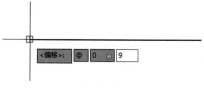

图 21-136

Step 06 右移鼠标，输入多线段的长度值 26，按【空格】键确定，如图 21-137 所示。

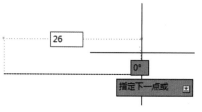

图 21-137

Step 07 上移鼠标，输入多段线长度值 23，按【空格】键确定，如图 21-138 所示。

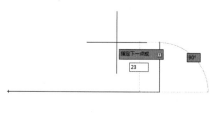

图 21-138

Step 08 左移鼠标，输入多线段的长度值 18，按【空格】键确定，指定第三条多段线的长度，如图 21-139 所示。

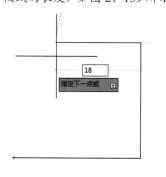

图 21-139

Step 09 上移鼠标，输入多线段的长度

值 13.5，按【空格】键确定，指定第四条多段线长度，如图 21-140 所示。

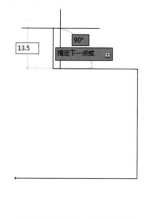

图 21-140

Step 10 左移鼠标，输入多线段的长度值 32，按【空格】键确定，指定第五条多段线长度，如图 21-141 所示。

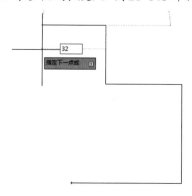

图 21-141

Step 11 下移鼠标，输入多线段的长度值 5.5，按【空格】键确定，指定第六条多段线长度，如图 21-142 所示。

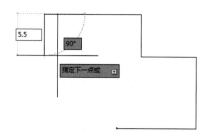

图 21-142

Step 12 右移鼠标，输入多线段的长度值 24，按【空格】键确定，指定第七条多段线长度，如图 21-143 所示。

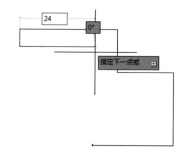

图 21-143

Step 13 下移鼠标，输入多线段的长度值 12.5，按【空格】键确定，指定第八条多段线长度，如图 21-144 所示。

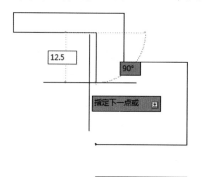

图 21-144

Step 14 右移鼠标，输入多线段的长度值 21，按【空格】键确定，指定第九条多段线长度，如图 21-145 所示。

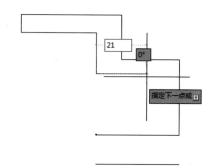

图 21-145

Step 15 下移鼠标，输入多线段的长度值 12.5，按【空格】键确定，指定第十条多段线长度，如图 21-146 所示。

第1篇 第2篇 第3篇 第4篇

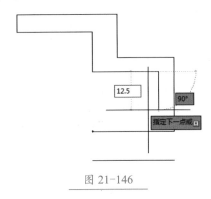

图 21-146

Step⑯ 左移鼠标，输入多线段的长度值 21，按【空格】键确定，指定第十一条多段线长度，如图 21-147 所示。

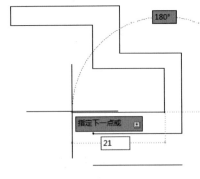

图 21-147

Step⑰ 输入子命令【闭合】C，按【空格】键确定，完成多段线的绘制，如图 21-148 所示。

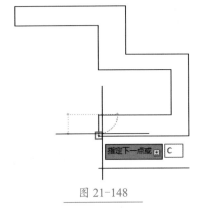

图 21-148

Step⑱ 输入【镜像】命令 MI，按【空格】键确定，单击选择要镜像的多段线，按【空格】键确定，单击直线左端点将其指定为镜像线的第一点，如图 21-149 所示。

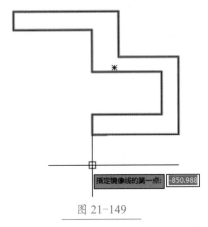

图 21-149

Step⑲ 单击指定直线右端点为镜像线的第二点，输入命令 Y，按【空格】键确定，删除源对象，即可完成所选对象的镜像，如图 21-150 所示。

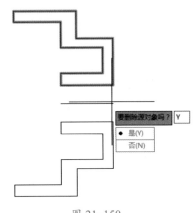

图 21-150

Step⑳ 输入【多段线】命令 PL，按【空格】键确定，单击多段线左下角并将其指定为起点，输入起点至下一个点的距离值 17，按【空格】键确定，如图 21-151 所示。

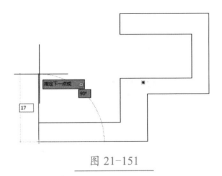

图 21-151

Step㉑ 右移鼠标，输入多线段的长度值 32，按【空格】键确定，指定多段线长度，如图 21-152 所示。

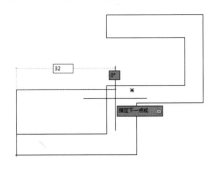

图 21-152

Step㉒ 下移鼠标，输入多线段的长度值 17，按【空格】键确定，指定多段线长度，如图 21-153 所示。

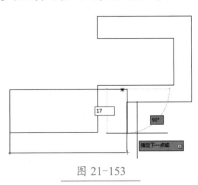

图 21-153

Step㉓ 输入子命令【圆弧】A，按【空格】键确定，如图 21-154 所示。

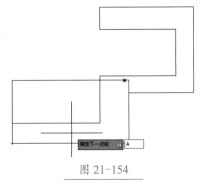

图 21-154

Step㉔ 左移鼠标，输入圆弧值 32，按【空格】键确定，如图 21-155 所示。

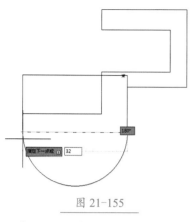

图 21-155

Step25 输入子命令【闭合】CL，按【空格】键确定，如图 21-156 所示。

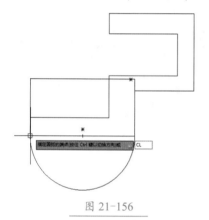

图 21-156

Step26 输入【圆】命令 C，按【空格】键确定，单击直线的中点将其指定为圆心，输入半径值 12，按【空格】键确定，如图 21-157 所示。

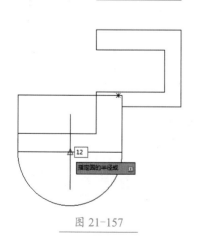

图 21-157

Step27 将视图调整为【西南等轴测】，如图 21-158 所示。

图 21-158

Step28 输入【UCS】命令，按【空格】键确定，输入命令 Y，按【空格】键确定，如图 21-159 所示。

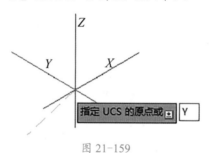

图 21-159

Step29 输入 Y 轴的旋转角度 -90，按【空格】键确定，如图 21-160 所示。

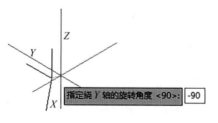

图 21-160

Step30 完成用户坐标的设置，效果如图 21-161 所示。

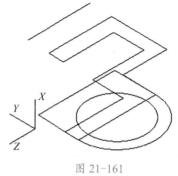

图 21-161

Step31 输入【圆】命令 C，按【空格】键确定；输入圆心坐标（0，0），按【空格】键确定，如图 21-162 所示。

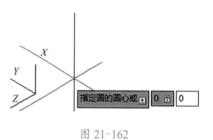

图 21-162

Step32 输入圆半径值 40，按【空格】键确定，如图 21-163 所示。

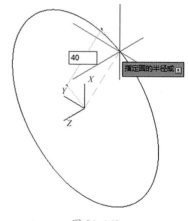

图 21-163

Step33 单击【拉伸】下拉按钮，单击【旋转】命令按钮，如图 21-164 所示。

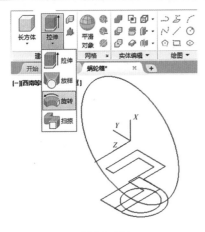

图 21-164

Step 34 单击选择多段线为旋转对象，按【空格】键确定，如图 21-165 所示。

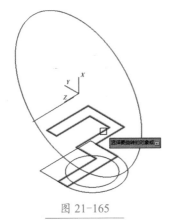

图 21-165

Step 35 单击坐标原点将其指定为旋转轴起点，如图 21-166 所示。

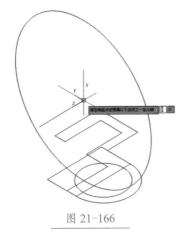

图 21-166

Step 36 左移鼠标单击指定旋转轴端点，如图 21-167 所示。

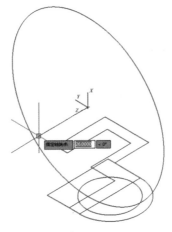

图 21-167

Step 37 输入旋转角度 360，按【空格】键确定，完成所选对象的旋转，效果如图 21-168 所示。

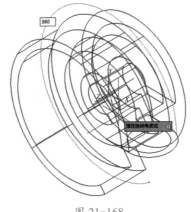

图 21-168

Step 38 单击【拉伸】命令按钮，单击选择半径为 12 的圆，如图 21-169 所示。

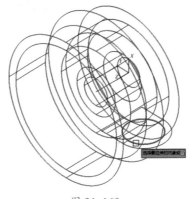

图 21-169

Step 39 单击继续拉伸对象，按【空格】键确定，如图 21-170 所示。

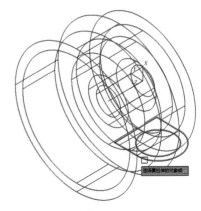

图 21-170

技术看板

此处的对象选择没有顺序，无论是先选择外面的对象，还是先选择里面的圆，拉伸效果都是相同的。

Step 40 上移鼠标，输入拉伸高度值 70，按【空格】键确定，如图 21-171 所示。

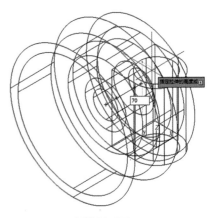

图 21-171

Step 41 选择拉伸得到的对象，输入【移动】命令 M，按【空格】键确定，单击指定移动基点，下移鼠标输入移动值 35，按【空格】键确定，效果如图 21-172 所示。

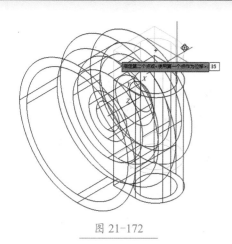

图 21-172

Step㊷ 单击【拉伸】按钮◪，选择半径为 40 的圆，如图 21-173 所示。

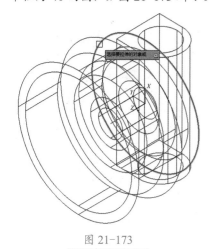

图 21-173

Step㊸ 左移鼠标输入拉伸值 80，按【空格】键确定，如图 21-174 所示。

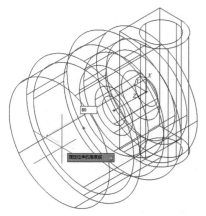

图 21-174

Step㊹ 单击【差集】命令按钮◪，如图 21-175 所示。

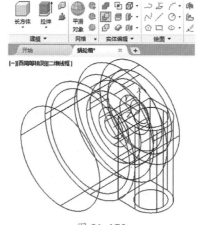

图 21-175

Step㊺ 选择要被减去的对象，按【空格】键确定，如图 21-176 所示。

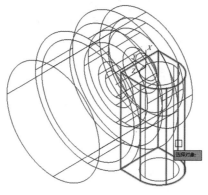

图 21-176

Step㊻ 继续选择要减去的对象，按【空格】键确定，如图 21-177 所示。

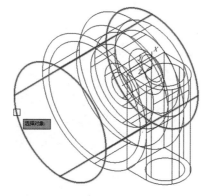

图 21-177

Step㊼ 单击【并集】命令按钮◪，单击选择对象，如图 21-178 所示。

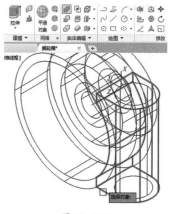

图 21-178

Step㊽ 单击【差集】命令按钮◪，单击选择要被减去某部分的对象，按【空格】键确定，如图 21-179 所示。

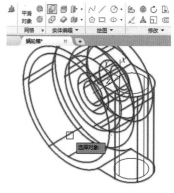

图 21-179

Step㊾ 单击选择要减去的对象，按【空格】键确定，如图 21-180 所示。

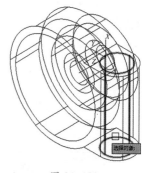

图 21-180

Step㊿ 设置视觉样式为【概念】，效果如图 21-181 所示。

图 21-181

Step 51 输入 UCS 命令，按【空格】键确定，输入命令 Y，按【空格】键确定，输入旋转角度 90，按【空格】键确定，如图 21-182 所示。

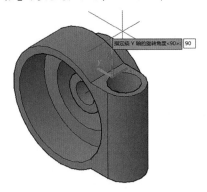

图 21-182

Step 52 使用【圆】命令 C，绘制半径值为 7.5 的同心圆，效果如图 21-183 所示。

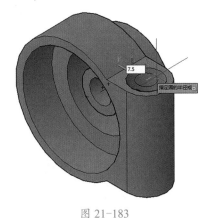

图 21-183

Step 53 使用【圆】命令 C，绘制半径为 12 的同心圆，效果如图 21-184 所示。

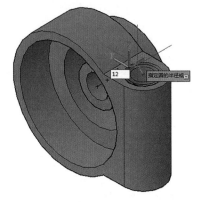

图 21-184

技术看板

此处的两个同心圆绘制完成后很难单独选择，可以框选这两个圆，设置【绘图次序】为【前置】，也可以在激活【面域】命令后框选这两个圆。

Step 54 单击【绘图】下拉按钮，单击【面域】命令 ，选择两个同心圆，按【空格】键确定，如图 21-185 所示。

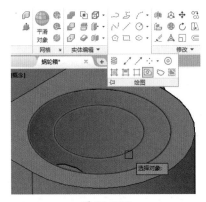

图 21-185

Step 55 单击【差集】命令 ，单击选择要被减去某部分的对象，按【空格】键确定，如图 21-186 所示。

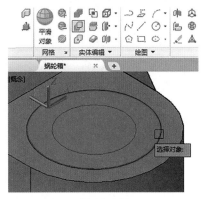

图 21-186

Step 56 单击选择要被减去的对象，按【空格】键确定，如图 21-187 所示。

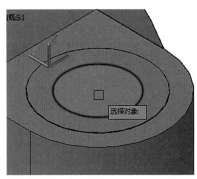

图 21-187

Step 57 单击【拉伸】命令按钮 ，单击选择要拉伸的面域对象，按【空格】键确定，如图 21-188 所示。

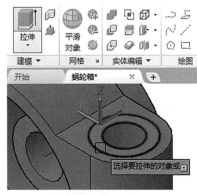

图 21-188

Step 58 下移鼠标输入拉伸高度值 8，按【空格】键确定，效果如图 21-189 所示。

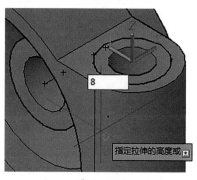

图 21-189

Step 59 在左视图中选择所有对象，输入【旋转】命令 RO，按【空格】键确定，在对象下方单击指定旋转基点，如图 21-190 所示。###

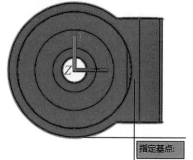

图 21-190

Step 60 按下【F8】键打开【正交】模式，下移鼠标单击指定旋转角度，如图 21-191 所示。

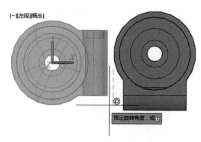

图 21-191

Step 61 切换到【西南等轴测】视图中，输入【镜像】命令 MI，按【空格】键确定，单击选择要镜像的对象，如图 21-192 所示。

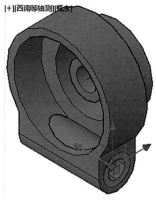

图 21-192

Step 62 在左视图中选择中点，将其指定为镜像线的第一点，如图 21-193 所示。

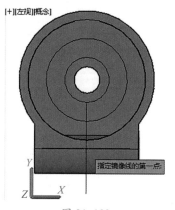

图 21-193

Step 63 下移鼠标单击指定镜像线的第二点，如图 21-194 所示。

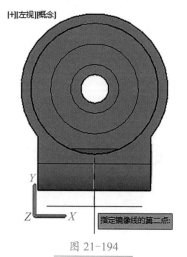

图 21-194

Step 64 切换到【西南等轴测】视图，保留源对象，如图 21-195 所示。

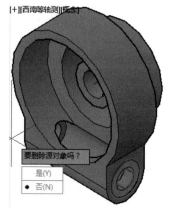

图 21-195

Step 65 激活【直线】命令 L，在绘图区空白处单击指定起点，输入下一点的坐标（67,130），按【空格】键确定，如图 21-196 所示。

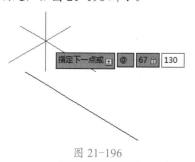

图 21-196

Step 66 执行【圆】命令 C，单击直线上端点并将其指定为圆心，输入半径值 5，按【空格】键确定，如图 21-197 所示。

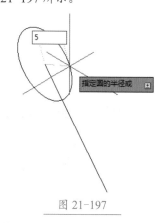

图 21-197

Step 67 按【空格】键激活【圆】命

令，绘制半径为 9 的同心圆，如图 21-198 所示。

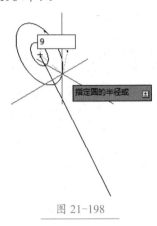

图 21-198

Step❻❽ 输入【偏移】命令 O，按【空格】键确定，输入偏移距离 9，按【空格】键确定，如图 21-199 所示。

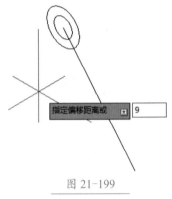

图 21-199

Step❻❾ 选择直线作为要偏移的对象，依次在直线两侧单击，偏移对象，如图 21-200 所示。

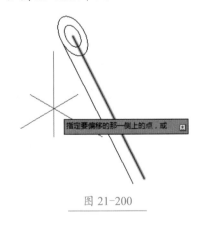

图 21-200

Step❼⓪ 输入【圆】命令 C，按【空格】键确定，单击中间直线的下端点并将其指定为圆心，如图 21-201 所示。

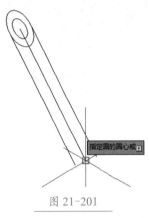

图 21-201

Step❼❶ 输入圆半径值 45.5，按【空格】键确定，如图 21-202 所示。

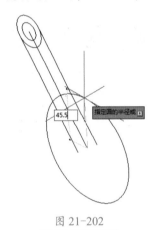

图 21-202

Step❼❷ 输入【修剪】命令 TR，按【空格】键两次，依次单击圆和直线要被修剪掉的部分，效果如图 21-203 所示。

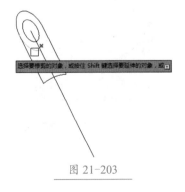

图 21-203

Step❼❸ 选择要合并的对象，输入【合并】命令 JOIN，按【空格】键确定，如图 21-204 所示。

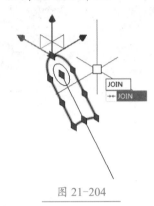

图 21-204

Step❼❹ 单击【拉伸】命令按钮，单击选择要拉伸的多段线对象，按【空格】键确定，如图 21-205 所示。

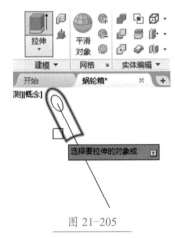

图 21-205

Step❼❺ 向左下方移动鼠标，输入拉伸高度值 6，按【空格】键确定，如图 21-206 所示。

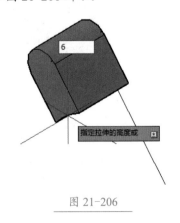

图 21-206

Step 76 按【空格】键激活【拉伸】命令 ▣，选中圆，按【空格】键确定，向左下方移动鼠标，输入拉伸高度值6，按【空格】键确定，如图 21-207 所示。

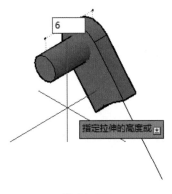

图 21-207

Step 77 单击【差集】命令 ▣，选择要被减去某部分的对象，按【空格】键确定，如图 21-208 所示。

图 21-208

Step 78 单击要减去的对象，按【空格】键确定，如图 21-209 所示。

图 21-209

Step 79 输入【移动】命令M，按【空格】键确定，单击直线下端点并将其指定为移动基点，如图 21-210 所示。

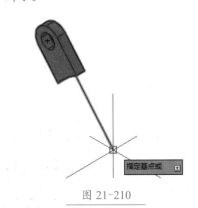

图 21-210

Step 80 单击圆心将其指定为移动第二点，如图 21-211 所示。

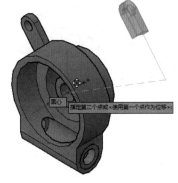

图 21-211

Step 81 删除多余的线段，完成蜗轮箱的基础建模，效果如图 21-212 所示。

图 21-212

本章小结

本章使用 AutoCAD 的二维和三维命令，绘制了一些常用的二维和三维机械图形，还综合运用了二维和三维图形的创建与编辑命令，以及各种辅助命令，这些命令在实际绘图过程中具有重要作用。要绘制复杂的图形对象，必须要多练习，这些工具才能使用得更加得心应手。

第**22**章 实战：园林景观设计

> ➥ 景观规划设计包括哪些内容?
>
> ➥ 小区园林景观设计包括哪些内容?

景观规划设计涵盖的内容十分广泛，主要涉及房屋的位置和朝向、周围的道路交通、园林绿化及地貌等。本章主要以小区景观规划设计初步方案为例，介绍小区园林景观设计的方法和技巧。

22.1 小区景观规划设计

实例门类	软件功能 + 综合设计

小区规划设计一般在甲方或政府提供的包括用地红线、退让红线、征地红线等要求的前提下，设计师在用地的范围内，合理规划建筑的位置、朝向、交通组织等。

居住小区的规划要与周围的自然环境相协调，充分利用规划设计手段，将住宅、道路、绿化、公建配套等在用地范围内进行精心布置，创造有序流动的小区空间。小区规划设计图绘制完成后的效果如图 22-1 所示。

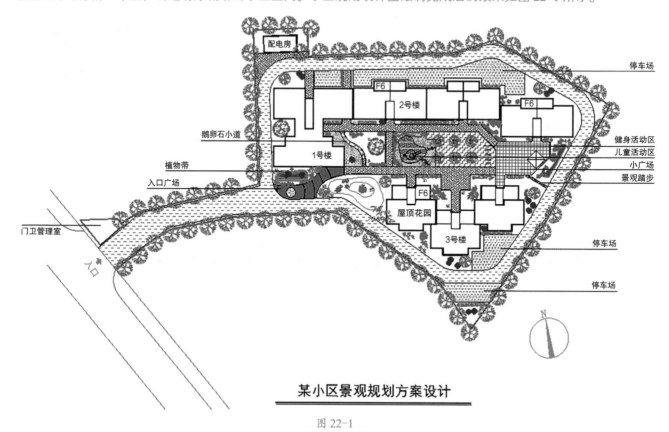

某小区景观规划方案设计

图 22-1

22.1.1 规划小区交通

在建筑红线的范围内，首先根据面积、指标等设计住宅楼的位置和朝向，然后绘制住宅小区的建筑轮廓，接着设计小区道路的交通组织。本节已将住宅建筑创建为外部块，用户只需插入即可，具体操作方法如下。

Step01 打开"素材文件\第22章\规划红线.dwg"，如图22-2所示。

图 22-2

Step02 执行【图层特性】命令LA，打开【图层特性管理器】选项板，新建图层并设置图层颜色，如图22-3所示。

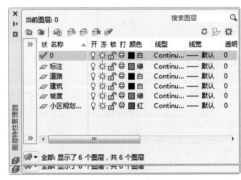

图 22-3

Step03 设置【道路】为当前图层，执行【直线】命令L，沿建筑红线勾画出轮廓，执行【偏移】命令O，向内偏移4500，如图22-4所示。

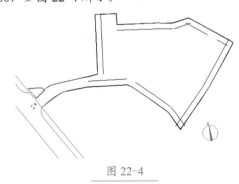

图 22-4

Step04 执行【圆角】命令F，设置圆角半径为7000，然后依次执行圆角命令，并调整图形，如图22-5所示。

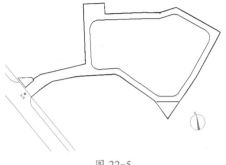

图 22-5

Step05 执行【偏移】命令O，将绘制的车行道线向外再偏移4000，如图22-6所示。

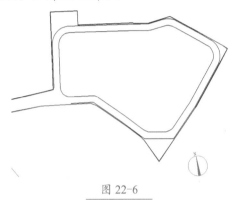

图 22-6

Step06 执行【插入】命令I，打开【块】面板，在【库】中选择素材文件【住宅楼】，如图22-7所示。

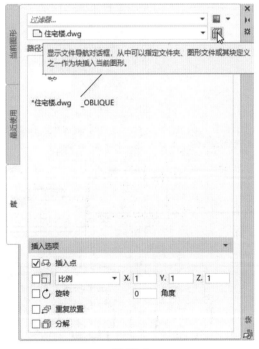

图 22-7

Step07 按住左键将"住宅楼"图块拖入图中，然后调整图形的位置，并将住宅楼转换至【建筑】图层，如图22-8所示。

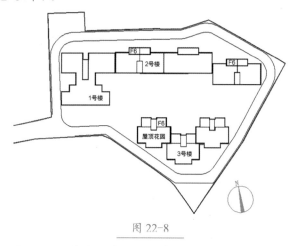

图 22-8

Step08 执行【直线】命令 L，在住宅户型的入口绘制辅助线，如图22-9所示。

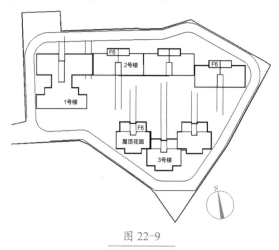

图 22-9

Step09 执行【直线】命令 L，根据住宅户型轮廓绘制辅助线，然后进行偏移，效果如图22-10所示。

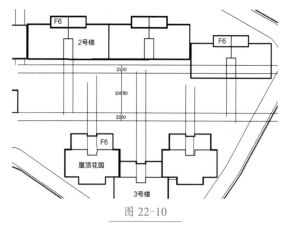

图 22-10

Step10 结合修剪、延伸、直线、删除工具，编辑图形，效果如图22-11所示。

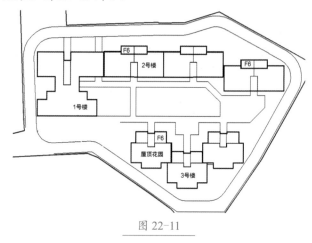

图 22-11

Step11 执行【样条曲线】命令 SPL，绘制入口道路，并使用控制点调整图形，如图22-12所示。

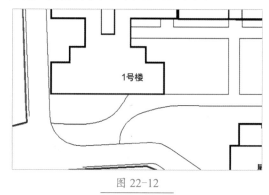

图 22-12

Step12 按【空格】键激活样条曲线命令，绘制 1 号楼的小道，并调整曲线；执行【偏移】命令 O，将样条曲线向右偏移900，如图22-13所示。

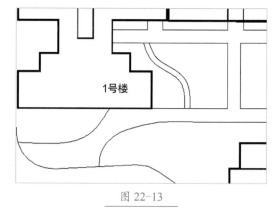

图 22-13

Step13 执行【矩形】命令 REC，绘制长 600、宽 300 的矩形图形；执行【旋转】命令 RO，将图形旋转至合适的角度后，执行【复制】命令 CO，如图22-14所示。

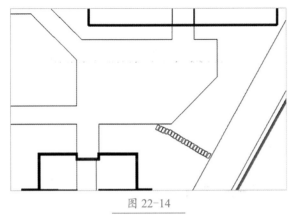

图 22-14

Step 14 执行【圆角】命令 F，设置圆角半径为 600，然后依次对道路边缘进行圆角处理，效果如图 22-15 所示。

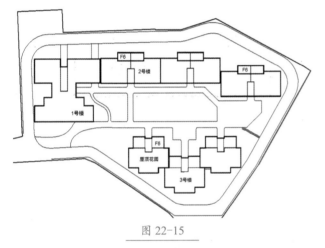

图 22-15

Step 15 新建【坡度】图层，设置颜色为绿色；执行【样条曲线】命令 SPL，绘制闭合曲线，然后通过控制点调整图形的弧度，如图 22-16 所示。

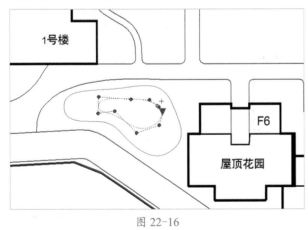

图 22-16

Step 16 使用样条曲线绘制其他地形，然后调整曲线弧度，最终效果如图 22-17 所示。

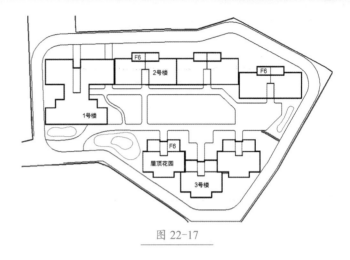

图 22-17

22.1.2 创建硬质景观

景观又分为硬质景观和软质景观，硬质景观通常包括铺装、雕塑、凉棚、座椅、灯光、果皮箱等；软质景观是指人工植被、河流等仿自然景观，如喷泉、水池、抗压草皮及被修剪过的树木等。本小节绘制硬质景观中的地面铺装，具体操作方法如下。

Step 01 执行【偏移】命令 O，设置偏移距离 100，偏移挡土线，如图 22-18 所示。

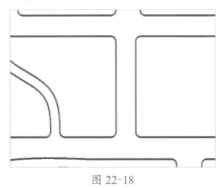

图 22-18

Step 02 执行【样条曲线】命令 SPL，绘制儿童游乐园区域，通过控制点调整曲线的弧度，效果如图 22-19 所示。

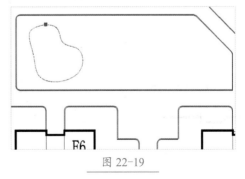

图 22-19

Step03 执行【直线】命令 L，绘制区域的地面分界线，如图 22-20 所示。

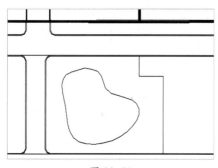

图 22-20

Step04 ❶ 执行【矩形】命令 REC，绘制 1200×1200 的正方形，然后向内偏移 250；执行【阵列】命令 AR，通过矩形阵列，设置阵列的列数为 3，介于 5000；行数为 2，介于 -5000，如图 22-21 所示。

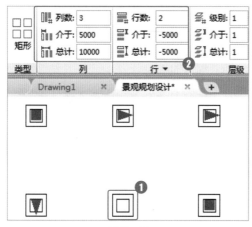

图 22-21

Step05 执行【矩形】命令 REC，绘制 4000×4000 的正方形；执行【偏移】命令 O，使矩形向内偏移 50；执行【直线】命令 L，绘制对角线，如图 22-22 所示。

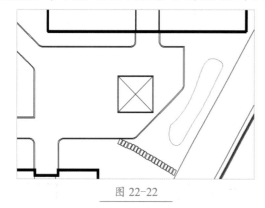

图 22-22

Step06 执行【旋转】命令 RO，将其旋转至合适位置，如图 22-23 所示。

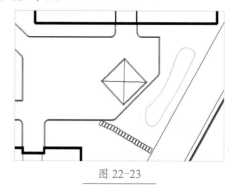

图 22-23

Step07 执行【图层特性】命令 LA，新建【铺装】图层，执行【圆】命令 C，绘制圆；执行【修剪】命令 TR，修剪图形，执行【偏移】命令 O，将 5 个弧形偏移 150，如图 22-24 所示。

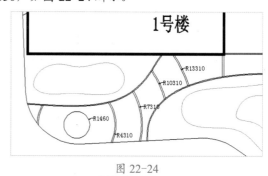

图 22-24

Step08 执行【直线】命令 L，将道路或其他未闭合的区域封闭起来，便于后面填充图案；执行【偏移】命令 O，偏移 150，如图 22-25 所示。

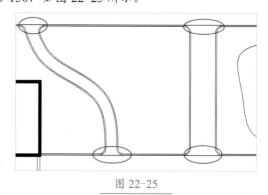

图 22-25

Step09 执行【图案填充】命令 H，选择【AR-B88】图案，设置颜色为 8 号颜色，比例为 1，填充图案，效果如图 22-26 所示。

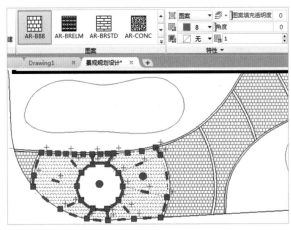

图 22-26

Step⑩ 执行【图案填充】命令 H，选择【AR-HBONE】图案，设置颜色为 107 号颜色，比例为 5，填充图案，如图 22-27 所示。

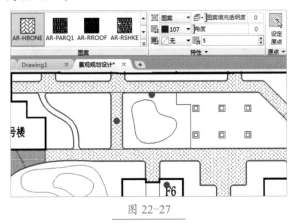

图 22-27

Step⑪ 执行【图案填充】命令 H，选择【NET】图案，设置颜色为 8 号颜色，比例为 300，填充图案，如图 22-28 所示。

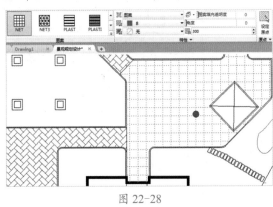

图 22-28

Step⑫ 执行【多段线】命令 PL，绘制出停车道区域；执行【图案填充】命令 H，选择【TRIANG】图案，设置

颜色为 63 号颜色，比例为 100，填充图案，如图 22-29 所示。

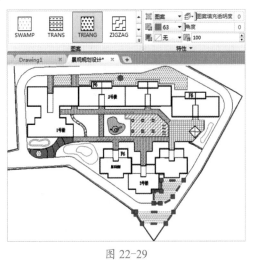

图 22-29

Step⑬ 执行【图案填充】命令 H，选择【DASH】图案，设置颜色为 8 号颜色，比例为 300，填充图案，如图 22-30 所示。

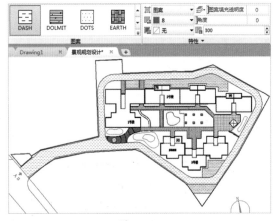

图 22-30

Step⑭ 使用同样的方法，根据构思填充其他区域，完成地面铺装，效果如图 22-31 所示。

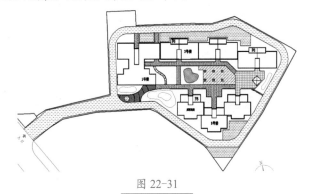

图 22-31

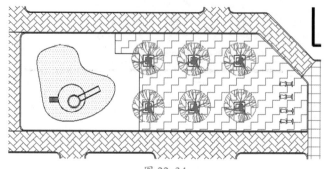

图 22-34

★重点 22.1.3　创建景观植物配置

本节主要根据植物的搭配原则，对景观进行简单的规划和设计。首先绘制行道树，其次根据需要搭配植物群落，最后标注景观说明，主要目的是使读者能了解制图的方法和技巧，具体操作方法如下。

Step 01 使用【多段线】命令 PL，勾画小区规划轮廓，打开"素材文件 \ 第 22 章 \ 植物平面图 .dwg"，将行道树的图形复制并粘贴至本实例中，执行【缩放】命令 SC，将图形放大至合适的大小，移动到车行道合适的位置，如图 22-32 所示。

Step 04 将素材文件中的图例复制并粘贴至本实例中，然后调整植物图形的位置，如图 22-35 所示。

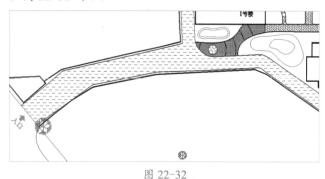

图 22-32

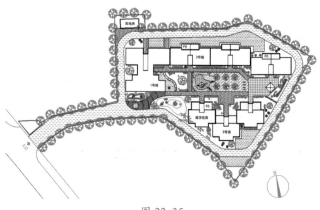

图 22-35

Step 02 使用【路径阵列】命令阵列行道树，选择多段线为阵列路径。激活【阵列创建】功能选项卡，设置列数介于参数为 6000，如图 22-33 所示。

Step 05 执行【直线】命令 L，在需要标注说明的地方绘制引线，执行【单行文字】命令 DT，设置比例为1500，标注景观的说明并调整至合适的位置，如图22-36 所示。

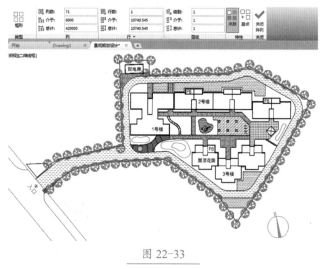

图 22-33

Step 03 将素材文件中的图例复制并粘贴至树池中，并调整大小，如图 22-34 所示。

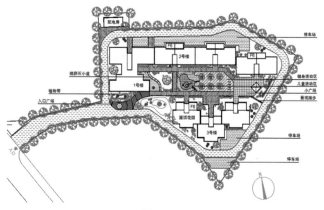

图 22-36

Step06 执行【多段线】命令 PL，设置宽度为 150，绘制一条多段线；执行【直线】命令 L，在多段线下方绘制一条等长的直线；执行【多行文字】命令 T，设置文字高度为 3000，字体为【黑体】，输入文字内容，调整字体的位置，最终效果如图 22-37 所示。

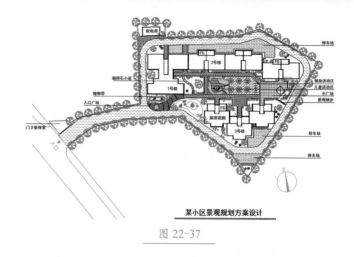

某小区景观规划方案设计

图 22-37

22.2 小区园林景观设计图

| 实例门类 | 软件功能 + 综合设计 |

　　通过园林景观设计，可以使环境具有欣赏价值，完善日常的功能，并能保证生态可持续性发展。在一定程度上，园林景观设计体现了人类文明的发展程度、价值取向及设计者个人的审美观念，完整的目标景观设计图纸效果如图 22-38 所示。

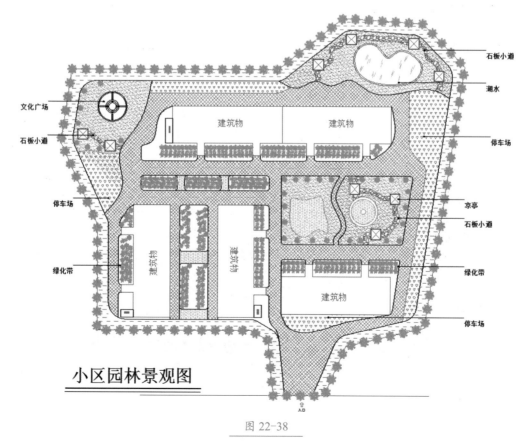

小区园林景观图

图 22-38

22.2.1 小区规划平面图

本实例整体规划采取半封闭式，保证居民的居住体验。半封闭的原因是尽量避免小区内提供的绿化及园林环境等设施被外来人员占用或破坏。小区内主干道采取环形形式，便于消防车通行。小区内小路则以幽径为主，可以降低汽车噪声，保持空气清新。绘制小区平面图的具体操作方法如下。

Step01 打开"素材文件 \ 第22章 \ 小区规划平面图 .dwg"，如图 22-39 所示。

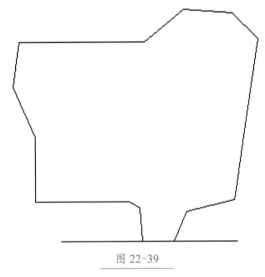

图 22-39

Step02 打开【图层特性管理器】，依次创建图层，如图 22-40 所示。

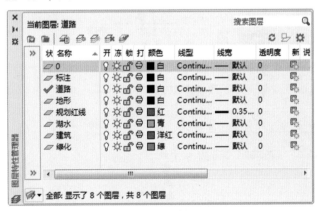

图 22-40

Step03 选择文件中的图形对象，单击【图层】下拉按钮，选择【规划红线】图层，如图 22-41 所示。

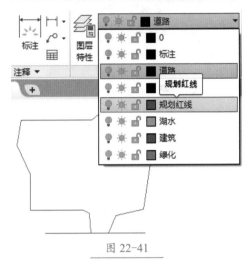

图 22-41

Step04 使用【偏移】命令 O 将外框线向内偏移 4500，并将偏移得到的对象放置到【地形】图层，如图 22-42 所示。

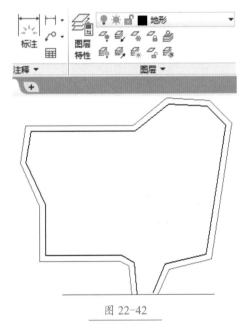

图 22-42

Step05 将图块【建筑】插入当前图形，复制并移动到适当位置，如图 22-43 所示。

Step06 选择【道路】图层，使用【直线】命令 L 和【复制】命令 CO，创建建筑物入口通道，效果如图 22-44 所示。

Step07 使用【直线】命令 L 根据住宅户型轮廓绘制辅助线，如图 22-45 所示。

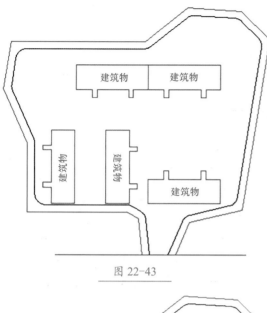

图 22-43

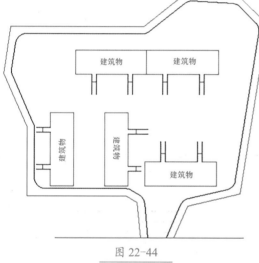

图 22-44

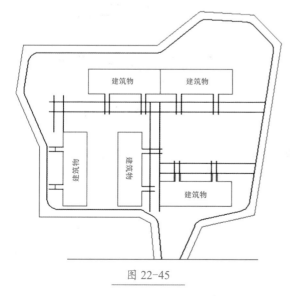

图 22-45

Step⑧ 使用【直线】命令 L 绘制主通道轮廓线，如图 22-46 所示。

图 22-46

Step⑨ 使用【修剪】命令 TR，修剪并调整图形，效果如图 22-47 所示。

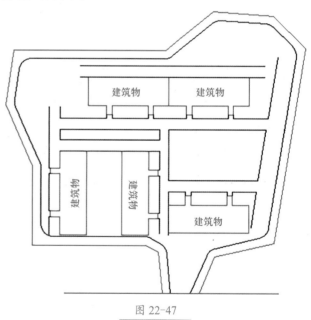

图 22-47

Step⑩ 使用【样条曲线】命令 SPL，绘制小区道路，效果如图 22-48 所示。

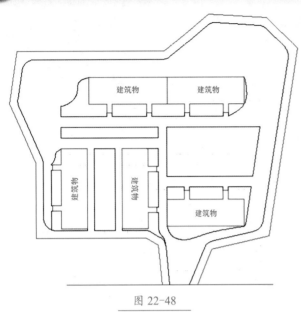

图 22-48

Step11 使用【圆角】命令 F 在道路拐角处执行圆角操作，完成小区规划平面图的绘制，如图 22-49 所示。

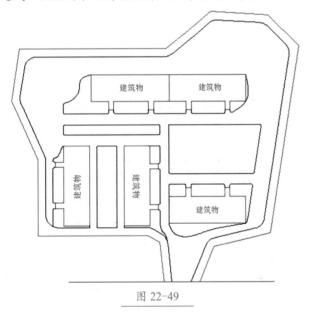

图 22-49

22.2.2 小区功能分区图

园林景观设计是指在建筑设计或规划的过程中，对周围环境要素进行整体的考虑，包括自然要素和人工要素，使得建筑（群）与自然环境相呼应，使用起来更方便、更舒适。小区整体规划完成后，接下来进行功能区的划分及人工设施的绘制，具体操作方法如下。

Step01 打开"素材文件\第 22 章\小区规划平面图 .dwg"，新建图层【湖岸】，使用【样条曲线】命令 SPL 创建湖泊，如图 22-50 所示。

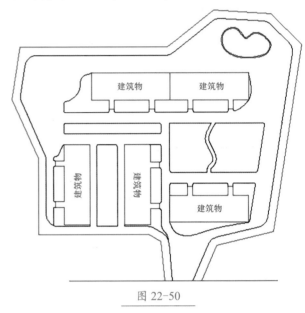

图 22-50

Step02 选择【道路】图层，使用【样条曲线】命令 SPL，绘制小区内的地面分界线，效果如图 22-51 所示。

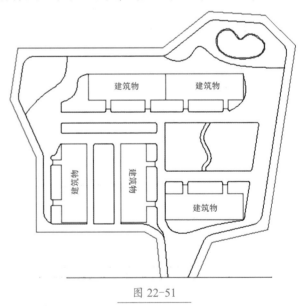

图 22-51

Step03 调整并修改地面分界线，在【湖水】图层绘制湖水，如图 22-52 所示。

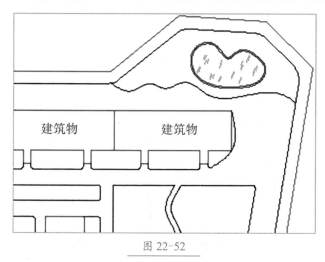

图 22-52

Step 04 创建【灰线】图层，使用【样条曲线】命令 SPL 绘制儿童游乐区，如图 22-53 所示。

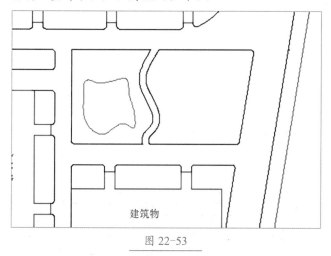

图 22-53

Step 05 进入【建筑】图层，使用【矩形】命令 REC，绘制边长为 4000 的矩形作为凉亭，使用【偏移】命令 O 和【直线】命令 L 完成凉亭的绘制，并依次复制并粘贴到相应位置，如图 22-54 所示。

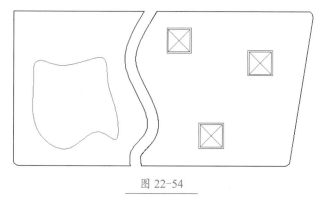

图 22-54

Step 06 复制凉亭并粘贴到湖泊处的适当位置，如图 22-55 所示。

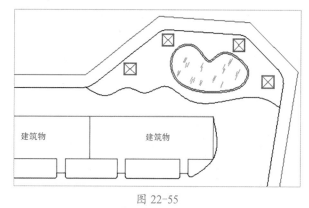

图 22-55

Step 07 复制两个凉亭并粘贴到小区左上角的文化广场，如图 22-56 所示。

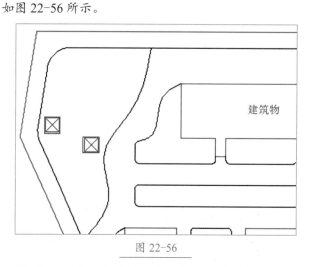

图 22-56

Step 08 进入【灰线】图层，在小区中心广场绘制圆，如图 22-57 所示。

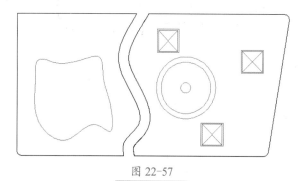

图 22-57

Step 09 使用【灰线】图层创建小区停车场区域，将未封闭的地面区域用【直线】命令 L 进行连接，如图 22-58 所示。

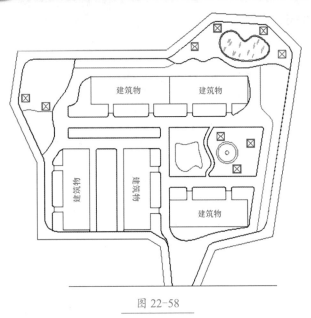

图 22-58

Step⑩ 激活【填充】命令，选择【图案】NET，设置比例为 300，角度为 45，填充小区道路，效果如图 22-59 所示。

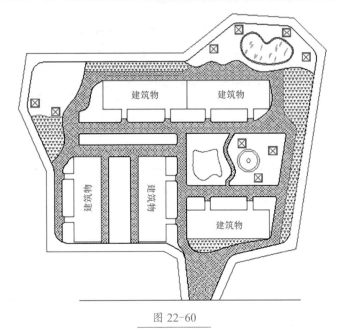

图 22-60

Step⑫ 使用【样条曲线】命令 SPL 绘制凉亭间的小道，效果如图 22-61 所示。

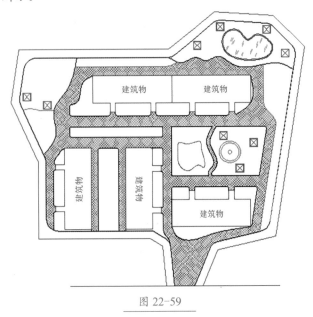

图 22-59

Step⑪ 激活【填充】命令，选择【图案】NET，设置比例为 200，填充小区停车场，效果如图 22-60 所示。

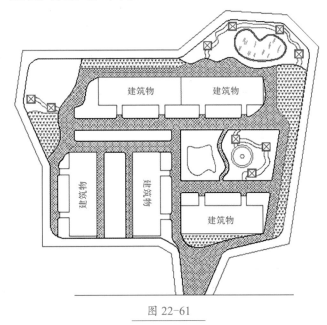

图 22-61

Step⑬ 给凉亭间的小道填充代表石板的图案，如 GRAVEL，比例为 100，效果如图 22-62 所示。

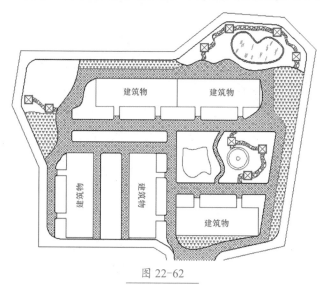

图 22-62

Step⑭ 给儿童游乐区与中心广场填充图案，如图 22-63 所示。

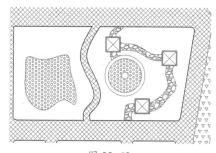

图 22-63

Step⑮ 使用【直线】命令 L、【复制】命令 CO、【填充】命令 H，创建花园区的小道并填充图案，如图 22-64 所示。

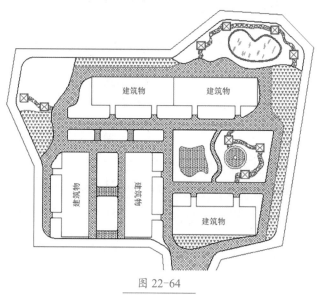

图 22-64

Step⑯ 使用【填充】命令 H 对其他区域依次进行填充，如图 22-65 所示。

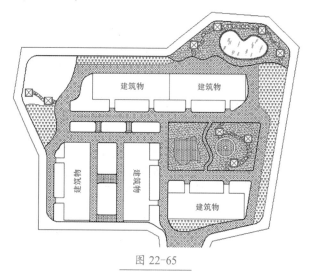

图 22-65

Step⑰ 使用【直线】命令 L；【圆】命令 C、【修剪】命令 TR、【填充】命令 H，创建文化广场地面图案，并进行地面铺装填充，如图 22-66 所示。

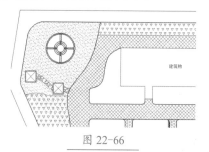

图 22-66

Step⑱ 完善细节，完成小区地面的铺装，效果如图 22-67 所示。

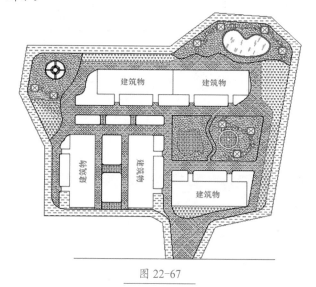

图 22-67

Step⑲ 将儿童游乐区填充图案的颜色更改为 61，效果如图 22-68 所示。

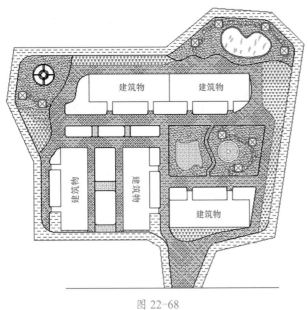

图 22-68

Step⑳ 将停车场填充图案的颜色更改为 181，效果如图 22-69 所示。

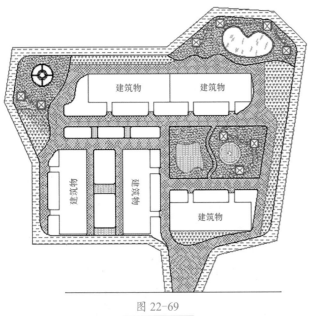

图 22-69

Step㉑ 依次将其他区域的填充颜色进行修改，如图 22-70 所示。

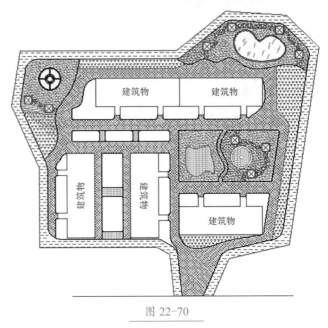

图 22-70

Step㉒ 将配电室、门卫室、物管中心绘制完成，最终效果如图 22-71 所示。

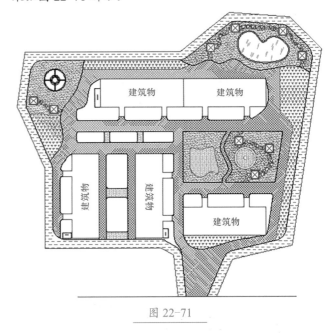

图 22-71

22.2.3　小区绿化种植图

根据植物配置原则，设计师需要根据小区的地理、气候、光照、可观赏性等条件，合理安排植物的搭配。注意植物大小、颜色的搭配，使图形看起来美观、有层次，这是景观规划方案的一个要点。

本实例首先绘制行道树，其次根据需要搭配植物群落，最后标注景观说明，具体操作方法如下。

Step 01 在素材文件【植物平面图.dwg】中选择行道树，复制并粘贴到当前文件中，如图 22-72 所示。

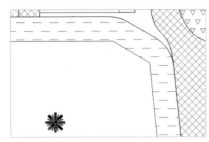

图 22-72

Step 02 将【行道树】图块使用【缩放】命令 SC 缩放至适当大小，选择缩放对象，切换到【绿化】图层，如图 22-73 所示。

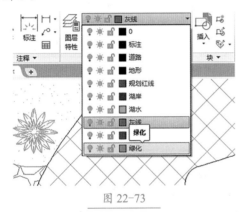

图 22-73

Step 03 选择行道树，使用【移动】命令 M，将其移动到适当位置，如图 22-74 所示。

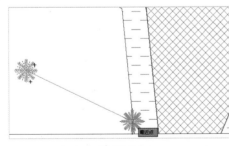

图 22-74

Step 04 执行【定数等分】命令 DIV，单击选择规划线作为等分对象，输入子命令【块】B，按【空格】键确定；输入块名【行道树】，按【空格】键确定，如图 22-75 所示。

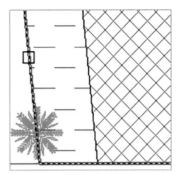

图 22-75

Step 05 按【空格】键确定对齐对象，输入线段数目 100，按【空格】键确定，完成行道树的种植，效果如图 22-76 所示。

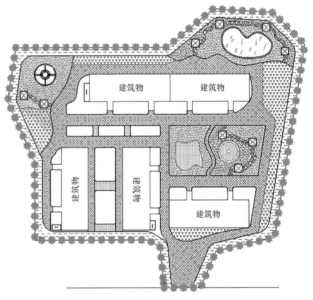

图 22-76

Step 06 在【植物平面图.dwg】中选择适合在花园种植的植物，复制并粘贴到当前文件中，定义为【花园树】图块，将其移动到相应位置，如图 22-77 所示。

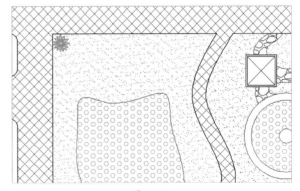

图 22-77

Step 07 使用【复制】命令 CO，将【花园树】图块复制并粘贴到图形中的相应位置，如图 22-78 所示。

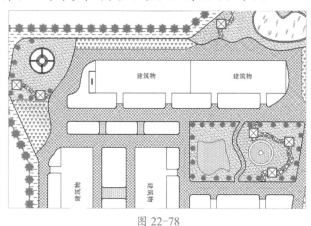

图 22-78

Step 08 使用同样的方法依次创建相关区域的植物，完成小区内绿化景观的绘制，效果如图 22-79 所示。

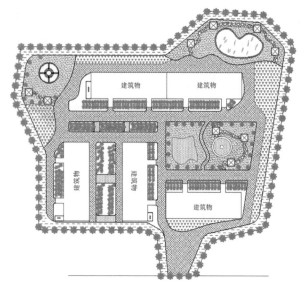

图 22-79

Step 09 使用【多段线】命令 PL 绘制入口图标，使用【单行文字】命令 DT 创建文字内容"入口"，移动到相应位置，如图 22-80 所示。

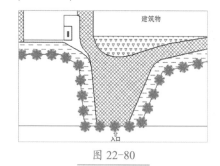

图 22-80

Step 10 执行【标注样式】命令 D 打开【标注样式】对话框，新建【园林景观】样式，在【新建标注样式：园林景观】对话框中单击【符号和箭头】选项卡，设置箭头为【建筑标记】，引线为【点】，【箭头大小】为 500，如图 22-81 所示。

图 22-81

Step 11 单击【主单位】选项卡，设置【主单位】为小数，精度为 0；单击【文字】选项卡，输入【文字高度】为1000，设置【文字位置】和【文字对齐】，单击【确定】按钮，如图 22-82 所示。

图 22-82

Step 12 输入【引线】命令 LE，按【空格】键确定；在绿化带单击，右移鼠标在适当位置单击，按【空格】键确定；指定【文字宽度】为 1000，按【空格】键；输入注释文字"绿化带"，如图 22-83 所示。

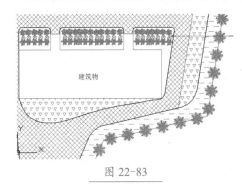

图 22-83

Step⑬ 按【空格】键两次结束引线命令，如图 22-84 所示。

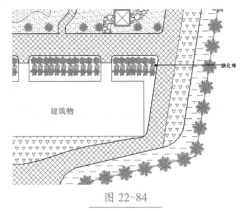

图 22-84

Step⑭ 双击引线标注的文字，将【文字高度】设为 2000，效果如图 22-85 所示。

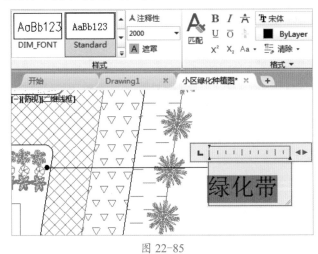

图 22-85

Step⑮ 将标注和文字依次复制到相应区域，如图 22-86 所示。

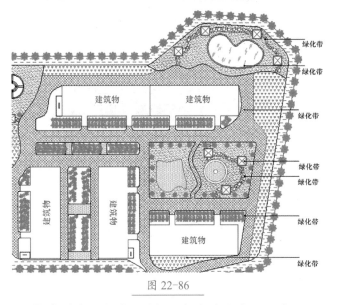

图 22-86

Step⑯ 在引线指定的位置标注相应的名称，如图 22-87 所示。

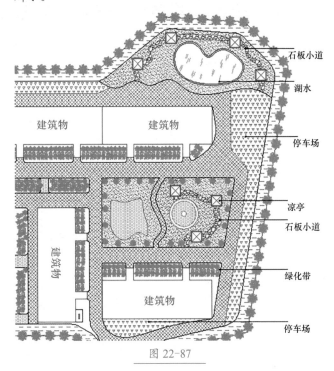

图 22-87

Step⑰ 将引线标注复制到左侧相应位置，如图 22-88 所示。

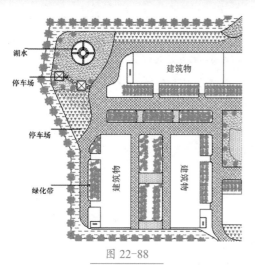

图 22-88

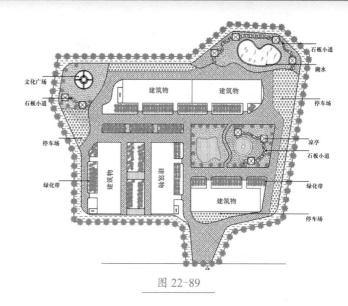

图 22-89

Step⑱ 在左侧引线标注的指定位置标注相应的名称，并双击进行修改，如图 22-89 所示。

本章小结

　　本章主要结合前面所讲的知识点，全面介绍景观规划设计图的绘制方法和技巧。景观规划设计涵盖的内容十分广泛，在设计时尽量合理布置，创造出有序流动的空间系列。

第23章 实战：电气设计

- ➡ 如何绘制灯具布局图？
- ➡ 如何绘制开关布局图？
- ➡ 如何绘制插座布局图？
- ➡ 如何绘制电路连线图？

　　使用 AutoCAD 进行电气设计是计算机辅助设计与电气设计的结合。在现代电气设计中，应用 AutoCAD 进行辅助设计可以提高设计的效率。本章将详细讲解电气设计方面的相关案例，包括灯具布局图、开关布局图、插座布局图和电路连线图的制作。

23.1 绘制灯具布局图

实例门类	软件功能＋综合设计

　　电路图是用来表达电气设备系统的组成、安装等内容的图纸。创建灯具布局图的操作中，主要使用【复制】命令将需要的素材复制到指定的位置。本实例的重点在于如何制作灯带的效果，以及如何对灯具进行合理布局，绘制出的灯具布局图如图 23-1 所示。

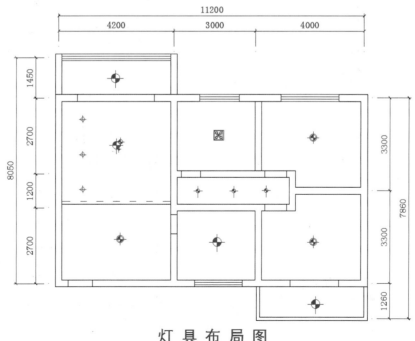

灯 具 布 局 图

图 23-1

绘制灯具布置图的具体操作方法如下。

Step01 打开"素材文件＼第 23 章＼建筑顶面图 .dwg"，如图 23-2 所示。

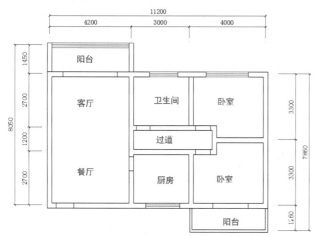

建 筑 顶 面 图

图 23-2

Step02 打开"素材文件＼第 23 章＼电路元件图例 .dwg"，如图 23-3 所示。

图例	名称	图例	名称
🔻	插座	⊕	吸顶灯
🔻	空调电源插座	⊕	吊灯
Y	洗衣机电源插座	✦	筒灯
B	电冰箱插座	⊕	射灯
🖋	单控开关	▦	浴霸
🖋	三控开关	❀	花灯
TEL	电话	▬	日光灯
TV	电视	- -	软管灯

图 23-3

Step03 将电路元件图例中的对象复制到建筑顶面图中，执行【复制】命令 CO，将花灯图形复制到客厅中，并将图形中的文字对象删除，效果如图 23-4 所示。

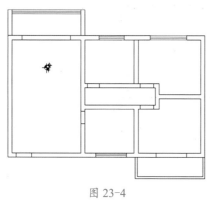

图 23-4

Step04 执行【复制】命令 CO，将吊灯图形分别复制到餐厅和两个卧室中，效果如图 23-5 所示。

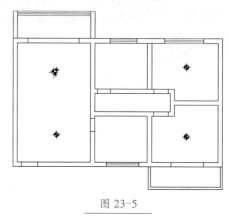

图 23-5

Step05 执行【复制】命令 CO，将吸顶灯图形分别复制到厨房和两个阳台中，效果如图 23-6 所示。

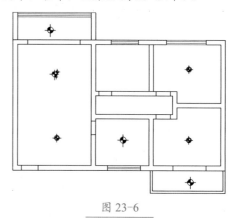

图 23-6

Step06 执行【复制】命令 CO，将浴霸图形复制到卫生间中，效果如图 23-7 所示。

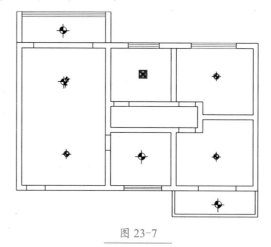

图 23-7

Step07 执行【复制】命令 CO，将筒灯图形复制 3 个到过道中，效果如图 23-8 所示。

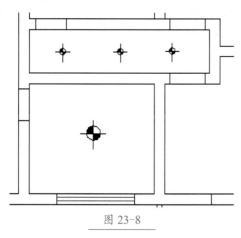

图 23-8

Step 08 执行【直线】命令 L，在客厅和餐厅中绘制一条线段，在客厅顶面进行吊顶，效果如图 23-9 所示。

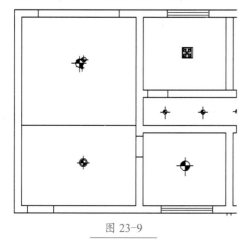

图 23-9

Step 09 执行【偏移】命令 O，设置偏移距离为 100，将绘制的线段向上偏移，然后将其颜色改为红色，线型改为【ACAD_ISO03W100】，效果如图 23-10 所示。

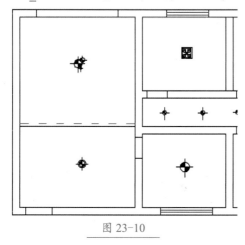

图 23-10

Step 10 执行【复制】命令 CO，将图例素材中的射灯图形复制到客厅的沙发背景墙上方，完成实例的制作，效

果如图 23-11 所示。

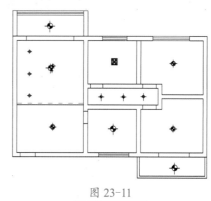

图 23-11

Step 11 选择灯和灯带，将这些对象放置在【灯】图层，如图 23-12 所示。

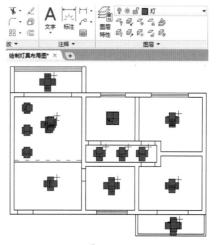

图 23-12

Step 12 完成灯具布局图的绘制，效果如图 23-13 所示。

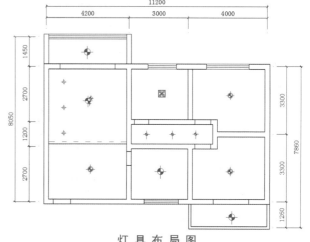

灯 具 布 局 图

图 23-13

23.2 绘制开关布局图

实例门类 | 软件功能 + 综合设计

在绘制开关布局图的操作中，创建开关图例后，主要使用【复制】命令将需要的开关图形复制到指定的位置，完成后的效果如图 23-14 所示。

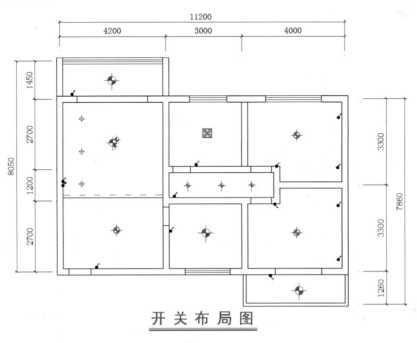

开 关 布 局 图

图 23-14

本实例的重点在于如何合理设计开关的位置，例如，客厅中的装饰花灯可以使用多控开关对灯具进行分组控制，在卧室中可以为同一盏灯设计多个开关，以便可以在不同的位置对灯具进行控制。绘制灯具开关布局图的具体操作方法如下。

Step01 打开"素材文件\第23章\绘制灯具布局图.dwg"，执行【复制】命令CO，将图例中的单控开关图形复制到餐厅的进门处，效果如图 23-15 所示。

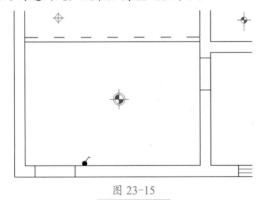

图 23-15

Step02 执行【复制】命令CO，将图例中的三控开关图形复制到客厅的墙面处，效果如图 23-16 所示。

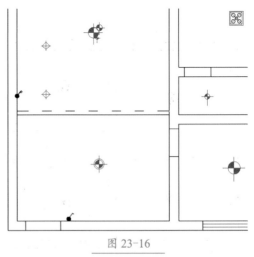

图 23-16

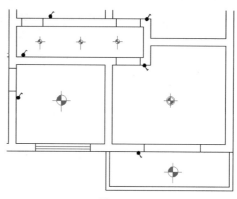

图 23-19

技术看板

在创建灯具开关时，注意开关的安放位置，不要将开关设计在门的背后。另外，在客厅中设计三控开关，可以通过对开关进行不同次数的操作，得到不同的灯光效果，这种开关一般用于可分组的灯具中。

Step03 执行【复制】命令CO，将图例中的单控开关图形复制到客厅的墙面和客厅阳台的墙面上，效果如图23-17所示。

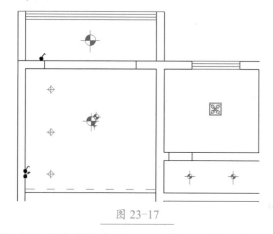

图 23-17

Step04 执行【复制】命令CO，将图例中的单控开关图形复制到过道、厨房和卫生间的墙面上，效果如图23-18所示。

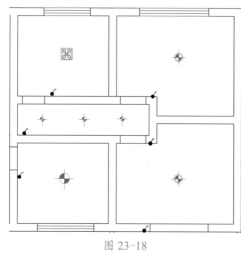

图 23-18

Step05 执行【复制】命令CO，将图例中的单控开关图形复制到卧室的进门处和阳台的墙面上，并将下方卧室和阳台的开关镜像一次，效果如图23-19所示。

Step06 执行【复制】命令CO，将图例中的单控开关图形复制到卧室右侧墙面上，每间卧室各两个，效果如图23-20所示。

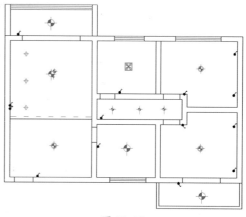

图 23-20

Step07 使用【多段线】命令PL指定线宽绘制直线，使用【文字】命令创建文字"开关布局图"，效果如图23-21所示。

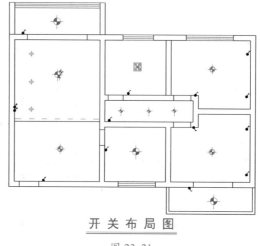

开 关 布 局 图

图 23-21

技术看板

在卧室的进门处和床头处分别设计一个开关，可以方便业主在不同位置对卧室中的灯具进行开关控制。

23.3 插座布局图

实例门类 软件功能 + 综合设计

在创建插座布局图的操作中，主要使用【复制】命令将需要的插座复制到指定的位置。本实例的重点在于如何安排各种插座的位置，以及掌握各种插座所表示的意义，完成后的效果如图 23-22 所示。

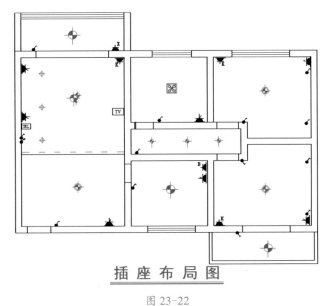

插 座 布 局 图

图 23-22

创建插座布局图的具体操作方法如下。

Step01 打开"素材文件 \ 第 23 章 \ 开关布局图 .dwg"，执行【复制】命令 CO，将图例中的普通插座图形复制到各个房间中，效果如图 23-23 所示。

Step02 执行【复制】命令 CO，将图例中的空调电源插座图形复制到客厅和卧室中，效果如图 23-24 所示。

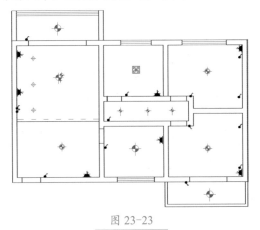

图 23-23

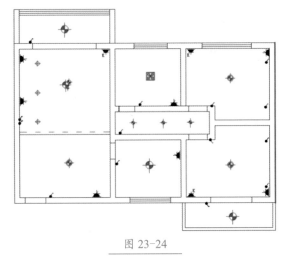

图 23-24

Step03 执行【复制】命令 CO，将图例中的洗衣机插座图形复制到客厅的阳台中，效果如图 23-25 所示。

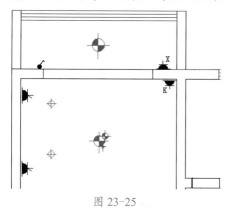

图 23-25

Step04 执行【复制】命令 CO，将图例中的电冰箱插座图形复制到厨房中，效果如图 23-26 所示。

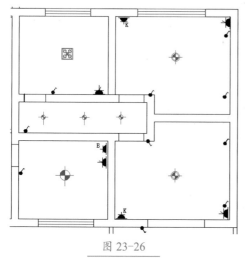

图 23-26

Step05 执行【复制】命令 CO，将图例中电视图形复制到客厅电视墙的墙面上，效果如图 23-27 所示。

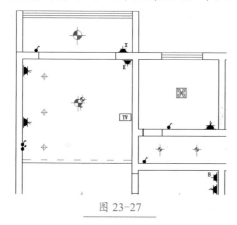

图 23-27

Step06 执行【复制】命令 CO，将图例中的电话图形复制到客厅沙发背景墙的墙面上，效果如图 23-28 所示。

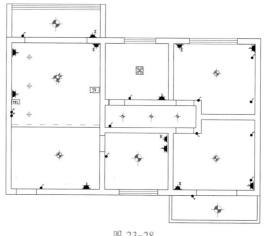

图 23-28

Step07 使用【多段线】命令 PL 指定线宽绘制直线，使用【文字】命令创建文字"插座布局图"，效果如图 23-29 所示。

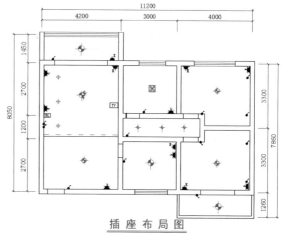

插 座 布 局 图

图 23-29

第 1 篇

第 2 篇

第 3 篇

第 4 篇

23.4 绘制电路连线图

实例门类 | 软件功能 + 综合设计

在本实例的操作过程中，首先使用【矩形】命令、【直线】命令和【图案填充】命令绘制出配电箱图形，然后使用【圆弧】命令依次在各个房间中绘制多条圆弧线，连接室内的开关图形和灯具图形，完成实例的制作，完成后的效果如图 23-30 所示。

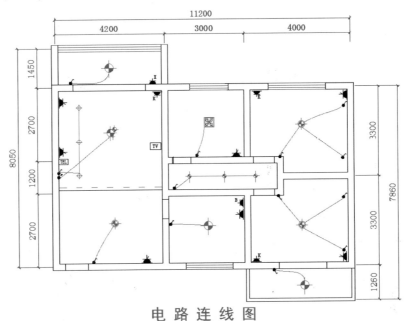

电路连线图

图 23-30

创建电路连线图的具体操作方法如下。

Step01 打开"素材文件 \ 第 23 章 \ 插座布局图 .dwg"，执行【矩形】命令 REC，在餐厅进门处绘制一个矩形，使用【直线】命令 L 在矩形中绘制一条对角线，如图 23-31 所示。

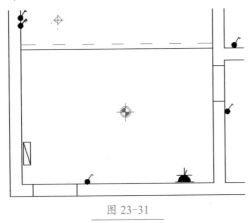

图 23-31

Step02 执行【图案填充】命令 H，选择【SOLID】图案，然后对矩形中对角线的一侧进行填充，创建出室内的配电箱图形，如图 23-32 所示。

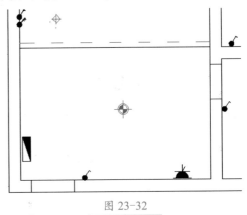

图 23-32

Step03 选择【灯带】图层，执行【样条曲线】命令 SPL，绘制线段，将单控开关图形和吊灯图形连接在一起，效果如图 23-33 所示。

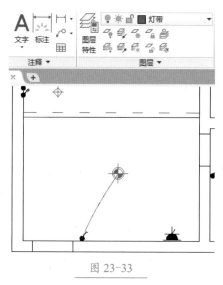

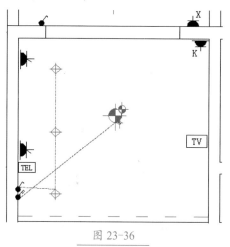

起，效果如图 23-36 所示。

图 23-33

Step 04 绘制右侧房间的开关和灯之间的连线，绘制上方房间的三控开关和灯之间的连线，如图 23-34 所示。

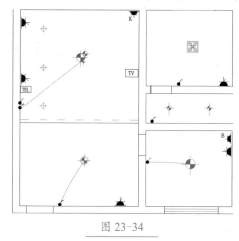

图 23-34

Step 05 绘制筒灯和开关之间的连线，如图 23-35 所示。

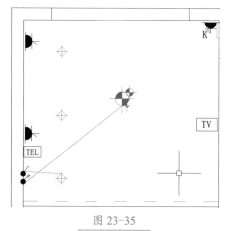

图 23-35

Step 06 使用【样条曲线】命令 SPL，将各筒灯连接在一

图 23-36

Step 07 绘制右上角的房间的开关连线，效果如图 23-37 所示。

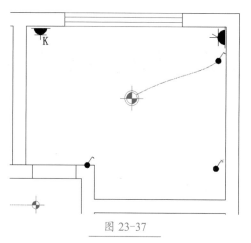

图 23-37

Step 08 绘制其他开关与灯之间的连线，效果如图 23-38 所示。

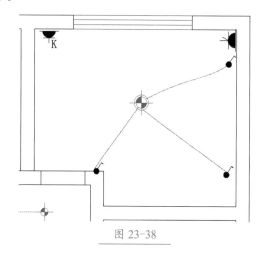

图 23-38

Step⑨ 依次完成户型图内各个区域中灯和开关之间的连线，完成绘制后效果如图 23-39 所示。

Step⑩ 修改图形名称为"电路连线图"，最终效果如图 23-40 所示。

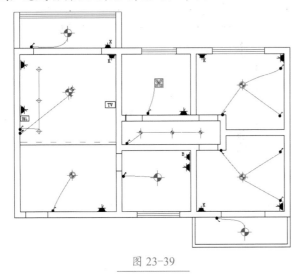

图 23-39

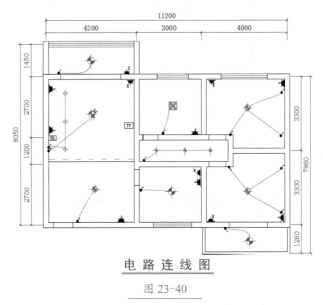

电 路 连 线 图

图 23-40

本章小结

电路图用来表明电气工程的结构与功能，描述电气装置的工作原理，是安装、维护和使用电气的依据。在设计电路图纸时，首先要认识电路图中各种电路符号，并掌握电路图中各种电路符号的绘制方法。在电路图中，不同的电路符号有着相似的形状，但是形状相似的符号在尺寸上有所区别，例如，吊灯和筒灯的形状相似，但吊灯图形的半径尺寸在 100 左右，而筒灯图形的半径只有 50 左右。另外，在绘制电路连线图时，如果一个开关控制着多个灯具，则应该使用连接线将这一组灯具连接起来。

第24章 实战：三维产品设计

- ➥ 如何创建机械零件模型？
- ➥ 如何绘制产品模型？
- ➥ 如何进行建模、材质、渲染等三维设计工作？

AutoCAD 可以绘制三维模型图，与传统的二维图纸相比，三维实体模型具有更好的模型效果。本章就以 3 个典型案例为载体介绍 AutoCAD 三维设计的全流程。通过在二维基础上增加 Z 轴，增加相应的视图视口着色样式，创建并修改三维实体模型。

24.1 绘制直角支架

实例门类	软件功能 + 综合设计

在绘制直角支架的过程中，先使用【矩形】命令 REC 和【圆】命令 C 绘制出二维图形；再使用【拉伸】命令 EXT 和【差集】命令 SU 对图形进行修改，创建底座模型；然后对底座模型进行旋转、复制和镜像操作，创建出支架模型；最后使用【多段线】命令 PL 绘制出直角支架的平面图，并将其拉伸为三维实体即可，完成后的效果如图 24-1 所示。绘制直角支架的具体操作方法如下。

图 24-1

Step01 新建图形文件，在俯视图中使用【矩形】命令 REC 绘制一个边长为 100 的正方形，如图 24-2 所示。

图 24-2

Step02 执行【圆角】命令 F，设置圆角半径为 15，对矩形左方两个顶角进行圆角处理，效果如图 24-3所示。

图 24-3

Step03 激活【圆】命令 C，在矩形的左上方绘制一个半径为 5 的圆形，效果如图 24-4 所示。

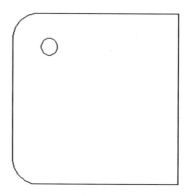

图 24-4

Step04 执行【镜像】命令 MI，选择绘制的圆形，然后以正方形左右两边的中点为镜像轴，对圆形进行镜像复制，如图 24-5 所示。

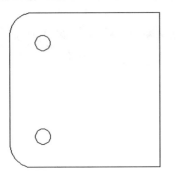

图 24-5

Step 05 将视图切换为【西南等轴测】，图形的显示效果如图 24-6 所示。

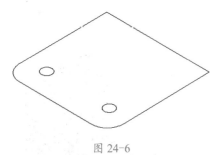

图 24-6

Step 06 单击【拉伸】命令按钮▣，选择创建的所有图形，按【空格】键确定，指定拉伸的高度为 8，按【空格】键确定，拉伸后的效果如图 24-7 所示。

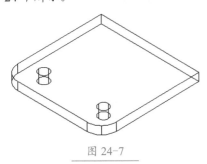

图 24-7

Step 07 单击【差集】命令按钮▣，选择拉伸后的正方形作为被修剪的对象并确定；选择拉伸后的两个圆形作为要减去的对象并确定；将鼠标指针移向差集运算后的图形时，效果如图 24-8 所示。

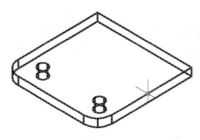

图 24-8

Step 08 设置视觉样式为【概念】，更改模型视觉样式后的效果如图 24-9 所示。

图 24-9

Step 09 使用【复制】命令 CO，选择创建的三维实体，先任意指定一个基点，然后指定第二个点坐标为（0,0,8），在前视图中显示的复制效果如图 24-10 所示。

图 24-10

Step 10 单击【圆柱体】命令按钮▣，在俯视图的圆心处指定圆柱体的底面中心点，如图 24-11 所示。

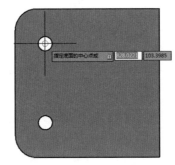

图 24-11

Step 11 指定圆柱体的底面半径为 8，指定圆柱体的高度为 20，按【空格】键确定，创建的圆柱体如图 24-12 所示。

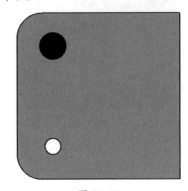

图 24-12

Step 12 使用【镜像】命令 MI，选择创建的圆柱体，以矩形平面的中点为镜像线，对圆柱体进行镜像复制，效果如图 24-13 所示。

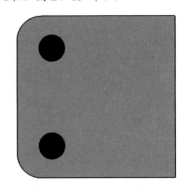

图 24-13

Step 13 将视图转换到【西南等轴测】，然后执行【差集】命令 SU，选择左下图的图形作为被修剪的对象，按【空格】键确定，如图 24-14 所示。

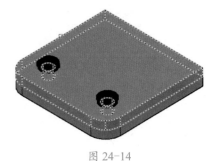

图 24-14

Step⑭ 选择刚创建的两个圆柱体作为要剪去的对象，差集运算后的效果如图 24-15 所示。

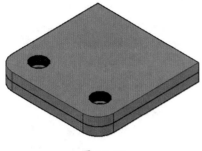

图 24-15

Step⑮ 单击【并集】命令按钮，选择创建的所有对象，按【空格】键确定，将图形并集后的效果如图 24-16 所示。

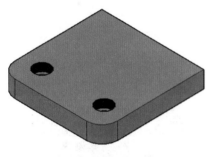

图 24-16

Step⑯ 单击【三维旋转】命令按钮，选择创建的三维实体对象，再选择 Y 轴作为旋转轴，如图 24-17 所示。

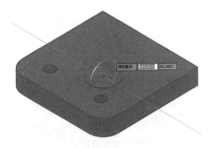

图 24-17

Step⑰ 当系统提示【指定旋转角度或 ［基点（B）/ 复制（C）/ 放弃（U）/ 参照（R）/ 退出（X）］:】时，输入【C】并按【空格】键确定，启

用【复制（C）】选项，然后移动鼠标指定实体旋转的方向，如图 24-18 所示。

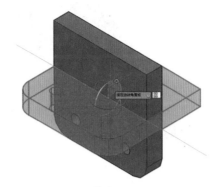

图 24-18

Step⑱ 按【空格】键确定，旋转并复制三维实体后的效果如图 24-19 所示。

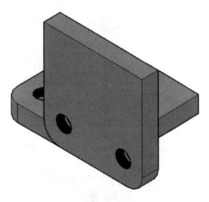

图 24-19

Step⑲ 单击【三维镜像】命令按钮，选择三维实体对象，如图 24-20 所示。

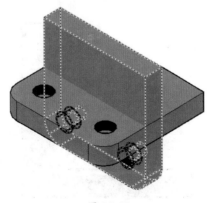

图 24-20

Step⑳ 根据系统提示在镜像平面上指定第一个点，如图 24-21 所示。

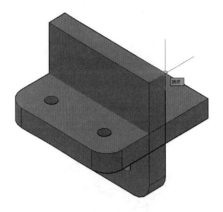

图 24-21

Step㉑ 然后在镜像平面上指定第二个点，如图 24-22 所示。

图 24-22

Step㉒ 继续在镜像平面上指定第三个点，如图 24-23 所示。

图 24-23

Step 23 当系统提示【是否删除源对象？［是（Y）/ 否（N）］】时，输入"Y"，按【空格】键确定，镜像实体后的效果如图 24-24 所示。

图 24-24

Step 24 使用【移动】命令 M，选择上方的实体对象，指定移动的基点，如图 24-25 所示。

图 24-25

Step 25 移动鼠标捕捉端点指定移动的第二个点，如图 24-26 所示。

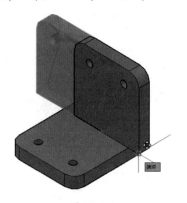

图 24-26

Step 26 移动后的效果如图 24-27 所示。

图 24-27

Step 27 单击【并集】命令按钮，选择创建的所有对象，按【空格】键确定，将图形并集后的效果如图 24-28 所示。

图 24-28

Step 28 切换视图为【前视】，使用【多段线】命令 PL，绘制一条多段线，效果如图 24-29 所示。

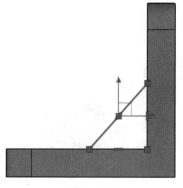

图 24-29

Step 29 单击【拉伸】命令按钮，选择创建的多段线图形，按【空格】键确定，指定拉伸高度为 8，按【空格】键确定，拉伸图形后的效果如图 24-30 所示。

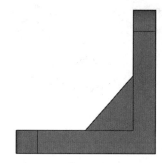

图 24-30

Step 30 切换视图为【俯视】，输入【移动】命令 M，按【空格】键确定，单击指定移动基点，效果如图 24-31 所示。

图 24-31

Step 31 输入【移动】命令 M，单击图形中点并将其指定为移动点，如图 24-32 所示。

图 24-32

Step32 视图切换为【西南等轴测】，完成实例的制作，最终效果如图24-33所示。

图 24-33

24.2 绘制电扇

使用三维绘图功能，可以直观地表现出物体的实际形状。在 AutoCAD 中，不仅可以直接创建三维基本体，还可以通过对二维图形的编辑，创建出各种各样的三维实体。另外，AutoCAD 提供了不同视角和显示图形的设置工具，从而可以方便地绘制和编辑三维图形。本实例为绘制座式电扇，完成后的效果如图 24-34 所示。

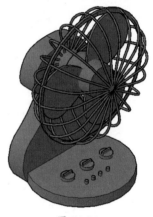

图 24-34

24.2.1 绘制扇叶

本节主要绘制扇叶，首先使用样条曲线绘制扇叶形状，拉伸成实体对象后进行阵列，然后绘制旋转轴，具体操作方法如下。

Step01 新建图形文件，设置视口和视图，调整视口，使用【样条曲线】命令 SPL 绘制扇叶形状，如图 24-35 所示。

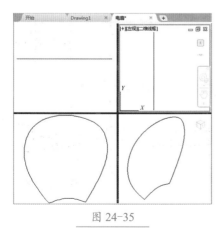

图 24-35

Step02 使用【拉伸】命令拉伸扇叶，设置高度为10，如图 24-36 所示。

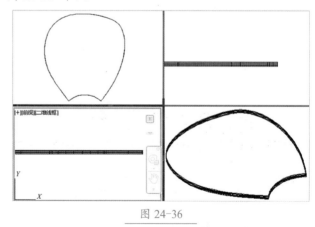

图 24-36

Step03 绘制一个半径为 50 的圆柱体并移动到适当位置，如图 24-37 所示。

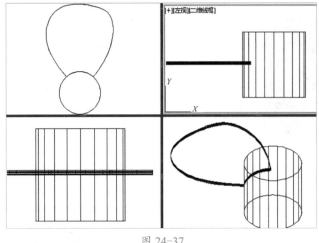

图 24-37

Step 04 激活【三维阵列】命令，单击选择扇叶，按【空格】键确定，如图 24-38 所示。

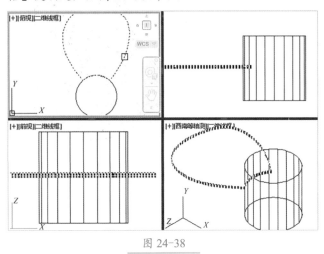

图 24-38

Step 05 输入子命令【环形】P，按【空格】键确定；输入阵列数目 3，按【空格】键确定；输入旋转角度 360，按【空格】键两次，如图 24-39 所示。

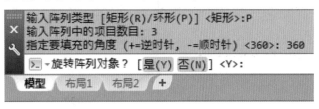

```
输入阵列类型 [矩形(R)/环形(P)] <矩形>:P
输入阵列中的项目数目: 3
指定要填充的角度 (+=逆时针, -=顺时针) <360>: 360
旋转阵列对象? [是(Y) 否(N)] <Y>:
模型  布局1  布局2  +
```

图 24-39

Step 06 单击指定旋转轴的起点，如图 24-40 所示。

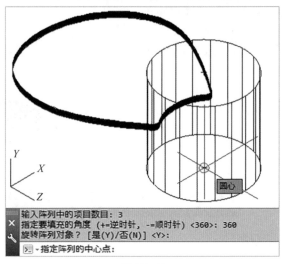

```
输入阵列中的项目数目: 3
指定要填充的角度 (+=逆时针, -=顺时针) <360>: 360
旋转阵列对象? [是(Y)/否(N)] <Y>:
指定阵列的中心点:
```

图 24-40

Step 07 下移鼠标单击指定旋转轴上的第二点，如图 24-41 所示。

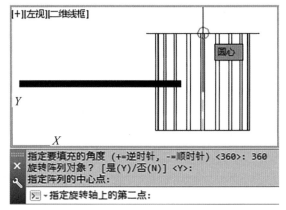

```
指定要填充的角度 (+=逆时针, -=顺时针) <360>: 360
旋转阵列对象? [是(Y)/否(N)] <Y>:
指定阵列的中心点:
指定旋转轴上的第二点:
```

图 24-41

Step 08 完成扇叶环形阵列，效果如图 24-42 所示。

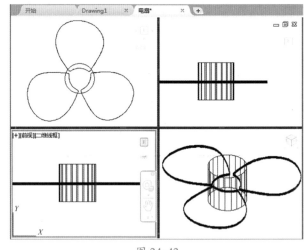

图 24-42

24.2.2 绘制扇罩

Step 01 使用样条曲线绘制一条开放线段，如图 24-43 所示。

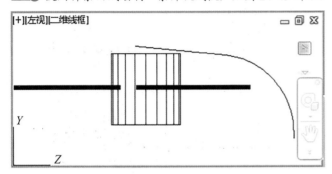

图 24-43

Step 02 在俯视图中使用【圆】命令 C，在线段下端绘制一个圆；在前视图中的线段上端绘制一个圆，单击【旋转】命令按钮，如图 24-44 所示。

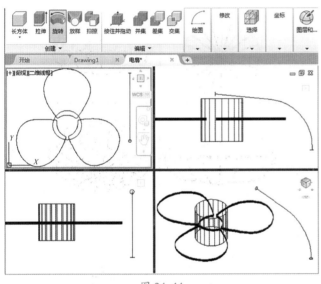

图 24-44

Step 03 对线段和圆进行放样，移动到适当位置，如图 24-45 所示。

Step 04 ❶ 单击【三维镜像】下拉按钮，❷ 单击【三维阵列】命令按钮，如图 24-46 所示。

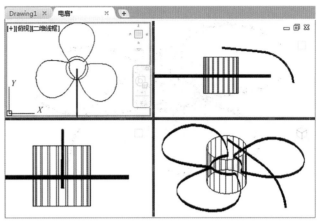

图 24-45

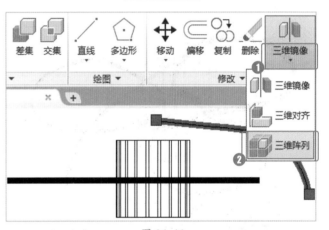

图 24-46

Step 05 单击选择阵列对象，按【空格】键确定；输入子命令【环形阵列】P，按【空格】键确定，输入阵列项目数 20，按【空格】键 3 次，如图 24-47 所示。

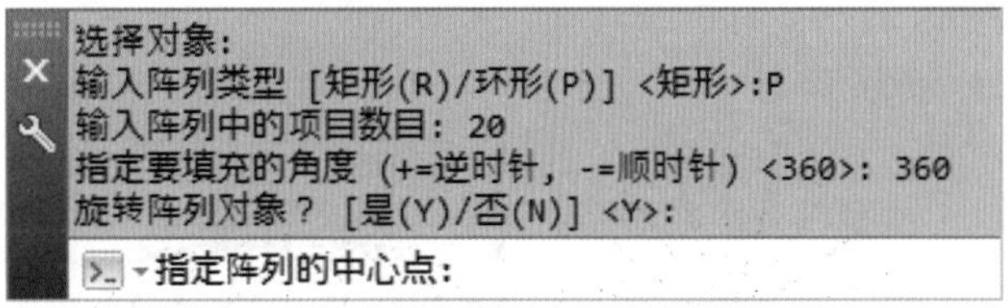

```
选择对象：
输入阵列类型 [矩形(R)/环形(P)] <矩形>:P
输入阵列中的项目数目：20
指定要填充的角度 (+=逆时针，-=顺时针) <360>: 360
旋转阵列对象？ [是(Y)/否(N)] <Y>:
指定阵列的中心点：
```

图 24-47

Step 06 在【西南等轴测】视图单击所选对象上侧端点，将其指定为阵列的中心点（圆心），如图 24-48 所示。

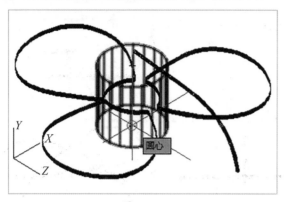

图 24-48

Step 07 单击圆心将其指定为旋转轴上的第二个点，如图 24-49 所示。

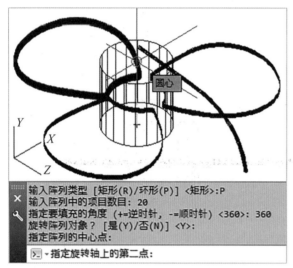

图 24-49

Step 08 按【空格】键确定，线段阵列完成，效果如图 24-50 所示。

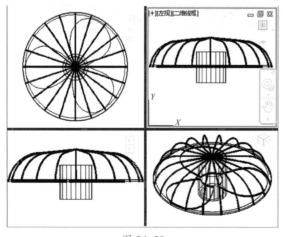

图 24-50

Step 09 选择完成阵列的对象，输入【镜像】命令 MI，按 【空格】键确定，如图 24-51 所示。

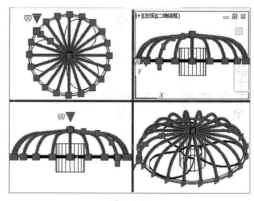

图 24-51

Step 10 单击指定镜像线第一个点，左移鼠标，单击指定 镜像线第二个点，按【空格】键确定镜像所选对象，如 图 24-52 所示。

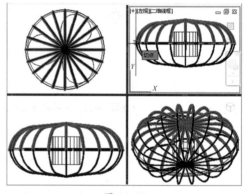

图 24-52

Step 11 绘制扇面连接处的圆柱，将扇体与座体连接起来， 转换视图，如图 24-53 所示。

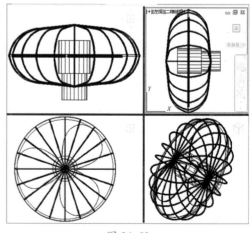

图 24-53

24.2.3 绘制风扇座体

Step 01 使用【样条曲线】命令 SPL，绘制风扇座体的形状，执行【面域】命令 REG，选择样条曲线，按【空格】键确定，如图 24-54 所示。

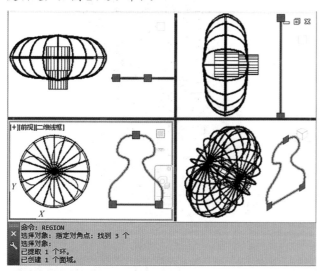

图 24 54

Step 02 使用【拉伸】命令拉伸面域，并将其移动到适当位置，如图 24-55 所示。

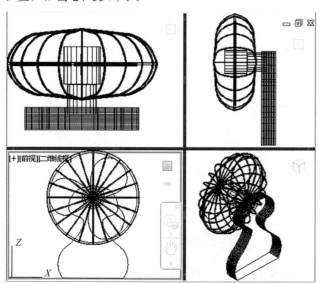

图 24-55

Step 03 使用【圆】【直线】及【修剪】命令，绘制风扇底座的形状；执行【面域】命令 REGION，选择【样条曲线】，按【空格】键确定，如图 24-56 所示。

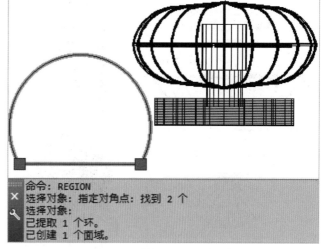

图 24-56

Step 04 使用【拉伸】命令拉伸面域，并将其移动到适当位置，效果如图 24-57 所示。

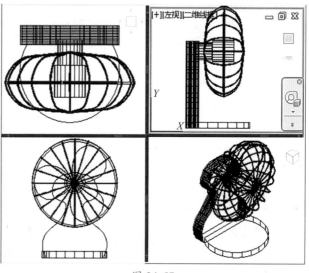

图 24-57

Step 05 以【圆柱体】命令和【长方体】命令绘制开关等按钮，再将各按钮依次移动到适当位置，完成电扇的绘制，如图 24-58 所示。

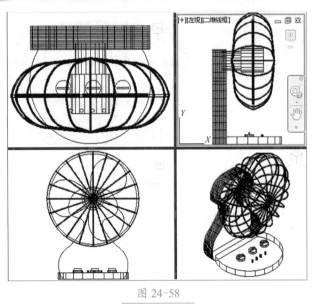

图 24-58

Step⑩ 设置视图为【西南等轴测】，视觉样式为【概念】，最终效果如图 24-59 所示。

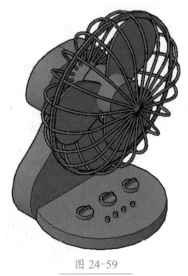

图 24-59

24.3 绘制手机

实例门类	软件功能 + 综合设计

本实例主要使用三维实体基本绘图命令绘制手机主体，能使用编辑命令对手机各部分进行相应的编辑，然后在手机主体的正面各部分绘制细节，最后创建相应文字，完成后的效果如图 24-60 所示。

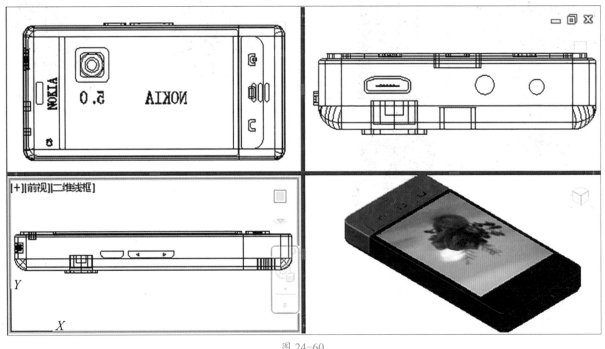

图 24-60

24.3.1 绘制手机正面三维模型

本实例主要讲解手机正面三维模型的绘制方法，具体操作方法如下。

Step01 设置【三维建模】工作空间模式，设置 4 个视图，在俯视图中绘制长为 120、宽为 60、高为 15 的长方体，如图 24-61 所示。

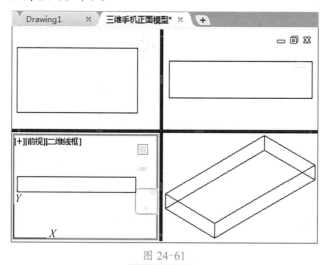

图 24-61

Step02 执行【圆角边】命令 F，输入圆角半径值 5，按【空格】键确定，单击选择需要圆角的边，如图 24-62 所示。

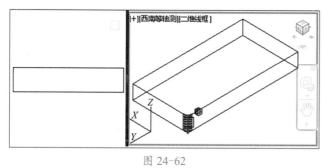

图 24-62

Step03 依次单击需要圆角的边，按【空格】键两次结束【圆角边】命令，如图 24-63 所示。

Step04 按【空格】键重复【圆角边】命令，设置圆角半径为 6，依次对矩形下侧 4 个边进行圆角，如图 24-64 所示。

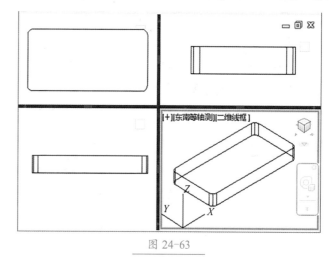

图 24-63

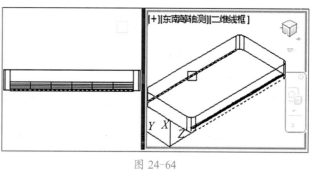

图 24-64

Step05 执行【圆角边】命令，将圆角半径设为 1，对矩形上侧 4 个边进行圆角，效果如图 24-65 所示。

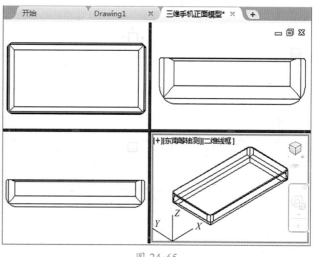

图 24-65

Step06 在俯视图中将手机模型向下复制一个；绘制一个长方体并将其移动到适当位置；复制并移动长方体，如图 24-66 所示。

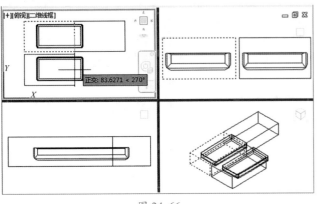

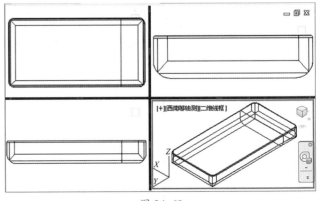

Step 09 选择机身部分，将有硬角的边使用【圆角边】命令进行圆角，圆角半径为默认值 1，如图 24-69 所示。

图 24-69

Step 07 将上侧长方体与手机模型进行差集运算；执行【差集】命令，单击要减去的实体下侧手机模型，按【空格】键确定；单击选择对象长方体，如图 24-67 所示。

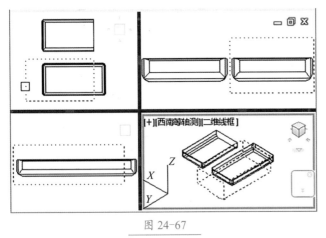

图 24-66

Step 10 绘制一个长为 96、宽为 56 的矩形，对矩形左侧的两个角进行圆角，圆角半径为 5；对矩形右侧的角进行圆角，圆角半径为 1，如图 24-70 所示。

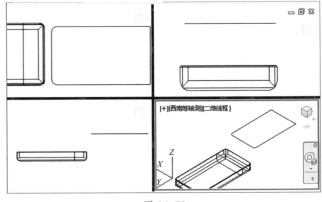

图 24-70

图 24-67

Step 08 按【空格】键确定，即完成对象的差集运算，如图 24-68 所示。

Step 11 先将矩形移动到机身适当位置，再将矩形拉伸一定高度，使其与手机模型相交（后面的压印操作均需拉伸实体使其与手机相交，不再重复描述），如图 24-71 所示。

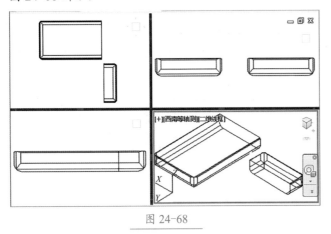

图 24-68

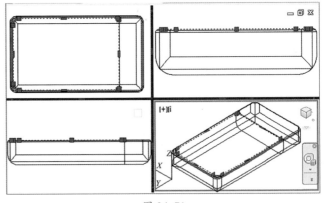

图 24-71

Step⑫ 使用【压印】命令将矩形压印到机身镜面上，如图 24-72 所示。

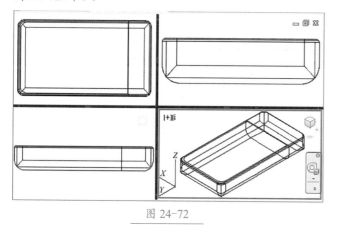

图 24-72

Step⑬ 使用【按住并拖动】命令将压印的面向上拉伸 1，如图 24-73 所示。

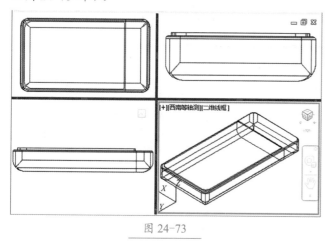

图 24-73

Step⑭ 绘制一个 3×10 的矩形；使用【圆角】命令对各角进行圆角，半径为 1，如图 24-74 所示。

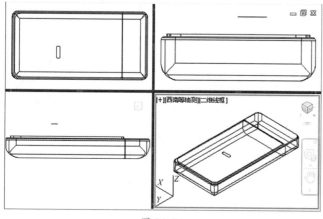

图 24-74

Step⑮ 使用【拉伸】命令将矩形向上拉伸 5，移动到机身适当位置，如图 24-75 所示。

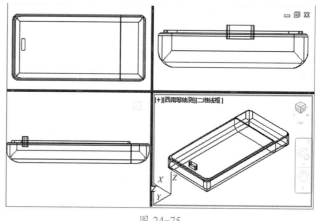

图 24-75

Step⑯ 使用【差集】命令减去绘制的矩形，作为手机听筒；将右下角的视图样式设为【概念】，如图 24-76 所示。

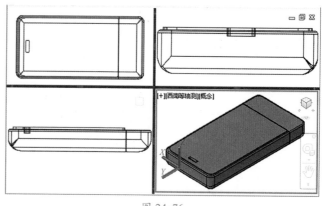

图 24-76

Step⑰ 绘制一个 10×50 的矩形，将各角依次进行圆角，如图 24-77 所示。

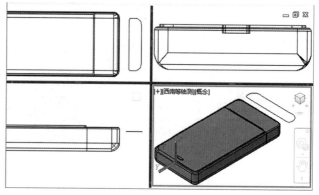

图 24-77

Step⑱ 将矩形压印到手机尾部，作为按键区，如图 24-78 所示。

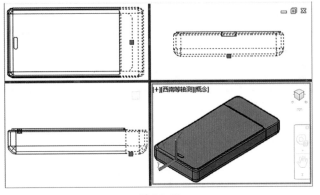

图 24-78

Step⑲ 将作为按键区的压印面使用【按住并拖动】命令向上拉伸 1，如图 24-79 所示。

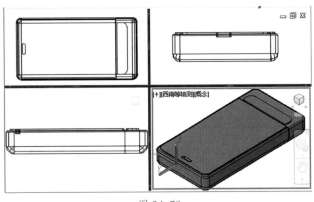

图 24-79

Step⑳ 绘制接听键的形状，并使用【拉伸】命令将其创建为实体并移动到按键区左侧，如图 24-80 所示。

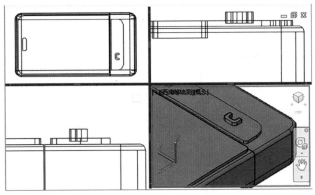

图 24-80

Step㉑ 使用【差集】命令将其和按键区进行差集运算，使用同样的方法在按键区创建挂断键图标，如图 24-81 所示。

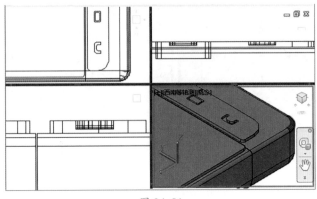

图 24-81

Step㉒ 在手机上部绘制手机屏幕的镜面，效果如图 24-82 所示。

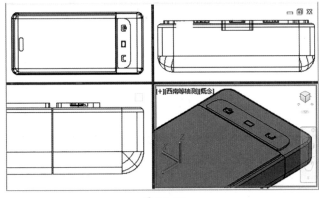

图 24-82

Step㉓ 先使用【单行文字】命令 DT 创建手机正面的文字内容，然后输入【TXTEXP】命令将文字转为线条，如图 24-83 所示。

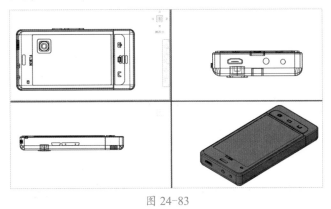

图 24-83

Step㉔ 使用【拉伸】命令 EXT 将文字拉伸为实体，效果如图 24-84 所示。

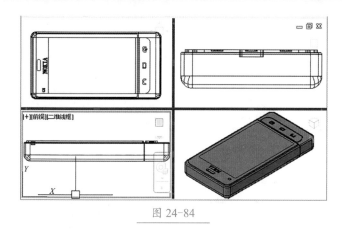

图 24-84

24.3.2　绘制手机背面三维模型

本实例主要使用三维绘图命令和编辑命令创建手机背面的相应对象，然后创建相应的文字，具体操作方法如下。

Step 01　打开"素材文件 \ 第 24 章 \ 三维手机正面模型 .dwg"，将绘图区设置为 3 个视图，左上侧视图为【仰视】，左下侧视图为【后视】，右侧为【自定义视图】，如图 24-85 所示。

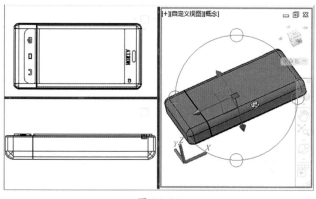

图 24-85

Step 02　创建一个圆柱体，并将其移动到适当位置，如图 24-86 所示。

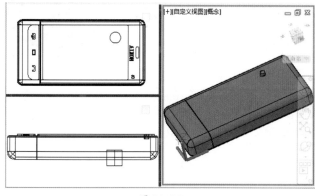

图 24-86

Step 03　使用【差集】命令将手机与圆柱体进行差集运算，效果如图 24-87 所示。

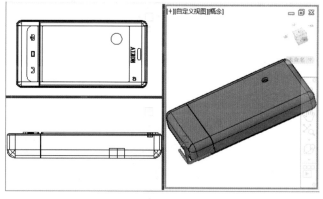

图 24-87

Step 04　在仰视图中以相同的圆心绘制 3 个半径分别为 4.5、3、2 的圆，如图 24-88 所示。

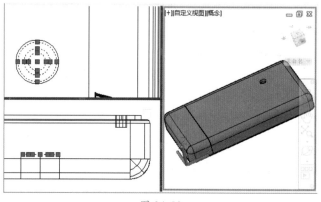

图 24-88

Step 05　使用【压印】命令将 3 个圆依次进行压印，激活【按住并拖动】命令，单击由半径为 4.5 和 3 的圆组成的面，如图 24-89 所示。

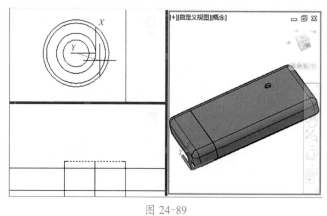

图 24-89

Step06 输入拉伸高度 5，将半径为 2 的圆使用【按住并拖动】命令向上拉伸 2，完成摄像头内部的绘制，如图 24-90 所示。

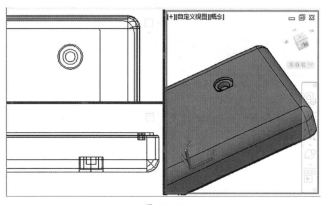

图 24-90

Step07 绘制两个边长分别为 10 和 12 的正方形，对其分别进行圆角后放置在相应的位置，使用【压印】命令进行压印，效果如图 24-91 所示。

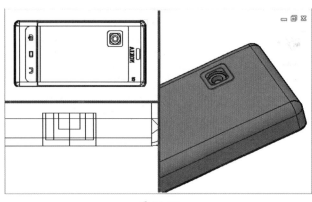

图 24-91

Step08 使用【按住并拖动】命令将其拉伸 1，如图 24-92 所示。

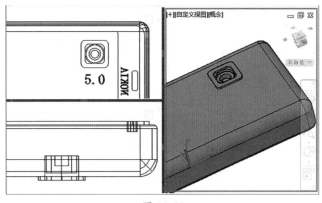

图 24-92

Step09 绘制矩形并进行圆角，将其拉伸后移动到相应位置，如图 24-93 所示。

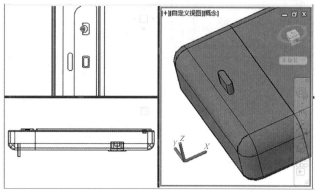

图 24-93

Step10 将其依次复制两个并粘贴，如图 24-94 所示。

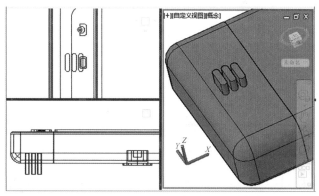

图 24-94

Step11 使用【差集】命令创建话筒，如图 24-95 所示。

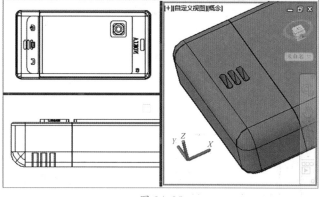

图 24-95

Step12 创建文字，完成手机背面模型的绘制，效果如图 24-96 所示。

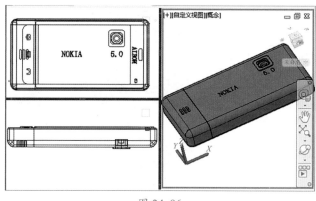

图 24-96

24.3.3 绘制手机侧面三维模型

本实例主要使用三维绘图和编辑修改命令创建手机侧面的相应对象，具体操作方法如下。

Step01 打开"素材文件\第24章\三维手机背面模型 .dwg"，绘制两个矩形进行圆角后，移动到相应位置，如图 24-97 所示。

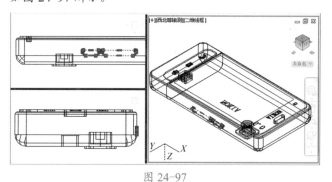

图 24-97

Step02 使用【拉伸】命令将绘制的矩形拉伸 1，使用【并集】命令将两个矩形和手机进行并集运算，效果如图 24-98 所示。

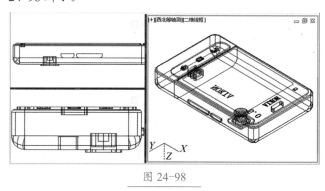

图 24-98

Step03 绘制两个小三角形，将其拉伸为实体后，再移动到相应位置，如图 24-99 所示。

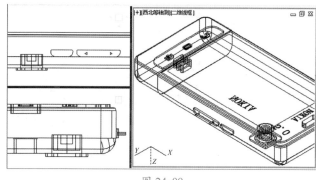

图 24-99

Step04 使用【差集】命令将两个三角形与机身做差集运算，并将右侧视图样式设为【真实】，如图 24-100 所示。

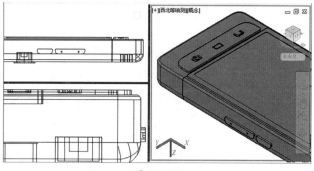

图 24-100

Step05 在右视图绘制一个电源接口形状的二维图形，使用【拉伸】命令将其拉伸并移动到相应位置，如图 24-101 所示。

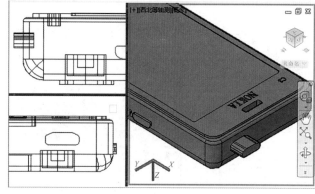

图 24-101

Step06 使用【提取边】命令提取电源接口的形状边，使用【差集】命令将机身与电源接口对象进行差集运算，将得到的形状边合并为一个对象后压印到电源接口内，如图 24-102 所示。

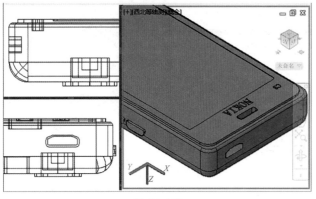

图 24-102

Step 07 将压印面使用【按住并拖动】命令进行拉伸；绘制出如图 24-103 所示的二维图形，放置在相应的位置。

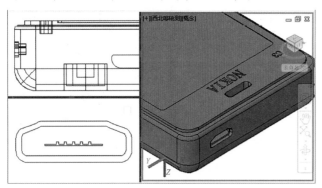

图 24-103

Step 08 使用【拉伸】命令对此二维图形进行拉伸，移动到电源接口内，如图 24-104 所示。

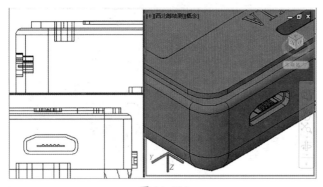

图 24-104

Step 09 绘制两个圆柱体作为耳机线和电源插口，将其移动到相应位置，如图 24-105 所示。

Step 10 使用【差集】命令将圆柱体与机身进行差集运算，完成手机侧面模型的绘制，效果如图 24-106 所示。

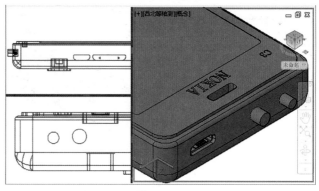

图 24-105

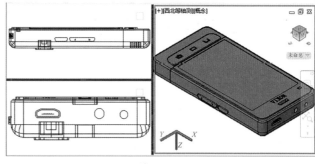

图 24-106

24.3.4 渲染手机

本实例主要给前面绘制的手机模型创建材质和贴图，然后渲染并保存，具体操作方法如下。

Step 01 ❶ 打开"素材文件\第 24 章\三维手机侧面模型 .dwg"，设置视图；❷ 单击【可视化】选项卡，❸ 单击【材质浏览器】命令按钮，打开【材质浏览器】面板，如图 24-107 所示。

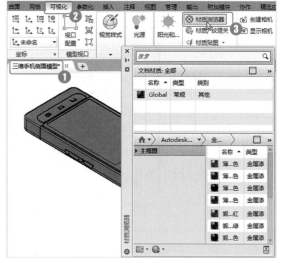

图 24-107

Step ② 设置当前手机需要的材质及颜色，如图 24-108
所示。

图 24-108

Step ③ 单击选择机身，右击要设置的材质类型，单击【指
定给当前选择】命令，效果如图 24-109 所示。

图 24-109

Step ④ 单击选择手机尾部，右击要设置的材质类型，单
击【指定给当前选择】命令，如图 24-110 所示。

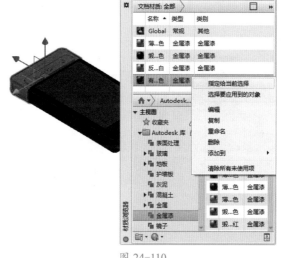

图 24-110

Step ⑤ 在需要更改颜色的材质类型上双击，打开【材质
编辑器】面板，如图 24-111 所示。

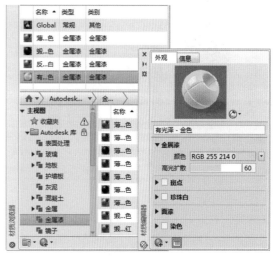

图 24-111

Step ⑥ 添加材质后，模型效果如图 24-112 所示。

图 24-112

Step⑦ 单击颜色后的基础颜色选择框，打开【选择颜色】对话框，如图 24-113 所示。

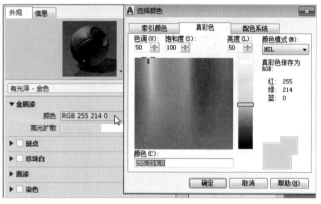

图 24-113

Step⑧ 选择颜色，设置色调为 55，饱和度为 100，亮度为 60，单击【确定】按钮，如图 24-114 所示。

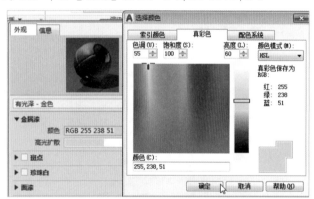

图 24-114

Step⑨ 将高光扩散设置为 30，如图 24-115 所示。

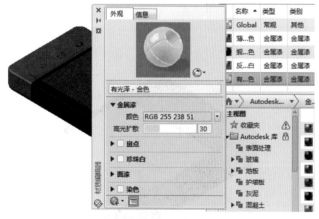

图 24-115

Step⑩ 单击【材质】功能面板右下角的【模型中的光源】对话框启动器按钮，单击【图像】后的空白框，如图

24-116 所示。

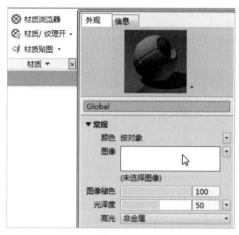

图 24-116

Step⑪ 打开【材质编辑器打开文件】对话框，❶设置查找范围，❷单击选择贴图，❸单击【打开】按钮，如图 24-117 所示。

图 24-117

Step⑫ 单击【图像】后的矩形框，打开【纹理编辑器-COLOR】面板，如图 24-118 所示。

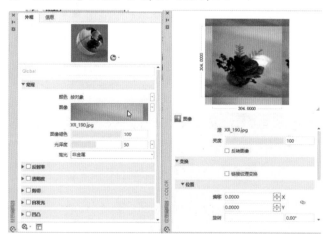

图 24-118

Step⑬ 设置样例尺寸为80，按【Enter】键确认，如图24-119所示。

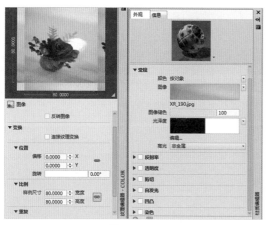

图 24-119

Step⑭ 关闭材质编辑器面板，单击【渲染预设】下拉按钮，单击选择【高】，单击【渲染到尺寸】命令按钮，如图24-120所示。

图 24-120

Step⑮ 手机渲染完成，效果如图24-121所示。

图 24-121

Step⑯ 设置保存图像的内容，如图24-122所示。

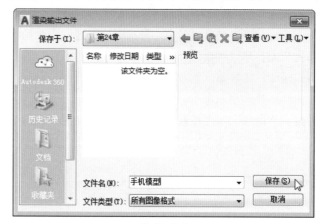

图 24-122

Step⑰ 完成手机的渲染，最终效果如图24-123所示。

图 24-123

Step⑱ 手机模型4个视图的效果，如图24-124所示。

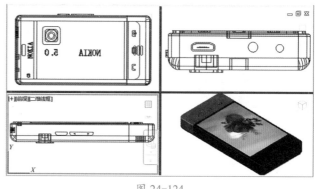

图 24-124

本章小结

　　三维绘图在产品设计中十分重要，通过创建产品的三维模型，可以直观地呈现出产品的实际效果，让设计人员和生产人员可以细致地了解产品的外观形态。在三维绘图的操作中，读者需要掌握三维建模中常用的命令，如长方体、球体、圆柱体、圆锥体等命令的运用方法。另外，读者还需要掌握利用二维图形创建三维模型的方法，如拉伸对象和创建网格对象等。在三维绘图中，选择适合当前绘图操作的视图，可以提高绘图的效率并降低绘图的难度；设置实体的线框密度或网络密度，可以提高实体的精细程度；设置不同的视觉样式，可以得到不同的实体效果。

附录 A AutoCAD 常用操作快捷键索引

1. 常用命令快捷键

名称	命令	名称	命令
新建文件	NEW/Ctrl+N	视图平移	P/ 按鼠标中轮
打开文件	OPEN/Ctrl+O	视图缩放	Z/ 滚动鼠标中轮
保存文件	SAVE/Ctrl+S	打开特性管理器	Ctrl+1/CH/MO
另存文件	SAVEAS/ShiftCtrl+N	选项设置	OP
打印	Ctrl+P /PRINT/PLOT	输出数据	EXP
关闭程序	Alt+F4/Ctrl+Q	输入文件	IMP
放弃	U	自定义用户界面	CUI

2. 绘图辅助功能键

名称	命令	名称	命令
获取帮助	F1	开 / 关栅格	F7
文本窗口	F2	开 / 关正交	F8
开 / 关对象捕捉	F3	开 / 关捕捉	F9
开 / 关三维对象捕捉	F4	开 / 关极轴	F10
等轴测平面切换	F5	开 / 关对象捕捉追踪	F11
开 / 关动态用户坐标系	F6	开 / 关动态输入	F12

3. 常用组合键

名称	命令	名称	命令
全选	Ctrl+A	粘贴	Ctrl+V
开 / 关捕捉（F9）	Ctrl+B	开 / 关选择循环	Ctrl+W
复制对象到剪切板	Ctrl+C	剪切对象	Ctrl+X
开 / 关动态用户坐标系	Ctrl+D	恢复命令	Ctrl+Y
等轴测平面切换	Ctrl+E	撤销	Ctrl+Z
开 / 关对象捕捉（F3）	Ctrl+F	另存文件	Ctrl+ Shift+S
开 / 关栅格（F7）	Ctrl+G	带基点复制	Ctrl+ Shift+C
执行系统变量命令	Ctrl+H	粘贴为块	Ctrl+ Shift+V

续表

名称	命令	名称	命令
设置坐标为动态或静态	Ctrl+I	清除	Delete
重复上次命令	Ctrl+J	特性面板	Ctrl+1
超链接	Ctrl+K	设计中心	Ctrl+2
开 / 关正交（F8）	Ctrl+L	工具选项板	Ctrl+3
选择样板	Ctrl+ N	图纸集管理器	Ctrl+4
打开文件	Ctrl+O	数据库连接管理器	Ctrl+6
打印	Ctrl+P	标记集管理器	Ctrl+7
提示保存文件	Ctrl+Q	快速计算器	Ctrl+8
保存文件	Ctrl+S	关闭命令行窗口	Ctrl+9
开 / 关数字化仪	Ctrl+T	全屏显示	Ctrl+0
开 / 关极轴	Ctrl+U		

附录 B　AutoCAD 2021 绘图快捷键查询表

1. 二维绘图命令快捷键

名称	快捷命令	名称	快捷命令
直线	L	螺旋	HELI
多段线	PL	圆环	DO
圆	C	矩形修订云线	REVC
圆弧	A	多行文字	T
矩形	REC	单行文字	DT
多边形	POL	线性标注	DLI
填充	H	对齐标注	DAL
椭圆	EL	角度标注	DAN
样条曲线	SPL	弧长标注	DAR
构造线	XL	半径标注	DRA
射线	RAY	直径标注	DDI
点	PO	坐标标注	DOR

续表

名称	快捷命令	名称	快捷命令
定数等分	DIV	折弯标注	DJO
定距等分	ME	引线	LE
创建边界	BO	创建块	B
区域覆盖	WI	写块	W
三维多段线	3DPO	插入块	I

2. 二维修改命令快捷键

名称	快捷命令	名称	快捷命令
移动	M	打开线型管理器	LT
旋转	RO	编辑块	BE
修剪	TR	编辑属性	EAT
延伸	EX	定义属性	ATT
删除	E	块属性管理器	BATT
复制	CO	同步属性	ATTS
镜像	MI	设置属性显示	ATTDI
圆角	F	设置基点	BASE
倒角	CHA	对象编组	G
光顺曲线	BLEND	加载 *lsp 程系	AP
分解	X	打开视图对话框	AV
拉伸	S	打开对象自动捕捉对话框	SE/OS/DS
缩放	SC	打开字体设置对话框	ST
阵列	AR	拼写检查	SP
偏移	O	栅格捕捉模式设置	SN
设置为 BYLAYER	BYL	测量两点间的距离	DI
更改空间	CHS	快速测量	MEA
拉长	LEN	测量面积和周长	AA
编辑多段线	PE	快速标注	QD
编辑样条曲线	SPLINED	连续标注	DCO
编辑图案填充	HE	基线标注	DBA

名称	快捷命令	名称	快捷命令
编辑阵列	ARRAYE	打开视图管理器	V
对齐	AL	边界	BO
打断	BR	复制嵌套对象	NC
打断于点	BRE	删除重复对象	OV
合并	JO	标注样式	D
反转	REVE	外部参照	XR
编辑文字	ED	清理	PU
图层特性	LA	设置坐标系	UCS

3. 三维绘图命令快捷键

名称	快捷命令	名称	快捷命令
长方体	BOX	放样	LOF
圆柱体	CYL	面域	REG
圆锥体	CONE	创建三维面	3DFA
球体	SPH	并集	UNI
棱锥体	PYR	差集	SU
楔体	WE	交集	IN
圆环体	TOR	干涉	INF
多段体	POLY	剖切	SL
按住并拖动	PRESS	三维对齐	3DA
加厚曲面	THIC	三维镜像	3M
拉伸实体	EXT	三维阵列	3A
扫掠实体	SW	编辑实体边	IMPR
旋转实体	REV	编辑实体面	SOLIDEDIT